-3Δ-32
A-21

320035
015

坦克百年

下 变化中的乾坤

邓涛 著

机械工业出版社
CHINA MACHINE PRESS

坦克是第一次世界大战的产物，又在第二次世界大战中经受了各种考验，其对地面战争的决定性作用，职业军人们达成了普遍性的共识，以至于原有的诸兵种如不“屈从”于坦克，便会面临“消亡”的命运。这其中，德国人的观点很有代表性——“我们把坦克看成是进攻的主要兵器。我们要把这一观点坚持下去，直到技术再给我们带来更好的礼物为止”——德国装甲兵“教父”古德里安如此说到。不过有意思的是，在坦克百年的历史长河中，虽然总的趋势是殊途同归，从技术到战术莫不是如此，但各国践行中的经历却各有不同。对此，美国、日本、以色列甚至是瑞典都给出了大异其趣的解读。这就令事情变得有趣起来……

图书在版编目（CIP）数据

坦克百年．下，变化中的乾坤 / 邓涛著．—北京：机械工业出版社，2016.5
(2021.4重印)
ISBN 978-7-111-54030-4

Ⅰ．①坦…　Ⅱ．①邓…　Ⅲ．①坦克—介绍—世界　Ⅳ．①E923.1
中国版本图书馆CIP数据核字（2016）第131750号

机械工业出版社（北京市百万庄大街22号　邮政编码100037）
策划编辑：杨　源　　责任编辑：杨　源
责任校对：张艳霞　　责任印制：李　昂

北京汇林印务有限公司印刷

2021年4 月第 1 版·第3 次印刷
184mm×260mm · 18.75印张 · 510千字
4001—4800 册
标准书号：ISBN 979-7-111-54030-4
定价：198.00 元

电话服务
客服电话：010-88361066
读者购书：010-88379833
读者购书：010-68326294
封底无防伪标均为盗版

网络服务
机　工　官　网：www.cmpbook.com
机　工　官　博：weibo.com/cmp1952
金　　书　　网：www.golden-book.com
机工教育服务网：www.cmpedu.com

序

我国目前唯一一部，以全景视野描述坦克百年发展历程的著作，广度和深度均衡，有突破性价值。按国家为横向大章节，章节内按时间顺序理清该国的典型型号、点评作战理念、技术特点和设计理念。深入浅出，既有科普的广度，又有专业性的深度。借助2015年坦克诞生百年，各大媒体对相关事务的宣传报道，结合2014年、2015年连续两年俄国坦克两项赛事在国内引起的坦克热潮，《坦克百年》将以此作为科普推广策略的切入点。

前言

战争方式的演变是一个长期的过程，它由政治、经济和社会多种力量创造和支持，技术进步只是其中的一种，但在许多方面它的影响却最为深远和引人瞩目，号称“陆战之王”的坦克就是如此。从 1915 年 9 月的“小游民”算起，坦克这种划时代的陆战机械化技术装备已经走过了百年的历史，然而其生命力仍然十分旺盛。即使在空地一体战理论指导下的高新技术战争里，也还没有发现任何新型武器装备可以在地面战争中代替坦克。现代坦克能在复杂的环境条件下，完成突击作战、进攻追击、侦察和反突围，以及坚守阵地等任务，这就确定了在未来战争中，由高新技术重新武装起来的主战坦克仍将是陆军的核心力量。本书正是以坦克在百年间的发展历程为主轴，从历史背景、技术剖析和经典型号介绍等方面，全方位、多角度地为读者展示了坦克走过的百年历程。

鸣谢：好友 李元逸；姨母 张雪杰。

图书情报支持小组：马静、张金镯、魏菲、张成武、于桂兰、卢庆田等。

名家推荐语

坦克和装甲战车，百年风云激荡，将冷兵器时代铁骑、城防工事和火药时代大炮、钢铁冶炼、发动机、电子观瞄、控制计算通信能力天衣无缝地结合，并发展到今天成为陆战之王。邓涛此书布局辽阔，史料详尽，观点新颖，值得一读。

——军事科普作家、军事专家 宋宜昌

作为《坦克装甲车辆》杂志“老作者群体”中的一员，邓涛的《坦克百年》各个部分自成一体，既考察过去，又论及不远的将来，兼有章节简约和内涵丰富之长，以前沿的史学观念，精准简洁的文笔，全景解析坦克发展的百年历程。

——《坦克装甲车辆》杂志主编 刘青山

不得不承认，《坦克百年》确实是邓涛严谨研究和考证的成果，不仅通篇充满强有力的洞见，更遍布熠熠生辉的细节，波澜壮阔的历史与技术背景下贯穿着智慧、知识。作为《坦克装甲车辆》杂志的编辑，我在阅读这本书的时候真切体会到一种酣畅淋漓的快感。一气呵成、引人入胜，从头一个篇章开始就让人不忍释手，我将会长久地珍藏它。

——《坦克装甲车辆》杂志编辑 李元逸

与邓涛相识多年，作为国内为数不多的在军事技术发展史领域颇有建树的科普作家之一，邓涛的视野更加开阔，观点更富有独到性，不拘泥于某一个较为狭窄的领域或墨守成规，这使得他的文章和著作更有可读性，也能够给读者以更多思考和启示。这套 《坦克百年》相信能带给读者以阅读之快感、掩卷之沉思以及对坦克未来发展之启示。

——《现代兵器》杂志编辑 黄国志

这是一套有关坦克的百科全书。理清影响坦克发展的脉络，轻松构架坦克历史的轮廓。作者抛弃了枯燥的技术数据和历史资料，以抽丝剥茧的方式将冗长繁杂的史料和技术细节简化精炼，简洁明了、脉络清晰地再现了坦克的百年历程，堪称一部经典力作。

——《航空知识》杂志主编 王亚男

作者简介

邓涛，男，军事科普作家，河北工业大学教师。以若干笔名在《坦克装甲车辆》、《航空知识》、《舰船知识》、《兵器》、《现代兵器》、《世界军事》、《现代舰船》、《舰载武器》、《军事评论》、《NAAS》、《航空档案》等刊物发表各类文章数百篇，上千万字。出版军事科普图书数十册。

目录

德国篇

德国坦克的百年发展

上图　艺术家笔下的 A7V 在战斗

上图　Marienwagen 全履带式步兵越壕装甲车侧视图

最初的邂逅——德国坦克发展史（1913—1918）

“我们必须承认，至少在造坦克这件事上，德国人是上帝的选民”——这虽然是一句戏言，却也差不多道出了实情。今天“日耳曼战车”可谓享誉海内外，“豹”I/II 几乎成为了事实上的“北约标准”，连争战世界杯的德国足球队都被冠以了如此一个绰号——这就足以说明德国在装甲战斗车辆方面拥有怎样的一种领先地位。然而，罗马不是一天建成的，在长达 100 年的坦克发展史中，德国人究竟制造出了些什么，得以让他们独享这份荣耀呢？

不是开端的开端

不管后人如何定义“坦克”，但至少从一开始，“陆地战舰”的想法绝不是某个人或是某个国家独有的——英国人这样想过，德国人又何尝不是？祖籍里加（Riga）的德国工程师弗雷德里希·格布尔就是这样的一位先驱者。早在第一次世界大战爆发前的 1913 年，格布尔便预见到地面战中将出现一种集火力、机动性和装甲防护于一体的终极武器，为此提出了一种“陆地巡洋舰”的概念。1915 年（也就是英国人正在研制“小游民”的那段时间里），弗雷德里希·格布尔来到德国陆军部商业测试委员会，为他设计的“装甲陆地巡洋舰”的动力版缩小模型进行演示——这是一种“行走式”动力系统的“陆地巡洋舰”缩小模型，车体借用了一辆去掉轮子的 4 吨级 NAG 军用卡车，然后用一组木头支架系统作为“陆地巡洋舰”的“脚”，车体随着“脚”的向前转动而前进。虽然这一发明最终被驳回（因为它太不现实，动力不足，并且缺乏可靠的转向机构），但作为德国坦克发展史上一个不是开端的开端，弗雷德里希·格布尔的这个怪东西仍然具有一定的象征意义（1917 年末，格布尔设计出了他的最后一款“装甲陆地巡洋舰”，行走机构由椭圆小球和横条履带组成。这辆车的结构与现代坦克相似，驾驶室在前部，动力室在尾部，装有很厚的装甲。他先是制造了一个小比例模型，之后又制造了一个全比例模型。该车相对于格布尔的其他设计是一个巨大的进步，但是已经太晚了，在 A7V 方案投产后，弗雷德里希·格布尔和他的发明则从此淡出了人们的视野。如果这种“装甲陆地巡洋舰”得以投产，估计会有 36 米长、5.2 米高、550 吨重，并且装有 100 毫米厚的装甲）……

上图 基于 NAG 军用卡车的陆地巡洋舰演示模型

上图 弗雷德里希·格布尔最后一款“装甲陆地巡洋舰”缩小模型

在反坦克作战中“相识”

坦克当然不是德国人发明的，但德国人却是最早与坦克打交道的国家——毕竟英国人和法国人之所以发明坦克，就是针对德国人的堑壕和铁丝网而来的。结果，作为日后的“坦克帝国”，德国人对于坦克的初步认识却是来自于战场上的反坦克作战，这不能不说是一个讽刺。

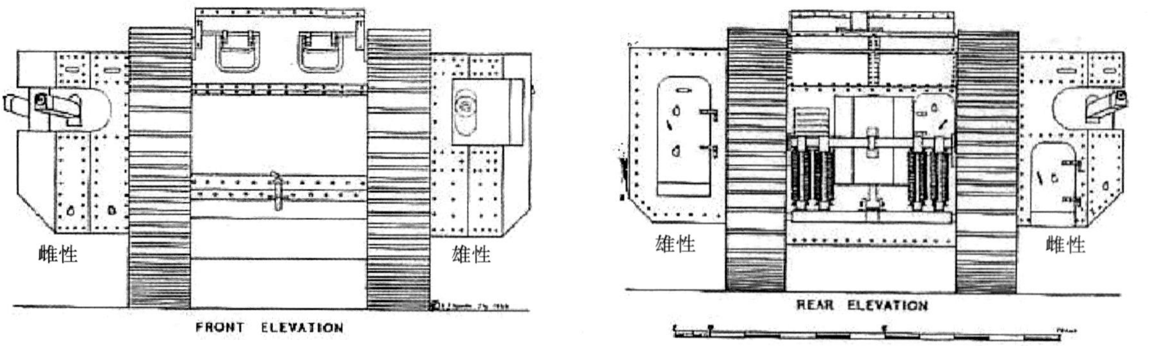

上图 英制 Mk1 菱形过顶履带坦克正/后视图（作为钢制装甲舰的陆上“复制品”，“坦克”也还远未达到应有的成熟）

我们可以将 1916 年 9 月 15 坦克在索姆河战场的出现，理解为工业化时代一场出人意料但又在情理之中的陆上海战。是的，英国人终于不堪忍受机枪、堑壕和铁丝网造成的杀戮之苦，将改头换面的装甲舰推上了陆地，以求打破僵局。这些陆上装甲舰的最初表现也的确令人眼前一亮。1916 年 9 月 15 日这一天，英国以 21 个步兵师的兵力，在 18 辆坦克的支援下，在 10 千米宽的正面上分散攻击，5 小时内向前推进了 5 千米，这个战果以往要耗费几千吨炮弹，牺牲几万人才能取得。而 1917 年 11 月 20 日在康布雷，更多的英国坦克又在 10 千米宽的阵线上对有限的目标发动了进攻。尽管 450 多辆坦克中，只有 300 辆到达进攻出发线。在前 12 个小时战斗中，便已有一大半伤残毁损，所剩坦克大部分不是因机械故障而未能坚持到 24 小时结束，就是因驾驶员精疲力竭而无法开动，只剩少量坦克，集中起来又进行了一天的战斗。但到第二天为止，仍然攻占了宽度低于 20 千米的突出部，突入德国防线 10 千米。这是从 1914 年以来在西线最成功的一次突破，更是在难以置信的短时间内完成的。然而不管怎么说，德国人对坦克的认识也就自此展开了……

左图 早期坦克由于技术上并不完备，且制造工艺和材料粗糙不堪，这使其象征性的威慑意义实际上要远大于本身的战场价值

坦克的出现曾在德军中造成了极度的惊恐，甚至在战斗结束了相当一段时间之后，德军士兵仍然惊魂未定。德军第 3 军团的参谋长对其上级做了这样的报告：“在最近这次战斗中，敌人使用了一种新型作战武器，这种武器极为有效但又十分残酷。”不过，这些初期的坦克之所以能够取得成功，主要应当归功于它在德军士兵中所产生的巨大心理作用，而非坦克自身的战斗效能（从机械状况的可靠性上来看，这些初出茅庐的“陆上战舰”根本是不堪使用的“铁棺材”——早在运

抵法国参战之前，在英国本土训练坦克乘员时，第一批制造出的坦克中多数实际上就已经损坏，以至于后来预定参加索姆河会战的只有区区 60 辆。而在这 60 辆坦克中开出车场的只有 49 辆，其中 36 辆到达了进攻出发线，在步兵前面或和步兵一起发起了冲击，但只有 9 辆依靠自己的能力最后开了回来，其余都因为机械故障或翻在沟里而动弹不得，而白白损失掉了，完好率只有 15%）。难怪德国人最初倾向于把坦克视为一种不正当的武器。与其说是坦克打败了德军士兵，不如说是德军士兵在遭遇坦克后低落的士气打败了自己。对此，富勒在评论康布雷地区的坦克作战时就曾一针见血地指出："坦克的主要价值在于对士气的影响，其真正目的是威慑而不是摧毁敌人。"

上图 被运到美因茨，准备接受冯·兴登堡等要员审阅的 Marienwagen-AFV 样车

坦克并不是一种不可摧毁的"万能武器"——坦克的最初"受害者"，对战争技术一向敏感的德国人很快就意识到了这一点。于是，在对英国人和法国人所谓的"坦克"有了些许感性认识后，德国人的反击开始了。英国的过顶履带坦克使用的并非是真正意义上的装甲钢板，而只是一些被蔑称为"锅炉钢"的低碳钢板，并且厚度也仅仅在 5 ~ 12 之间，这就使德国人手中的大部分武器实际上都能有效击毁这些做工粗糙的战争机器——甚至普通的步枪和机枪就能办到。事实上，当带有铅芯的步机枪子弹命中坦克表面时，弹体首先会被撞扁，接着铅芯被从壳体内挤出，形成一个以圆周状向外辐射的"溅射体"。在高速碰撞的作用下，铅芯已近乎变成流体，并以近乎爆炸的速度向四周扩展，对人体有着致命的杀伤效能。不幸的是，对初期的坦克来说，由于窥视孔、观察缝、枪炮发射孔和手枪射击孔等大大小小的缝隙遍布周身，这就使普通的步机枪弹有了可乘之机——通过缝隙和接合部进入坦克战斗室的铅质"溅射物"往往使得铁盒子内的乘员苦不堪言，轻者挂彩，重者送命。

普通的步、机枪弹尚且能给早期坦克造成严重威胁，那么在对抗坦克的问题上，特制弹药的有效性就更高了。K 型子弹的实战应用也很好地说明了这一点——尽管这种弹药在配发部队时，坦克还未被发明，但当坦克出现后，前线士兵很快发现了 K 型子弹的另外一种用途。为了对远距离目标和带有防护的目标进行精确瞄准射击（比如防护前沿堑壕内的哨兵与瞭望哨的薄钢板），K 型子弹比普通子弹重，并且含有一颗碳化钨弹芯，这不但使其远距离射击精度比普通的铅芯子弹要高，而且对于钢板的侵彻性能也要远远好于普通铅芯子弹——显然有着与生俱来的反坦克潜质。实战经历表明，在 800 米距离上，K 型子弹对付英国早期过顶履带坦克的 6 ~ 12 毫米低碳钢板的有效性着实令人吃惊。这对首先吃过坦克苦头的德军而言意义重大，不仅意味着普通步兵通过密集射击的"溅射体"杀伤法能在理论上对坦克乘员形成威胁，更由于 K 型子弹的存在而拥有一种真正有效的反坦克能力。当然，尽管早期坦克自身有着无可辩驳的脆弱性，而步、机枪这类轻武器在一定程度上也的确能够利用这种脆弱性而对其造成损坏，但并不能因此认定只拥有轻武器的步兵就必须承担起对抗坦克的主要职责。而且让步兵去面对这些由外裹钢甲并能够徐徐推进的庞然大物也是不公平的——很少有步兵具有如此好的心理素质：能够在这种隆隆而来的坦克怪物步步逼近时，一直不间断地用手中的步、机枪射击，直至这个怪物在碾过他们头顶前侥幸停下……

当然，反坦克这个职责总归要有人去挑起大梁，但显然是一个令人挠头的问题。究竟会是谁呢？不过，大方向还是清晰的——以时代背景的综合角度考虑，被喻于战争之神的炮兵或许要比步兵更适合扮演这样的角色。在德军炮兵手中的绝大多数火炮面前，英、法的那些做工粗糙的坦克只是些馅大皮薄的铁盒子，更由于巨大的投影面积而不存在能够避开炮火的任何希望——不但一戳即破，还会在一阵绚丽的爆炸声中尸骨难全。换句话说，要对付那些最原始的陆上战舰，当时陆军火炮在威力和精度上都够了。事实上，德军是非常善于在战争中学习战争的。索姆河战役后发生的几次坦克进攻中，英军坦克其实只部分地取得了成功，而究其原因，一方面是这些由内燃机驱动的钢铁巨兽机械可靠性糟糕，另一方面则是德军在克服掉了最初对于坦克的心理震撼后，开始利用炮兵有效地对抗坦克了。

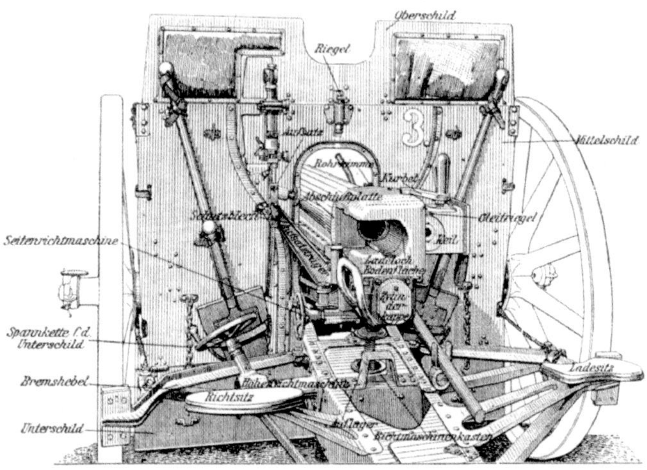

上图 一战战场上最有效的反坦克武器——德军克虏伯 FK 96 77mm 野战炮后面结构视图

德军从 1916 年起开始普遍装备的战壕迫击炮便是一种相对理想的反坦克火炮。当然，以今天的视角来看，用迫击炮来执行机动反装甲任务无疑是荒唐的，但从那个时代坦克技术水准来看，却又有着足够的合理性。事实上，德国人在为这种制式迫击炮重新设计了一种新型炮架后，使这种武器具备了进行低射界射击的惊人性能。只要能巧妙地选择场地，对坦克进行射击操作起来是非常容易的。根据 1918 年 8 月 21 日一份德军文件的说法，“经过改造的战壕迫击炮在 500 米的距离上，射击精度非常好，在这个距离上，坦克肯定会被消灭。在稍远的距离上，即在 500 ~ 800 米距离上，轻型堑壕迫击炮的火力非常有效，结果坦克不得不调头逃跑……一个堑壕迫击炮的炮手班，可以在距“雌性”坦克火力 200 码（182.8 米）外的地方将坦克击毁，而自己则并不存在任何危险”。当然，堑壕迫击炮的反坦克效能已经很令人赞叹了，但在德国炮兵中，英国坦克最大的威胁却来自于 M 1896 式 77 毫米野战炮。按照当时的标准衡量，它相当轻便，可以始终将火炮跟前车挂在一起，做好随时出战的准备，并且由于液压反后坐系统的设计相当成功，从而能够以足够的初速发射一种 6.81 千克重的钢质尖头穿甲弹，只要命中一发，就可将坦克彻底击毁，实在是一种非常可怕的反坦克利器。1917 年 11 月 20 日，英军在坎布里亚（Cambrai）发动的一次坦克攻势中，M 1896 式 77 毫米野战炮的反坦克效能得到了最充分的展现——一名叫克鲁格（Kruger）的勇敢的下级军官独自一人操纵一门这种野战炮消灭了 5 辆英国坦克（此人的事迹当天即登上了《黑格电讯新闻》，并被官方授予“福莱斯可威斯”炮手的荣誉称号而大肆吹捧）。

上图 德国于 1917 年制造的 Treffas-Wagen“大轮”全地形装甲车

如果说，无论是步枪、机枪、K 型子弹还是 77 毫米野战炮，让德国人很清楚地明白了这样一个事实——在坦克诞生前，对其的反制手段便已存在，而且随着时间的推移，反制手段还会向着越来越多样化、越来越充满针对性的道路延伸下去，但除此之外，很少有人意识到的是，也正

上图 装载一门 60 毫米口径气球炮的 Marienwagen II 2.5 吨半履带轻型卡车（1916 年）

是由于在反坦克手段方面的多样化和专业化，以及由此越来越成功实施的反坦克作战，恰恰在从一个有趣的侧面推动着德国人对坦克的认识产生了不断深化。正所谓由恨生爱，德国人对坦克的认识很快就以一个完全不同的角度体现了出来……

日耳曼战车初登战场

令人感慨的是，在第一次世界大战最后的十几个月时间里，世界上对坦克最为了解的并非是发明了它的英国人，也不是紧随其后的法国人，而是一直在与其进行着艰苦斗争的德国人——结果，在反坦克作战中积累了一些有关“坦克”的认识后，德国人做出了一个很自然的决定，试探着生产一些自己的坦克。这最终导致了 A7V——日后一切“日耳曼战车”始祖的出现。

1916 年 11 月，德军总参谋部提出了德国坦克的技术要求，委托第 7 交通处制定坦克的设计方案，并由此定名为 A7V（第 7 交通处的缩写）“装甲突击车”。由于战争的需要，加上采用现成的“霍尔特”拖拉机的底盘，因而设计工作进展相当快，1917 年夏天制成了样车，并开始了样车试验。A7V 坦克为典型的箱式结构的坦克，用现代的观点来看，它更像一辆装甲输送车。方方正正的壳体，众多的武器，活像一个“活动堡垒”。从 A7V 坦克的车内布置图中可以看出，A7V 坦克在设计上和总体布置上有许多独到之处。它是独立研制的，在总体布置上和英国的过顶履带式的 I 型和IV型坦克有相当大的不同。它没有严格的战斗室，车体前部有火炮和 2 挺机枪，无疑火力是强大的。发动机位于车体中部，车长和驾驶员席布置在发动机的上方，有固定的指挥塔，这使 A7V 的整车高度增加。发动机的动力通过传动轴传至车体后部的变速箱，带动主动轮旋转，推动履带前进。A7V 坦克只用 1 名驾驶员开车，而英国的 I 型坦克上有 4 名乘员开车。在这一点上，A7V 比 I 型坦克要先进。A7V 坦克以 2 台戴姆勒直列 4 缸、水冷汽油机为动力装置，发动机排量为 17 升，每台的最大功率为 100 马力，2 台为 200 马力。原来准备采用 1 台 200 马力的汽油机，但马上设计已经来不及，只好选用现成的 2 台民用汽油机。这 2 台发动机通过 2 根传动轴将动力分别传递到车体后部的传动装置。变速箱为定轴式机械变速箱，有 3 个前进挡和 3 个倒挡。一挡的最大速度为 3 千米 / 小时，二档为 6 千米 / 小时，三档为 10 千米 / 小时。

下图 复原的 A7V

A7V 的主要武器是 1 门 57 毫米海军炮，身管长为 26.3 倍口径，1504 毫米；火炮全重为 193 千克。炮弹的弹药基数为 180 发（后增加到 300 发），堪称是又一项当时的“世界之最”。火炮的高低射界为 ±20 度，方向射界为左右各 40 度。发射减装药弹时的初速度为 395 米 / 秒，射程为 4000 米；发射全装药弹时的初速度为 487 米 / 秒，最大射程为 6400 米。辅助武器为 6 挺“马克沁”7.92 毫米重机枪，车体两侧各有 2 挺，车体后部有 2 挺，

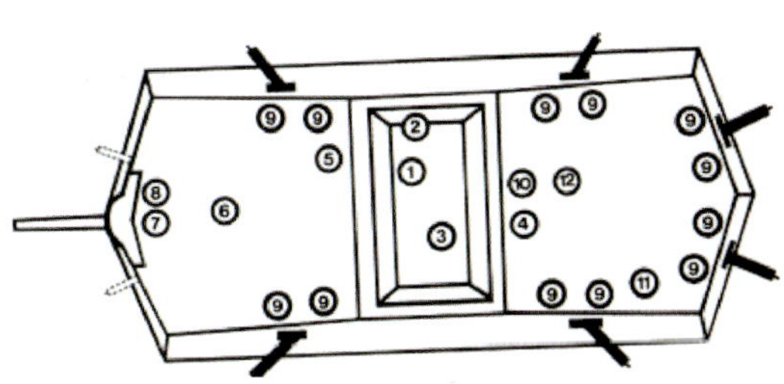

上图 A7V 顶视图

弹药基数为18000发，由12名乘员来操纵这6挺机枪。不妨说，机枪在当时起到主要武器的作用。A7V坦克的整个车体为铆接结构，但是它只采用普通钢板，而不是装甲钢板，其抗弹性一般。前甲板的厚度为30毫米，侧甲板的厚度为15毫米，底装甲为6毫米。作为对比，英国的I型坦克的装甲厚度只有6～12毫米，也是普通钢板。看来A7V的防护性能要优于I型坦克。A7V坦克的火力较强，防护性能也不错。在战斗中，发生过英国的Ⅳ型坦克以3发炮弹命中一辆A7V坦克的事件，但那辆A7V坦克仍能继续战斗（1918年3月11日，在圣康坦战斗中，A7V坦克首次投入战斗。4月24日，德军的A7V坦克和英军的Ⅳ型坦克首次交锋，这是人类历史上的第一次坦克战。战斗结束后，德国人骄傲地声称："A7V坦克在击毁一辆'雄性'Ⅳ型坦克之后，被另一辆'雄性'Ⅳ型坦克击伤，但仍能开回去……"）。

A7V坦克的最大缺点是高大、笨重，车底距地高只有200毫米，陷车和车辆托底的事时有发生，车辆的可靠性也差。再加上德军高层对坦克的生产并不重视，它的生产数量有限，在第一次世界大战中并没有发挥多大的作用（尽管德军统帅之一的鲁登道夫（Ludendorff）十分强调跟坦克作战，1918年8月21日，他在一项命令中宣布，凡是在反坦克作战中表现出色的个人，都将被登在《每日通讯》上，并将被授予勋章或荣誉称号。但总体而言，由于当时协约国方面的坦克自身存在极大的不完备性，作为承受坦克这种新式突破技术装备压力最大的一方，同盟国方面对反坦克问题的总体感觉并不十分紧迫，这显然影响到了他们对自己制造同类武器的热情，再加上率领部队于1914年参战的德军将领们大都是在19世纪80年代入伍的，他们的传统和技术更接近于纳尔逊时代而不是20世纪，尽管由于几年的战争使得军事科技正以令人眩目的速度发展，但对这种技术变化的适应就足以占据大多数军官的时间。这一点从根本上决定了A7V的命运——原计划制造100辆，但是到1918年9月，德国仅生产了约20辆，另有一部分零件被计划装配为A7V-U和A7V-R）。尽管如此，A7V坦克作为德国的第一辆坦克，它的历史地位不容抹杀。

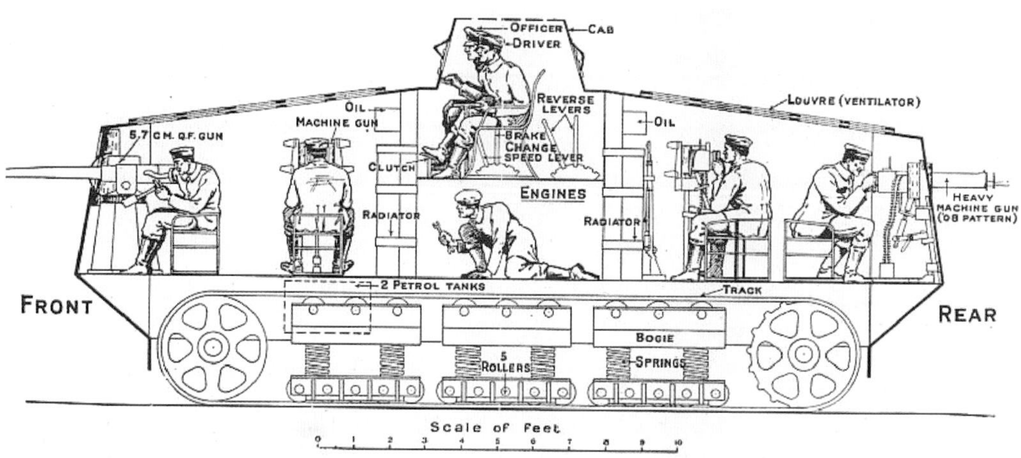

上图 被公认为德国第一辆真正意义上的"坦克"

有意思的是，尽管在一战德国的军事生产计划中，坦克并没有被置于特别重要的位置，但A7V却也并非是德国人在一战中唯一的坦克计划。1917年6月，在第一辆A7V坦克走下生产线之前，德国陆军部还下令建造了另一种巨型超级坦克：K型车（K-Wagen，K即Kolossal的缩写，意为巨型）。K型车被设计为一个全身插满小枪大炮的移动要塞，用来打破僵持的战局。它全长超过15米，宽6米，车体高2.9米，重达150吨，动力却只有两台小小的200马力发动机（后来被两个650马力发动机取代）。该车预计能跨越4米宽的壕沟，最少配有4门77毫米火炮，设计草案由福尔默博士（Vollmer）完成。很快设计者就发现K型车太过沉重，以至于不得不将其长度削减到12.8米，以减去30吨重量，最终的计划建造数量为10辆。这种大型作战车辆拥有27名车组成员：1名车长、2名驾驶员、1名信号员、1名火炮指挥员、12名炮手、8名机枪手和2名机械师。在项目进行之初曾有人提议再加上1个火焰喷射器，但之后遭到了否决。车长通过电灯信号来指挥整个车组，坦克的火力控制系统和驱逐舰类似，因此德国人将这种车辆视为一艘名副其实的“陆上舰船”。

驾驶员看不到路面，只能在车长的指挥下盲视驾驶。显然因为巨大的车重它不能进行长距离行进，因此运输时将被拆成各重约30吨的4部分，经铁路运到出击地点的前线后方。K型车自立项起就不断有人提出反对的声音，由于缺乏相应的加工技术和标准组件，使得其遍布圆弧的车体非常不利于生产。在确定这种坦克的制造厂商方面，陆军部决定向数家拥有筑桥经验的公司招标，履带则由一家推土机公司单独提供。K型车的整个项目被很多人认为是“彻底荒谬”，军队积极地试图阻止生产的进行，因为在他们看来这种车辆非常脱离实际，是对本就紧张的战争资源的巨大浪费。不过后来大部分抗议的意见都销声匿迹，人们纷纷猜测是兴登堡个人希望建造这种车辆的意愿使反对者闭上了嘴。到战争结束为止，有两辆K型车的原型车投入了建造，其中一辆接近完工。按照一战后的条约要求，德国不能拥有坦克，已造好的车体因此被分解为碎片，但德国人在制造坦克这件事情上的疯狂劲儿却已经初露端倪。

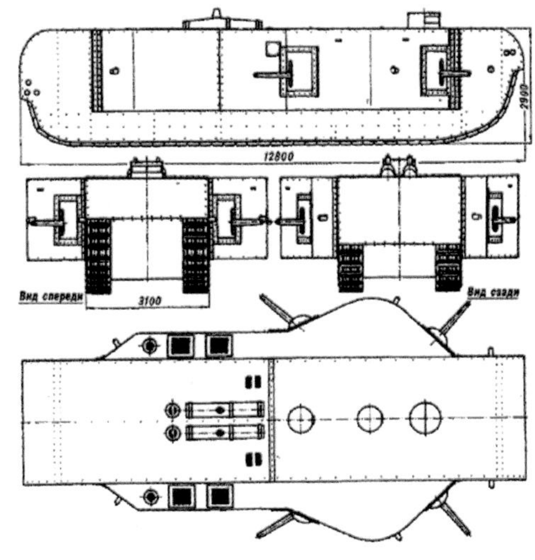

上图 被人们所津津乐道的K型车四面图

结语

1840～1918年间，德国的大规模工业化进程有能力为军队提供各种复杂先进的武器。早在1900年时，巨大的克虏伯兵工厂就不仅为德国军队生产武器，也为外国购买者生产武器，而它不断增长的武器生产能力，使它成为了德国得以发动世界大战、对抗整个世界的军火制造中心。但从这个角度考虑，与英制坦克在技术上相当的A7V坦克却只生产了不到20辆，这样一个寒酸的事实也就很耐人寻味（大战末期，越来越娴熟的反坦克作战及“暴风突击队”战术的成功运用，都影响了当时德国人对坦克所蕴含的战场价值的判断）。不过，人类的世界无疑充满了讽刺与矛盾，同时却又在辩证中得到了统一。德国人与坦克之间的关系似乎正是这样的一个缩影，时间在慢慢地改变着一切……

上图 被德军缴获的英军MkII菱形过顶履带坦克（由于制造工艺粗糙，车体外壳遍布大量缝隙，这使普通的步、机枪弹就能对早期坦克形成严重威胁）

坦克帝国的崛起与灭亡——德国坦克发展史（1923—1945）

某种意义上，纳粹的“第三帝国”也是一个“坦克帝国”——坦克这种战争机器启发并且促成了“闪电战”的构想，而“闪电战”这一构想的实施又几乎成就了纳粹“千年帝国”的“伟业”。不过，正可谓成也萧何败也萧何，专为“闪电战”设计的“装甲矛头”其实很容易被磨钝，然后随着国家军事战略的破产，纳粹的坦克发展计划也在无所适从中走向“混乱”和“癫狂”，一如这个“帝国”的最终命运……不过，从崛起到灭亡，这个“坦克帝国”又有着怎样的一些臣民呢？

十万国防军的“拖拉机”——“蛰伏时代”的试探

在“魏玛共和国”时代的德国，需要坦克的理由很多，国防军上层也有发展坦克的眼力和胆识，但动机却与其他各国完全不同。本来，第一次世界大战时，德国只制造了相当少量的A7V履带式“装甲突击车”，对于坦克的兴趣其实不大，更何况协约国还特别禁止战败的德国再拥有任何“坦克”。然而，战后德国“十万国防军”的总设计师，汉斯·冯·西克特将军却还是盯上了坦克这种“时髦”的战争机器——当时改名为国防部战争局的德国总参谋部认真研究了第一次世界大战的教训，再结合自身不多的坦克使用经验，自认为终于找到了一种方法来满足替代人力不足的需求，冯·西克特将军对于这样一个结论深感认同（一战中的德国人至少已经从正反两个方面对坦克有了全方位的“体会”，这在一定程度上也可以视为一笔财富）。然而，如何在凡尔赛条约监督委员会的眼皮底下进行坦克装甲战斗车辆的研究，乃至部队训练和战术摸索却是一个令人头疼的问题。幸运的是，一筹莫展的德国人很快就在苏联那块辽阔的土地上找到了办法。

上图 苏德合作时期，由克虏伯公司设计苏联兵工厂制造的VK.31轻型坦克

德国战败后，狂热的波兰民族主义者毕苏茨基元帅依靠协约国的帮助，不仅使德国土地里西亚划归波兰，而且参加了1920年武装干涉苏俄的战争，并在华沙城下重创红军，迫使苏俄割让西白俄罗斯和西乌克兰，这样夹在德苏大国之间的波兰无意间拉近了德苏关系。于是，在1922年意大利的热那亚，随着《德国和苏维埃俄罗斯社会主义共和国协定》，也就是《拉巴洛条约》的签订，拉开了长达20余年苏德合作时代的序幕——根据条约，双方将恢复外交关系，在最惠国待遇原则下发展双边贸易和经济关系，双方放弃赔款和财产等要求；更重要的是，两国还在《拉巴洛条约》的框架内缔结了一个秘密军事协定，德国将抗拒凡尔赛条约的禁令，向苏俄提供成套武器制造生产线，帮助苏俄红军建立现代化参谋指挥和训练体制，苏俄则将向德国开放基地和工厂，德国能够在那里不受干扰地训练装甲兵、飞行员及其他军事人员，并且与苏联工程师一起研制凡尔赛条约严禁的武器——其中当然就包括坦克。

上图 VK.31轻型坦克俯视图

上图 VK.31 前后视图

于是从 1922 年底开始，经过长时间的谈判。德国在莫斯科建立了名为“莫斯科中心”的执行机构，由德国著名飞行员冯·德尔·里托姆茨领导。1925 年 10 月 2 日，里托姆茨代表德国政府与苏联签署了在喀山建立联合坦克学校的协议，代表苏联政府签字的是红军总参情报总局（格鲁乌）局长 I·K·别尔金。协议规定，坦克学校建在废弃的卡尔戈渡利军营里，除了那里的建筑，操场、靶场和道路全部归学校所有，协议为期 3 年，期满后学校内的坦克、弹药、装备和器材等都由德方带走。从 1927 年 7 月起，德国人开始正式建设坦克学校，除对旧营房进行整修外，还改建和补建了许多设施，工程整整持续一年半，大约花费 150 ~ 200 万德国马克（当时汇率）。最初，坦克学校对外称为“农业培训班”，为掩人耳目，德国克虏伯公司还专门运来了几台货真价实的拖拉机。但是很快，喀山坦克学校就成为了德国试验新型坦克的跑马场——从 1929 年初，为了教学和试验，德国人向这里运来了大量在苏联兵工厂按照德国图纸秘密试制的坦克部件，它们被装在专门的大木箱里，由专人押运，这些部件被组装成若干坦克整车后，在文件中被统称为“超级拖拉机”（Grosstraktor）——主要有 3 种型号，分别出自戴姆勒 - 奔驰公司、莱茵金属公司和克虏伯公司工程师的绘图板上（这些坦克的设计虽然仍然稚嫩，但已经显示出脱离 A7V 窠臼的明显迹象）。

更重要的是，作为苏德军事合作的一部分，喀山坦克学校的存在还意味着德国人在一定程度上参与了当时苏联坦克的研发。当时每一种苏联坦克的设计工作，不但几乎都有德国工程师的参与（甚至有人夸张地说，苏、德工程师当时是肩并肩坐在同一张桌子前），而且每一辆苏联从英、法或是美国等西方国家进口的坦克样车，在拆解研究的过程中也少不了德国军官和工程师的“观摩”。可想而知，正是在这样的过程中，对日后德国坦克设计的风格产生了不小的影响。1931 年以后，《凡尔赛条约》对德国军备的限制有所松动，在这种情况下，德国军方开始有计划地将坦克的设计力量从苏联调回国内，两次世界大战间德国坦克的研发生产由此掀开了新的一页。

不堪重负的 I/II 号

1932 年，在当时的国防部战争局军官古德里安中校的建议下，德国军方决定向工业界订购一种主要用于训练的轻型坦克，并在当年年底向戴姆勒 - 奔驰公司、莱茵金属公司和克虏伯公司提供了有关一种轻型坦克（5 吨）的详细规格说明。这

上图 Pz.Kpfw I Ausf.A 轻型坦克

上图 Pz.Kpfw I Ausf.B 轻型坦克

上图 Pz.Kpfw I Ausf.C 轻型坦克

上图 Pz.Kpfw I Ausf.D 轻型坦克

上图 Pz.Kpfw I Ausf.F 轻型坦克

最终促成了两次世界大战期间，第一种真正意义上的德国量产型坦克——panzerkampfwagen I 的出现（德军制式编号 Sd.Kfz. 101）。

panzerkampfwagen I 的主要设计经验来源于早期的一些“秘密”项目，以及克虏伯公司与瑞典拉斯维克公司间的合作计划。不过，尽管由于整个项目的出发点在于训练而非作战，所以作为一种小型的双人坦克，仅有 2 挺 7.92 毫米机枪的 panzerkampfwagen I 战场使用价值不高，但这种坦克仍被使用到 1942 年。在 1942 年初，各型 panzerkampfwagen I 坦克开始退出一线部队，转入警察部队和反游击部队或是被拆解后用于大西洋防线的防御工事。客观地说，尽管 panzerkampfwagen I 不是一种有效的战斗坦克，但它仍是一种优秀的训练坦克，到战争结束时大部分德国装甲兵都是通过它了解到究竟什么是“坦克”。值得一提的是，在 1942 年全面退役后，仍有一些 panzerkampfwagen I 底盘在继续发挥余热，它们或是被改装为指挥车，或是被改装为自行反坦克炮或是自行步兵炮。然而，战争中后期，大部分 panzerkampfwagen I 的衍生型号都并不成功——作为一个源自 20 世纪 30 年代初的设计，显得过于陈旧，panzerkampfwagen I 的底盘早已不堪重负了（德国第二次世界大战使用的坦克（Panzerkampfwagen）最初的缩语为 Pzkw。不过，这引起了混乱，因为兵员运输车的缩语为 Pkw。这样，装甲战车被改称为 Pzkpw 或者 PzKpfw 。这种名称一直沿用到这次战争中期。这时，加上一个罗马数字来区别战车的类别，例如 PzKpfw Ⅳ；而加上一个按字母索引顺序的大写字母来区别战车的型号，通常缩略为 Ausf）。

上图 Pz.Kpfw II Ausf.B 轻型坦克

上图 Pz.Kpfw II Ausf.C 轻型坦克

上图 Pz.Kpfw II Ausf.D 轻型坦克

上图 Pz.Kpfw II Ausf.F 轻型坦克

上图　Pz.Kpfw II Ausf.J 轻型坦克

上图　Pz.Kpfw II Ausf.L 轻型坦克

与 panzerkampfwagen I 的情况类似，稍后出现的 panzerkampfwagen II 同样是一个启蒙性质的“先行者”，但已经在一定程度上考虑到了实战用途。panzerkampfwagen II 实际上是 panzerkampfwagen I 的放大版。在项目启动初期，戴姆勒 - 奔驰公司、莱茵金属公司、克虏伯公司及 MAN 公司都拿出了自己的样车。舍尔公司的样车为 LAS 100H，即 100H 农业拖拉机。这种没有炮塔的敞开式车体由 6 个小直径负重轮支撑，使用板弹簧平衡式悬挂。MAN 公司的样车与英国的卡登·洛伊德运输车外形相似，也没有炮塔。克虏伯公司的样车称为 LKA2，也就将该公司设计的 panzerkampfwagen I 样车加以改进，这种坦克使用 4 个大直径负重轮支撑车体，其炮塔比一号坦克更大，并装有一门 KWK30 型 20 毫米机炮、一挺拥有大型仿单板的 7.92 毫米口径机枪和一个视野宽广的蔡司潜望镜。

上图　Panzerspaehwagen II Ausf L Luchs“山猫”（Sd.Kfz.123（VK 1303））装甲战斗侦察车

令人意外的是，在 4 个方案中，最终只有 MAN 公司中标入围，而克虏伯一贯被认为最好的设计仅仅被要求保留了炮塔，安装在 MAN 公司的底盘上，然后开发工作由 MAN 公司和戴姆勒 - 奔驰公司共同完成——制式编号被定为 Sd.Kfz.121。panzerkampfwagen II 装甲非常薄弱，为 5 ~ 14.5 毫米只能防御子弹和炮弹破片。而火力上采用 KWK30 型 20 毫米机炮，射速高达 280 发 / 分，载弹量为 180 发，而同轴机枪选用大名鼎鼎的 MG34 型，装弹 2250 发。发动机为迈巴赫 57TL 型 6 缸汽油机，能提供 130 马力，油箱容量为 200 升，最大行程为 200 千米，最大速度为 40 千米 / 小时。乘员为 3 名，驾驶员位于车体，指挥官和装填手位于炮塔，并且同样普遍装备了 FUG5 型无线电设备。部分 panzerkampfwagen II Ausf.A ~ panzerkampfwagen II Ausf.F 型改进了发动机和冷却设备，以适应沙漠战场，并被德国非洲军团称为 Tp 型。1941 年 3 月至 1942 年 12 月生产了最后的 524 辆 F 型后，panzerkampfwagen II 开始退出现役，转到坦克学校用做教练车，或是改装成指挥车配给警察部队。值得一提的是，由于底盘承载能力有所加强，panzerkampfwagen II 底盘的拓展潜力要比 panzerkampfwagen I 大一些，因此在战争的剩余时间里，其衍生型号被相对成功地使用到了战争结束——“山猫”装甲侦察车（配备装甲侦察部队）、105 毫米的自行榴弹炮和“黄鼠狼”I/II/III 坦克歼击车者等都是如此，留下了还算不错的口碑。然而 panzerkampfwagen I 也好，panzerkampfwagen II 也罢，波兰战役之后，这两种原本作为教练车而制造的坦克，就已经耗尽了绝大部分的战场价值。

优良的纳粹军马—III/IV 号

通过 panzerkampfwagen I/II 所获得的经验，德国人在坦克设计领域很快成熟了起来——panzerkampfwagen III/IV 的出现说明了这一点。事实上，较之 panzerkampfwagen I/II，更大、更重的

下图 巴巴罗萨行动中的 PzKpfw IV Ausf.D

下图 巴巴罗萨行动中的 PzKpfw IV Ausf.D

panzerkampfwagen III/IV 原本是同一个项目中的两个版本，也体现着当时德军装甲兵的战术思路——较轻些的 panzerkampfwagen III 将装备长身管的反坦克炮，主要用于与敌坦克做斗争，因此被称为“战斗坦克”；较重些的 panzerkampfwagen IV 则装备短管的榴弹炮，用于支援 panzerkampfwagen III，因此被称为“支援坦克”。然而在随后的战争中，这种理想化的搭配很快就被证明是不切实际的。panzerkampfwagen III/IV 的后继发展，不但大幅度超出了其原有的战术设定，两者间的界限也变得模糊了起来——JagdpanzerIII 与 JagdpanzerIV 的战场价值就几乎没有分别，这显然是一个尴尬。

不过由于出身于吨位较大的“支援坦克”，IV 号在底盘承载性上远优于吨位较小的 III 号，这使 panzerkampfwagen IV 成为了整场战争中“最为成功的德国坦克”。在 1943 年 1 月 11 日，首辆 Panzerkampfwagen V“黑豹”D 型坦克驶离工厂之前，尽管德国国防军和武装党卫军部队已经拥有了几个装备 Panzerkampfwagen VI“虎 I”式重型坦克的独立重型坦克营，然而由于后者的产量极为有限（“虎 I”可谓二战中令人畏惧的德国坦克图腾，但从 1942 年 7 月到 1944 年 8 月末停产，仅仅生产了 1355 辆），因此无论是应对东线的“T-34 危机”，还是面对北非各式各样的英、美坦克，装备 KwK 40/L43 75mm 长身管坦克炮的大量 Pzkpfw Ⅳ Ausf.F2/G 就已经成为德军装甲部队的脊梁，其中流砥柱的作用是包括 Panzerkampfwagen III 在内的任何一种德制装甲战斗车辆无法企及的——着实让北非战场上的盟军吃尽苦头，几乎所有英、美制战车都不是 F2 型的对手，东线的“T-34 危机”也由于两种长身管 Pzkpfw Ⅳ的出现得到了初步的化解。随后于 1942 年 11 月出现的后期型 Pzkpfw Ⅳ Ausf. G，由于换装了身管进一步延长的 KwK 40/L48 75 毫米坦克炮，基本上将开战以来 T-34/76 的质量优势扳平，甚至还略有超出。当 1943 年 4 月被称为“基本决定版”的 Pzkpfw Ⅳ Ausf.H 投产时，这种坦克已经成为所有在产德制装甲战斗车辆中性能、成本和可生产性最为均衡的“日耳曼军马”。

然而可惜的是，正如前文所述，作为德军手中被认为最具性价比优势，并且在火力、机动和防护性三大性能上能够达到理想平衡的中型底盘，无论是 IV 号的坦克版本还是坦克歼击车版本，在战斗效能上都没有与 III 号（及其衍生型）拉开实质性差距——从 Pzkpfw Ⅳ Ausf. G（后期型）一直到 Pzkpfw Ⅳ Ausf. J，装 KwK40L48 75mm 坦克炮的 IV 号坦克与 StuG/JagdpanzerIII F/F8/G 型突击炮 / 坦克歼击车拥有相同的火力和相近的装甲防护水平，至于 Jagdpanzer IV 这种本应拥有更强大火力的无炮塔坦克歼击车版本，却由于 KwK 42L70 75mm 坦克

右图 装 70 倍径 75 毫米炮的 Jagdpanzer IV 70（A）侧视图

左图 装48倍径75毫米炮的Jagdpanzer IV在战场价值上并没能拉开与装同样武器的Stug III突击炮的距离

炮的产量不足（这种坦克炮需要优先供应Pzkpfw V“黑豹”），也只能用同样的KwK42L48 75mm坦克炮“凑合”（Jagdpanzer IV的本意是用KwK 42L70 75mm坦克炮对廉价的IV底盘进行重新武装，以弥补因昂贵的Pzkpfw V“黑豹”产量不足而造成的严重缺口，绝非StuG/JagdpanzerIII F/F8/G型突击炮/坦克歼击车的一种“重复”）。结果这样一来，不但在资源上造成了巨大的浪费（同时维持III号和IV号两种战场价值相差不大，但部件通用性却相当有限的底盘生产线，显然与当时德国军工资源的现状是背道而驰的），更与战争中后期德军在战场上面临的威胁形势相脱节——随着1943年底T-34/85的出现，作为一个本应在性能和产量规模上“对等”的级别，装有KwK40L48 75mm坦克炮的IV号系列或是III号系列却都感到力不从心了。然而这样一来，整个IV号系列的存在意义也就受到了强烈的质疑。

上图 战争最后10个月德国装甲部队呼喊更多的IV号

“虎豹成行”还是“虎豹难行”？

从大多数职业军人的视角来看，当战争刚刚踏入最初的白热化阶段，5吨级、10吨级的轻型装甲战斗车辆便被认为失去了绝大部分战场价值——特别是东线战场上，随着VI号“虎”、V号“黑豹”、T-34/85、IS-1和KV-85等的不断加入，已经日渐沦为重型装甲怪物的角斗场，类似于I、II、III号、T-26、T60和T70之类吨位过小的轻型坦克即便还没有完全退场（以1944年初的标准来看，III号由中型坦克划归为轻型坦克应该是没有太大异议的），早已沦为了无足轻重的配角，德军装甲部队也因此进入了更大、更重乃至“虎豹成行”的时代。

不过，考虑到太多的书刊已经对VI号“虎”和V号“黑豹”进行了大量的介绍，再考虑到篇幅原因，本文无意进行再一次“重复”，而是希望展现一下德军这些“虎豹”之车的另一面。比如，在古德里安眼中，Panzerkampfwagen V“黑豹”就是一种“纸面上很漂亮”（70倍径的KwK 42 70mm口径坦克炮、110毫米厚的炮塔正面装甲、80mm/40度法线角的车体首上装甲，以及650马力的迈巴赫HL230P30汽油引擎（黑豹）和660毫米宽的履带，这些都有着不言而喻的吸引力），但实际却相当糟糕的设计——主要问题就出在其高达45吨的吨位水平上。毕竟吨位越大，也就意味着坦克在设计上越加复杂，同时动力/传动系统所要承受的负荷也就越大，从最初的PzKpfw V Ausf. D到过渡性的PzKpfw V Ausf. A（1943年8月投产），再到1943年3月投产的PzKpfw V Ausf. G，虽然历经多批次的技术性细节修改，发动机从HL210P45、HL210P30一路升级到HL230P30，以ZF公司AK7-200型变速箱为核心的传动系统也历经修改。然而即便如此，PzKpfw V机械可靠性差的问题却仍然无法“根除”（变速箱、传动装置、悬挂装置及引擎），至于这其中的“奥妙”则不难点破——45吨的战斗全重就已经是一切麻烦的根源了，这个吨位足以压垮很多本不该被压垮的东西，更何况50吨的“虎“I和69吨的“虎II“（举例来说，最初的250辆“黑豹”D型坦克到 1943 年 8 月 10 日只剩下了 43 辆，其中绝大部分是由于起火自燃或是机械故障“趴窝”无法回收造成的非战斗损失，以至于古德里安曾经对此哀嚎到：“它们太容易起火了！”）。

上图 PzKpfw VI“虎”式重型坦克

况且，由于战前对于重型装甲战斗车辆的技术储备有限，即便是相对较轻的 PzKpfw V，其战斗全重也超过了很多关键部件的负荷范畴，实际可出动率较之纸面还要大打折扣（东线德军可操纵的 PzKpfw V 从来没有超过 700 辆），再加上越重型的装甲战斗车辆，结构上就越为复杂，要对其进行有效操作和维护保障，所需的专业技能要求也就越高，然而德军前线部队在几年的残酷战争中不断增长的人员伤亡，意味着后备人员在经过充足的训练前便不得不被送上战场，这也使得前线部队特别是装甲部队兵员的专业技能水平下降明显（举例来说，德军规定，PzKpfw V 的车长必须是军官或是军士长，驾驶员和炮长则必须是军士，而且严禁乘员在没有机械维修技能的情况下将坦克开入战场）……结果这些都进一步降低了这些重型装甲战斗车辆在性能上的增益，以质量来抵挡数量的想法是行不通的（即便是 PzKpfw V Ausf. G，其故障率也要高于 PzKpfw IV 和 PzKpfw VI，而 PzKpfw VI Ausf. B“虎 II”的机械可靠性之差更是一场灾难）。在当前的战局中，即使将 45 吨级的 PzKpfw V Ausf. G 和 69 吨级的 PzKpfw VI Ausf. B 作为坦克生产的重头，也会使前线部队陷于更加绝望的困境。也正因如此，在整场战争中，古德里安几乎从头到尾反对将 45 吨级的 PzKpfw V 或是更大吨位的 PzKpfw VI Ausf. B 投入量产。

上图 Pzkw VI Ausf. B“虎 II”重型坦克同样是“重装甲情结”的产物

然而，不同于古德里安和总参谋部对“重型虎豹”的“抵触”乃至“痛恨”，希特勒本人、他的“近臣”及其“私人军事顾问班底”却对这些结构复杂的重型装甲战斗车辆抱有一种异乎寻常的“兴趣”和“热情”，至于这其中的原因则颇为复杂。一方面，希特勒在老派的普鲁士军官团面前时常感到自己没有“专业”地位。正如施佩尔用一个词形容的那样，他在许多方面只是一个“业余专家”，比如军事指挥或艺术鉴赏方面，在“武器鉴赏”方面其实同样如此（元首作为自学成材的业余军事专家，他在科班出身的总参谋部军官面前总是有自卑感）。但是他的至高无上的“元首”地位又要求他保持无所不知的“专家”形象。更何况，从 1936 年的莱茵兰、1938 年的苏台德、1939 年的波兰、1940 年的法国、1941 年的苏联……一次次希特勒执意进行的军事冒险却都取得了成功，并令“职业军事贵族”们一次次颜面扫地。这就造成了施佩尔所说的一种戏剧性场面，即希特勒在总参谋部面前形成了一种既自卑又自大的复杂心态，以至于除了常常不顾总参谋部军事专家的意见在地图上把各个师调来调去，直接指挥前线的军事行动，还影响到了希特勒对武器的“鉴赏”——以“业余武器专家”的眼光来看，大而重的重型装甲战车当然要比轻型的更有吸引力（实际上普通人也是这种心态），甚至于像“鼠”式那样将近 200 吨的怪物也并无不妥，至于如何将这些车辆保质保量地生产出来，并且在战场上得到恰如其分的使用，则是抛给“古德里安和施佩尔们”的问题（这一点从希特勒对“黑豹”、“虎 I”和“虎王”（虎 II）的偏爱上来看是相当明显的）。

上图 180 吨级的 VK3001“鼠式”超重型坦克

最后的装甲纵队——关于 E 系列

坦克无疑是一种相当昂贵的重型技术装备，其成功或失败的多少既取决于设计者的热情和技术应用水平的高低，又取决于他对设计中所包含的各种利弊所做判断的准确程度，并为此准备采取何种形式的妥协。因此如果仅仅用“战场性能”来衡量其军事价值，却很少考虑生产工艺的简化和各种型号间部件通用性的问题，则未免失之偏颇，并终将酿成大祸（作为武器，坦克属于复杂的系统工程，是作战体系的一部分。从问世之日起就不是孤立地出现在战场上的。坦克的研制、生产和使用其实都是战略、战术的重要组成部分，更是国家整体政策的体现，因此，不能简单地依据一两项性能指标来判断坦克的优劣。在理想情况下，坦克的各项性能应该构成一个标准的多边形——而不仅仅是由火力、机动和防护构成的三边形——边长相等意味着综合性能的均衡和突出。而某项指标的过分突出必然以总体均衡性的丧失为代价）。可惜的是，长期以来在纳粹德国装甲战斗车辆研发体系中，却一直充斥着这类无理性的混乱——相对于纳粹一贯自我标榜的“秩序”，这简直是一个辛辣的讽刺。

上图 艺术家笔下的 E-10

举例来说，1943 年中期出现于战场的 panzerkampfwagen V“黑豹”，由于将大功率发动机、倾斜式装甲板和宽幅履带成功地进行了综合，其火力和防护性能要在一定程度上优于稍晚出现的 T-34/85（机动性则持平），甚至对 IS-2 也享有一定优势。然而，这一“优势”的达成却是以复杂的机械结构、糟糕的可靠性和高昂的生产成本为代价的。更糟糕的是，尽管“黑豹”已经对于部件的通用性有所考虑，但相比于苏联人的做法而言，却仍是小儿科式的“把戏”——与“虎”式或是其他德国坦克能够共用的部件不能说没有，但却极为有限，这种被寄予厚望的“非典型“德国坦克仍然需要建造一条专门的生产线和一系列的配件工厂，很多需要专用设备生产的部件和大厚度的轧制装甲板都是生产的瓶颈，这个问题最终导致了“黑豹”坦克在战争的最后两年多时间只生产了不到 7000 辆（名气更大一些，但也是最后一种纯德式血统的 panzerkampfwagen VI“虎”式，其产量更是只有区区 1346 辆）。结果，以 panzerkampfwagen V 为一个缩影，由于在部件通用性和可生产性上失分过多，一种或几种德式坦克性能上的小幅度优势往往很快就被对方数量上的汪洋之海所吞没了（1941 年苏联坦克产量为德国的 3 倍，1942 年达到 4 倍，此后苏联坦克相对于德国的产量比率一直稳定在这一数字上）。

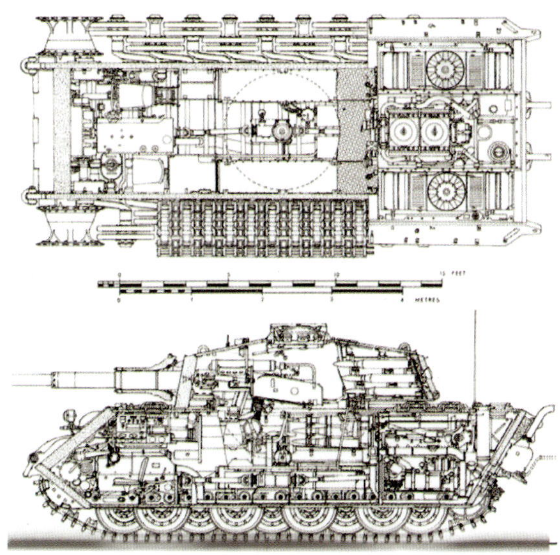

上图 68.9 吨重的 Pzkw VI Ausf. B“虎 II”已经是一种高度复杂的超重型装甲战斗车辆

下图 E-25B 方案侧视图

对此，有人曾经这样总结，“……纳粹德国是在生产线而非战场上输掉了那场装甲战争。每一辆德国坦克都是精雕细琢的艺术品，一如骑士时代的高贵战马，但其对手却只是流水线上的廉价货。然而，最终在“数量也是一种质量”（列宁语）这一最为朴素的军事哲学面前，高贵的日耳曼战马却被丑陋的流水线产品所吞噬了……”有意思的是，此语虽然大体道出了实情，但并不等于说德国人自己就没有这方面的觉悟，E 系列就是对此最好的回应——在现有装甲作战车辆与未来装甲作战车辆之间寻找一个结合点，以一个完整的车族式系列替换目前在德国国防军与武装党卫军（SS）部队中服役的所有履带式战斗车辆，其范围囊括了从 5 吨的微型装甲战斗车辆直到 100 吨以上级别超重型坦克在内的“一切”，但无论车族成员间的吨位级别差异有多大，它们均严格按照通用化，也就是按最大限度共享技术、生产工艺乃至零部件的原则进行设计。显然，无论是从前线部队的实际需求还是后方军工系统的可生产性角度考虑，E 系列的通用化车族思想都具有超前的划时代意义（虽然从某种意义来讲，德国人打算在 E 系列上贯彻的这种彻底的通用化车族设计思想至今仍未能完全实现）。其整个计划构思的伟大之处不是多少的装甲倾角、多厚的装甲、多大口径的火炮和多么强大的发动机，而是如果包括动力、传动、履带、负重轮乃至悬挂和观瞄装置在内的大部分零件实现了“通用的标准化”，那么完全可以在一条生产线上按照搭积木的方式，同时装配着从 5 吨级、10 吨级直到 50 吨级、70 吨级乃至 100 吨级的各型装甲战斗车辆……如此一来，高度的通用性将合理有效地降低制造难度，既解决了生产和设计领域的部分技术问题，资源和原料分配不善的瓶颈也将从根本上得到疏通，从而最大限度地弥补第三帝国的战略“短板”。

下图 E-75 侧视图

结语

如果武器和武装斗争之间的关系一定要遵循这样一个规律，即“……武器和装备必须适合斗争的性质，因而是由斗争决定的。但是制造、熟悉和掌握武器装备的活动同斗争本身是两回事，只是斗争的准备，还不是斗争的实施。斗争决定武器和装备，武器和装备又改变斗争的形式，因此两者之间是有相互作用的……”那么很显然，在经历了从无到有、从生到熟这样一个自然而有序的阶段后，纳粹德国的坦克发展却越来越游离于这一规律，以至于开始出现了一个又一个“怪胎”——尽管在战争的最后阶段，也出现了“E 系列”这样的反思，但这样的一条绝路却已经无法回头了。

上图 捷克的斯柯达工厂为德军生产的 Aufklarer38（t）装甲侦察车

下图 46 吨的 Jagdpanther V 在 31 吨的 SU-100 面前并没有多少值得夸耀的优势，可在生产性上更是输得彻底

日耳曼战车重新启动——德国坦克发展史（1945 年以后）

德国人曾经拥有一支强大的装甲力量，也曾经拥有一个强大的坦克工业，生产线上走出了成群的“虎豹”，绘图板上还在缔造着“E 系列”的梦想。然而这一切都随着 1945 年 5 月 8 日的战败烟消云散了。“胜者为王，败者为寇”，德国的疯狂最终难逃罪责，国家分裂，经济凋敝，军事工业被彻底瓦解，曾经辉煌的坦克工业也不复存在。德意志民族也陷入了“人为刀俎，我为鱼肉”的悲惨境地。冷漠代替了愤怒，听天由命代替了复仇的愿望。不过，当冷战的铁幕徐徐落下时，作为一颗最重要的棋子，联邦德国却被西方世界处心积虑地“化敌为友”。于是，在联邦德国重新武装的过程中，坦克工业开始重建，新一代日耳曼战车的轰鸣声由远及近，又一次出现在了人们的视野中。

右图 “豹 IIA6”主战坦克侧视图

“豹 I”的开门红

“豹 I”主战坦克在技术上曾经得到了普遍的认可，但更重要的是，作为联邦德国（西德）坦克工业重建的一个图腾，这个型号的出现意味着日耳曼战车被再次发动起来了。1955 年，由于筹建中的西德陆军对所接收的美制 M47/48 坦克并不满意，再加上作为对法、德联合坦克计划的一个回应，德国国防部提出了新型主战坦克的研制要求，并组织了两组公司（即 A 组和 B 组）参与两国的样车选型。第一批初始样车于 1960 年完成，在经过初步评测后，西德国防部决定集中发展 A 组样车方案（这组公司包括马克公司、容克公司、卢瑟公司，约登公司及保时捷公司）。在分别生产了 30 辆和 50 辆的两轮样车后，进入低速生产状态的预生产型坦克开始在西德和其他北约国家境内展开了更为广泛的试验。由于整个试验过程相当完备而细致，A 组预生产型坦克的瑕疵在 1962 年已经被认为剔除完毕，这使德国国防部下决心采购这种国产坦克（换句话说，西德决定甩开法国人单干），遂以“豹”式主战坦克的名义定型。

整体来说，除了装甲略薄外，作为 MB838 柴油动力机组、L7A3105mm 坦克炮与机电混合式火控系统的完美组合，车体宽大的“豹”式主战坦克重建了人们对德式坦克技术的信心。1963 年，克劳斯·玛菲公司被指定为“豹”式主战坦克生产的总承包商，而基尔的马克公司则负责装甲抢

上图 比利时军队装备的“豹 IA5”主战坦克

救车、装甲工程车及装甲架桥车的生产。第一批生产型“豹”式主战坦克在 1965 年 9 月 9 日完成，此后在生产线于 20 世纪 80 年代中期最终关闭时，各型“豹”式主战坦克（视装甲配置和火控系统繁简程度的不同，主要型号有 A1/A2/A3/A4）共生产了 6245 辆之多，并出口到约占一半的北约成员国，堪称 20 世纪六七十年代最成功的西方坦克各型“豹”式主战坦克获得的声誉远远超过了同时代美国人的 M60 系列和英国人的“百人队长”系列。这一点从“豹”式主战坦克在西方世界的分布范围就可见一斑：澳大利亚（90 辆）、比利时（334 辆）、加拿大（114 辆）、联邦德国（1845 辆豹 IA1、232 辆豹 IA2、110 辆豹 IA3、250 辆豹 IA4）、希腊（104 辆豹 IA3）、意大利（448 辆）、荷兰（468 辆豹 I）、挪威（78 辆豹 I）、土耳其（77 辆豹 I）。值得一提的是，如果说“豹”式主战坦克使德国人在这个领域重新获得了声誉，那么在其诸多生型号中，基于其底盘的“猎豹”双 35 自行高炮同样被认为是一个不可多得的经典，并在其出现后很快成为竞相模仿的样本。

“豹 II”——重回王者宝座

如果说作为西德坦克工业重新崛起的象征，1965 年正式投产的“豹”式主战坦克为德国人赢得了一个“满堂彩”，那么全新版本的“豹”式主战坦克则为德国人真正夺回了坦克王国的“王冠”。1970 年联邦德国和美国联合研制 MBT-70 坦克的计划告吹，联邦德国便做出自主研制新一代主战坦克的决定。1972 ～ 1974 年间，克劳斯•玛菲公司制造出了 16 个车体和 17 个炮塔，所有样车均装有 MBT-70/Kpz.70 坦克的伦克传动装置和 MTU 柴油机。1977 年，联邦德国选定克劳斯•玛菲公司为主承包商并签订了批量生产新一代“豹”式主战坦克的合同，在 1800 辆订货中，克劳斯•玛菲公司生产 990 辆，其余 810 辆由克虏伯•马克公司制造，共分 5 批投入生产。第一辆预生产型新型豹式主战坦克于 1978 年底交给联邦德国国防军用于部队训练。1979 年初又交付了 3 辆。第一辆生产型新型豹式主战坦克由克劳斯•玛菲公司于 1979 年 10 月在慕尼黑交付。1987 年 10 月 30 日，联邦德国政府又订购了第 6 批 150 辆新型豹式主战坦克。1988 年又签订了第 7 批 100 辆新型豹式主战坦克的生产合同。1990 年签订了第 8 批 75 辆车的生产合同。给德国陆军的新型豹式主战坦克于 1992 年全部交付完毕。

上图 作为豹 II 坦克原型之一的无炮塔结构 VT 试验车

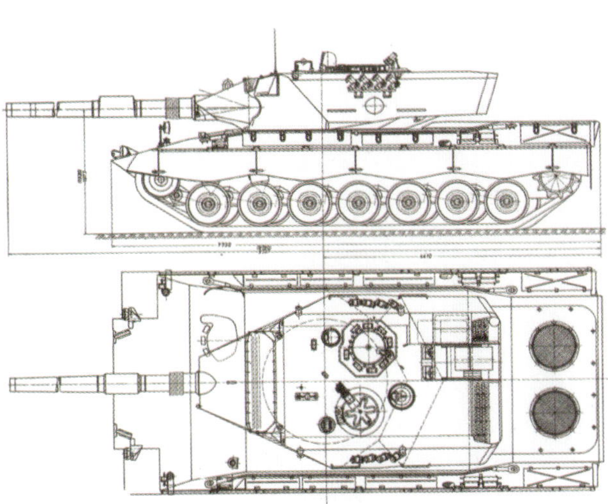

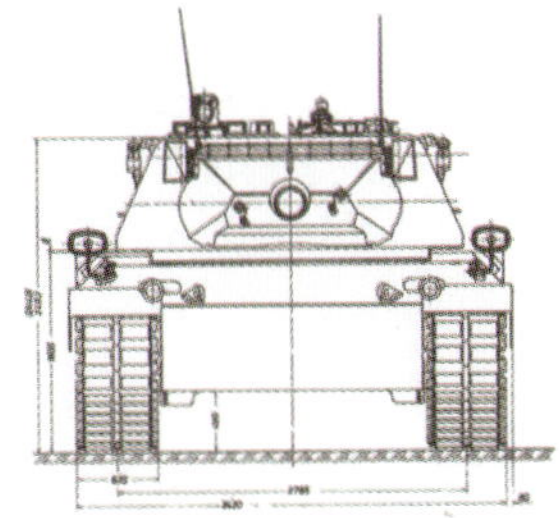

左图 早期的豹 II 原型车方案

下图 训练场上的豹 IIA4

以豹 IIA4 为例。这种重达 55 吨的主战坦克。车体和炮塔均采用间隙复合装甲，车体前端呈尖角状，增加了厚的侧裙板。炮塔外轮廓低矮，防弹性好，设计时考虑了中弹后的防二次效应问题，将待发弹存于炮塔尾舱，并用气密隔板将弹药与战斗舱隔离。该坦克采用集体防护式三防通风装置。第五批生产型豹 II 坦克开始安装英国格莱维诺乘员舱灭火抑爆装置。装有热护套和抽气装置，炮管系用自紧工艺制造，内膛表面经镀铬硬化处理。坦克弹药基数为 42 发，其中 27 发储存在驾驶员左边的车前部分，15 发储存在炮塔尾舱里。配用尾翼稳定脱壳穿甲弹和多用途破甲弹两种弹药。44 倍径的 RH120 120mm 装有热护套和抽气装置，炮管系用自紧工艺制造，内膛表面经镀铬硬化处理。坦克弹药基数为 42 发，其中 27 发储存在驾驶员左边的车前部分，15 发储存在炮塔尾舱里。配用尾翼稳定脱壳穿甲弹和多用途破甲弹两种弹药。辅助武器包括莱茵 MG3A1 式 7.62 毫米并列机枪和 MG3A1 式 7.62 毫米高射机枪。炮塔两侧后部各装 1 组烟幕弹发射器，每组有 8 具发射器。火控系统采用指挥仪式稳像火控系统，具有易于稳定和很高的行进间对运动目标的射击命中率。车长配有 PERI-R17 型稳定的周视主瞄准镜。炮长有双放大倍率的稳定式 EMES 15 型潜望式瞄准镜，其中包括激光测距仪和热成像装置。装在 EMES 15 型瞄准镜中的热像仪能使火炮在夜间或不良天气下或者对伪装的目标进行瞄准和射击。炮长还有 1 个辅助的 FERO-Z18 型望远式单目夜间瞄准镜。MB873Ka-501 型发动机的功率为 1103kW（1500 马力）。传动装置采用伦克 HSWL345 型液力机械传动装置。行动装置采用扭杆悬挂，车体每侧有 7 个负重轮、4 个托带轮、1 个后置主动轮、1 个前置诱导轮和 1 个履带调节器。

不过，需要澄清的是，这种全新版本的“豹”式主战坦克尽管被称为“豹 II”（在其出现后，1965 年正式投产的“豹”式主战坦克则被改称“豹 I”），并在随后漫长的岁月中被逐渐“神话”了，但最初版本的“豹 II”，究其本质却不过是“豹 I”的一个深度升级版本——即英国的出口型“乔巴姆”复合装甲、MB873 柴油动力机组与莱茵金属公司的 RH120 120mm 坦克炮这三大技术，在“豹 I”框架内的一对一式替换。也正因如此，作为一种相对保守的设计（在两代“豹”式主战坦克之间，西德曾有着一系列颇为激进的坦克计划），“豹 II”虽然将西德坦克技术的声誉推向了顶峰，并成为了继“豹 I”之后，另一种分布广泛的“国际豹”（除德国以外，还有其他一些国家装备使用了早期的豹 II A1-A4 系列主战坦克，其中荷兰购买了 445 辆；奥地利从荷兰那里接收了 114 辆豹 IIA4 型；西班牙陆军向德国租借了 108 辆；丹麦和瑞士各购买了 51 辆和 380 辆；土耳其也购买了一批豹 IIA1-A4 系列主战坦克），但过分地神话却

左图 作为一种从来没有真正走上过战场的主战坦克，“豹II”系列直到升级了火控系统，换装了55倍径的新型RH120 120mm滑膛炮，并且为炮塔加装了楔型。附加装甲的A5型（及其后继型号）出现后，才真正让德国人建立起了一种较有“质感”的心理优势

也是一种不理智的表现。事实上，作为一种从来没有真正走上过战场的主战坦克，“豹II”系列直到升级了火控系统，换装了55倍径的新型RH120 120毫米滑膛炮，并且为炮塔加装了楔型。附加装甲的A5型（及其后继型号）出现后，才真正让德国人建立起了一种较有“质感”的心理优势（豹II A5型的主要改进包括：炮塔前弧区装有新的增强型装甲组件；用全电系统取代原有的液压火控与稳定系统；改进120毫米火炮反后坐装置，以便将来安装莱茵金属公司的120毫米L/55滑膛炮；车长的顶置PERI R17 A2瞄具有一个热成像通道；车体后部的TV摄像机与监控器屏幕相连，使驾驶员可以快速、安全地转向；能与指挥和控制系统相连的以光纤技术和全球定位系统为基础的复合导航系统；改进型激光测距机数据处理器）。

无炮塔火炮型坦克歼击车一度复活

由于先进技术的前沿性和不定性，很多技术难题都要到工作深入展开后才能明确深度和广度。技术细节清晰化后，既可能带来惊喜，也可能带来麻烦。联邦德国国防军计划在20世纪60年代中期列装的Raketenjagdpanzer 2导弹型坦克歼击车所面临的正是这样一种情况。通过列装少量Raketenjagdpanzer 1，以及对Raketenjagdpanzer 2原型车的试用，当时联邦德国国防军发现，无炮塔反坦克歼击车与反坦克导弹的这种“婚姻”，并非如想象中那般美妙。在决定研制生产并将Raketenjagdpanzer 2批量装备部队之前，联邦德国国防军初步的研究结果是，装备反坦克导弹的坦克歼击车在保卫中欧的作战中将能够以一种低廉的成本，有效地对付来势汹汹的苏军装甲集群。然而，如果加入地形地物、植被、技能、领导、士气、凝聚力，以及当时反坦克导弹技术的实际水平这些因素后，这个结论便发生了动摇——Raketenjagdpanzer 1/2的设计理念在当时是很先进的，也是很合理的，但现实却是错综复杂的。

将SS11作为Raketenjagdpanzer 1/2的主要武器，实际上对地形和植被的因素考虑较少。德国东部地区的地形起伏不平，没有崇山峻岭，但有小山丘和谷地，至少有地褶（而这些地褶对现在的讨论具有重要意义）。那里有隐蔽的近路可供苏军装甲车辆利用，这使苏军装甲车辆可以突然出现于对方反坦克导弹的面前，从而剥夺了反坦克导弹较之机枪射程远的巨大优势。同时在中欧地区，一年大部分时间里还常常有浓雾笼罩地面。这种情况也会使坦克和步兵战斗车突然出现于反坦克导弹歼击车的面前，使他们几乎来不及发射一枚反坦克导弹——即使他们在听到被浓雾遮住的装甲车辆令人心寒的吼叫声后没有被吓退的话。所以在特殊场合，可见目标完全有可能出现在如此近

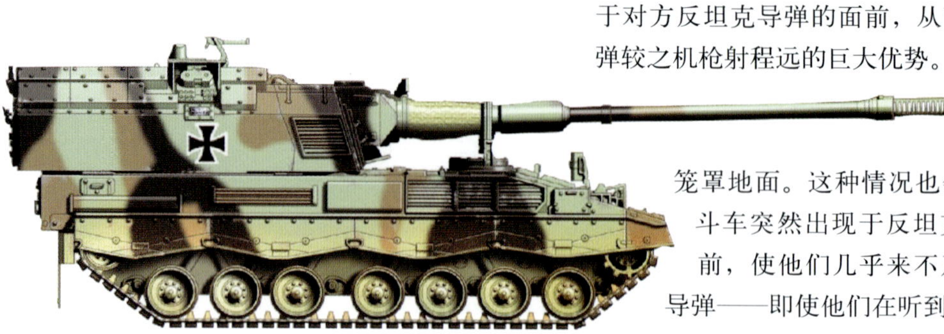

上图 基于“豹II”坦克底盘的Pz2000 155mm自行火炮

上图 由于 SS11 的战场价值有限，发展一种 Raketenjagdpanzer 2 的火炮版本从一开始就被考虑在计划中

的距离上，以致反坦克导弹完全失去作用（在沙漠条件下，目标可在 6000 米或更远的距离上看到，通常的射击距离为 3000 米。然而在西北欧，地物、森林、建筑物及其他视线障碍较多，因而 75% 的目标只能在 2000 米或小于 2000 米的距离上看到，极少数超过 4000 米距离的目标能被发现）。反坦克导弹射程远，但与之对应的缺点是它有一个最小射程限制，在射程限制范围内，无法及时使刚发射的反坦克导弹击毁进入这个近距离内的目标（传统的长身管反坦克火炮则无此限制）。

这样一来，技术层次上的那些初步结论就发生了很大变化。当分析战术层次上的对抗情况时，联邦德国国防军看到，防御者不再能够指望平均1.58 枚导弹击毁 1 辆价值相当于 100 枚导弹的坦克，从而创造极佳的消耗比率——对坦克的比率为 1:6.3。相反，看到的却是大量的 Raketenjagdpanzer 1/2 可能在对敌人开火前被敌坦克出击前的炮兵及直瞄武器的火力击毁；另一些 Raketenjagdpanzer 1/2 可能在几分钟的战斗期间由于受烟幕影响甚至捕捉不到任何一个目标；还有一些 Raketenjagdpanzer 1/2 可能因受周围爆炸声的震撼和气浪的冲击而丢失了被瞄准具捕捉到的目标。显然，以当时的技术水平来看，用反坦克导弹歼击车对付苏军坦克和装甲车的建议远没有最初看起来那样令人鼓舞，这种作战车辆的成功在很大程度上要依赖于有关人员的素质——因为攻防双方必须承受的压力严重不对称，在战斗中，士气、纪律性和凝聚力这些无形的因素几乎总是比纸面上的技术指标更为重要。Raketenjagdpanzer 1/2 这类搭载第一代反坦克导弹的坦克歼击车，其战场价值之所以被认为有限，实际上点明了一个朴素的军事技术哲理——质量逐步提高的边际效用，最终必定会在科学运用的范围内的某个时候下降为零。例如，用最先进的材料和用最新的工艺制造的极其优良的步枪，与根据同样的科学原理制造的、成本很低的普通现代步枪相比，其性能仅仅稍好一点而已。而将这种比喻用在第一代反坦克导弹与常规身管反坦克火炮的比较上，情况亦然。

也正因如此，Raketenjagdpanzer 1/2 似乎掀起了将反坦克导弹搬上装甲战斗车辆的热潮，但联邦德国的职业军人们却开始反思，是否应该将一门高初速的大口径火炮重新搬回到 Raketenjagdpanzer 2 的底盘上？而事实证明，德国人是这样想的，也是这样做的。这种思路导致德国工程师在绘图板上又回到了自己曾经极为擅长的领域——Kanonenjagdpanzer 4－5 在设计上重新回归了二战时的无炮塔传统，或者说 Kanonenjagdpanzer 4－5 成为了战后真正意义上的新一代“追猎者”。当然作为 Raketenjagdpanzer 2 的火炮版本，采用无炮塔设计的 Kanonenjagdpanzer 4－5（即加农炮反坦克歼击车）在一定程度上是一个妥协的产物——它的存在目的仅仅在于弥补 Raketenjagdpanzer 2 所

上图 作为 Raketenjagdpanzer 2 的火炮版本，采用无炮塔设计的 Kanonenjagdpanzer 4－5（即加农炮反坦克歼击车）在一定程度上是一个妥协的产物

装备的第一代反坦克导弹技术上的缺陷，同时最大限度地保持与 Raketenjagdpanzer 2 的通用性和使用中的协同性，并且降低生产成本。整体来说，Kanonenjagdpanzer 4 –5 与 Raketenjagdpanzer 2 底盘部分完全相同，战斗全重 25.7 吨，乘员为 4 人。最大速度 70 千米 / 小时，最大行程为 400 千米。车体全长 6238 毫米，炮向前长 8750 毫米，宽 2980 毫米，高 2085 毫米。车体距离地面高度 440 ~ 450 毫米（前后不一），履带接地 3800 毫米，战斗全重 27.5 吨。采用双气室设计并带有抽烟装置的 BK 90/L40 90mm 炮在车体首上装甲板上的安装位置稍稍向右偏斜。该炮可以发射和联邦德国防军 M48A3“巴顿”坦克一样的反坦克高爆弹和穿甲弹，最大射程达 2000 米，并能保证每分钟 12 发的短时间急速射（BK 90/L40 这类线膛坦克炮发射的炮弹在飞行中是高速旋转的，而旋转可以保持轴向的稳定性，并受气流 / 风的影响较小，因此弹丸更容易保持方向稳定性，远程攻击时精度更高——这对于破甲弹和榴弹来说尤其有利）。操炮手位于火炮右边，带有 8 倍放大的观察镜，另外，多数火炮顶部还有红外大灯。火炮的俯仰角在 – 8 度 ~ + 15 度之间，左右可以转动各 15 度，所有转向都是手动完成的。火炮右侧还有一挺 7.62mm MG3 机枪。另外，车体侧面还有 8 具烟幕弹发射器。

生产型 Kanonenjagdpanzer 4 –5 于 1965 年 11 月开始投产，到 1967 年 10 月停产时为止，共生产了 770 辆（亨舍尔和汉诺威各生产了 375 辆），与 Raketenjagdpanzer 2 按照 2：1的比例混合装备于装甲掷弹兵旅的机械化反坦克连或是装甲掷弹兵营的机械化反坦克排。但值得注意的是，并非所有生产出的 Kanonenjagdpanzer 4 –5 都装备了部队——大约有 270 辆在开下生产线后，直接作为战备物资进行了封存。此外，在 1972 年 12 月比利时陆军分两批购买了总共 80 辆 Kanonenjagdpanzer 4 – 5，用以装备 8 个比利时机械化步兵营的反坦克连。与德军的同型车相比，比利时军队装备的这些 Kanonenjagdpanzer 4 – 5 以国产的 FN MAG 机枪代替了原装的德国货。在联邦德国国防军的装甲纵队中，Raketenjagdpanzer 2/ Kanonenjagdpanzer 4 – 5 这样的一对组合，绝对是一道独特的风景线。

下图 由 Kanonenjagdpanzer 4 –5 改装而来的 Raketenjagdpanzer 4 反坦克导弹式坦克歼击车“山猫”也非等闲之辈

上图 “山猫”（Spaehpanzer Luchs）是一种被深深打上印迹的冷战装备——自 1975 年装备西德军队以来，从来没有出口过一辆

“豹 II”代表了德国坦克工业的实力，但这种实力却不可能仅仅体现在这样一个型号上。事实上，“山猫”轮式两栖装甲侦察车可能更非等闲之辈，而且更能代表了战后德国坦克工业的领先地位。简单来说，“山猫”（Spaehpanzer Luchs）是一种被深深打上印迹的冷战装备——自 1975 年装备西德军队以来，从来没有出口过一辆。这不仅仅是因为由于结构异常复杂，该车昂贵的采购价格令很多国家望而却步，更关键的地方在于，除了身处东西方两大实力集团间鏖战地带的联邦

德国（西德），再没有一个国家需要如此复杂昂贵的重型两栖轮式装甲侦察车了。事实上，联邦德国的东部边界线向内呈一弧形，如同田径场上的弯道一样，离边界线越远，战线就拉得越长，所需兵力就越多，也越易暴露弱点，被敌突破。而尽量靠近边界部署兵力，便可节省大量兵力，并用节省下来的兵力加强重点，组织强大的预备队。然而这样一来，由于所奉行的前沿防御战略，冷战中的联邦德国军队就必须发展成为一支具备高度机动能力的全装甲机械化军队：除了高性能的主战坦克和步兵战车外，作为作战效能的倍增器，性能完善的两栖装甲侦察车也是不可或缺的，“山猫”（Spaehpanzer Luchs）就是这样一种不惜工本被打造出来的产物。

上图 “山猫”（Spaehpanzer Luchs）的机械复杂程度至今仍难以被超越

上图 通过这辆在演习中倾覆的“山猫”（Spaehpanzer Luchs），得以近距离清晰地观察到其底盘结构

上图 今天看来，仍然十分诡异的 8 轮转向能力，其时早在二战中就被德国人通过 Sdkfz.234 重型轮式装甲侦察车所掌握

从戴姆勒 - 奔驰（Daimler-Benz）公司对该车的设计意图上来讲，其目标在于要以 8×8 结构的 20 吨级车体去实现与 4×4 的 10 吨级以下车体相当，甚至更好的机动性和操作灵活性，并且还要具备西德军方特别关注的水陆两栖性能。也正因如此，在这个目标的驱使下，该车形成了很多十分鲜明的技术特色。首先，该车采用了 8×8 全驱动设计，动力从发动机经传动装置传到与悬挂装置相连的 4 根车轴上，这种车辆则是奔驰公司于 1962 年研制，本来用于 14 吨级民用卡车的，采用了至今仍然不失先进性的全浮动技术。其次，车体的 8 个车轮全部采用一种油气混合式独立悬挂，主要部件包括坚固的叉形杆和 1 个上控制臂，其弹性元件采用螺旋弹簧和同轴油气弹簧构成，使车轮行程达 0.5 米左右，并通过前后部的拉杆与扭杆和车体连接。这种悬挂系统既具有油气弹簧行程较大、负荷能力强的特点，又保留了螺旋弹簧的高可靠性，大大提高了该车的战术机动能力。当然，8×8 的底盘结构再加上出色的悬挂系统，已经赋

予了该车极佳的陆上通行性能，但水上通行能力却是西德军方更为关注的一个重点。为此，该车成为德国历史上第一种专门设计的水陆两用轮式装甲车辆。入水前，液压操纵的车前防浪板竖起，战斗舱的2台排水泵和动力舱的1台排水泵同时打开。在水上靠车后部两侧的肖太尔（Schottel）可调螺旋桨推进，该螺旋桨由分动箱的功率分出装置所传递的动力驱动。在强劲的OM403VA型10缸4冲程柴油发动机的驱动下，最高水上航行速度能够达到陆上行驶速度的1/10（陆上最大行驶速度90千米/小时，水上最大行驶速度9千米/小时）。

值得注意的是，高度复杂的转向系统，是该车技术上的另一个亮点。简单来说，这套转向系统技术源自二战末期的Sdkfz.234重型轮式装甲侦察车，即带辅助动力的液压，将整个行动部分分为前4轮和后4轮两组，可任选前4轮、后4轮或全部8轮转向，最小转向半径仅为5.75米，甚至于比大多数4×4轻型车辆的转弯半径还小（该车在8轮转向时可以以最小的半径转弯。右转的时候，前面4个车轮向右，后面4个车轮向左。然而，当行驶速度超过30千米/小时时，转弯时为了确保安全，需要固定后面的4个车轮）——如此设计所蕴含的战术意图是相当清晰的，要执行侦察任务，更多情况下需要在道路狭窄的地方迂回行驶，即便是对于一辆全长7.74米、宽2.98米的重型轮式装甲车而言，这种小半径转弯能力也是必需的（这个技术即便在现今，依然具有相当程度的先进性）。有意思的是，如果说通过全部8轮转向获得的超小转变半径已经赋予了该车出色的可操作性，并且因此在技术上竭尽了全力，那么为了进一步提高该车的战术灵活性，该车只能在设计上另辟蹊径——得益于复杂而高效的传动和转向系统，戴姆勒-奔驰（Daimler-Benz）公司在其8×8轮式两栖装甲侦察车项目中，应用了一种极为罕见的双向驾驶操控设计，即在车尾增加了一个后向的驾驶室及全套驾驶操控装置（副驾驶员由机电员兼任），以实现后向行驶与前向行驶性能完全一致的战术意图（如果由副驾驶员操纵，该车最大倒车速度同样是90千米/小时，并且转弯性能也完全一致）。总之，作为德国装甲战斗车辆技术先进性的另一个集中体现，“山猫”轮式两栖装甲侦察车是战后性能最先进、结构最为复杂的轮式装甲战斗车辆之一，并且其先进性直至今日也并未全部褪色。

上图 艺术家笔下的西德“山猫”（Spaehpanzer Luchs）重型两栖轮式装甲侦察车

结语

尽管二战中纳粹德国建立起的“坦克帝国”，带着其难以言尽的罪恶，最终轰然倒塌。但正如一只浴火重生的火凤凰一样，战后的西德坦克工业却在经历了短暂的挫折后，很快便以一种异乎寻常的姿态实现了重新的崛起——在可以预见的岁月中，“日耳曼战车”的故事还将被人们津津乐道地传颂着……

德国坦克的设计理念

德国人曾在历史上打造了一个显赫的“坦克帝国”，那么“日耳曼战车”在设计理念上自然有些不同凡响之处的。然而，德国坦克究竟遵循着怎样一种设计理念？这个设计理念在战争的进程中是一成不变的呢？德国坦克在设计理念方面的变化，又在背后折射出了一些什么？这些显然都是令人颇感兴趣的“热点”所在。

上图 Jagdpanzer E-75 “猎虎 II” 坦克歼击车

最初的设计意图——为了训练而非作战

PzKpfw I/II 是纳粹德国装甲兵组建时的“初始”装备，然而其设计上的着眼点却并非是基于战场性能考虑——妥协于“经济性”（纳粹认为，如果军备计划一上来便以血盆大口吞噬着社会资源，影响到国民经济的正常运转和人民生活水平的维持，那么它将会深刻地影响——即使不是摧毁——平民社会结构对于政权的向心力），强调其“训练”而非“战斗”职能，才是其设计的本意。也正因如此，PzKpfw I/II 及其变型车辆为什么都是一些重量轻、火力装甲薄弱，但是结构简单、生产成本低廉的装甲战斗车辆，也就不难理解了。毕竟，在纳粹德国的战争时间表上，这些车辆只是为了解决有无问题，从来没有打算让它们真正开上战场（当然战火在 1939 年 9 月 1 日“提前”点燃，打乱了纳粹的这种盘算）。

左图 PzKpfw I/II 是纳粹德国装甲兵组建时的“初始”装备，然而其设计上的着眼点却并非是基于战场性能考虑——妥协于“经济性”，强调其“训练”而非“战斗”职能，才是其设计的本意

左图 1943 年之后，轻型装甲作战车辆的战场价值已经急剧贬值了

解构式的设计思路

对于在德国掌权的纳粹来说，真正用于作战的“战斗坦克”则是为“闪电战”量身定做的 PzKpfw III/IV，并被认为是在设计思路上最为强调火力、机动和防护“均衡性”的两个型号。不过，很少有人意识到，这种所谓的“均衡”却是一个无心插柳的结果。20 世

纪 30 年代，装甲机械化战争的理论经历了一个充满探索与矛盾的时期。这一时期，各国的军事家们对装甲机械化战争的观点各不相同。装甲作战的拥护者认为，坦克的出现使一战时期那种战壕战的模式不复存在，大范围的机动作战将取而代之。而另外一些保守人士则认为在当时的技术条件下，大规模的坦克机动作战还不足以将传统的战壕战取代，但会对战壕战产生冲击，这些保守人士则认为可以通过完善战壕阵地体系和加强战壕阵地火力来应对坦克战可能带来的冲击。20 世纪 30 年代，法国耗费巨大精力在法德边境修筑“马奇诺防线”便是基于这种想法。

对于大规模装甲机械化作战的支持者来说，突破对方的战壕阵地并取得最终的胜利是其主要目标。所有的坦克战指标的取舍都可以看成是为了取得最终的胜利而具体量化的结果。不同坦克的性能及设计差异只是源于取得最终胜利的方法上的不同。这一时期的坦克主要任务可以概括为：快速迂回进攻，消灭对方装甲目标，正面突破进攻，击溃敌人防御体系。具体到坦克设计上来说，受到当时火炮技术水平的限制，用于完成这两种任务的火炮在技术上无法统一。用于对付装甲目标的火炮需要的是高初速度，而用于毁伤敌方工事的火炮则需要有足够大的威力和口径，而口径足够、初速度足够的火炮由于体积和质量的关系，需要有一个足够大的坦克底盘，

①

②

③

④

①图 早期型 Pzkpfw III Ausf.C 承担“战斗坦克”的角色

②图 早期型 Pzkpfw IV Ausf.D 承担“支援坦克”的角色

③图 装 43 倍径 75 毫米炮的 Pzkpfw IV Ausf.F2 中型坦克侧视图

④图 装 48 倍径 75 毫米炮的 Pzkpfw IV Ausf.G 中型坦克侧视图 a

上图 装 48 倍径 75 毫米炮的 Pzkpfw Ⅳ Ausf.J 中型坦克侧视图 b

下图 PzKpfw Ⅳ Ausf J 中型坦克

而过于庞大的坦克底盘在当时基本不具备机动能力。面对这个矛盾，坦克设计人员采用了两种截然不同的思路，一种是兼顾两种需求，将其尽量集中到一辆坦克上，例如法国的“夏尔 BI”和美国的 M3”格兰特 / 李”中型坦克；另外一种就是像德国这样，将两种需求分开来实现，于是 III 号设计之初的定位是“战斗坦克”，用于快速进攻，消灭敌人装甲目标，IV 号则为“支援坦克”，用于配合 III 号进行进攻，从而最大限度地贯彻“闪电战”的战略和战术意图，力求最大限度地实现对敌突破、分割、包围和击溃。然而有意思的是，正是这种解构式的设计思路，由于其着眼点在于进攻，并为此进行了设计上的合理取舍，最终收获的却是颇为理想的“均衡”，IV 号后来的巨大成功清楚地表明了这一点。

下图 PzKpfw. IV Ausf. H 型中型坦克三面图

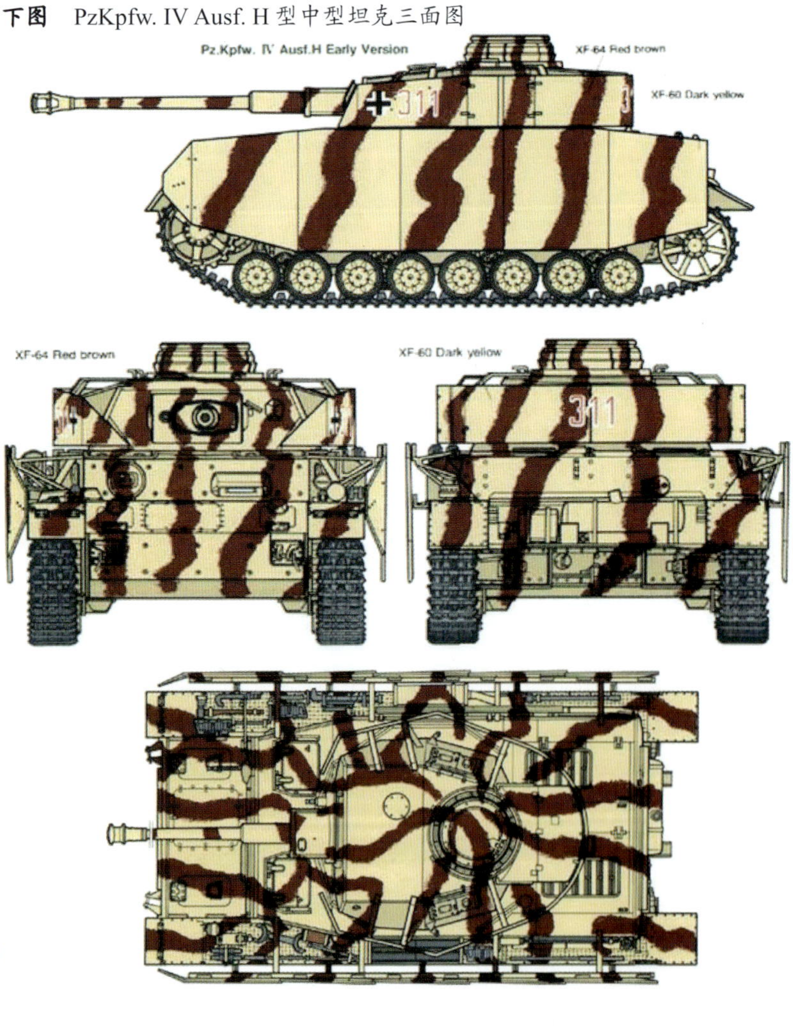

战争中后期开始“失衡”

如果说 PzKpfw III/IV 曾经在相当程度上实现了较为理想的“均衡”，那么到了战争的中后期，随着“闪电战”在战略层面的破产，这种“均衡”的设计思想却很快滑向了偏颇的“失衡”。事实上，由于更多地执行机动防御任务，德国在战争后期的坦克研制上所走的道路，与美、苏、英完全不同。大体来讲，美国和苏联是先制造底盘后选火炮。也就是说，先研发出一种性能优良的坦克底盘，然后再根据这种底盘的性能往上面添加各种各样的火炮，属于一种从下往上的发展模式，因此美国和苏联的装甲车辆差不多都是由 M4、T34 和 KV 等几种有限的坦克底盘衍生出来的。这样就为日后的大规模生产和维修保养工作提供了很大便利。而大战中后期的德国人所走的道路却恰好相反，德国人是先选火炮后制造底盘。也就是说德国人先在仓库里或是绘图板上寻找一门性能足够满意的火炮，然后再根据这门火炮的要求去设计底盘，属于一种从上往下的发展模式。

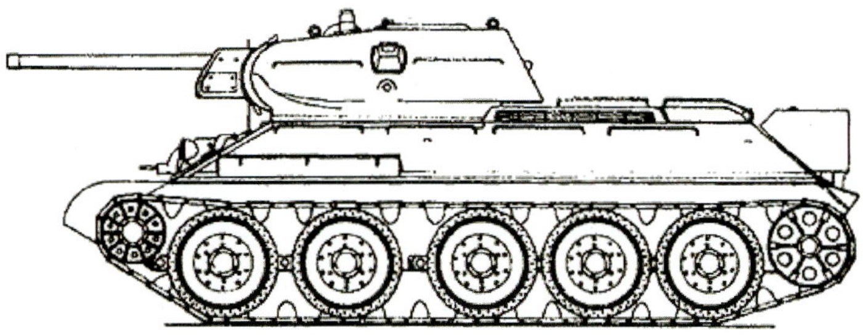

上图 苏联军队广泛装备的 T-34/76 拥有令人印象深刻的可生产性

上图 panzerkampfwagen V“黑豹”中型坦克相比于同一级别的盟军坦克拥有明显的技术优势，然而代价却是结构复杂、生产成本高昂

然而事实证明，在时代技术条件下，先选火炮再造底盘的发展模式只能是一条越走越狭窄的偏颇之途。在战争中，德国能造出底盘却装不上火炮的事情比比皆是。Jagdpanzer IV 坦克歼击车实际上是由 PzKpfw IV 坦克改装而成的全封闭战斗室布局的自行反坦克炮（德军称坦克歼击车）。作为战争后期对抗苏联 T34 坦克的性价比最高的坦克歼击车，德国原本是想让 Jagdpanzer IV 歼击车装备和“虎王”坦克一样的 88 毫米 Kwk43 L/71 火炮，可是由于 Kwk43 的产量不高，分配给“虎王”、“猎豹”和“犀牛”之后已经所剩无几，所以只好改用了“黑豹”坦克上的 75 毫米 KwK42 L/70 火炮。该炮也是由德国火炮名家莱茵金属

上图 1943 年底 T-34/76 的生产工时简化到了 3400-3600

公司生产的，别看它的口径要比虎式坦克的 88 毫米炮小了整整 13 毫米，但是由于它采用的是 70 倍径的超长身管，所以威力反而要比虎式坦克的 88 毫米炮更强。可以在 1200 米距离内打穿 T34/85 的任何部位。德国原本是想在 1944 年 1 月大规模投产这种 IV 号歼击车，可是到了投产的时候才发现莱茵金属公司的 75 毫米 KwK42 L/70 坦克炮产能已经完全被“黑豹”式坦克占满了，根本无法为 Jagdpanzer IV 坦克歼击车生产出多余的火炮。于是德国只好拿 PzKpfw IV 坦克上的 KwK40 L/48 75mm 火炮来临时充数（由于 KwK40 L/48 75mmr 坦克炮在 T-34/85 出现的 1943 年底已经过时，反装甲能力相对下降，所以装备该型火炮的 IV 号歼击车更应该被称为突击炮才贴切）。至于真正安装 75 毫米 KwK42 L/70 坦克炮的 Jagdpanzer IV 70（a/v）坦克歼击车，受制于火炮产能的不足，产量几乎可以忽略不计。

随着时间的推移，德国研发的反坦克火炮（坦克炮）口径越来越大，身管越来越长，为了承担它们射击时的巨大后坐力，现有的底盘已经无法满足需求，于是底盘的设计也就只能不断向重型化发展，直至最终导致了 PzKpfw VIII 这种 188 吨“怪物”的诞生。而底盘的重型化发展反过来又更加刺激了当权者在其上装备更大威力火炮的欲望，结果战争后期德国重型坦克的发展便因此陷入了恶性循环，最终因技术储备用尽而走入了死胡同。以希特勒所青睐的 KwK 44 L/100 75mm 坦克炮为例，其后坐力高达 18 吨，能够与之匹配的底盘吨位级别至少要在 60 吨左右，而从战前相关技术储备情况来看，德国人甚至都没有为研制 40 吨以上级别的动力 / 传动装置做好准备。结果，当战争后期各种德国新型坦克的战斗全重纷纷攀升过 40 吨大关后，动力 / 传动装置方面的问题便麻烦不断，成为了战斗车辆向重型化发展的最大瓶颈。这样一来，后期德国人生产的各种新型坦克，就因为身管一再加长、口径一再加大的各种高性能火炮，其底盘也就在尺寸上一加再加，构造也越造越复杂，结果两个同样难造的东西正好凑合到一起，其机械复杂性、整体造价与生产难度也就可想而知了（一般来讲，一旦风险系数超过 50%，就需要重新评估项目所面临的风险）。

方向性迷失令人扼腕

从 PzKpfw VI Ausf. B 虎王（TigerII）的情况来看，当德国人发现 PzKpfw VI Ausf. B 虎王（TigerII）产量过低时，始终认为是底盘和发动机上出了问题，结果从 1944 年 1 月～ 1944 年 8 月整整一年半的时间里，德国人都把精力耗费在如何改进它的底盘和发动机上，却丝毫没有留意到这些问题其实全都是由火炮引起的，结果错失了改正错误的最佳时间，反而越陷越深。在 KwK 43 L/71 88mm 坦克炮的问题迟迟得不到解决的情况下，德国人却又推出了更为恐怖的 KwK 44 L/55 128mm 坦克炮，其发射穿甲能力达到了 2000 米距离 270 米的程度，而如果稍微留心一下号称二战期间拥有最佳装甲防护的 IS-3，其铸造式炮塔的正面厚度“仅有”220mm 的事实，便不难判断出 KwK 44 L/55 128mm 坦克炮的威力过剩程度，以及为这种过剩的威力所付出的代价是多么的得不偿失——不但为了容纳这门巨炮被迫重新设计了新型底盘，接二连三地推出 PzKpfw VIII 与 E-100 之类的败招，同时还要忍受分装式弹药所带来的低射速，其方向性迷失实在是令人扼腕。

上图 二战末期，德国人在坦克研发上的方向性迷失令人扼腕

德国人对于他们的坦克炮存在造价高昂、结构复杂的问题也并非完全没有觉悟，但他们的解决方式却仍然是直线性的，完全没有考虑到底盘的承受能力。事实上，作为一项仓促性非常明显的对策，德国人并没有像苏联人一样单纯地靠提高口径而非长径比的办法来提高火炮威力，或者是真正认识到 KwK 36 L/56 88mm 坦克炮在性能与可生产性之间已经取得的宝贵平衡将之作为“标准化坦克炮”，反而是紧急上马了刚性炮架工程，也就是取消了常规火炮复杂的驻退机构和复进机构，直接把各种新型火炮“捆绑”到了战车的前装甲板上，很明显，德国人是想靠这种办法来大幅降低火炮的生产工时和金属消耗量，从而迅速提高火炮的产量。但是由于这种刚性炮架是直接与战车的装甲板相连，所以火炮射击时产生的后坐力要全部由战车的底盘来承担，这对于战车的悬挂系统是一种严峻的考验，对于本已不堪重负的底盘来说更是雪上加霜。像 PzKpfw VI Ausf. B 虎王（TigerII）上的 88mm Kwk43 L/70 火炮，采用刚性炮架设计之后，其开炮时产生的瞬间向后加速度竟然达到了 4.55 克，而现代主战坦克允许范围也才不过 3 ~ 3.55 克。这就能够解释为什么使用 PzKpfw VI Ausf. B 虎王（TigerII）的一些车组抱怨说，“几乎每次刹车开炮（当时的坦克不能行进间射击）都有可能损坏机械”。因此，正是由于这些长身管火炮的巨大威力麻痹了德国人的判断能力，使德国人没有能够及时发现这个致命的错误。最终酿成了不可挽回的损失。所以说，长身管火炮简直就像一个极善于伪装的“癌”变肿瘤一样，真是把德国人给害苦了。

上图 装“schmallturm”炮塔的 PzKpfw V Ausf.F “黑豹 F”四视图

绘图板之外的影响不可忽视

应该看到，战争中后期，在德国坦克设计中，一味注重火力和装甲防护的偏执，并因此导致车辆重型化，力求以所谓的“质量”来抵消敌人“数量”优势的设计意图，未必就是真正符合实际战场需求的。事实上，在“闪电战”于战略层面首先破产后，德军战略防御战役的显著特点是弹性防御原则，即把主要地区上预有准备的阵地防御与次要方向上和中间地区的机动防御相结合。不过，战争中后期的德军由于缺乏足够的战略和战役预备队，已经无法保障整条战线的安全。因此防线一旦被突破，德军所投入的机动力量又无法迅速合围突破敌军，造成后续敌军扩大突破口，进而造成整个战线的动摇。因此，对德军总参谋部和前线官兵来说，维持和扩大“装甲救火队”的规模，远比斤斤计较所谓的“质量”更为重要。

更何况，很多有眼光的德国职业军人看到的是，在1944年年中，一辆全重28吨，无论是装甲防护、火力还是机动性还都能说得过去的PzKpfw IV Ausf. H生产成本是103462帝国马克，装配工时仅为5000；而一辆全重45.5吨的PzKpfw V Ausf. G生产成本虽然为117100帝国马克，只比PzKpfw IV Ausf. H略微提升，但装配工时却达到了约15000；至于69吨的PzKpfw VI Ausf. B生产成本则一下子飙升至300490帝国马克，装配工时更高达30000。换句话说，这组数字大致表明，如果从工时角度考虑，每生产一辆PzKpfw V Ausf. G就能生产3辆PzKpfw IV Ausf. H，每生产一辆PzKpfw VI Ausf. B则能生产6辆PzKpfw IV Ausf. H。然而问题在于，一辆PzKpfw V Ausf. G的作战效能真的高于3辆PzKpfw IV IAusf. H？一辆PzKpfw VI Ausf. B的作战效能真的要高于PzKpfw IV Ausf. H？——这在这些目光敏锐的职业军人眼中是站不住脚的（特别是古德里安，作为闪电战理论的缔造者，此人既有总参谋部军官的职业素养，又有一线装甲部队的实际指挥经验，相当清楚从战略和战术上德国军队究竟需要什么样的装甲战斗车辆）。毕竟“……数量上的优势在战略战术上都是最普遍的制胜因素，应该将其看做是基本原则，

上图 可以说苏联在整个战争期间实际上一直在打一场“富裕”的战争，除了借助于自身的广阔领土和战争潜力外，这种“富裕”也越来越多地借自海外——主要是美国

不论在什么地方都是应该首先和尽量争取的……”是这些传统的普鲁士军官所信奉的最为朴素的军事哲学之一。

关于冷战中的西德坦克设计思路

在理想情况下，坦克的各项性能应该构成一个标准的多边形——而不仅仅是由火力、机动和防护构成的三边形——边长相等意味着综合性能的均衡和突出。可惜的是，由于“闪电战”的“意外”破产，纳粹德国坦克设计中曾有的合理性因素最终荡然无存——相对于纳粹一贯自我标榜的“理性”，这简直是一个辛辣的讽刺。结果，尽管有关德国坦克的“神话”多如牛毛，尽管在盟军眼中，PzKpfw VI Ausf. E（虎）与 PzKpfw VI Ausf. B 虎王（TigerII）之类也的确是了不得的装甲怪物，但在对技术装备发展道路的态度上，由于各种错综复杂的原因，纳粹德国坦克设计思路最终却表现出了越来越难以想象的保守与僵化，这与人们脑海中的印象可谓大相径庭。

令人感慨的是，如果说二战中的德国坦克设计思路最终走向令人失望，那么冷战中重新出现在中欧前线的“日耳曼战车”，其设计思路恐怕同样是令人乏味的，而且到了今天越来越不具有普遍的参考意义——因为就其本质而言，尽管在技术上的进步和精良的制造工艺为人所津津乐道，但无论是“豹 I”还是“豹 II”，却不过是被“前沿防御”这一总的战略思想捆绑下，一种用于执行机动防御任务的“自行反坦克炮”而已（对苏军装甲机械化集群的迟滞作战被认为是前沿防御成功与否的关键，联邦德国国防军就此认为，“对华约武装力量的防御作战，主要是一场对敌坦克的战斗”。而“前沿防御”一旦失利，华约军队便会长驱直入，如同冲决堤坝的潮水难以阻挡。中欧失守，北约的全球战略必将被打开一个巨大缺口，严重危及美国的根本利益及其全球战略。因此说，“前沿防御”不仅对联邦德国生死攸关，而且也维系着整个北约尤其是美国的安全）。也正因如此，联邦德国在战后精心打造的两代主战坦克，尽管拥有犀利的火炮、强悍的动力系统和精密的火控系统，但薄弱的装甲防护却最终暴露了一切——作为一种以“坦克”的名义掩盖起来的“自行反坦克炮”，机动和火力才是一切。

然而，这样一种过分强调单方面“技术效率”，针对性如此强烈的坦克设计理念，对于一个拥有全球性利益的大国来说，是否具有普遍的参考意义呢？答案恐怕是否定的。事实上，将坦克设计为一种“自行反坦克炮”，在某种程度上也可以说是陷入了一个典型的技术效率迷局。技术效率通常指收效与投入的比率，是所有物质活动中的一个突出特点，如何提高技术效率是长期以来困扰人类文明的一个问题。而作为一个捷径，要想大大提高某一方面的技术效率，一个有效方法便是以单一的专用性代替大而全的多用性。事实上，高度专业化带来的高效率对现代军事技术的发展起了重大的作用——鱼雷艇与战列舰的关系很好地印证了这一点：小而造价低的鱼雷快艇（投入）有可能摧毁大而造价高的战列舰（收效），正是由于这种高度专业化所产生的极高效能。也正因如此，在铺天盖地的苏联坦克的威胁下，西德方面按照“自行反坦克炮”来设计其主战坦克本无可厚非，在冷战背景下，这是联邦德国最好的选择。可惜的是，随着冷战的结束，这种在特定时间、特定背景下的设计理念却越发显得不合时宜了。这其中的原因在于，因其高度专业化用途“窄”而使高效率的武器有一个致命的弱点，即高度专业化武器的最初效率与其易受反措施抵消之间往往只有一个短暂的时间间隔，这个周期开始时的企图越大，收效就越短暂——结果，在冷战结束后的今天，看到了几种打满了“补丁”的“豹 II”，与冷战中的“豹 II”相比，它们早已面目全非了。

上图 艺术家笔下的豹 II A5 主战坦克

德国坦克的作战理念

第一次世界大战期间出现了坦克这种划时代的新武器。然而战争结束后，西方的大部分军事理论家们仍然普遍视火力为战场上的实际主宰者，坦克这类新武器在其眼中不过是对火力主宰地位的补充，是低于步兵地位的存在。不过世界上还有另外一批军事理论家，他们所经历的战争与刚才提到的那些人经历过的完全不同：第一次世界大战结束后，德国与俄国一样满目疮痍，但正当胜利者都沉浸在战胜的喜悦中时，这个失意国家内部，一些优秀的职业军人却悄悄地酝酿着一场军事改革——这场军事改革最终的“落脚点”被坚实地“踩”到了“坦克”上，也就是在下一场战争中，坦克究竟该如何被使用，并且以此来赢得战争的问题……

下图 以装甲机械化部队为核心的“闪电战”曾经给纳粹德国带来了辉煌的战果

右图 一战中的德军反坦克小组

“闪电战”的“启蒙”

第一次世界大战结束后，欧洲军界人士纷纷对坦克作战的问题进行了热烈的讨论。当时所形成的普遍看法有：第一，坦克是一种战术性突破武器，只能在战术范围内使用；第二，坦克是步兵和骑兵进攻的辅助性工具，而非独立的兵种；第三，坦克使用的原则是分散到各个步兵和骑兵单位。很显然，这一结论没有超出第一次世界大战中坦克实际使用状况的范围，因而后来被称为“传统的坦克观念”。但另外极少数具有远见的军人，如富勒、利德尔·哈特、马特尔和戴高乐等人却发现坦克具有潜在的战略性价值，将对未来战争样式产生革命性影响（戴高乐在《职业军》一书中提出了有必要建立一支集合机动能力和毁灭性火力，既能够进攻也能够防御的装甲师的理论。根据这一理论，有必要建立一支职业军队，与常规军队配合作战）。他们针锋相对地指出，未来是机械化战争的时代，其观点包括 3 个主要内容：第一，坦克是未来最主要和最重要的独立陆军兵种；第二，坦克应做集中的使用，以它为核心加上摩托化的其他诸兵种组成的机械化部队，可用于战略性作战；第三，机械化部队突击与战术空军的配合是未来主要的陆战形式。这些西方军事家的观点在欧洲各国军界引发了一场热烈的讨论。

鉴于魏玛共和国时期，改名为国防部战争局的德军总参谋部始终在追踪西方国家军事理论的最新动态，所以后来“闪电战”的理论根源无疑有相当一部分来自西欧的军事理论界。不过，任何国家的任何作战理论既不可能凭空产生，也不可能妄想靠着照搬他国军事理论而不考虑自己的实际情况。也正因如此，要讨论“闪电战”的理论根源，不得不提一提鲁登道夫的总体战。鲁登道夫总结第一次世界大战后认为，战争不仅仅是军队的问题，也是人民的责任，总体战需要民族整体的力量，而在这种论调下，闪电战可以说是总体战具体实行的产物。如果说总体战提出了一种纲领、一个理念的话，那么闪电战就是一个具体实行的计划、具体实行的方案。于是，德国军事家在德国 1870 年统一战争的经验基础上，结合普鲁士统一战争的经验，再加上一战末期渗透战的探索（比如著名的 “米夏埃尔”攻势），并吸引了西方军事理论界对机械化战争的某些观点，最终提炼出所谓的“闪电战”理论。

上图 艺术家笔下的 A7V

“闪电战”究竟是什么

“闪电战”理论是第二次世界大战中德国军事战略的基础，换句话说，其不仅仅是一种所谓的“战役法理论”，更是一种国家军事战略的集中体现，首先是为打一场“有限规模的短期战争”这个目标而服务的。要知道，早在两次世界大战期间，尚未掌权的纳粹就意识到，如果一场欧洲战争不能速决，它就会变成一个妖魔，以越来越大的规模吞噬民众和资源，而且还会吞掉掌权者本身。所以纳粹对于使用军事手段的看法，实际上是要再次使战争成为以精英控制战略为基础的、有目的手段。

换句话说，在纳粹的思想深处，他们从来没有考虑要打一场旷日持久的消耗战（他们深知，德国不具备这么做的社会、经济和后勤条件）。一旦发生战争，德国的武装力量必须迅速和决定性地行动，以便差不多在战争完全爆发以前就结束它。有意思的是，出于某种说不出口的原因，普鲁士军官团的老班底们也默认了纳粹的想法，即德国国防军无力打一场“真正的”、亦即欧洲规模的战争。事实上，继承德国传统的军官团大体上不愿让纳粹过多地分享其军事控制权，这或许是军官团在当时的政治环境的最有力标志。大部分军官并不特别保守，然而他们都是正统的军人，主要关心军队自主自治和军方特殊身份塑造，连同在战争条件的急剧变更中维持规划战争、进行战争的特殊技能。在纳粹掌权后的情绪化氛围中，创建一部现代化的、但依旧自主自治的军事机器，并且返回到一种以作战为中心的战略，似乎仍然可行。在这种思想的支配下，有限规模的短期战争自然是符合德国军官团整体利益的。也正因如此，可以看出，“闪电战”理论的本质不过是德国帝国主义毫无限制的扩张目的，同达到这些目的的现实能力之间不能相适应的一种现实性选择，即要求在敌人未来得及完成动员和展开本国武装力量之前，在几个月或者几个星期的极短时间内夺取战争的胜利，避免陷入持久战的泥潭……

从战术角度而言，“闪电战”理论最重要的原则是：先于敌军迅速集中和展开作战部队，保障战略的突然性。实施最强大的首次突击，以便在初期交战中即取得决定战争结局的决定性胜利，集中优势兵力于主要进攻方向，以包围与合围的方法歼灭敌人武装力量（即“卡恩”学说）。事实上，古德里安有句名言可以视为对“闪电战”的最精辟概括：“Klotzen nicht Kleckern”，大概意思是“别用巴掌拍，要用拳头打”。这句话很精辟地点明了“闪电战”

上图 作为一种具体的“战役法理论”指导原则，“闪电战”军事冒险的色彩相当浓郁

是一种“战役法理论”。法国战役中的德军装甲集群战术正是贯彻了这个宗旨。1940年7月，就在苏联解散其大规模装甲部队时，德军装甲集群却用40天的时间横扫了整个法国。德国人以动制静地突破了法国人引以为自豪的马奇诺防线。德军在突击方向集中投入了规模可观的装甲部队，比如古德里安第19装甲军的攻击面不足20千米宽，加上德国空军精确的俯冲轰炸开路，往往如摧枯拉朽一般撕开法军防线，迅速向纵深突进。德国“闪电战”理论经历了它的第一次真正试练。西线英军战地观察员发回报告，称“德军坦克部队像是钢铁洪流，见不到一个人影”。与波兰战役相比，这次小试牛刀真正使整个西方社会彻底陷入恐慌之中。

在实战中，作为一种具体的“战役法理论”指导原则，“闪电战”以高度机动化的部队为主体（摩托化步兵、机械化步兵、装甲集群和航空队等），快速撕开敌方防线并突入其防线纵深，打击其后方防御弱点和未做好充足战斗准备的部队，瓦解敌方主要防线上的配置。使对手陷入混乱当中，便于各个击破。在尽可能短的时间内占据整个战场的主动权与支配权。在空中部队对敌方防御全纵深全程压制的情况下，地面部队必然会给敌方部队带来毁灭性打击。战略目标将会很快甚至是超前完成。这一假设并非异想天开或者是一厢情愿，而是基于对德军官兵战术素质的绝对信赖，但军事冒险的色彩也是相当浓郁的。不可否认，德军对于自己装甲集群战术的成功运用，在很大程度上弥补了坦克质量和数量上同对手的差距——法国战役之后，在东线战场初期的一系列大会战中进一步证明了这一点。然而，这种顺风顺水的军事冒险却先是在莫斯科城下受挫，然后在斯大林格勒和高加索被撞得粉碎。结果，当超过了“胜利顶点”的德国军队在1943年结束时彻底丧失了东线战场上的主动权后，对于德国来说，战争彻底进入了令其感到惶恐的消耗战新阶段，“闪电战”也就首先在战略层面破产了。当然，到1944年，尽管德军在此时的东线彻底转入战略防御，但其利用大量突击炮、坦克歼击车、重型坦克和精锐步兵打的机动防御战，以及期间适时发动的反突击还是基本按照了闪击战的原则，而在西线发动的阿登反攻则成为德军“闪击战”作为一种战役法理论在战役层面的绝唱。

上图　“闪电战”理论是第二次世界大战中德国军事战略的基础，换句话说，其不仅仅是一种所谓的“战役法理论”，更是一种国家军事战略的集中体现

上图　1942年4月希特勒在视察一辆刚刚下线的PzKpfw IV Ausf F2中型坦克

与“大纵深”的横向对比

“大纵深”战役理论和“闪电战”理论可以说是同一时代的产物。其研究蓝本是一致的，都是以第一次世界大战的经验为基础，深入研究装甲部队（尤其是坦克）、飞机等新兴兵种在未来战争中战役战法上的运用形式。其目的也是一致的，即打破第一次世界大战堑壕战的模式，在未来战争中获得战役法上的优势，进而获得整个战役乃至整场战争的主动权（不光是苏、德两国，各国一战后都有研究过相类似的课题，如英国的富勒（《英国野战勤务条令》）、利德尔·哈特，法国的夏尔·戴高乐和美国的维尔斯特（美国陆军第 34 机械化步兵团团长范·维尔斯特，1933 年晋升为第一装甲骑兵团指挥官，主管美国装甲兵在诺克斯堡的训练）。他们的思想在当时并未形成系统的理论，很多内容还在完善当中。但这些零散的思想初步奠定了“闪电战”理论和“大纵深”战役理论的基础：德军派出代表团前往美国陆军诺克斯堡参观学习。而苏联人曾一度将富勒等人的观点作为研究课题在伏龙芝军事学院中大规模讨论并最终自成体系，在各大军区演习和首长司令部演习中做了充分验证）。

需要说明的是，在爆发这场空前惨烈的战争之前，苏、德两国曾经有过 20 年的“蜜月期”。第一次世界大战之后，由于社会主义国家苏联的成立，使得西方国家产生了恐惧，苏联被《凡尔赛合约》后所成立的国际联盟无情地拒之门外。同时，《凡尔赛合约》还对德国实施苛刻的惩罚。这一对“国际弃儿”在反对英、法的共同目标下，从 1921 年起便建立了秘密的合作关系。由于《凡尔赛合约》规定德国不得拥有坦克和作战飞机，德国急需在苏联境内设立生产工厂和训练基地。同时经济技术落后的苏联遭到西方的封锁，也急需德国技术，因此二者一拍即合。到了 1926 年 4 月，苏、德签订《互不侵犯和中立条约》，这项条约更加促进了两国的军事合作，彼此在共同发展装甲部队的道路上迈出了重要的一步。德国与苏联一道进行野外试验，以验证他们的机械化作战思想，并根据这些经验提出了一系列颇为成熟的作战理念。

因为具有很强的同源性，熟悉“闪电战”理论的人们想必能够在“大纵深”战役理论中找到很多熟悉的内容。事实上，由于研究方向和基础基本相同，“大纵深”战役理论有许多内容是与“闪电战”相似的。德军“闪电战”的战术原则是：突然进攻，猛烈突击，广泛机动，大规模集中使用坦克和飞机，保持进攻的高速度。一般规律是：火力

下图 因为具有很强的同源性，熟悉“闪电战”理论的人们想必能够在“大纵深”战役理论中找到很多熟悉的内容

越集中，兵力越分散。在“闪电战”中强调集中使用装甲部队，在敌军薄弱处构成突破，而后进行纵深突击或者迂回穿插，以包围与合围的方法歼灭敌人武装力量（“卡恩”学说）。而到了1944年，“大纵深”战役法理论的地位已经在红军中根深蒂固，当时有关“大纵深”战役理论的官方总结可概述如下：“大纵深”战役（大纵深战斗）是战役军团（兵团部队）的一种作战形式。其实质在于，以杀伤兵器同时压制敌方整个防御纵队，在选定方向上突破其战术地幅。然后将发展胜利的梯队（坦克、摩托化步兵和骑兵）投入交战，并以空降兵实施机降，迅速将战术胜利转变为战役胜利，以求尽快达到预定的目的。

由此可以看出，“大纵深”与“闪电战”理论都强调机动作战，并注重在主要作战方向上集中优势兵力，在预定的作战方向上构成快速突破，之后迅速发展为胜利。在运用上强调大量使用当时的新兴兵种：坦克兵、航空兵、空降兵及无线电通信手段。也就是说这两种理论都是结合当时军事科技对“机动战”的外延进行发展的产物。而且纵观苏德战争，两国军队对各自军事理论的实践及反过来的完善工作，出现了这样一些特点：两国都重视坦克和飞机的集中使用，都强调机动作战，力求在战役初期形成明显优势，在突破地段对战果进行无情扩张。虽然“大纵深”与“闪电战”理论都强调空降兵的大规模使用，不过在苏德战争中，两国数量相当庞大的空降兵都没有大规模在进攻战役中成功地空降使用，更多的是作为精锐步兵投入作战。“大纵深”理论强调的是以杀伤兵器同时压制敌整个防御纵深，在选定方向上突破其战术地幅。而“闪电战”强调的是用杀伤兵器压制预定的作战区域，注重穿插迂回和纵深攻击。在“大纵深”理论中，突破理论和追击理论是最关键的两个组成部分，它们构成了大纵深理论的核心内容。“闪电战”则注重分割包围和歼灭战。

上图 “闪电战”的缺陷主要体现在“两强一差”上：即地缘性过强、陆战性过强、战略任务延展能力过差

上图 “闪电战”的“实质内核”其实并不新鲜——那就是强调技术（古德里安）或高超的指挥才能（冯·曼施坦因）在战争中至关紧要

然而，表现形式上的类似并不代表内涵的趋同。按照1940年在西欧战场上的表现，“闪电战”的确是几乎完美的“战役法”。但需要注意的是，优秀的战役法并不意味着在战略层面上同样完美。如果只将“闪电战”理论作为一个单一的战役法指导理论而言，这些局限性也许根本不算什么，几乎不会影响到闪电战理论的运用。问题就出在“闪电战”理论所担当的角色，它不单纯是一个战役法理论，而是德国军事思想的核心。从这个角度来讲“闪电战”的缺陷主要体现在“两

强一差”上：即地缘性过强、陆战性过强、战略任务延展能力过差（也就是说“闪电战”是一个有很强局限性的战役法，无法支撑起整个国家军事战略的重担）。特别是地缘性过强是“闪电战”致命的命门。其主要表现在“闪电战”理论本身的实施条件上：敌对国家国土防御纵深要适中，地形要足够平坦开阔利于机动部队的展开和机动，并且要求交通系统发达，便于部队的战略调动与转移等。这些条件可以说是实施“闪电战”理论的先决条件，没有其中任何一项都会多少增加取得战役胜利的难度。具备“闪电战”实施的先决条件有利于参战部队迅速按照计划行动。在很短时间内到达每个战略结点展开攻击，深入敌方防御纵深地幅获得整场战役的主动权，从而夺取计划中的战役胜利。可以说，“闪电战”是一种为西欧国家量身定做的战法，而是因为他们根据西欧地区地缘特征合理地权衡了自己国家军事实力制定了最合适的战术战法，合理配置并运用了一战的新兴兵种。

上图 大战末期德国装甲兵的主力装备之一——IV 号 70（V）坦克歼击车

在先进的战役法指导下创造了西欧战场闪电般的进攻速度，然而当德军企图将这种战法作为战役法应用到苏联广阔的原野上时，问题就来了——苏联人的国土防御纵深太深了，远超“闪电战”的作战顶点。苏联的领土极其辽阔，因而有着很大的回旋余地，可以承受初期大片国土的暂时沦陷。同时，也使大量军工企业能搬迁到远离前线的腹地而不至于影响军事装备的生产。相反，对于德军来说，要击败苏联，就必须占领大片地区，至少是主要工业区和政治中心，而这对于兵员有限的德国来说是极其困难的。即使德军能攻占莫斯科，苏联凭借乌拉尔等地的工业区也能继续战斗下去。而德军推进得越远，其补给线越长，从而缺陷越明显，最终难以为继。再加上红军本身就有与“闪电战”极其类似的战役法理论，并在一段时间内奠定了部分“群众基础”，苏联部分高级军事领导人对此并不陌生。于是通过以时间换空间的手段，拖过了“闪电战”过早的兴奋点后，红军便在库尔斯克战役后按照被战火淬炼过的“大纵深”战役法理论开始了全面反击。

上图 战争结束后，德国境内一处废弃坦克堆放场

整体而言，在两次世界大战期间，德军所倚重的那种战役法理论，很容易突出能够让机械化战争取得成功的一些元素，包括“一类特殊的机械化战争方式，即坦克、飞机、俯冲轰炸机、机械化步兵和炮兵的合同作战，（它造就了）作战的一种革命性变更”，并因此被响亮地

概括在“闪电战”这一标签之下。这种战役法原则以高性能的坦克、俯冲轰炸机、速射反坦克炮和防空炮为手段，追求在决定性的点上施展强大的火力，既追求歼灭敌军，也同等程度地追求迷惑和打乱敌人的指挥体系，即所谓的瘫痪效应。这要依靠对敌军后方的深入渗透来达到（据信，如果能打乱敌人，歼灭性会战也许就能予以避免，或至少比较容易进行，自身所受的损失也较少）。然而，“闪电战”无非也就是如此，它在“实质的内核”中其实并不新鲜——那就是强调技术（古德里安）或高超的指挥才能（冯·曼施坦因）在战争中至关紧要。这种理论最终造就了一批这样的德国战术家——他们往往自觉或不自觉地放弃了对战争全局的思考，转而热衷于炫耀自己的武器知识或是即兴的战场发挥。结果，这种即兴式作战的代价却被轻易地忽视了——竞争性的规划取代了统一的专业知识体系，由于“闪电战”并没有创建一套运转顺畅的机械化战争机制，一旦“闪电战”所表现出的瘫痪效应没有奏效，整个德国武装力量在战争中就变得无所适从。

冷战中的西德装甲兵作战理念

尽管纳粹德国在装甲战斗车辆技术上曾经独领风骚，但 1945 年后无论是德国的战败国身份，还是特殊的地缘战备位置，都决定了这个国家在重新规划其装甲兵作战理念时，背后的故事要复杂而艰辛得多。

上图　艺术家笔下的西德国防军 M48A2C 主战坦克。战后，在国家分裂的情况下，西德开始重新规划其装甲兵作战理念

在 1949 ~ 1954 年的“冷战”初期阶段，美、苏的力量虽然旗鼓相当，但在欧洲以美国为首的西方盟国却处于相对劣势。于是美国为了遏制共产主义思想的蔓延，对社会主义阵营实施战略包围和加强其霸主地位，对苏联实行了主要依靠常规力量的“遏制战略”，在军事上开始形成了两大军事集团在欧洲重兵对峙的格局。在这一背景下，联邦德国只能“被”奉行“纵深防御”战略。当时，联邦德国国防军尚未正式组建。在中欧，北约仅能以 12 ~ 14 个师与华约 100 多个师对峙，根本无法在联邦德国东部边界建立一道绵亘的防线。因此北约计划，当华约发起进攻后，北约军队在整个防线实施全面迟滞作战，以莱茵河作为最后防线，在此调整兵力，与前来增援的北约兵力一起发动反攻，将敌逐出联邦德国国土。“纵深防御”的实质是，以牺牲联邦德国大部分领土来换取增援兵力前调的时间。但显然这样的战争无论胜负，对联邦德国而言都意味着灾难。所以在联邦德国国防军组建以后，很快改奉行“纵深防御”为“前进防御”，联邦德国和北约因而将迟滞线由边界推至华约纵深，最后防线由莱茵河前移至威悉河 - 莱希河一线，并因此需要将装甲机械化部队作为联邦德国国防军的建军主体。

事实上，联邦德国朝野一致认为，只有“尽量向东”实施防御，中欧的全部防御才有意义（联邦德国之所以奉行“前沿防御”战略，在很大程度上是由于其所处的特殊地理位置所决定的。它地处欧洲中心，东面与华约国家接壤，西邻法国，南有阿尔卑斯山，北邻波罗的海，是东西欧的战略要冲，苏联要想称霸欧洲，必须从联邦德国开刀。联邦德国南北长，东西窄。东西最窄处仅250千米，最宽处也只有4804千米，没有战略纵深。寸土必争，少失领土，将进攻之敌阻于边境地域，是联邦德国得以生存的重要前提）。但这样一来，作为北约第一线部队的联邦德国国防军，必须要在苏军的进攻中坚决顶住苏军的第一波次进攻狂潮，结果鲜明的本土防御色彩从一开始就贯穿了联邦德国国防军的装甲部队的作战理念——这将是一支强调以连绵不断的机动防御作战来阻止苏联坦克前进的装甲力量。值得注意的是，“前沿防御”绝不是“马奇诺思想”，两者的差异不仅仅在于“前沿防御”并不是一条纯粹由钢筋水泥筑成的防线，而且它的纵深要远远大于“马奇诺防线”。更重要的是“前沿防御”运用的是积极防御的作战方法，即陆、空密切协同的机动防御，而不是被动的固守防御，被分割为旅级战斗群规模的装甲部队，成为了“前沿防御”在战术上获得成功的关键。

上图 艺术家笔下的美洲豹II反坦克歼击车

上图 艺术家笔下的Kanonenjagdpanzer 4－5无炮塔反坦克歼击车

具体来说，“前沿防御”分3个战略阶段进行。第一阶段：战略迟滞。从东部边界向内的25～40千米为迟滞地带。迟滞战在联邦德国国防军中是一种备受重视的战斗样式。在“前沿防御”中，迟滞战的主要目的是为防御地域内主力部队的展开和完成战斗准备赢得宝贵的时间。以装甲兵和装甲步兵为核心的迟滞部队，以迟滞、袭扰和突击等作战方式，不断与敌前卫或突入的先头部队保持接触，但又不寻求决战，迫使敌人反复由行军队形变为作战队形，大大降低其进攻速度，疲惫、消耗敌人。第二阶段：战略防御。从迟滞地带往后的100千米划为防御地带。当迟滞部队的主力撤至防御地带时，第二阶段的作战便开始了。机械化旅的防御纵深最大为25千米，由数个营的防御地域组成。利用设伏的连、营级装甲机械化分队给敌人以突然袭击，大量消灭其装甲兵力，然后迅速转移。利用这种作战方法，己方与敌方的损失比例可控制在 1∶6。较大城市和森林地带是长时间坚守的目标，它们犹如无底洞，可以牵制敌人几个师的兵力，打破敌人快速突击的计划。为充分发挥地形优势，可设置各种障碍物，诱逼敌人向己方指定方向机动，然后以预设火力将其歼灭。第三阶段：战略反攻。反攻是在主、客观条件均已成熟的情况下发起的，即己方强大预备队已协调并展开，敌人已出现溃散端倪。反攻可以由正面发起，也可从敌薄弱的侧翼发起。如果有充足的以装甲机械化部队为核心的战役预备队，也可从突破口插入敌纵深，将敌第一梯队与其第二梯队割裂后再歼灭，或者从敌背后实施突击，同时将其支援兵力、后勤和防空兵力一举歼灭。反攻的目的在于将敌歼灭或逐出国，夺回丢失的领土。

上图 机动防御作战中的豹 II A4

上图 在美苏争霸的冷战大棋局下，冷战中德国装甲机械化部队的作战理念被捆绑在“前沿防御”这个“灵活反应”的“框架构件”中，以至于沦为了一种战术层次的指导性原则

结语

从纳粹德国到联邦德国，德国的装甲兵思想可谓经历了一个 180 度的巨大转变。作为一种“战役法理论”，“闪电战”曾在战役战术层面获得了巨大的成功，并因此在战略层面上一度收获了令人感慨的成就，然而由于其“地缘延展性差”的短板，最终还是由于战略层面的首先破产而导致了整个国家的军事灾难。战后，重新武装起来的联邦德国军队虽然仍以装甲机械化部队为主体，但在美苏争霸的冷战大棋局下，其装甲机械化部队的作战理念却被捆绑在“前沿防御”这个“灵活反应”的“框架构件”中，以至于沦为了一种战术层次的指导性原则，内涵的光芒大为逊色了……

下图 以公路方式向前线输送的豹 II A4

下图 从纳粹德国到联邦德国，德国的装甲兵思想可谓经历了一个 180 度的巨大转变

德国坦克的技术特点

有人说，德国二战期间的坦克技术在整体和局部上体现出了两个极端——在坦克总体设计思想上表现出了难以想象的保守和僵化，却在局部和系统技术开发上体现出了让人瞠目结舌的创新意识，而且这种创新意识甚至已经在技术前瞻性上超越了当时的时代。那么这一论断的客观性究竟如何呢？德国坦克发展的这种“失衡性”是否影响到了冷战中的西德坦克技术走向？这显然是需要在这里弄清楚的。

VK 7201（Schwere）——PzKpfw VII （Löwe）“狮”式超重型坦克两面图及主要数据

战斗全重	90 000 kg
乘员	5 人
车长	7.70 m
车宽	3.8 m
车高	3.1 m
车体前装甲厚度	140mm
车体侧装甲厚度	100mm
最大公路时速	30 km/h
履带宽	900～1000 mm
发动机	Maybach HL 230 P 30 （800hp）
主要武器	88mm KwK L/71/150mm KwK L/37/ 38/105mm KwK L/68 X 1

对于二战德国坦克技术的总体评价

德国坦克所采用的整体布局从战前装备的 III、IV 型坦克直到战争末期的 E 系列坦克都没有大的变化。德国设计师在二战期间始终坚持传统的动力装置后置和传动装置前置的陈旧布局，将发动机和传动部分通过贯穿车体的传动轴连接的布置方式确实能够较好地平衡坦克的重量，但是所带来的后果就是要增加坦克车体的高度和需要防护的面积。动力和传动系统整体后置取消传动轴后，可以使车体高度降低 250 ～ 300 毫米，降低车体高度所取得的收益可以在保证防护水平不变的情况下降低坦克重量，或者在保证坦克重量不变的情况下加强防护能力。苏联坦克采用的动力和传动系统整体后置的设计在大战前就已经应用，战后各国坦克广泛采用这种动力传动装置布置方式也证明了该设计的先进性，但是对于苏联坦克感受最深的德国却并没有在任何一种值得一提的量产型号上应用这一设计。不过，在这个总体设计保守的前提下却先后试验和应用了红外瞄准装置、火炮抽烟装置、电驱动和燃气轮机等先进技术，这些德国坦克设计师投入巨大力量所发展的先进技术对战争本身并没有价值，但是对于战后苏联和西方坦克技术的发展却起到了非常关键的作用。德国坦克技术在系统、部件性能和工艺上应该说已经达到了很高的标准，虽然德国坦克在生产过程中受到材料缺乏等客观因素的影响，但是在观瞄、无线电、火炮、加工工艺和传动装置方面都为后来的坦克技术带来了很大的影响。

上图 1942 年之前，德国军队的技术装备大多是按照非消耗战的思路研发设计的

精良的制造工艺

尽管人们对于德国坦克的设计水平褒贬不一。比如，苏联的坦克专家们就一致认为，令盟军一度闻“虎”色变的 PzKpfw VI 重型坦克是有史以来设计最为糟糕的坦克作品之一。在苏联坦克设计师看来，德国的“虎”式坦克车体外廓尺寸比例非常不合理，因此，严重超重，战斗全重达到了 56 吨。拥有与“虎”式相似的防护力，而火炮威力更大（122 毫米口径对 88 毫米口径）的苏联 IS-2 重型坦克比“虎”式坦克要轻 10 吨，而只比“黑豹”坦克重 1.2 吨。“虎”式坦克的车体太短，结果为总体布置带来种种的问题和不便，使坦克存在许多先天性的缺陷。尽管“虎”式坦克的外廓尺寸很大，但它的车体长度却要比 IS-2 坦克短。对于现代坦克来说，坦克长、宽、高对车重的影响比例为 1 ∶ 3 ∶ 7，也就是说，车体高度增加 10 厘米与车体长度增加 70 厘米对车重的影响大致是一样的，而“虎”式坦克的设计

上图 苏联的坦克专家们就一致认为，令盟军一度闻“虎”色变的PzKpfw VI 重型坦克是有史以来设计最为糟糕的坦克作品之一

上图 在苏联坦克设计师看来，德国的“虎”式坦克车体外廓尺寸比例非常不合理，因此严重超重，战斗全重达到了56吨

师没有增加坦克的长度，反而将坦克设计得过高、过宽，其结果是坦克严重超重。由于坦克严重超重，为了降低坦克的单位压力，就必须有足够的履带宽度和着地长度，由于坦克车体短，履带着地长度也短，为了保证有足够的履带着地面积，不得不大幅度地增加履带的宽度，结果使“虎”式坦克在铁路运输时不得不更换或卸下坦克的履带，影响其机动能力。然而，与争议颇大的整体设计相比，德国坦克在制造工艺上的精良却是举世公认的，这一点同样能够反应在 PzKpfw VI 重型坦克的制造工艺上。在这个总体设计保守的前提下却先后试验和应用了红外瞄准装置、火炮抽烟装置、电驱动和燃气轮机等先进技术，这些德国坦克设计师投入巨大力量所发展的先进技术对战争本身并没有价值，但是对于战后苏联和西方坦克技术的发展却起到了非常关键的作用。德国坦克技术在系统、部件性能和工艺上应该说已经达到了很高的标准，虽然德国坦克在生产过程中受到材料缺乏等客观因素的影响，但是在观瞄、无线电、火炮、加工工艺和传动装置方面都为后来的坦克技术带来了很大的影响。

具体来说，“虎”式坦克近乎垂直的外观引起了空间稳定性及刚性的问题。为了解决这些问题，使用了最大尺寸的钢板。例如，腹部的钢板是从一片厚25毫米的均质钢材上切割下来的，约5米长，1.8米宽。为此德国装甲钢板的火焰切割技术在不断改进中。先是用氧乙炔，后来用氧丙烷。这样，所有“虎”式坦克的装甲形状都用特殊工具机械切割而成。“虎”式坦克在制造工艺上的另一个特点，是对交错式焊接点的整合性也相当重视。这既是为了增强整体结构的稳定性，也是为了加强抗

上图 Pzkw VI Ausf. E“虎 I”

击力。对需接合的边缘进行分级，然后切削以便交叉连接，很像木工交叉对分或接榫眼的方法（这一技术最初似乎应用于制造如压力机之类的重型机械上，与简单的并列焊接相比，它减轻了焊接点的压力）。为此，在奥氏体的电弧焊接法被普遍使用。这使以前需要 3 个接口的地方现在只需一个接口就能完成，也形成了一个真正的均质整体。它甚至可以使钢板装甲和铸钢装甲连接在一起而并不影响其强度。虽然英、美工程师在对缴获坦克的研究报告中对附加金属的质量和工艺提出了异议，但坦克车体焊接的整体性还是受到了普遍好评，这充分说明德国坦克设计师们早已想到了生产过程中会出现的问题，并能在规范说明阶段找到方法来加以解决。

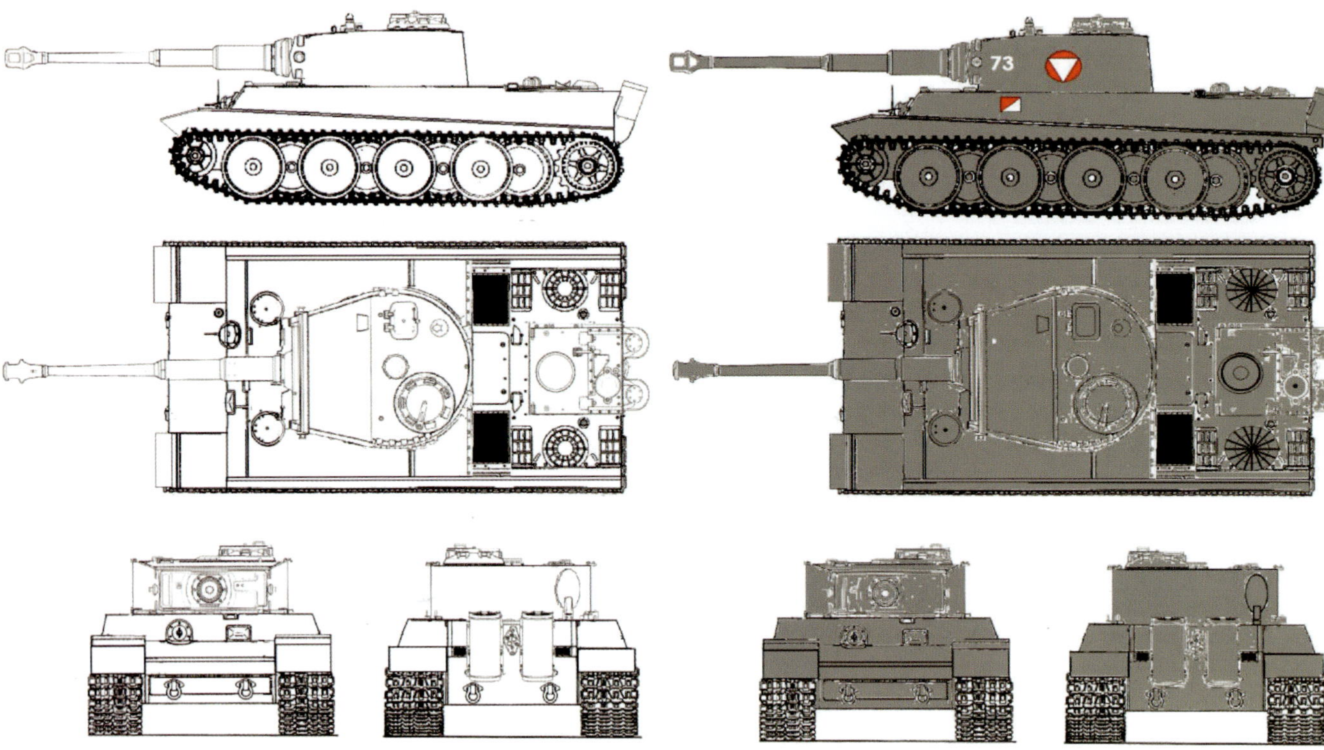

上图 曾经计划改用动力传动装置后置布局，并将发动机升级为 HL234 的装甲强化型 Pzkw Ⅵ Ausf. J “虎 I” 坦克方案

曾对电传动系统进行过有效尝试

与传统的机械传动系统相比，电传动系统由于扭力输出均匀，可靠性相对较高，而这一点后来在费迪楠 / 象式重型坦克歼击车的实战检验中得到了很好的验证；最重要的是，这套电传动装置具有连续自动变速和转向的功能，只有 3 个前进挡和 3 个倒挡，通过主控制柜上的“发电机控制开关”来完成，比起操纵一般的机械式变速箱要轻松得多，而且理论上可以实现无级变速和无级转向，所以操纵性相当好。当发电机的电压一定时，只要控制发电机的电流，便可以控制电动机的转速和扭矩，特别适合重型和超重型装甲战斗车辆。这也是电传动装置的最大优点之一。更何况在采用电传动系统后，“发电机在前，发

动机居中，电动机在后”的布置方案，也不必再像传动装置/主动轮前置的传统德式坦克那样需要借助一根贯穿整个底盘的长长的传动轴来传递动力。也正因如此，痴迷于电传动系统的波尔舍博士，除了在费迪楠/象式重型坦克歼击车进行了相对成功的试验外，后继的VK7001超重型坦克计划和“鼠”式超重型坦克样车也都采用了电传动技术。可惜的是，过分完美的事情是不存在的，电传动装置的体积和重量较大，而且造价较高，并且要大量消耗稀缺的铜，再加上其发电机的效率约为90%，电动机的效率约为85%，总效率约为76%。相比之下，同级别机械式变速箱的总效率却可以达到88%～90%，所以缺点也十分明显，战后再没有任何一种量产型装甲战斗车辆像费迪楠/象式重型坦克歼击车那样，采用过电传动系统。不过，应该看到，随着技术进步，电传动系统的总效率不断提高，电传动装置仍是当今坦克和装甲战车的一个重要发展方向，令人难以取舍，大量电传动试验车的存在就是一个最好的说明。

上图 采用电传动的VK4502P重型坦克

现在很多人都意识到，战争后期，德国人对于坦克火力的要求陷入了过分的偏执。然而，对这种偏执究竟意味着什么却并不清楚。事实上，以德国人的技术水准，要提高坦克炮的性能，绝不会像苏联人那样一味只走加大口径、加大装药量的途径。这一点在PzKpfw V“黑豹”坦克的选型中已体现得非常清楚。然而，大口径高长径比火炮的制造成本、生产工时及资源消耗量却又不是纳粹德国所能承担起的。高质量火炮背后的代价毕竟是高昂，以PzKpfw VI Ausf. B虎王（TigerII）坦克装备的88mm Kwk43 L/70火炮为例。这种88毫米口径火炮是二战期间反装甲能力最强的坦克炮之一，在1500米的“标准安全距离”上，能够有效击穿148毫米厚的均质钢装甲板。但是它的制造成本实在太高了，单价就达到2.2万德国马克，需要用掉4.5吨的钢，49千克的铬、30千克的镍、8千克的钼及120克的铜，在这里面除了钢铁之外，其他都是德国在战争期间最缺少的金属，而且还需要专门的深孔钻床才能够生产，因此88mm Kwk43 L/70是一种相当昂贵而且难以生产的武器（更何况虽然同为88毫米口径，但KwK43 L/70 88mm坦克炮的身管要比KwK36 L/56 88mm坦克炮长约1.3米，而且前者的药室结构与后者也不一致，更长更宽，所以二者的弹药并不能通用），这种火炮生产上的困难直接决定了PzKpfw VI Ausf. B虎王（TigerII）坦克的产量只有可怜的400多辆，而不是底盘的原因。

左图 采用电传动的Pzkpfw VIII“鼠”式超重型坦克原型车

独有的交错负重轮

两排或三排交错的负重轮设计，可谓二战中德国坦克的标志性特点之一。负重轮交错排列确实有它的好处，比如可以在不增加车长的情况下增加负重轮的数量，从而降低了坦克的地面压强，大幅提高了坦克的推进效率和在松软地面上的通过能力。但是负重轮交错排列带给 VK7001 的缺点却要远远超过了它的优点，除了重量太大以外，行走机构的过于复杂导致了负重轮之间的距离过小，因此很容易塞进泥沙碎石阻塞履带和驱动轮的运转，从而影响到坦克的行驶，而且要拆除内侧橡皮外沿有所损坏（经常发生）的负重轮，就得一并卸下数个外侧负重轮，从而使对行动部分的维护工作苦不堪言，而且交错布局负重轮间的间隙还往往因下雪或泥土结冰而无法动弹，在东线这种情况下往往是致命的，但这些还不是负重轮交错排列最大的问题，负重轮交错排列最大的问题是，由于多排式设计限制了负重轮的厚度，导致负重轮的刚度严重不足，说简单一点就是“不经打”——100 毫米炮弹近爆就会造成德式交错负重轮坦克的负重轮变形，而苏联的 T34 却不会遇到这类问题，因为 T34 的负重轮采用的是单排式、大直径、双轮缘设计，不仅耐打而且即使被炸变形也不会对 T34 坦克产生太大的影响。

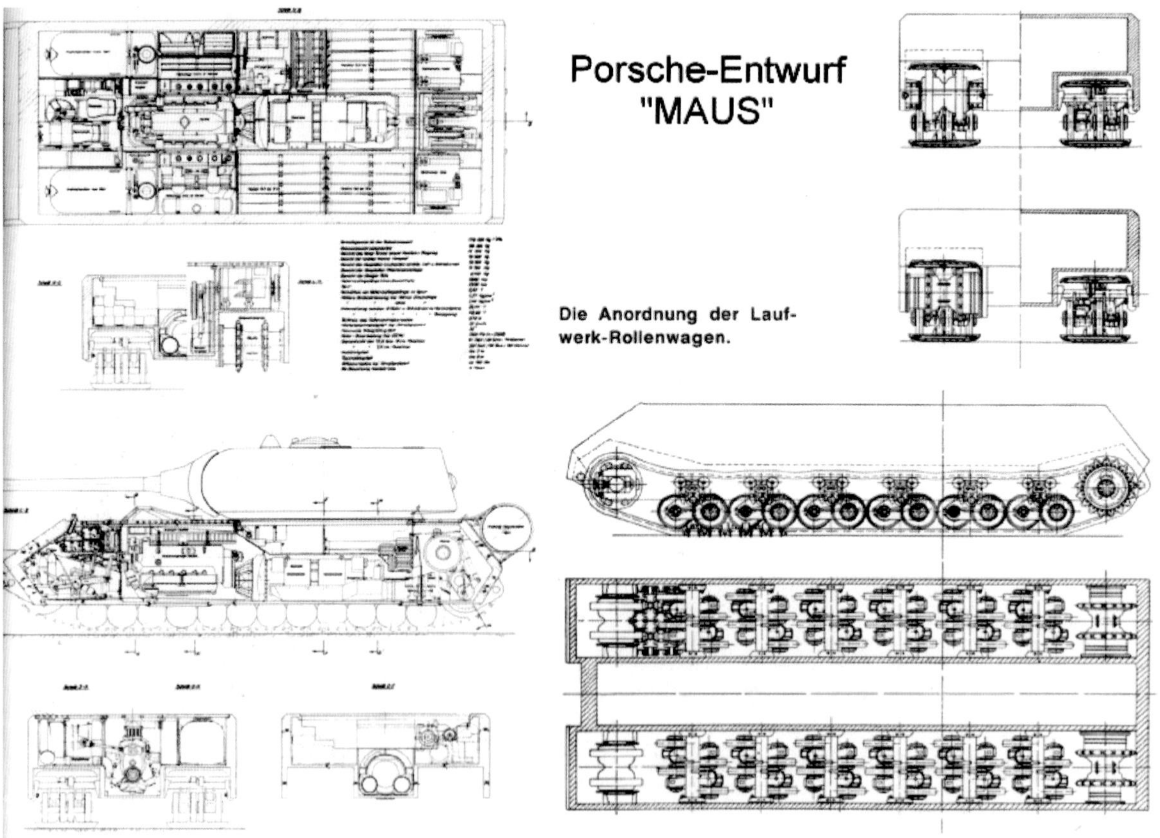

上图　交错式负重轮设计加剧了“鼠”式超重型坦克的复杂性

相比之下，采用交错负重轮结构的德国坦克就不一样了，只要有一个负重轮被炸坏，其在稳定性、机动性及越野能力上的优势就会统统不复存在。如果炸得再狠一点负重轮甚至还会被卡住，到那时候只能像支活靶子一样被摆在战场上动弹不得。所以无论是在东线还是在西线，往往在受到“小迫”轰击时没见到T34或是M-4驾驶员有多紧张，反而是比T-34/M-4更重也更结实的“黑豹”或是“虎”式像只苍蝇似地到处乱窜，生怕被“小迫”伤到了轮子。而“黑豹”或是“虎”式的负重轮一旦被迫击炮炸坏，要想更换起来就必须先要拆掉外侧的多个负重轮，维修起来既费工又费时，相当麻烦，要进行火线抢修基本上是不可能的事情。所以“黑豹”或是“虎”式的作战出勤率偏低除了与它的发动机有关之外，负重轮“不经打”也是其中一个主要原因。总之，德国在战争期间新开发的多种新型坦克普遍采用交错排列的负重轮，这种行动装置布置形式在结构上极其复杂，又难以制造和维护，德国设计师采用交错排列的负重轮看起来只是为了满足越野性能和行驶平稳的要求，并没有真正考虑到这种行动装置的生产条件和在战场上所需要面对的实际情况。也正因如此，在战后才没有一个国家（包括西德）愿意再采用这种并列双扭杆的交错负重轮设计，一律都改用了单扭杆单负重轮设计，一直沿用至今。

坦克用燃气轮机令人赞叹，却依然是镜花水月

在第二次世界大战中，由Jumo 004B轴流式喷气发动机发展而来的一系列燃气轮机（GT101、102、103）曾被作为德国新一代坦克动力系统的一个选择加以认真考虑过。与汽油机或是柴油机相比，燃气轮机体积小功率大，启动速度快，燃料适应性好，而且传动机构大为简化，可靠性高（燃气轮机能够保证坦克主动轮有很高的功率，以及很高（1 ~ 1.5倍）的制动功率使燃气轮机能快速启动；启动后不存在加热冷却液和机油，因此在低温（−20℃以下）环境中，能够保证坦克在25 ~ 40分钟这样较短时间内做好战斗准备。环境气温在零上时，燃气轮机的启动循环时间不超过40秒；燃气轮机采用燃料的种类更多，而且燃气轮机功率不会因为采用不同的燃料而发生变化；燃气轮机散入机油和水中热量最小（相同功率时降低70% ~ 97%，燃气轮机没有冷却系统），因此能极大减少燃气轮机冷却系统所占的体积和风扇传动装置的功率消耗，以及能减少坦克顶部薄弱环节面积50%；燃气轮机操作更简单，维修方便，检修1台燃气轮机只需要4小时，而检修1台柴油机却需要24小时；由于传动机构简化，换挡次数减少（挡位减少），以及坦克突然碰到障碍时燃气轮机不会出现熄火的可能性，驾驶员操控坦克行驶简便，疲劳程度减轻，因为加载时的震动噪声减少了，所以减轻了乘员的疲劳程度）。

左图 Jumo 004B是Me 262的标准动力

在预定用于德国下一代坦克的 3 种燃气轮机中，即便是功率最低的 GT101 也达到了 3650 马力（尽管冷动系统要消耗掉其中的 2600 马力，但能够传输给传动系统的 1150 马力仍然是一个相当可观的数字），这不但意味着 40 吨级的“黑豹”至少能够获得 23 马力 / 吨的单位功率，即便是 70 吨级的“虎 II”单位功率也能达到可观的 15.3 马力 / 吨，再加上 GT101 重量还不到迈巴赫发动机的一半（理论输出功率几乎多了一倍（1150 马力），这使其装车的前景更有吸引力。不过，对覆没前的纳粹德国而言，将 GT101 这类燃气轮式用于坦克真是的一剂解毒的良方？答案是未必。事实上，即便抛开纯技术因素（GT101 已经在 PzKpfw V Ausf.D 底盘上进行过装车试验），要将之用于量产型坦克的实用化也存在两个难以克服的关键性因素。其一，GT101 燃气轮机的平均耗油量几乎是 HL234 的两倍，这无论是从当时德国燃料的供应情况，还是从战术角度而言，都是不可接受的；其二，主要负责生产 Jumo 004B 的阿维亚飞机制造公司，其产能甚至不能满足 Me 262 的生产需求（Jumo 004A 轴流式喷气发动机（推力 845 千克），虽然因为成本高、生产工艺复杂，被其简化版本 Jumo 004B 所取代（最初制造的 004A 发动机不受材料的限制，使用了镍、钴和钼等稀有材料，但批量生产时没再使用这些材料，而是进行了重新设计，结果发动机的寿命缩短了，但制造起来更容易了），然而即便是这种简化版 Jumo 004，与 DB 603 或是 BMW 139 这类活塞式发动机相比，可生产性仍然是大大被恶化了，结果发动机供应不足成为了另一个制约 Me 262 量产规模的重要瓶颈），再要供应足够的 GT101 用于坦克生产根本是不可能的妄想。

更何况，GT101 是基于 Jumo 004B 洐生而来的，而 Jumo 004B 实际上是 Jumo 004A 的简化版（而非“改进版”），每 10 个飞行小时就需要大修一次，全寿命周期也只有 25 个飞行小时，本身就不具备太高的使用价值（生产型的 Jumo 004B 要比 004A 轻 100 千克，而且还节省了大量稀缺金属，与 004A 相比，004B 使用较少量的“战略金属”，如铬、镍和钼。这使得 B 系列发动机重量大为减轻，成本也降低了，但同时耐久性也相应大大降低了——为了节约贵重金属，Jumo 004B 的涡轮叶片强度不够，在离心力的作用下会“变长”，有时甚至在 10 小时的运转后，发动机就变成了一堆废铁）。这就是说，即便将 GT101 投入量产，其质量也很难得到保证。

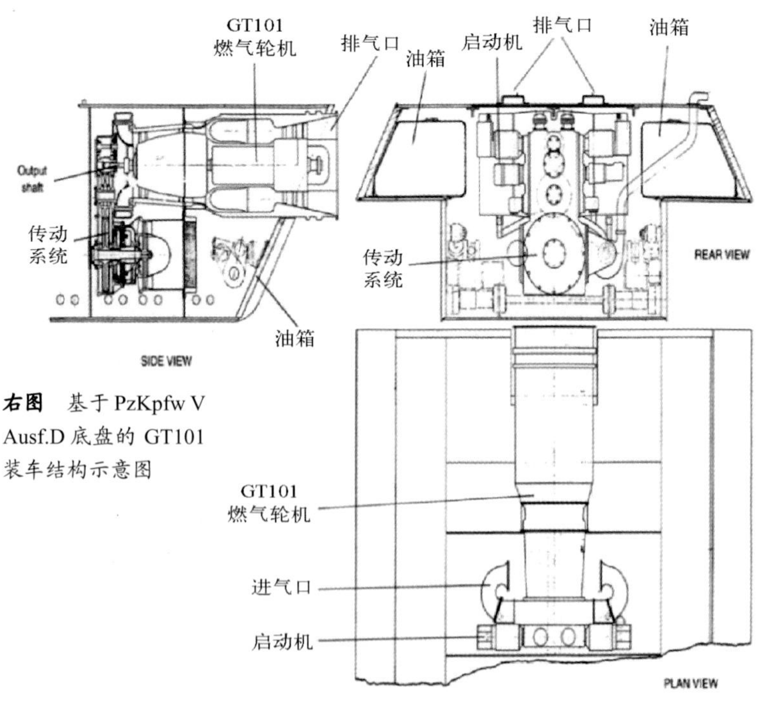

右图 基于 PzKpfw V Ausf.D 底盘的 GT101 装车结构示意图

抢先发展了坦克用夜视观瞄技术

德国在军用夜视观瞄技术的研发历程可以一直追溯到战前纳粹刚刚掌权前后。1936年，德国陆军兵器局（Heereswaffenamt）第8处（WaPrüf 8）正式要求德国通用电气公司（AEG）研制采用主动红外技术的夜视仪器，并计划将之用于包括潜艇、飞机、坦克甚至步枪在内的一切战斗平台。不过，尽管这种努力早在战前便已经开始了，但仍有几项关键技术迟迟无法突破，以至于整个项目进展缓慢。随着1940年硫化铅和几种红外透射材料的相继研制成功，主动红外夜视仪的主要技术瓶颈问题基本得到了解决。

1944年6月6日盟军在法国海岸登陆后，在西线面对盟军巨大的空中优势时，德军遭到了惨重打击（例如1944年7月25至31日，在英、美盟军的对地攻击机打击下，德军损失了400辆左右的坦克）。出于安全原因，所有的部队运动都只能在夜间无灯光条件下进行。这样的话，红外夜视设备就成为了前线急需的东西，被列入最优先补给和订购物资，同时也为“夜战坦克”的诞生提供了可能。1944年初，应德国陆军兵器局（Heereswaffenamt）第8处（WaPrüf 8）负责人加尔特纳（Gaertner）博士的要求，开始为装甲战斗车辆研制专用的夜视观瞄设备。仅仅经过两周的时间，便拿出了一套被称为“食雀鹰”——FG1250型的红外夜视装备。1944年3月，通过为部分法林博斯特（Fallingbostel）装甲兵训练学校的PzKpfw V A/D加装“食雀鹰”系统，德国第一支具备夜战能力的装甲部队出现了（这批黑豹坦克属于国防军第24装甲团第1营第3连，但直到1944年11月25日前都还在第116装甲师战斗序列中）。

上图 装有“食雀鹰”红外夜视系统的黑豹D坦克（这张模糊的照片显示出了一辆分别在3处地方安装有红外装置的“豹”D型坦克。一处为车长用红外照射/图像接收装置，与一挺MG34机枪联动；二处为炮手用图像接收装置，安装在两个单窥孔火炮瞄准镜的其中之一上；三处为驾驶员用图像接收装置，安装在打开的观察窗上）

然而试验场的实测表明，“食雀鹰”（Sperber）红外夜视系统的30厘米直径红外探照灯的实际有效作用距离要远低于额定的600米指标（某些资料甚至称它仅仅能够有效辨识200米内的目标），这一数值要远低于KwK42 75mm/L70坦克炮的直射距离，不免浪费了这门远程射击精度高、火力猛的70倍口径75毫米主炮的强大威力。不过，德国人很快就想出了一个聪明的办法对此加以弥补，由于FG1250红外夜视仪适用范围很广，

上图 装备FG1250红外夜视系统的SdKfz.251/20

可以比较容易地安装在任何型号的装甲车辆上，因此法林博斯特（Fallingbostel）装甲兵训练学校提出要发展一种安装在 Sd. Kfz. 251 半履带车上的改进型 FG1250 红外夜视系统，这套系统与原型的最大差异在于用一具 60 厘米直径的红外探照灯替代了原有的 30 厘米型号，这使其有效作用距离将有望超过 700 米。按照法林博斯特（Fallingbostel）装甲兵训练学校的设想，“夜战豹”将在这种 SdKfz.251/20 半履带式装甲车的伴随下协同作战（5 辆夜战豹坦克将得到 1 辆 SdKfz.251/20 的支援），由于 SdKfz.251/20 装备的 FG1250 将安装 60 厘米红外探照灯，其有效距离要远高于夜战豹上红外线夜视仪的有效作用距离。因此，SdKfz.251/20 一旦锁定目标，将立即通过 Fu 5 电台与“夜战豹”取得联系，由其负责攻击。同时夜间“豹”式主炮会使用无闪光弹药以降低被敌人发现的概率（《Der deutsche Soldat 德国士兵》杂志刊载着一个受过良好训练的乘员组，可以在 2500 米的距离上准确瞄准夜间目标）。

上图 装备“猫头鹰”系统的“夜战豹”

不过，“食雀鹰”（Sperber）红外夜视系统的最大缺点并不在于有效识别距离（装备 FG1250 红外夜视系统的 SdKfz.251/20 或是直接换装更大直径的红外探照灯），而在于只有车长一个人能操作红外探照灯，并独享唯一的一个图像接收装置，结果车长在承担自己职责之外，还必须为驾驶员和炮手提供指引，在战场上这可不是一件轻松的事——车长除了要为炮长指示目标外，还要用红外夜视设备指挥驾驶员，因为后者在夜间几乎什么也见不到，而且这种驾驶方式需要非常良好的长时间培训，但在大战末期这点只能是纸上谈兵。此外，FG1250 可靠性差，机械故障频发，尤其是阴极放射管过于娇嫩，在野战条件下保养困难重重，这些问题也不容忽视。由于“食雀鹰”（Sperber）红外夜视系统存在诸多难以克服的缺点，法林博斯特（Fallingbostel）装甲兵训练学校认为其实战价值有限，特别是作为发挥战斗力的关键，需要为驾驶员与炮长分别配备自己

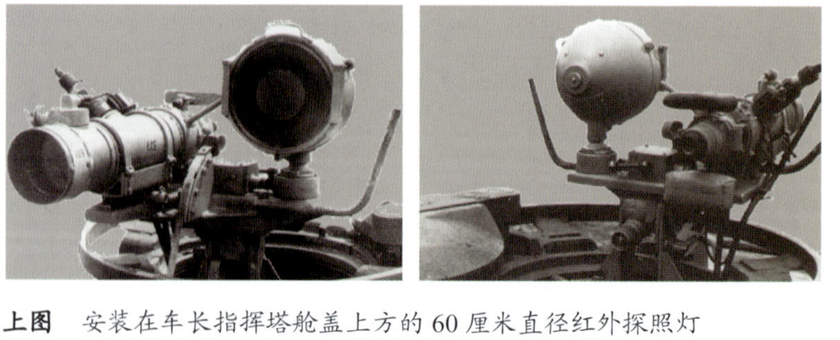

上图 安装在车长指挥塔舱盖上方的 60 厘米直径红外探照灯

的独立夜视观瞄系统，所以现有的“食雀鹰”（Sperber）一定要在进一步改进后才能配发部队。于是在 1944 年 7 月出现了被官方称为“猫头鹰”的一种制式化装甲战斗车辆用红外夜视系统——虽然也包括 30 厘米红外探照灯和变相器（Bildwandler）（图像转换器），不过不同的是它拥有 3 组，除了同“食雀鹰”那样设置一组提供给车长用外，还在驾驶舱舱盖和火炮防盾上各安装了一组分别供驾驶员和炮长使用。

经典的 MB837 与 MB870 坦克柴油机

在冷战的大背景下，联邦德国于 20 世纪 50 年代末全面恢复了其坦克工业，并在动力和火力系统上仍然独领风骚，走在西方乃至世界的前列。就坦克动力系统而言，德国在冷战期间的代表作无疑是 MB837 与 MB870 系列坦克柴油机。

MB837 系列是德国在第二次世界大战后发展的第一代装甲车辆系列发动机。全系列包括 V 型 6 缸、V 型 8 缸、V 型 10 缸和 V 型 12 缸 4 种基型发动机。以后由于缸径从 165 毫米增加到 170 毫米，并采用不同的转速和增压方式共发展了 10 多种机型，功率范围为 290 ~ 1103 千瓦。这些发动机已在约 15 个国家的 20 多种装甲车辆上应用，数量已超过 14000 台。尽管在某些方面没有达到具体要求，如单位体积功率为 388 千瓦，比重量为 3.1k 克 / 千瓦，燃油消耗率为 250 克 / 千瓦 · 时，仅能使用柴油和航空煤油，属于有限多种燃料性能的发动机。但依然满足了时代条件下最为苛刻的装车要求，且与系列内各发动机之间的通用零部件达 85% 以上，成为 20 世纪 50 年代至 70 年代初世界上最为先进的坦克动力。至于 BM870 系列坦克柴油机，则是在 MB837 系列基础上联邦德国发展出的第二代坦克柴油机。20 世纪 60 年代初戴姆勒 - 奔驰（Daimler-Benz）公司设想完成一个单缸排量为 3.31L、单缸功率为 110.3 千瓦（150 马力）的 MB870 系列发动机，功率覆盖面为 662 ~ 1324 千瓦（900 ~ 1800 马力）。系列包括的发动机有 MB873ka（12 缸）、MB872Ka（10 缸）、MB871Ka（8 缸）和 MB870Ka（6 缸）等机型。首先设计的是作为主战坦克动力的 MB873Ka-500 发动机。

1963 年，美国和德国准备合作研制主战坦克 MBT-70。协议确定美国泰莱达因 · 大陆汽车（Teledyne continental Motors）公司和德国戴姆勒 - 奔驰公司分别研制候选发动机。戴姆勒 - 奔驰公司研制的 MB873Ka-500 发动机在缸径、缸心距和气缸排列等方面，基本上保持了上一代 MB837 系列发动机的总体布置特征。在 V 型夹角内，装有喷油泵、进气管和气门传动机构。发动机左侧装有水泵、启动电机、机油滤清器和机油散热器。右侧装有发电机和机油泵。通过总体布置使每一部件合理安置，保持发动机外形呈紧凑的矩形。整个动力装置在野战条件下更换所需时间仅为 15 分。于 1967 年通过北约 400 小时的耐久试验，当选为 MBT-70 坦克动力。但至 1970 年因终止了 MBT-70 坦克的合作研制协议，两国分道扬镳，各自发展主战坦克及坦克发动机。自 1966 年开始，MB873Ka-500 发动机在试验台上进行了各种类型试验和一系列如倾斜运转试验、高温过热试验、低温启动试验和在水中带背压试验等鉴定试验，还进行了多次装车试验，如在恶劣气候条件下的公路和越野行驶试验、耐尘土、耐热、耐寒试验和1000千米越野行驶试验，车辆连续行驶里程达165000千米。该机还装在豹Ⅱ AV坦克上与分别装有AGT-1500燃气轮和AVCR-1360-2柴油机的XM1坦克进行耐久性对比试验。西德政府批准联邦国防军从1979～1986年间采购1800辆豹Ⅱ坦克，MB873Ka-501发动机于1979年列入制式动力。发动机单价为171000马克，占豹Ⅱ坦克价格的20%左右。尽管20世纪60年代中期设想的MB870系列发动机至今付诸实现的只有MB873Ka-500、MB873Ka- 501和MB871Ka-501，而且功率指标也未达到每缸110.3千瓦（150马力）的要求。但需要指出的是，MTU公司曾研制了MB873Ka-502发动机，功率达1324千瓦（1800马力），而且已达到可进行生产水平，如果进行横向对比，这足以对MB870系列坦克柴油机的技术水准进行一个基本判断。

一统天下的RH120

随着豹Ⅱ坦克在整个欧洲范围内的大扩散，到了20世纪90年代初，RH120几近一统江湖，成为了继L7之后北约或者说整个西方世界除英、法之外的标准坦克炮（意大利尽管没有加入豹Ⅱ俱乐部，但其公羊C1主战坦克在血统上仍然有着浓厚的豹Ⅱ印鉴，实际上算是意大利山寨的豹Ⅱ——作为这种说法的一个标志，其安装的44倍径120毫米滑膛炮虽然热护套、抽烟装置与RH120稍有区别，但主要技术却还是来源于RH120）。当然，L7 105mm线膛炮的装车量是创纪录的19 200门（含M60坦克的M68及M1坦克的M68E1），如果只凭上述3300余辆豹Ⅱ（即便算上意大利人的公羊C1，也不过4000出头），两个数字差得也未免远了些，但如果将美国那个庞大的“艾布拉姆斯”家族统计在内，事情也许就不一样了。

1977年，德、美两国在签订的正式文件中确认，德、美两国的下一代主战坦克至少要在火炮上实现通用，而此时确定的XM1方案也的确是按照能装备120毫米以上级别火炮的余度设计的。不过1981年2月，美国陆军正式开始采购的7058辆M1装备的却仍然是英制L7A3 105mm线膛炮的美国许可证版本改型——M68E1（与M60坦克的M68基型炮有所不同。M68E1由于改进了摇架结构，并将摇架重量减到115千克，从而减少了在炮塔内所占有的空间。反后坐装置也加以改进，带有液压驻退机和同心式复进机，其液压压力由原14.7MPa（150kgf/cm2）减至12.25MPa（125kgf/cm2）。该炮装有可测量炮管弯曲的炮口校正系统）。而在当时广泛装备120毫米或125毫米炮的同级主战坦克鲜明对比下（包括北约阵营中的挑战者I、豹Ⅱ以及华约阵营中的T-64、T-72、T-80），美国陆军的这些M1未免成为了大车装小炮的笑柄。这种尴尬的局面直到1984年8月28日才告结束——这一天，装有进口德制RH120 120mm滑膛炮的M1A1正式定型，此后又经过历时半年的谈判，美、德双方就美方引进RH120的全套技术资料在国内按许可证进行生产的问题最终达成了协议。

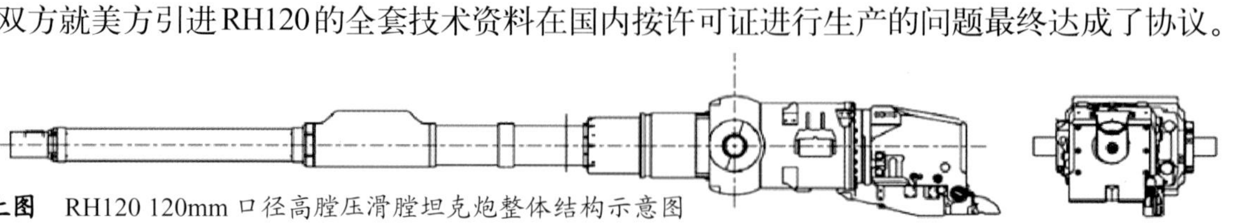

上图 RH120 120mm口径高膛压滑膛坦克炮整体结构示意图

上图 到了 20 世纪 90 年代初，RH120 几近一统江湖，成为了继 L7 之后北约或者说整个西方世界除英、法之外的标准坦克炮

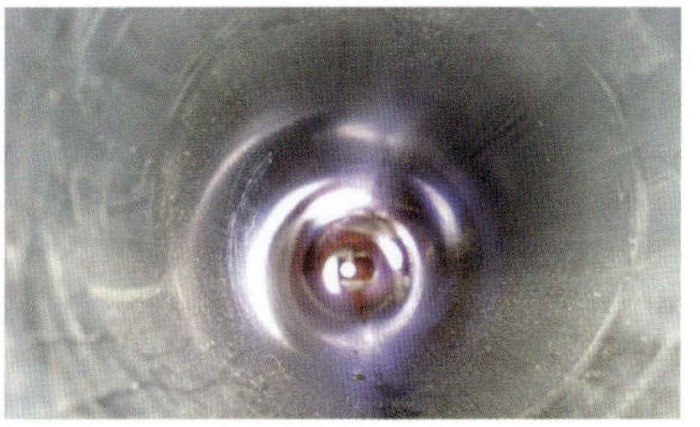

上图 RH120 120 毫米口径高膛压滑膛炮内膛

上图 装备 RH120 样炮的豹Ⅱ原型车

1985 年 2 月，RH120 的美国版本 XM256 120mm 滑膛坦克炮设计定型（但在生产工艺上与 RH120 有很大不同），装 M68E1 105mm 线膛炮的基本型 M1 在生产了 2374 辆后于当月停产，而量产型 M1A1 的生产线则于同年 8 月启动，并从 1986 年 9 月开始以每月 70 辆的速度下线装备部队，至 1993 年产量达 5415 辆。1993 年美军又以 M1A1 为基础，推出了火控电子系统增强版的 M1A2 及 M1A2SEP，但除了少量全新的试生产型车辆外，大部分 M1A2/M1A2SEP 是由 M1A1 乃至更早的 M1 改装而来，这使库存中装备 M68 105mm 线膛炮的 M1 系列坦克数量骤减，装 M256 120 毫米滑膛炮的 M1A1/A2 数量占据了压倒性优势。

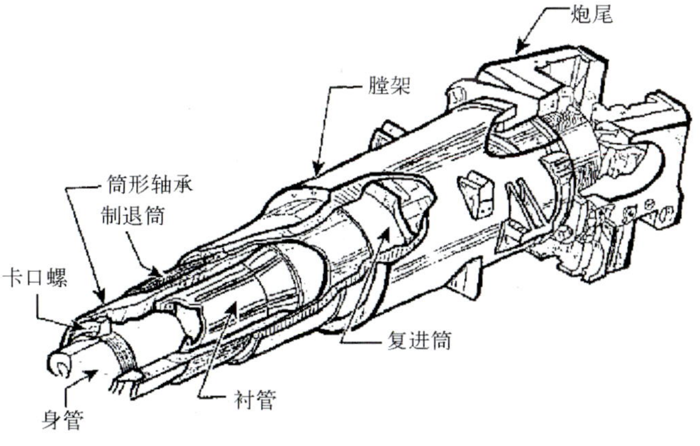

左图 RH120 120mm 口径高膛压滑膛坦克炮结构示意图

右图 RH120/M256 炮尾结构（用来吸收射击时产生的气体作用力的炮尾与反后坐装置刚性连接，并用卡口螺方式拧在炮管上。这种设计是为了保证能够极迅速地拆卸和装上炮管）

复合装甲技术不尽如人意

尽管打造了一个威名显赫的“坦克帝国”，但这样一个“坦克帝国”在技术上却并非没有短板——先进的复合装甲技术便是如此。德国虽然在二战后期进行过以二氧化硅做夹层的复合装甲的研究，然而在冷战中，由于对装甲防护的投入并没有得到足够的重视（毕竟机动性和火力才是“自行反坦克炮”的立身根本），德国坦克的复合装甲技术却长期处于二流地位。比如，在早期的豹Ⅱ A1 上，正面主装甲只是包裹在外层均质钢装甲内的由多层硬度在 250BHN ~ 600BHN 的高硬度钢板组成的夹层，这些不同硬度的钢板按照一定的规律排列，期间的缝隙使用耐火橡胶填充，构成混合型间隙装甲结构。按照国内某些科研机构分析的结果，豹Ⅱ的主装甲夹层是由 250BHN、430BHN 和 515BHN 这 3 种高硬度钢板叠加组成的，同时从豹Ⅱ A2 开始又在钢板间隙中添加了聚乙烯，并添加锂和硼以增强对核辐射的防护能力。虽然豹Ⅱ采用的这种高硬度钢板的焊接极为困难，通常使用高压轧制工艺制成很薄的小块状，然后将不同硬度的钢板层叠，再用螺栓固定在主装甲中钢制的骨架上。可惜的是，这种自以为是的所谓多层硬度间隔装甲，在以 3BM32 为代表的苏联 125 毫米尾翼稳定脱壳穿甲弹的威胁下却不堪一击。在 20 世纪 90 年代初的一次测试中，使用 3BM32 的 T72B 型坦克分别在 1000、1500、2000 米对早期型豹Ⅱ实车进行了实弹射击测试，在 1500 米以内发射的 15 枚炮弹全部正面贯穿了用于实验的豹Ⅱ A3 主装甲，用德国人自己的话说“就像打奶油一样”，这件事对德国人震撼非常大，最终只得通过从英国购买出口版“乔巴姆”装甲技术的方法，对豹Ⅱ后续型号的装甲进行升级。

结语

虽然由于种种复杂的原因，从二战到冷战，德国坦克在设计上始终没有建立起“正确”的理论模型，这使“坦克帝国”在某种程度上成为了一个畸形的帝国。然而，令人感慨的是，在部件、子系统和制造工艺上的异常先进性，却又使这个“坦克帝国”的结构性缺陷被掩盖了起来，结果在不同的视角下，人们对这个“坦克帝国”往往做出了大相径庭的评价。

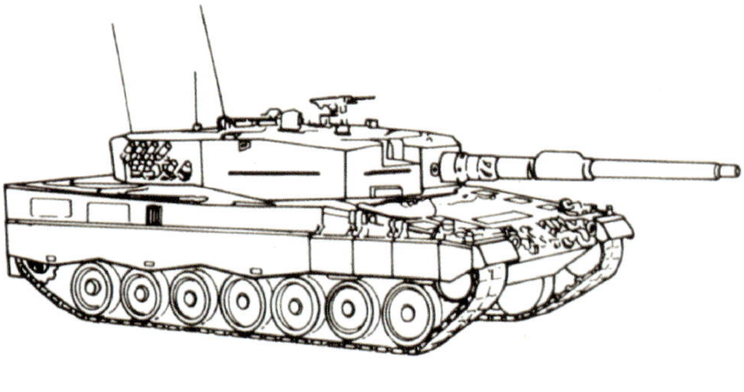

上图 从某种意义上讲，RH120 是豹Ⅱ坦克最重要的成功因素之一，但其装甲技术从来都是避而不谈的软肋

上图 装有预生产型 RH120 120mm 口径高膛压滑膛炮的豹Ⅱ原型车

美 国 篇

美国坦克的百年发展

磨砺的春秋——美国坦克发展史（1917—1930）

作为一个“美国式的军事图腾”，今天的M1A2“艾布拉姆斯”傲慢十足地行驶在地球上。然而很少有人意识到，美国这个无可攀及的工业巨兽，长期以来在坦克方面却底气不足，“坦克大国”的称谓或许还算是名副其实，“坦克强国”的称谓则要打上一个大大的问号。事实上，尽管美国是著名的福特T型车的诞生地，但美国在军用战斗车辆的发展上却曾长期落后于欧洲，直到二战后才逐渐追平并缓慢地建立起自己的技术优势，至今能够雄踞世界坦克技术之巅。磨砺100年，其中自有很多春秋。

他人的嫁衣——从“霍尔特”拖拉机说起

美国人制造坦克的历史，要从拖拉机说起。这多少有些奇怪，却有着极为充分的理由。早在英国人开始研制“陆地战舰”的很多年前，美国人就已经是制造履带式拖拉机的行家里手了。法国的阿拉巴尔特和美国伊利诺斯州的R·C·帕尔文分别在1856年和1873年发明了最早的蒸汽动力拖拉机。1889年，美国芝加哥的查达发动机公司制造出了世界上第一台使用汽油内燃机农用拖拉机——“巴加”号拖拉机。1901年美国的伦巴德在研制林业用牵引车辆时，发明出第一条实用效果较好的履带。3年后，加利福尼亚的工程师霍尔特应用伦巴德的发明，设计制造了77型蒸汽拖拉机。这是世界上第一台履带式拖拉机，在商业上获得了一定的成功，霍尔特也因此注册了自己的公司。几乎在霍尔特制造出77型蒸汽拖拉机的同时，受伦巴德的启发，英国人大卫·罗伯茨（David Roberts 1859—1928）也研发出了一款履带系统，并将这个履带系统成功地运用在农业用蒸气引擎拖拉机上，在1904年于英国申请了专利权，英国专利证号（British Patent No. 16345）。大卫·罗伯茨的履带与人们所认知的现代履带仍有些许差异，这个履带是以木头作为履带块，没有串接在一起，但相比伦巴德的设计还是有了长足的进步。不过，罗伯茨的发明在英国国内无人问津，唯一肯花价钱买下专利的只有独具慧眼的霍尔特。

于是，大卫·罗伯茨创设的理查德霍恩斯比公司（Richard Hornsby & Sons）只得将这个专利权卖给了美国霍尔特公司，而霍尔特公司在对这种履带系统做了进一步的改良后，制成了所谓的布洛克（Bullock）式履带系统，并以这种履带式系统为基础，于1906年制造出世界上最早的一台以汽油内燃机为动力的2吨半履带式拖拉机，这种拖拉机次年开始批量生产，是当时最成功的拖拉机，“霍尔特”拖拉机由此名声大噪，也成为了“美国制造”的代名词。事实上，“霍尔特”拖拉机之所以能够大获成功，内燃机与履带式行走系统

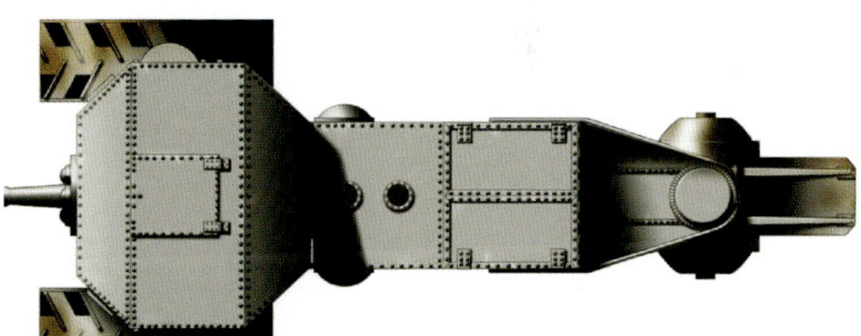

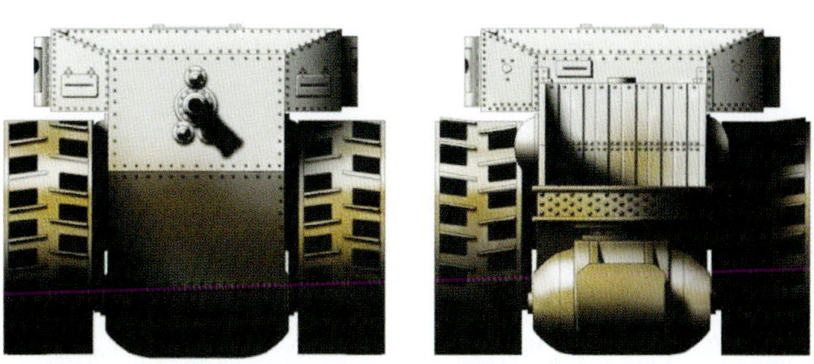

上图 1916年美国试制的“大威尔”轮式越壕战车

的完美结合是关键，这保证了这台机器能够以惊人的效率，在崎岖坎坷的农田中完成各种工作。有意思的是，世界上的事情有时既能“熔矛为镰”，也能“熔镰为矛”，为农业和工程用途设计的机器，有时与军事用途的要求居然相当一致——“霍尔特”拖拉机的情况便是如此。出色的野外机动性和强大的牵引力，使农用拖拉机的军事价值从一开始就得到了关注。也正因如此，早在一战开始之前，英、法军方便大量购入了多种型号的“霍尔特”履带式拖拉机作为火炮牵引车使用，英国的斯温顿中校正是在战争爆发时看到了正在牵引火炮的“霍尔特”履带式拖拉机，才产生了进一步的联想——为什么不将火炮直接搬上拖拉机，再围上锅炉钢板提供一定的防护？于是，“霍尔特”履带式拖拉机就此成为了英、法的“坦克之母”，甚至德国的坦克技术也与“霍尔特”履带式拖拉机有着千丝万缕的联系。

在第一次世界大战期间，霍尔特拖拉机克服了战线的泥泞，本身通过拖运火炮和军需品为战争服役。总共超过 1 万辆霍尔特车辆为同盟军服务，在国际上已知名的霍尔特拖拉机在战争期间收到大量订单，欧洲军事部门要求政府大量提供这种履带车辆。美国政府不像欧洲那样购买商用拖拉机，而要求霍尔特设计新的军用拖拉机，这就是后来的 2.5、5 和 10 吨履带拖拉机机型。尽管霍尔特并未参加坦克的研制，但那位在印度诞生的英国“坦克发明人”欧内斯特·斯温顿，在 1918 年 4 月访问霍尔特的工厂时，拜访了比他年长 19 岁的本杰明·霍尔特。他称坦克的灵感来自霍尔特的履带拖拉机，称霍尔特的工厂是“坦克的摇篮”。

以仿制品起步——“自由号”重型坦克与美国版雷诺 FT17

20 世纪初，美国的工业和科技基础其实与欧洲老牌强国仍有差距，值得称道的只有规模，所以莱特兄弟发明飞机之后不久，航空技术的桂冠就被欧洲轻易摘去了，美国航空工业只能以许可证方式生产欧洲产品来显示着它的存在。似曾相识的一幕在履带式装甲战斗车辆领域同样上演着。美国制造的“霍尔特”履带式拖拉机底盘虽然成为了所谓的“坦克之母”，然而却不过是为他人做了嫁衣。当 1916 年美国要参与欧洲战事的迹象

上图 理查德霍恩斯比全履带式拖拉机

上图 出色的野外机动性和强大的牵引力，使农用拖拉机的军事价值从一开始就得到了关注

上图 法国军队将霍尔特拖拉机用于牵引 155 毫米加农炮

上图 英国军队将霍尔特拖拉机用于牵引 8 英寸榴弹炮

越来越明显时，美军手中并没有任何一辆“时髦”而且“必要”的履带式装甲战斗车辆，可以应付欧洲泥泞的堑壕、机枪与铁丝网。在这种情况下，美国军方再次祭起了“拿来主义”的法宝，希望将欧洲的技术、设计与美国强大的生产能力结合起来，组成一支恐怖的装甲机械化大军，将欧洲战场尽快“碾平”。

既然是“拿来主义”，美国人在坦克的选择上自然瞄准当时的最高水准——英国的 MK Ⅷ过顶履带式重型坦克，也就成了美国人“拿来主义”的首选。美国人是这样想的，也是这样做的。经过和英国协商，双方同意由美国生产发动机和传动装置，英国提供装甲钢板、武器装备及内部的结构件。1918 年 7 月，英国将由低碳钢铆接而成的第一辆 MK Ⅷ重型坦克车身运往美国安装发动机。1919 年初美国罗克岛兵工厂接到命令，开始在该厂组装 100 辆 MK Ⅷ重型坦克，并被重新命名为“自由号”重型坦克。1919 年 2 月 1 日，首辆美国造“自由号”试验车经过一系列试验和展示后运往伊利诺伊州萨凡纳试验场，进行了 3500 千米的行走测验。陆军对它的性能基本满意，但该车在试验中也暴露出了部分问题，比如安装在底部的排气管会使发动机舱地板温度升高，不利于坦克长时间行进。“自由号”重型坦克的正式生产始于 1919 年 7 月 1 日，至 9 月 28 日已经有 28 辆坦克在组装。次年 1 月 5 日首辆生产型“自由号”正式下线。1920 年 6 月 5 日第 100 辆坦克下线。

上图 MK VIII“自由号”重型坦克三面图

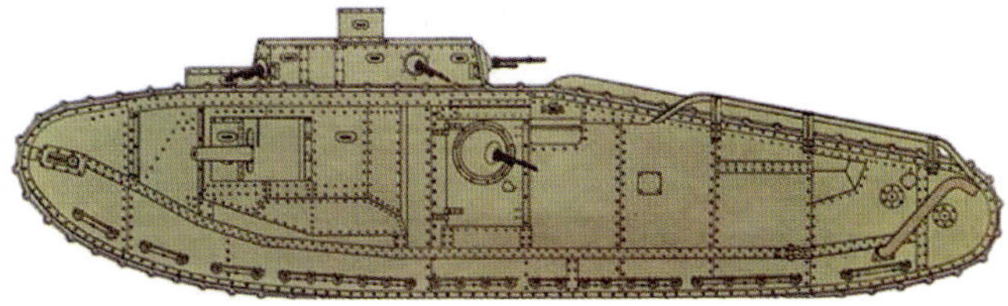

上图 英国 MK VIII 过顶履带式重型坦克的美国版本被称为“自由号”

在公路测试中，该型坦克的发动机逆火问题（燃料过早点燃）导致火灾频频，后来更换了化油器才解决了问题。在用火车运载这些坦克的过程中，重达 43 吨的坦克使一段铁路路基不堪重压而坍塌，导致一辆坦克翻车。在“自由号”服役后，一战已经结束，所以该坦克只能用来训练。由于体积庞大、装甲薄弱的“自由号”逐渐暴露了其缺点，但毕竟是花了很大力气才引进的，所以针对“自由号”的改进试验继续进行。例如在固定炮塔顶端安装了车长周视镜进行试验，这种通过狭缝重合来实现周视的简易型观瞄器材防弹性能并不好，很容易被 7.62 毫米机枪子弹射穿，所以在 1926 年 4 月停止了试验。为了提高可靠性，1932 年还有几辆“自由号”改装了风冷发动机，车体左侧有大型进气口给发动机提供足够的冷却空气。虽然不成功，但是美国兵器工业局认为在将来的新型坦克中可以考虑风冷发动机，也算在技术上有所收获。不久“自由号”全部退役，送到阿伯丁试验场封存。二战开始后，这些坦克被送至加拿大用于训练。当然，“自由号”并非是美国“拿来主义”的唯一产物，法国人大名鼎鼎的雷诺 FT-17 同样引起了美国人的极大兴趣。一边在欧洲战场上接收原装的 FT-17，一边在福特汽车公司积极组织许可证生产——6 吨重的美国版 FT-17 被称为 M1917。主要是将原本法国的公制单位生产设计替

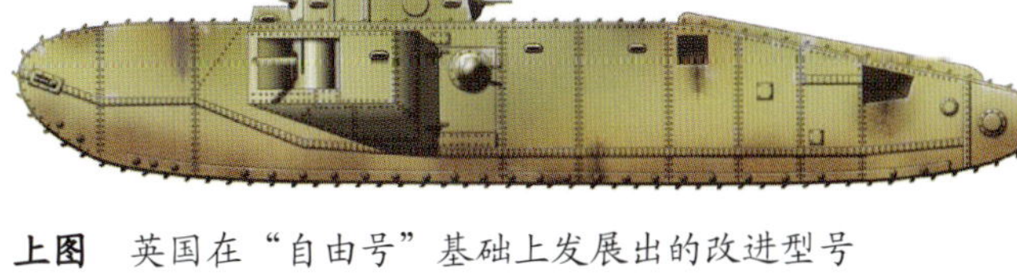

上图 英国在“自由号”基础上发展出的改进型号

换为英制单位并进行细部修改。由于一战的“提前”结束，原计划首批就生产4500辆的M1917仅仅生产了65辆，美国大兵并没有在欧洲战场上驾驶过一辆M1917，全部留在了美国本土。战后的整个20世纪20年代，M1917是美国唯一维持着低速生产的坦克型号，持续量产到1931年才结束，总产量为950辆，其中374辆为火炮车、50辆为通信指挥车，一部分在换装了风冷发动机后被称为M1917A1，到20世纪30年代初，美军还保有6个M1917A1现役坦克连，算是美军装甲部队一等一的主力装备。

不得不提及的原创性——“骨架式”坦克与福特“双人战车”

在一定程度上，“拿来主义”的确是一条多快好省的捷径——以许可证的方式生产MK VIII重型坦克和FT-17轻型坦克，使一片空白的美国坦克制造业迅速站到了世界的“顶峰”。然而问题在于，在那个装甲机械化战争刚刚萌发的年代，MK VIII重型坦克和FT-17轻型坦克未必就是完全令人满意的。作为菱形过顶履带坦克家族的一员，身形高大的MK VIII重型坦克穿越沟壑纵横的堑壕地带毫无压力，但笨重和迟缓却成了致命伤；至于FT-17则又走到了另一个极端，过于轻巧灵活，越障能力却严重不足，过小的车体很容易被卡在堑壕里再也动弹不得。在这种情况下，美国人自然希望用一种糅合了上述两种坦克优点的“完美战车”对自己的远征军进行更好的武装——外形小巧、机动灵活，同时又保留了菱形过顶履带坦克翻越壕沟和障碍的性能。结果，在这种思维的引导下，充满了原创性的“骨架式坦克”出现了。

“骨架式坦克”的设计原则是尽可能地减少重量，但又不降低坦克的越野性能和翻越壕沟的能力。为此，其外观呈菱形，利用普通的钢管和

上图　“骨架式坦克”侧视图

标准的铅管连接，悬挂在履带支架之间的是一个盒子状的作战及发动机室，其钢板厚度为半英寸。舱室内装有两部“比弗”型4缸发动机，每部50马力。在作战室的上面有一部旋转炮塔，坦克样车上载有一门30毫米口径机枪，但在真正的坦克上，机枪却始终没有安装。原型可携载两名坦克手，体积是8.3米长，2.8米宽，3.2米高，重量只有9吨，对地面产生的压力非常小，但性能却非常好。当时的一名工程师描述了当初设计这种坦克的一些想法，“用钢管做支架，一是在运输过程中易于拆卸和拼装；二是支架结构不易被敌人的炮弹和子弹击中。同时，如果其中的一根钢管被击中或打断，对坦克的作战能力不会产生太大的影响，如果不是有太多的钢管被击中或是被折断，事后也容易更换。”这种非同一般的坦克设计还具有其他许多优点：由于使用的是标准的铅管固定装置，以及钢管和木头，因此制造和维修坦克所需要的材料和技术也很容易获取。大量使用普通的和现成的零部件不仅在工厂里，而且在战场上也可以节省时间和资金。

作为一种作战工具，其设计还有更为有趣的一面。当从不同角度进行观察时，能透过坦克的上半部看到它的背景，世界上还没有哪种涂料的伪装效果能与其相媲美。从远处能够看到的只是一些管子、钢板和它的影子，很难看清它的真实面目。而个头和外形与之相似的英制MK IV/V型过顶履带坦克则不然。此外，由于除了履带和支架外，其他装置距地面均在1米以上，在履带上产生的压力非常小，因而这种坦克还具有涉水的能力，这一点在当时是无与伦比的。而事实上，美国军方也确实在密西西比河上试验过这种坦克。这种坦克的原型只是一种理念的展示，并不能真正地用于作战，其武器配置一直也没有安装。在关键部位的装甲板作战室没有成形，旋转炮塔和发动机室的上部一直没有封闭。用以遮盖行走装置的木板和金属板也很可能无法在战场上支持下去。但是它们只是用来防止沙土将履带弄坏，对坦克在全天候条件下的作战并不十分重要，如果遭到损毁，更换起来也非常容易。到1918年10月，首辆坦克即将交付陆军进行试验和评估。正当最后的几个机械问题已得到解决的时候，一战停战协议签署了。尽管坦克的性能优良，但战争结束了，

陆军认为他们不再需要这一计划，于是所有的生产计划都随之束之高阁。不过，作为美国坦克原创性的“发端”，“骨架坦克”的存在意义却应该得到认可。

有意思的是，如果说“骨架坦克”的原创性多少有些不切实际的荒诞，那么福特“双人战车”则更多地体现了一种务实的“原则性”。根据富勒构思的进攻计划（这个计划后来在1918年10月形成了所谓的“1919计划”），在160千米的正面上集中使用11500辆坦克，分左、中、右3路实施进攻。作战分两个阶段。第一阶段：首先在中路发起进攻，利用1500辆重型坦克打开缺口，吸引敌人预备力量，然后使左右两路的中型和轻型坦克迅速出击，在2～3小时内突入20～30英里的纵深，斩断敌人的神经中枢，并和中路部队配合围歼首尾不能兼顾的敌人，在敌军防御体系上撕开一个大口子；第二阶段使用保存于后方的1200辆中型坦克和5500辆轻型坦克，穿过打开的缺口，快速向德军战略纵深发起攻击，瘫痪其指挥体系，再完全破坏敌防御体系，直接冲向德国本土。从而达到以钢铁和机械的力量换取大量人员生命，迅速结束战争的目的。拥有强大工业生产能力的美国人对富勒的构想深信不疑。不过由于在富勒的构思中，近万辆轻型坦克构成了坦克群的主力。但从这个角度来讲，6吨重的FT-17/M1917仍然过于复杂，难以在短时间内满足生产、装备和训练的要求，需要一种更简单、轻巧，易于生产的轻型坦克。在这种思想的引导下，认为抓住了一个巨大商机的福特公司研制了仅有3吨的M1918轻型坦克。

具体来说，M1918轻型坦克结构简单，车体为钢板铆接结构。火炮在车体前部左侧，指挥塔在车体中部，发动机在车体内后部。每侧有6个

上图 福特M1918 3吨双人坦克可以说是“1919计划”的产物

小负重轮和2个拖带轮，主动轮在后，诱导轮在前。车后部装有一个尾架，以提高越壕能力。该坦克只有2名乘员：车长和驾驶员。主要武器为一门57毫米火炮，辅助武器为一挺7.62毫米机枪。动力装置是2台4缸水冷汽油机，每台功率16.5千瓦，共33千瓦。油箱储油量为64.4升，坦克最大行程为55千米，最大速度为13千米/小时。动力直接采用了两台福特T型车的4缸发动机，以固定轴的方式分别驱动左右两边的履带，坦克前方左面安装了一挺12.7毫米机枪，同样由于一战的“提前”结束，除了15辆样车外，预定的15000辆“福特”M1918轻型坦克订单全部取消。不甘心的福特公司在一战结束后，又设计了一种改进型的M1924，换装了一台150马力6缸柴油风冷发动机，正面装甲增为23毫米，全重增至4.9吨，平均时速提高到每小时16千米，武器换为一门25毫米短管速射炮（也可换为47毫米反坦克炮），顶部加装了一挺7.62毫米轻机枪。然而，美国陆军对这种设计兴趣不大，很快便没有了下文。

上图 苏联坦克在研制上采取的政策是循序渐进，由近及远，一代接一代，实施演变进化，并非采取革命性措施

上图 福特M1918 3吨双人坦克侧视图

第一个闪光点——“克里斯蒂”快速坦克

一战结束后的美国一片歌舞升平，1929年的经济危机还尚未形成，在这短暂的繁荣与和平时期，美国人对探索坦克部队的用途没有太大热情，坦克的战术使用也相当墨守成规：仅限于支援步兵。不过考虑到此时世界军事的发展情况普遍如此——日耳曼闪电战还未露出獠牙，而勾画大纵深战役的天才元帅图哈切夫斯基正率领红色骑兵军远征波兰，戴高乐的《未来军队》和富勒的《装甲战》都还没有摆上出版商的案头，美军的墨守成规似乎也不失为一种好的选择。在这种思潮的指引下，美国官方对新型坦克的发展在态度上相当冷淡。在这样一种状况下，20世纪20年代出现的“克里斯蒂”轮履两用快速坦克，因其划时代的新型悬挂系统成为了难得的一抹亮色，并深刻地影响了后来的坦克技术发展。

在坦克发展的“草创”阶段，制约坦克性能的因素有很多，但悬挂系统无疑是最重要的一个（早期的坦克没有悬挂装置，越野行驶时颠簸剧烈，行驶速度极低。到了法国“雷诺”FT-17坦克问世时，出现了半刚性悬挂装置，使坦克的行驶速度有所提高。但是由于采用的是小直径负重轮，负重轮的行程很小，使坦克行驶速度的提高受到很大的限制）。对于这一点，不仅仅是欧洲设计师注意到了，很多美国工程师同样有所感悟，沃尔特·克里斯蒂便是其中一位。1919年，他完成了一个坦克底盘设计，其特别之处在于两个负重轮上采用了平衡悬挂装置，并且还加设了弹簧，与当时履带式车辆普遍采用的刚性或半刚性悬挂有了明显区别。不过尽管克里斯蒂设计的坦克加装了悬挂装置，当时的军方并没有意识到这一点。美国军方在观看了样品后认为，尽管克里斯蒂为他的坦克设计了两个炮塔，但他的炮塔却不能做360度旋转，而且这种命名为M1919的坦克发动机功率较小，行驶速度太慢，所以没有订货。1921年，克里斯蒂对M1919进行了改造，不过这次他仍然没有在坦克上安装旋转炮塔，所以军方再次冷落了他。倔强的克里斯蒂没有悲观失望，再次埋头于改进工作。到1928年，他成功地设计制造出一辆全新的M1928。由于能够轮履两用的M1928满足了军方的“所有”要求，所以看过试车表演后，美国军方当即向克里斯蒂订购了5辆被称为“T3克里斯蒂”的样车。

上图 M1919改进型克里斯蒂轮履两用坦克

上图 M1928克里斯蒂轮履两用坦克

上图 M1919克里斯蒂轮履两用坦克

军方的肯定令克里斯蒂兴奋异常，他专门筹建了生产这种坦克的美国轮履式车辆有限公司。1931年，该公司共生产了9辆坦克，除美国订购的5辆外（其中用于配合步兵使用的轻火力坦克被称为T1“战斗坦克”），另外4辆坦克中有2辆被波兰订走，有2辆卖给了苏联。“T3克里斯蒂”的全重为10.5吨，乘员为3人，车长为5.45米，车宽为2.23米，车高为2.21米。主要武器是1门短身管37毫米火炮，弹药基数为126发。辅助武器为1挺7.62毫米并列机枪，携弹3000发。炮塔可以360度旋转，炮塔的旋转和火炮的俯仰为手动操纵。其动力装置为军用“自由”型12缸、水冷汽油机，最大功率为338马力（248.5千瓦）。车体外形独特，其车头为尖楔的形状，已初步具备了以倾斜装甲设计来提高防护性的思想。该坦克最为过人之处仍是它的悬挂装置，因为悬挂装置的出色，才使“克里斯蒂”得以名留史册。“克里斯蒂”坦克首次采用了4个大直径负重轮，

上图　T1“克里斯蒂”战斗坦克

主动轮后置，没有早期坦克用于转向的托带轮，将负重轮和车体之间用大型螺旋弹簧相连，最后的一个负重轮处于水平螺旋状态，从而提高了负重轮的行程。当它的一个负重轮处于高度压缩状态时，其余的3个负重轮仍然处于伸张状态。这样，就使得它在行驶中可以达到每小时44千米的高速度。更为特别的是，得益于悬挂系统的大行程，“T3克里斯蒂”可以将履带卸下，直接用负重轮（轮胎）行驶。此时要靠链传动将动力由主动轮传至最后一个负重轮（轮胎），还可以负重轮状态进行高速行驶，其最大公路行驶速度高达75千米/小时，这样的性能在当时是绝无仅有的。也正因如此，在购入“T3克里斯蒂”样车后，不但美国军方研制出了T3E2改进型坦克，波兰、苏联和英国也都分别拿出了自己的型号，其中苏联的“T3克里斯蒂”版本便是名气不小的BT-2/5/7系列，“红色魔鬼战车”T-34的悬挂系统设计也来源于此，而以机动性著称的英国“十字军战士”巡洋坦克，其成名的原因同样在于“克里斯蒂”悬挂系统的应用。将“克里斯蒂”称为美国坦克发展史上的“第一个闪光点”，是一件毫无争议的事情。

结语

尽管通过“拿来主义”迅速跻身于坦克生产国的行列，也有着“T3克里斯蒂”这样的亮点，然而第一次世界大战乃至战后近10年时间里，美国坦克工业的整体状态却是乏善可陈的。美国作为一个坦克生产国的地位，与其世界第一工业大国的地位相比，无疑处于一种“可怜”状态——原创性设计不多，水平不高，只有工业生产蕴藏的巨大潜力令人关注。

上图　T3克里斯蒂轮履两用坦克

下图　T3E2克里斯蒂轮履两用坦克

迷茫的牛仔——美国坦克发展史（1930—1945）

二战中的美国号称“自由世界“的兵工厂，然而一个令人感到诧异的现象却是军事技术与工业能力存在一定程度的脱节。作为一个鲜明的例子，美国人长期以来一直缺乏足够的机械化战争经验，包括二战中也没能真正领悟机械化战争的精髓所在，这一点反映在装甲机械化战斗车辆的设计 / 制造领域尤为明显，除了一些荒唐的“奇葩”外，整个战争中美国人制造的坦克大都乏善可陈。

坦克制造开始“发力”

20 世纪 20 年代的美国，一切似乎都有可能，天空一片蔚蓝。人们觉得好日子才刚刚开始，享受着经济增长带来的无尽繁荣。纽约证券交易所所有的股票都在一路飞涨，美好的未来还需要证明吗？然而，随着 1929 年 10 月 24 日，纽约证券交易的崩盘，超过 300 亿的市值蒸发殆尽……随后的世界局势发展似乎印证了那句话：“好日子只在昨天”，经济危机和纳粹的上台似乎正在宣告，《巴黎合约》的 20 年和平走到了尽头，而美军的机械化建设也在这短暂和平的最后阶段开始发力加速，其在主要坦克生产国中的地位开始迅速超越日本和波兰，及至正式卷入战争前，在坦克的生产效率上便已经达到了一个相当可怕的程度。

积淀的成果——M3/5“斯图亚特”

由于轻型坦克的经济性能好，采购成本高，自 20 世纪 20 年代以来，美国自行研制的轻型坦克颇多，被军方少量采购的型号主要有 T1E2、T1E4“科宁汉姆”和 T2 等，其中 T1E2 身上还

上图 M2A2 轻型坦克三面图

上图 M3“斯图亚特”轻型坦克（早期型）

上图 M3“斯图亚特”轻型坦克（后期型）

上图 M3A1“斯图亚特”轻型坦克

遗留了太多FT-17的影子，其主武器为1门37毫米坦克炮和1挺7.62毫米机枪（也有仅仅安装机枪的版本）。而T1E4看起来更加现代一些，改进后的底盘也相对更加合理，主炮换成了37毫米的M1924坦克炮。T2式坦克则更加出色一些，其悬挂系统已经和二战中的坦克近似了。只不过，让

上图 M3A3“斯图亚特”轻型坦克

下图 M3A3DD“斯图亚特”轻型坦克

人大跌眼镜的是，其武器系统只有2挺机枪。一挺12.7毫米M2机枪安装在车体正中的炮塔上，而7.62毫米机枪的安装方式变成了航向机枪。而且在车体前部，破天荒地首次装上了大灯，这对夜间闪烁的“大眼睛”也成了T2坦克与以前美制坦克正前方外观上最明显的差异。1935年，该型坦克开始定型量产并装备部队，随后便以M2A1/A2的名称配发美军装甲兵。在经过了进一步改良后，最终造就了整个二战中最为著名的轻型坦克——M3/5“斯图亚特”轻型坦克。

上图 M5“斯图亚特”轻型坦克

开始向中型坦克过渡——承上启下的M2

在普遍经济危机的影响下，世界局势开始动荡，战争的阴云又开始逐渐凝聚。在这种情况下，美国军方对坦克的重视程度有所增加，其表现之一便是研制的重点由便宜的轻型坦克，开始转向较为昂贵但作战效能较高的中型坦克。1936年开

上图 M5A1“斯图亚特”轻型坦克们所津津乐道

始立项的T5便是如此。1936年5月21日，美国陆军兵器委员会下达了研制T5中型坦克的任务。不久便制成了装双联37毫米炮的T5样车，经过初步试验后，改进为装长身管37毫米炮的T5/1型中型坦克，其战斗全重略高于15吨，在技术上的最大特点是采用了平衡式悬挂装置，成为二战期间美国坦克的主流悬挂装置，也意味着美国军方不再在坦克上采用轮履合一式的克里斯蒂式行动装置，此外辅助武器众多的特点也在T5中型坦克上有所体现。

在T5/1型完成试验任务的同时，美国军方又试制出改进型的T5/3型中型坦克。改进的重点是强化装甲和提高机动能力，战斗全重控制在20吨以内。1938年11～12月间，T5/3型中型坦克在阿伯丁试验场进行了行驶试验，基本令人满意的T5/3中型坦克的实际战斗全重约21吨，尽管在外

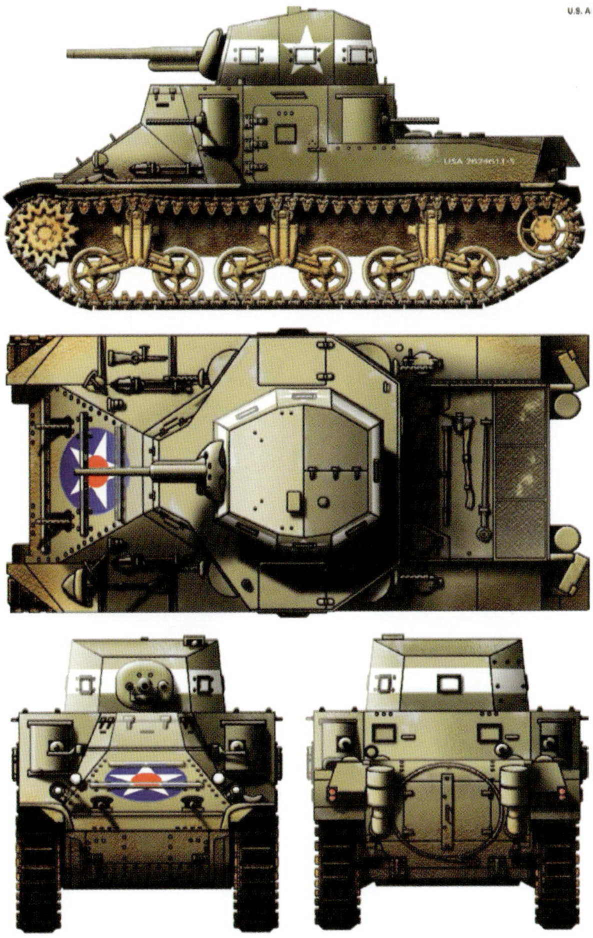

上图 M2 中型坦克四面图们所津津乐道

上图 M2A1 中型坦克四面图

上图 M3“格兰特/李”中型坦克四面图

观上 3 型和 1 型大同小异，但装甲厚度提高很多，炮塔的装甲厚度为 11 ～ 25 毫米，车体的装甲厚度为 6.2 ～ 25 毫米；单位功率达到 14 马力 / 吨，最大速度达到 52.6 千米 / 小时。1939 年，在 T5/3 型的基础上，经过一些小的改进，最终定型为 M2 中型坦克，并决定当年在罗克岛兵工厂生产出 18 辆。1940 年美国建成底特律坦克厂，并计划当年就生产出 1000 辆 M2 中型坦克。虽然由于欧洲战局发展很快，M2 中型坦克在性能上落后于德军的同型坦克，这项雄心勃勃的计划并没有实现，生产了 110 辆便宣告结束，只在训练美国坦克兵方面发挥了一些作用，但其历史地位却不容忽视。作为美国第一种大规模生产的中型坦克，正是 M2 的设计奠定了 M3“格兰特 / 李”中型坦克的基础，M4“谢尔曼”的技术也传承于此，由 M2 底盘直接衍生而来的 T9 履带式牵引车，更是一直服役到 20 世纪 60 年代。

上图　M4“谢尔曼”（早期型）中型坦克四面图

评价复杂、经历传奇的“谢尔曼”

或许是对卫国战争中 T-34 坦克群铺天盖地的印象过于深刻，以至于一直以来人们很容易忽略这样一个事实：各型 M4“谢尔曼”系列以 49230 辆的产量，其实将 T-34 远远抛在了身后，稳居二战中同类之首。T-34 系列战时产量号称达到 53000 辆，但这是将各种同底盘变形车统计在内的数字，而 M4“谢尔曼”系列的生产厂家是通用、福特和克莱斯勒等汽车厂，采用的是亨利 - 福特倡导的生产线原理，有些部件如发动机甚至能与飞机通用，因此比 T-34 系列更易于大批量生产，并且大幅度降低成本。不过，尽管从北非一直打到了柏林（而且是从东西两线），然而 M4 系列从来就不是以单车性能见长——虽然拥有几项世界领先技术，如炮塔转动一周只需要不到 10 秒钟，还是二战唯一装备了火炮垂直稳定器的量产型坦克，但简单可靠、结实耐用再加上无与伦比的可生产性与高性价比才是“谢尔曼”取胜的王道（实际上是比 T-34 战略价值更好的坦克）。

上图　M4A1“谢尔曼”中型坦克

美国大兵们对“谢尔曼”的评价是很刻薄的：可以用“谢尔曼”坦克运东西，可以用“谢尔曼”坦克修桥梁，可以用“谢尔曼”坦克清除障碍，可以用“谢尔曼”坦克扫雷，只要愿意它甚至可以用来耕地，但是就是不能用它打仗。结果，战

上图　M4A1（76）W“谢尔曼”中型坦克

上图　M4A1（76）W HVSS“谢尔曼”中型坦克

下图　M4A2“谢尔曼”中型坦克

上图　M4A3（75）W “谢尔曼”中型坦克

下图　M4A3E2“谢尔曼”中型坦克（“小飞象”突击坦克）

上图　M4A2（76）W“谢尔曼”中型坦克克

上图　M4A3（75）W “谢尔曼”中型坦克

上图　M4A2（76）W HVSS“谢尔曼”中型坦克

下图　M4A3“谢尔曼”中型坦克

上图　M4A3（105）HVSS“谢尔曼”中型坦克（火力支援坦克）

下图　M4A4“谢尔曼”中型坦克

后的“谢尔曼”经历了更大范围的扩散，战绩却乏善可陈，无论是朝鲜还是越南，尚且还能披挂上阵的“老谢尔曼”大都被打了个灰头土脸。当然，可并不是说就绝对没有亮点，但对战后的“谢尔曼”而言，不多的几个亮点却来自于遥远的以色列，那个与神角力的国度。由于建国伊始便身处四战之境，在诸多“谢尔曼”型号中，以色列人最感兴趣的一直是英国人改装的“萤火虫”，可惜由于狡猾的英国人不肯与阿拉伯人彻底撕破脸面，所以不但自己不向以色列人出售“萤火虫”（哪怕它们作为战争剩余物资正在大批生锈），甚至也不允许法国人这样做。无奈之下的以色列人只得退而求其次，选择将法国的CN-75-50搬上“老谢尔曼”的底盘，打造以色列版“萤火虫”——经过简单的计算，以色列人认为这是可行的。

1954年7月，以色列一边在整备手里的杂牌“谢尔曼”，一边派工程师前往法国布尔日兵工厂（Bourges Arsenal）求援，希望能为谢尔曼坦克设计一种可安装法国75mm CN 75-50式坦克炮的炮塔。在以色列人手中大把钞票的刺激下，老牌的布尔日兵工厂很快令顾客满意而归——1954年8月，两个装CN-75-50 75mm坦克炮的改进型炮塔制造完毕。从外表上看，火炮的防盾突出于炮塔，防盾与炮塔之间用帆布覆盖。炮口安装类似于AMX-13轻型坦克火炮的炮口制退器。炮塔两侧各有两个烟幕弹发射器。此外，改进的项目还包括弹药抛壳系统、用含铅的铸造配重块代替装在炮塔后边的焊制钢质配重箱、与AMX-13完全相同的炮长望远式瞄准镜，以及新型供弹系统等。由于时间紧迫，这两个炮塔很快被装配到了底盘上，不过多少有些让人奇怪的是，或许是找不到合适的底盘，布尔日兵工厂将其中的一个炮塔装在了M10坦克歼击车的底盘上充数（另一个则搭配了M4A2的车体），但无论如何，实车试验的结果令以色列方面极为满意，于是成批的订单下达了。1955年12月，以色列人开始利用首批从法国运来的CN-75-50改进型炮塔组装自己的“萤火虫”——M50“超级谢尔曼”。有意思的是，由于手中大部分现成的“老谢尔曼”都正在接受制式化改装，所以这些CN-75-50改进型炮塔被安装到了由法国人提供的那些散件组装成的M4A4底盘上——这与其模仿对象“萤火虫”的做法如出一辙。尽管仍有夸大之嫌，但M50这个“超级谢尔曼”正面对抗T-34/85、SU-100还是有把握的。

不过，随着T-55/62等新一代苏式坦克开始出现于阿拉伯军队，M50“超级谢尔曼”的性能很快

上图 装柴油发动机及M1 76mm炮的M4A2（76）w HVSS（自由法国军队和苏联军队在二战中都使用的是M4A2，不过苏联红军对火炮的反装甲能力要求更高，所以他们的M4A2全部是清一色的M1 76.2mm长身管炮）

上图 陈列于以色列坦克博物馆的M50“超级谢尔曼”

上图 以色列M51“超级谢尔曼”

又一次处于“悲惨”状态，并不富裕的以色列国防军一边四处活动，希望购入现代化的西方坦克抗衡，一边也没有放弃进一步对 M50“超级谢尔曼”进行性能挖潜的想法。历史上的 M4 最大缺点是车体太高，比 M26 还高，车体被弹面积不是一般的大。而且作为一个仓促的战时设计，由于原计划是要安装星形航空发动机以降低成本，结果导致传动轴布置得很高，炮塔吊篮底板得在传动轴之上，这造成炮塔座圈整体超高，炮塔只能更高，而且传动轴两侧的空间还基本只能放油箱之类的东西。在这种情况下，如果要保留其本身炮塔大致结构和车体结构不变，安装 CN-75-50 这种级别的火炮实际已经是其极限了，要想在火力上再进一步，只能另辟蹊径。但以色列毕竟是一个能够而且善于创造奇迹的国家，他们很快想到了办法。当然，这个办法没能脱离“换炮”的套路，但在换法问题上却有了新思路——这次以色列人没打算再让“老谢尔曼”（或者说是“超级谢尔曼”）发射更强的动能弹（因为这不现实），而是在化学能破甲弹上打主意。如此一来，火炮口径与后坐力同步增加的矛盾也就得到了一定程度的缓解，如果主要以发射破甲弹为目标，那么为所谓的“超级谢尔曼”安装更大口径的坦克炮也就成为可能。以色列人是这样想的，也是这样做的。不过，最初以色列盯上的法国 105mm CN-105-F1 式坦克炮（也就是 AMX-30 的主炮），身管长径比高达 56 倍，炮口初速度为 1000 米 / 秒，就这样装在“谢尔曼”坦克的炮塔上明显过长，初速度过高，车内根本缺乏所需的后坐空间。为此，以色列再次向法国布尔日兵工厂求助，提出修改 CN-105-F1 式火炮的要求，将炮管长度缩短 1.5 米（长径比降为 44），使初速度降至可以接受的 800 米 / 秒，并能够发射以色列自己研制的 105 毫米破甲弹（105mm D1504 式火炮可以发射 OCC 105F1 式非旋转稳定的空心装药破甲弹、60 式榴弹、发烟弹和教练弹。破甲弹与法国 AMX-30 主战坦克配用的弹种相同，初速度为 905 米 / 秒，破甲深度为 360mm/0° 或 150mm/60°）。

如此，改造后的 105mm CN-105-F1 式坦克炮被以色列称为 D1504。而坦克炮的解决也就意味着 M50“超级谢尔曼”升级之路上的最大障碍被一扫而光，于是随后 M51“超级谢尔曼”的出现也就顺理成章了。1960 年 3 月，一辆 M50“超级谢尔曼”被升级为 M51“超级谢尔曼”进行测试。这辆基于 M4A1 底盘的样车沿用了此前的改进项目，包括康明斯公司的 338 千瓦（460 马力）柴油机、M4A3E8 的水平螺旋弹簧悬挂系统，以及改进型转向装置、传动装置、排气装置和宽幅的履带等。不同之处在于，对炮塔尾舱和弹药储存箱进行了改进，以便安放新型 105mm D1504 坦克炮所用的 105 毫米弹药，在火炮防盾上方安装了一个白光 / 红外探照灯，炮塔两侧安装了两具烟幕弹发射器，并用小型紧凑的直流发电机取代了原来的发电机——以上所有这些项目共耗费了 25000 个工时的工作量，而战斗全重则增加到了 39 吨。但测试表明，为这辆样车所做的这些改进都是值得的，其最大公路速度仍然达到了 45 千米 / 小时，行程 270 千米，而且高达 2000 发的实弹射击试验更是证明，这辆样车完全能够承受 D1504 105mm 坦克炮的后坐力。这就样，“平庸”的“谢尔曼”在战后却以一种“怪异”的面貌，继续缔造着一种别样的传奇。

仓促的“潘兴”——M26 重型坦克

面对即将到来的大规模战争，作为战备工作的一部分，美国在研发中型坦克的同时，也准备涉足重型坦克领域。然而，由于缺乏重型坦克的相关技术储备，设计理念更是一片空白，这导致 1940 年开始的 T6 重型坦克项目直到诺曼底登陆还没有眉目。已经生产出的 40 辆 M6、M6A1 和 M6A2 样车都是一些重达 70 吨的废物，

上图 号称“驯虎者”的 M26“潘兴”实则言过其实，与“虎 I”的有限几次交手中表现比并不理想，在面对更重更强的“虎 II”时，性能依然是全面落于下风

最终在1944年8月被艾森豪威尔勒令下马。然而，虽然M6以不体面的结局收场，几乎成为了一个笑柄。但当时残酷的战场现实，对重型坦克却仍然有着迫切的需求——过于侧重可生产性的“谢尔曼”，较之更侧重于性能的“黑豹”“虎I”和“虎II”，处于全面下风。在美军自己的战场报告中，甚至可以看到这样的结论——要击毁一辆“虎I”或是“黑豹”，平均要付出5～6辆“谢尔曼”的代价。

在这种情况下，美军只得以临时抱佛脚的办法，一方面紧急生产强化装甲和火力的M4A3E2“小飞象”。通过在M4A3车身的前部和侧面焊接38毫米轧制装甲，使得装甲厚度分别达到了101毫米和76毫米。传动装置同样得到额外装甲的保护。新型铸造炮塔装甲厚度也达到了152毫米。此外，部分M4A3E2换装了与M4A3E8相同的长身管76毫米炮，虽然威力无法与同期英国谢尔曼-萤火虫的17磅炮相比，但是在使用高速穿甲弹的情况下，反装甲能力优于T-34-85的85毫米坦克炮，接近了黑豹的70倍口径75毫米炮。另一方面，则将并不完善的T26E6重型坦克样车“强行”定型为M26重型坦克。然而，尽管M26是以美军“军神”约翰·J·潘兴将军的名字命名的，而且比起高大的M4“谢尔曼”系列，其低平而良好的防弹车形更具现代色彩，它的主炮威力和装甲厚度比起以往所有的美国坦克，都有飞跃性提高，也的确在战斗中扮演过“驯虎者”的角色，但其设计上的仓促却无可辩驳——为了尽快投产，“潘兴”装备的福特GAF6002B型V型8缸液冷

上图 M26“潘兴”重型坦克

上图 T26E4“超级潘兴”重型坦克

汽油机和传动系统直接取自 M4A3“谢尔曼”。理论上来说，福特 GAF6002B 的 V 型 8 缸液冷汽油机因采用一种新型双室汽化器而降低了高度，在转速为 2600 转 / 分时，标准输出功率为 500hp。传动装置为液力机械式，传动装置由行星减速器、液力变矩器、行星变速箱、双差速转向机构和单级齿轮式侧减速器等组成。传动装置的部件（侧减速器除外）都装在一个箱体内，该箱体与发动机曲轴箱固定在一起。安装有液力变矩器，因而在一定范围内可以自动变矩，减少换挡次数，从而可减轻驾驶员的工作。行星变速箱只有 3 个前进挡和 1 个倒挡。操纵装置采用了一根既能变速又能转向的操纵杆，故容易操纵。这套动力 / 传动系统的可靠性在 M4A3、M4A3E2 及以后的 M4A3E8 上得到很高的评价，被美军高层认为是重型装甲战斗车辆的标准动力。可惜的是，由于 M26 重达 46 吨，远远超出了 M4A3 的战斗全重上限，这就使“潘兴”的机动性和机械可靠性都受到了影响。

事实上，到战争末期，如果说先天平庸的 M4“谢尔曼”通过不计工本的修修改改，发展到 M4A3E8 这个型号，已经在综合性能上勉强达到了一流水准的话，那么重型坦克已经成为美军地面装甲技术装备的最大短板——号称“驯虎者”的 M26“潘兴”实则言过其实。

不过是一个“狂想”——T28/95 超重型坦克

1943 年中期，当时还在英国本土的盟军总司令部参谋们为如何突破大西洋壁垒的各种重型碉堡忧心忡忡，索性提出需要研制一种 70 吨以上级别、拥有重型装甲防护的突破用机械化自行火炮。这个建议得到了美军高层的重视，于是相关的研发工作于 1943 年 9 月正式展开。最初的方案是将 T1E1（M6A2）重型坦克的车体前装甲加厚到 190 毫米（将航向机枪和驾驶员观察窗封死，额外焊接一层附加装甲钢板），借用 T-29 重型坦克的 3 人大型炮塔，然后以 105mm T5E3 坦克炮（由同口径重型高炮改进而来）对其进行重新武装——这个方案被称为 M6A2E1。然而，很多熟悉内情的美国陆军高级军官却对 T1E1 时髦的电传动系统在试验中糟糕的可靠性记忆犹新（M6A2E1 重达 73 吨，比 M6A2 超重约 11%，可靠性问题可能更为严重），同时这些饱经北非、意大利战场磨砺的高级军官们也对 190 毫米厚的前装甲是否能够满足战场需求表示怀疑。结果，美国陆军部否决了兵器委员会关于在 8 ～ 12 个月的时间内，组装出 25 辆 M6A2E1 的草率建议，转而要求进行彻底的重新设计。然而条件却更为苛刻——不但 105mm T5E3 坦克炮要被保留下来，而且首上装甲板厚度更要达到骇人听闻的 300 毫米。

痛则思变的结果，便是苏德战场上日渐崭露头角的无炮塔式设计，被脑筋灵活的美国工程师们以 T-28 的名义搞了一个“拿来主义”——时代技术条件下，要使如此级别的超重型战车不被火力与防护性需求压垮，也只能如此。具体来说，战斗全重高达 95 吨的 T-28 是一个无炮塔设计的典范（拥有同样火力和防护性能的旋转炮塔式设计战斗全重至少要超过 120 吨）。车体从前到被后分为两部分，即战斗室与动力舱。一门拥有巨大外置防盾的 105mm T5E3 坦克炮（按时代标准，这是一门威力巨大的巨炮，发射 17.69 千克的 T32 穿甲弹时炮口初速度为 928 米 / 秒；发射 11.16 千克的 T29E3 高速穿甲弹炮口初速度曾经达到 1.135 千米 / 秒；发射 T30E1 高爆榴弹时初速度为 767 米 / 秒），被置于车体首上装甲板，其方向射界为左右 10 度，上下 –5 度～ 20 度。乘员为 4 人，分

上图 T-28（T-95）超重型坦克

别为驾驶员、车长、炮长与装填手。驾驶员和车长分别拥有一个观察塔（指挥塔），其中车长指挥塔舱盖旁边的机枪架上装有一挺 M2 12.7mm 重机枪（不过，车长要操作这件全车唯一的自卫武器，需要将大半个身子探出车外），而炮长和装填手则分别有一个望远式瞄准镜和一个潜望镜可供操作。不过，如此巨大的战车仅仅拥有一个 4 人制乘员组未免捉襟见肘，多少有些令人难以理解。然而事实却的确如此，按照设计，要达到 6 发 / 分钟的理论射速，皮糙肉厚的 T-28 只能硬顶着敌人火力停车，然后驾驶员将座位升高接替车长的战位，而车长则兼任第二装填手，从而使装填手的人数达到 2 人。

怪异的乘员分工并非是这辆巨型战车的唯一特色。事实上，虽然得益于无炮塔设计，在拥有 105 毫米长身管坦克炮和 300 毫米首上装甲（车体侧后装甲厚度也高达 170 毫米）的情况下，T-28 战斗全重被控制在了 95 吨以下，但这仍然是一个足以令人倒吸一口凉气的恐怖数字。所以为了支撑起庞大而沉重的车体，美国工程师们颇费了一番心思，为 T-28 设计了一套复杂的行动部分。行动装置采用独立扭杆悬挂装置和液压减振器，负重轮平衡肘和诱导轮曲臂之间装有补偿机构，用以自动调整履带松紧度。一侧装两条履带 8 套悬挂组件，整车一共装了 4 条履带 16 套悬挂，大大降低了接地压强，提高了可通过性。当然，两侧 8 个悬挂独立构成了一套可拆卸组件，而可拆卸组件的外侧是 100 毫米厚的装甲衬裙，所以把两侧装甲裙板去掉后，车身宽度会从 4.55 米减少到 3.1 米，有助于实施转场机动。值得注意的是，T-28 移植了 T26E1 重型坦克样车的全套动力 / 传动系统。然而，问题在于 T-28 的战斗全重是 T26E1 重型坦克的两倍，这大大超过了这套动力 / 传动系统的承载能力，以至于引擎在 2600 转 / 分的标准转速下，T-28 这个庞然大物只能达到 7 千米 / 小时的最大公路速度，而要提高转速，发动机便很快会过热烧毁，传动系统也会因超负荷工作而故障频出。

上图 T-28（T-95）超重型坦克样车

上图 拖车上的 T-28（T-95）超重型坦克样车

T-28 的出现意味着富于讽刺性的一幕——从来没有“玩好”过重型坦克的美国，居然搞出了世界上最大、最重的“突击炮”（至少是之一）。然而，由于进度的拖沓，陆军兵器委员会直到 1944 年 1 月才完成初步设计，此后又经过了两个月的多方协商和讨价还价，到 1944 年 7 月国会才同意签订生产 5 辆样车的合同。但此时，盟军已经在诺曼底登上了欧洲大陆，实战证明，曾经被认为是心腹大患的大西洋壁垒用舰炮和轰炸机的重磅炸弹就能够解决（况且大西洋壁垒的完备程度也远远不及想象中成熟），T-28 这样的专业重装甲开罐器已经派不上用场。不过幸运的是，T-28 的样车制造并没有受到影响，这其中的原因很简单：在纳粹德国接二连三出现的各型重装甲怪物的刺激下，T-28 的存在被美军高层视为心理上的定心丸（换句话说就是要以怪物对怪物）——直接转型为“重型坦克”了（尽管 T-28 显然不适合美国装甲车辆的划分标准）。然而，由于该车体积和重量空前，一时找不到合适的生产商，样车的生产被不断拖延。经过程序烦琐的招标，最终才确定由太平洋车辆铸造公司制造样车。1945 年 5 月，陆军兵器委员会开始向公司寄送设计图纸，1945 年 6 月 20 日开工建造，8 月初完成了首辆样车的车身焊接工作（第一个铸造前车体在 1945 年 7 月 20 日完成，并于 8 月份完成车体总装）。

但此时不但纳粹德国已经战败，就是太平洋战争也已经接近尾声了，至此 T-28 项目（1945 年 2 月 7 日一度被改称 T-95，1946 年 6 月恢复

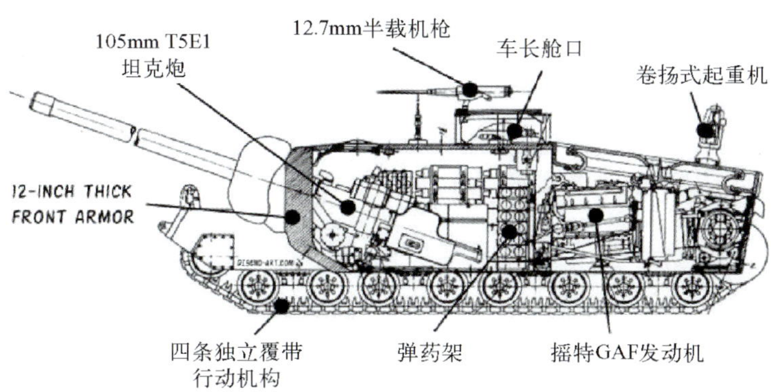

上图 T-28（T-95）超重型坦克样车结构示意简图

上图 由于战斗全重过大，这两辆笨重的装甲怪物令参试人员苦不堪言

为 T-28）已经完全没有存在的理由，但样车试验却好歹被批准继续进行。不过太平洋战争结束后，车体的需求从 5 辆减少到 2 辆，1 号车（编号 40226809）1945 年 12 月 21 日被运往阿伯丁实验场用于发动机实验，2 号车（编号 40226810）于 1946 年 1 月 10 日到达。共进行了 128 千米公路和 413 千米野地行驶实验。由于战斗全重过大，这两辆笨重的装甲怪物令参试人员苦不堪言。在一次需要野外拆卸外侧履带的故障训练中，用了 4 位乘员 4 个小时的时间（当熟练以后，同样一组人拆卸一次也用了两个半小时）。T28（T95）在阿伯丁的测试到 1947 年末宣告结束，一辆 T28（T95）样车现在陈列于美国肯塔基市的巴顿战车博物馆，岁月的风雨冲刷着其露天展示的庞大躯体。

结语

纵观整个二战，就代表军用技术前沿的坦克领域而言，美国坦克技术始终处于二流水平。但毋庸讳言，战时美国坦克工业的整体思想便是以量取胜，所以也无可厚非。为了使战时生产更加高效，美国政府甚至精选了少数型号，指令各公司跨公司集中生产标准化的坦克，在一定程度上甚至抑制了各公司对技术前沿的追求。即使相对于在技术上停滞不前的德国四号坦克，美国也是到 1944 年才积聚起足够数量的“谢尔曼”，在欧洲战场上压倒了纳粹的“虎豹”。相比于德国、苏联甚至是英国坦克技术在战时的进一步发展，美国坦克技术的落后更加明显。

王者的加冕——美国坦克发展史（1945—现代）

经历了第二次世界大战的战火淬炼，美国成为了世界上最为重要的坦克生产国。很难想象，如果没有从美国兵工厂开出的几万辆坦克，同盟国的战士们将怎样击败法西斯。然而即便如此，仍然不得不遗憾地说，二战中的美国坦克更多是以量取胜，对于“方向性”的领悟是模糊、混沌和不清晰的，反映出了一种懵懵懂懂的茫然。不过，随着冷战的开始，事情逐渐有了变化，美国决心将自己由一个“坦克大国”重新定义为一个“坦克强国”。他们是这样想的，也是这样做的。

不可思议的“常青藤”——倔强的“巴顿”

人们常常感慨，T-90 的血统中 T-64 的基因清晰可见。但很少有人会意识到，基本设计源自 1943 年的“潘兴”，在经过了持续不断的技术升级后，不但以“巴顿”的崭新面貌成为了冷战中美式坦克的“代表作”，而且至今仍然经历着与时俱进的技术翻新，这不能不说是一个更为神奇的“美国式奇迹”。

上图 朝鲜战争中的 M46“巴顿”

M26“潘兴”开始时是作为重型坦克定型的，可到了 1946 年 5 月却改划为中型坦克类别，这似乎从一个侧面预示着美军对坦克这种武器开始真正抱有了某种“雄心”。事实也的确如此。“潘兴”实际上是一个“早产儿”，其设计理念值得称道，算是第一种以坦克为“主要作战对象”的美国坦克，但作为一种并没有完成全部设计便仓促投产的应急作品，M26“潘兴”在使用中发现的各种瑕疵居然写满了整整“4 页纸”。不过这同时也暗示着，M26“潘兴”拥有巨大的提升潜力。于是战争结束后，只经历了短时间的沉寂，美国军方便针对 M26“潘兴”暴露出的大量瑕疵，着手进行剔除。其初步的成果便是由 M26 改装而来的 M26E2。相比较可靠性不佳的 M26，M26E2 可以说是一个全新的设计，以至于干脆被重新命名为“巴顿”，以纪念乔治·巴顿将军这位美国装甲兵的“精神领袖”。虽然由“潘兴”转身为“巴顿”，M46 开创了日后显赫的“巴顿”家族，但严格意义上来说，M46 只是 M26 的完善版本，这并不能令美国军方感到太多的兴奋，所以几乎在 M46 投产的同时，对其的进一步改进便开始了，这随后导致了 M47“巴顿”的出现。

上图 冷战初期，美国在坦克研制上的政策是循序渐进的

上图 M46“巴顿”被大量用于朝鲜战争

当然，M47 实际上是在朝鲜战争的背景下，仓促制成的一种 M46E1 坦克改进型，虽然总产量高达 8676 量，但只是一种过渡性装备，并不受美军重视，除了少量留做试验平台和靶车外，剩下的全部作为军援物资处理了。不过在经历了 M46/47 这两型“过渡性”的“巴顿”后，“巴顿”家族在 M48 这个系列中开始走向成熟。虽然基本设计仍然源自 T26，但 M48“巴顿”却以大量的新技术进行了全面“充填”。以 M48A2 为例，通过对火炮、弹药和火控系统的改进，M48A2 是 20 世纪 60 年代初综合战斗效能最高的西方主战坦克之一。如果说 M48 代表了“巴顿”家族走向成熟的一个开端，那么由 M48 进一步升级而来的 M60 则代表了一种脱胎换骨式的重生。在 20 世纪 60 年代，M60A1 成为了美国陆军装甲兵的骨干，相对 M48 来说，它装甲防护较好，火炮射程远，精确度高，

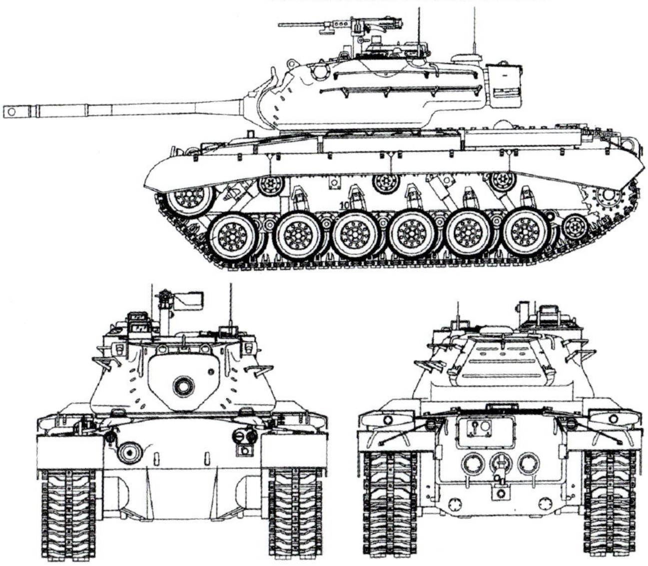

上图 M47“巴顿”三面图

上图 M48A3“巴顿”炮塔

上图 M48A5“巴顿”主战坦克

火控系统性能先进，可靠性也更高，将其称为新一代“巴顿”是恰如其分的。更为难能可贵的是，虽然M60系列以柴油机全面替换了M48系列的汽油机，但包括动力/传动系统在内，M60系列仍然与M48系列巴顿保持着相当程度的“传承性”。

上图 M60A1“巴顿”主战坦克

上图 M60A2“巴顿”主战坦克

上图 M60A3“巴顿”主战坦克

毫不夸张地说，由“潘兴”到“巴顿”的转型，乃至“巴顿”家族的发展壮大和“驻颜有术”，这其中的整个历程不但见证了美式坦克风格的成形，更可视为美国如何由“坦克大国”转身为“坦克强国”的一个缩影。

有故事的“谢里登”

如果说“巴顿”系列一方面代表了美国人稳扎稳打、步步为营的一种心理，但在硬币的另一面，其实也可以说是“缺乏自信”的一种表现。那么应用了大量高新技术的M551“谢里登”轻型坦克则预示着美国人将要对“坦克王国”的王座发起了第一次冲锋。事实上，在美国人战后研制并批量投产的诸多战车中，M551肯定是最特别的一种——“空降坦克”的名号与既能发射炮弹又能发射导弹的M81 152mm两用炮，造就了其不可磨灭的独特形象。

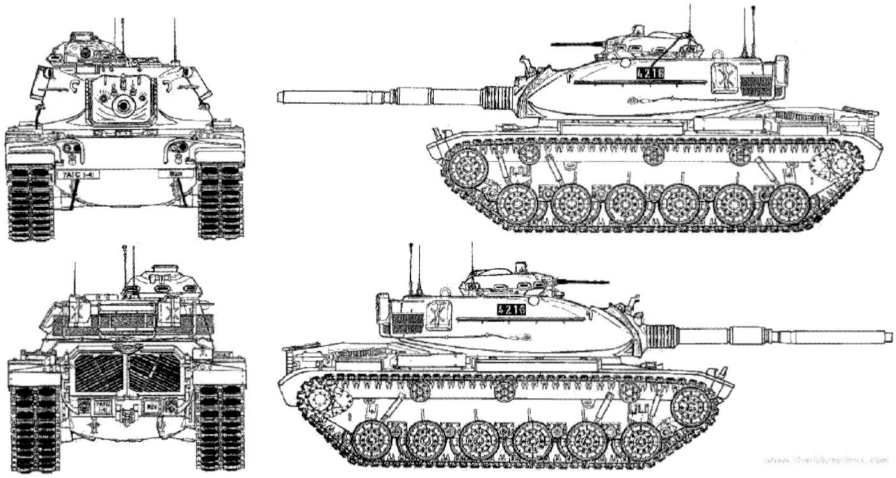

上图 M60A3“巴顿”主战坦克四面图

然而，M551并不是一种真正意义上的空降坦克。其原因在于，由于防空力量的薄弱，二战中大密度的运输机空降尚能得以实施；二战结束后，随着导弹技术的问世和普及、立体防空体系的建立和完善，战斗机突防尚且成为世界性难题，使用大密度运输机实施伞降的战场环境已不复存在。所以，美军认为空降作战虽然是机械化时代赋予军队的一种卓越作战能力，但作为地面大兵团作战思想产物的空降战役，却是一种基本上不成功的战争实践。二战中拥有正反两方面经验教训的美国人最早清醒过来，逐步认识到传统空降兵和空降战役的衣钵已经失去了继承和改进的价值，必须进行脱胎换骨的全面革新。1961年底，美国国防部在调查了陆军部队的机动能力之后，用第82空降师1个战斗群作为试验部队，验证了空中机动作战理论。试验证明，虽然伞降部队的主要缺陷是着陆后在地面缺乏装甲突击能力和机动能力，但空降部队的过度装甲机械化（请注意“过度”两个字）却很可能会使这些部队被迫卷入原本并不适合伞兵的战斗行动，从而陷入极大的危险中，并承受不必要的损失，因此美军更倾向于使用直升机来克服空降部队存在的诸多不足。事实上，美军空降兵的试验和变革，是机动样式和作战样式的革命性改变，实际上淘汰了传统的以运输机机降和伞降为主要手段的空降战役模式，使空降作战从二战时期只作

上图 首批装配出的XM551样车（尽管XM551样车还存在诸多欠缺，然而其光芒毕竟难掩，美国陆军从它的身上看到了将较轻的战斗全重、重型火力及高机动性完美结合在一起的希望）

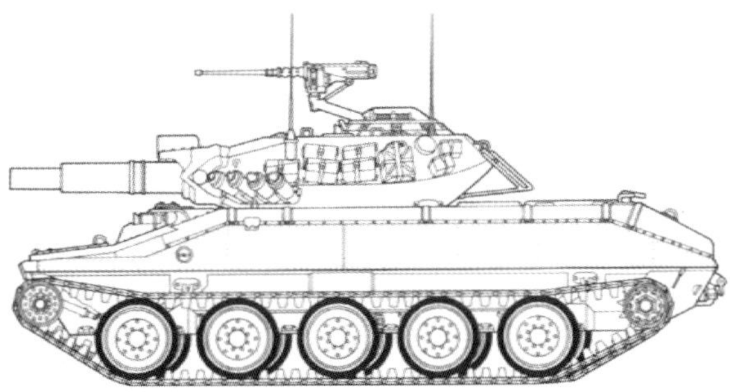

上图 生产型M551侧视图

上图 生产型M551全车概貌

上图 XM551样车负重轮与M551量产型负重轮对比示意图

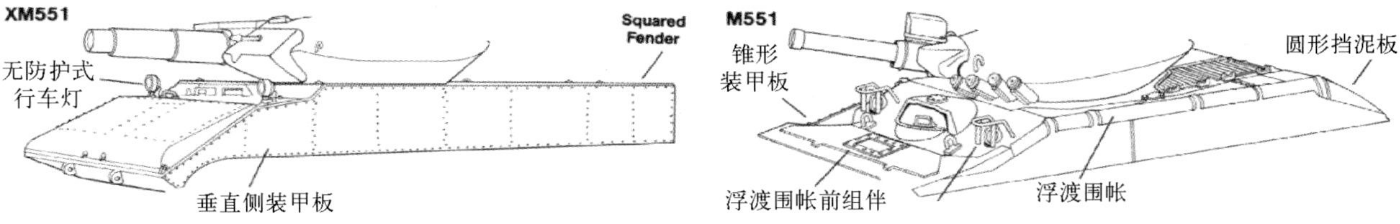

上图 XM551样车（上）与M551量产型（下）细部差异对比示意图

为正面进攻的配合和辅助手段，成长为陆上战场一种独立的作战样式。

可想而知，在这种全新的空降作战理念指导下，M551的本质只是一种在必要情况下，拥有伞降部署能力的轻型坦克，远非纯粹的伞兵坦克（但也许打着“空降坦克”的旗号）。为了满足边打边撤的迟滞性战术目的，虽然强调通过卓越的战略机动性使其能够在第一时间增援前线，但其设计着眼点却像传统的美式坦克一样，重点在于强大的火力与作战持续性。如果将差不多同时期列装的苏联ASU-85伞兵突击炮与M551进行一番对比，或许能很好地理解这一点。苏军追求装甲部队的多波次冲击，坦克在苏军眼中实际上是消耗品，主要目的是力求撕开对方防线，专门为苏联红伞兵部队研制的ASU-85伞兵突击炮也没能例外。与美军不同，苏军是将空降部队作为整个战役中肢解北约纵深预备队的刀刃来使用的。认为以往在进攻和登陆战役中，由于受空降兵数量和运输机数量的限制，空降突击行动只能在个别阶段、个别地域实施，是一种属于辅助性质的战斗行动。未来的空降突击则会在战役的全纵深和全过程广泛实施，成为一种普遍战斗样式。强调在进攻战役中采取空降突击和地面攻击相结合的作战方法，要以战斗力很强的空降部队从敌侧后实施突击，地面梯队实施正面突破，航空兵和炮兵实施猛烈的火力袭击，三者紧密结合，形成空地综合突击力量，以保障战役突击集团在短时间内将主力投向敌防御纵深，迅速发展战果。苏军认为，这是现代进攻战役立体化的具体表现，任何一次现代进攻战役都不可能没有空降突击行动。这种苏式风格浓郁的战车完全是以突击为目的设计的，虽然15.5吨的战斗全重与M551基本相差无几，但却采用了偏激的无炮塔式设计，可谓是一种技术效率极高的单一用途武器。也正因如此，1300多辆ASU-85基本上全部装备了苏联空降兵的7个师（并有少量出口），但1700辆M551却分布于美军第1步兵师、第25步兵师、第11装甲骑兵团第1中队、第68装甲骑兵团第4中队和第73装甲骑兵团第3营（隶属第82空降师建制）等林林总总的美军各类型

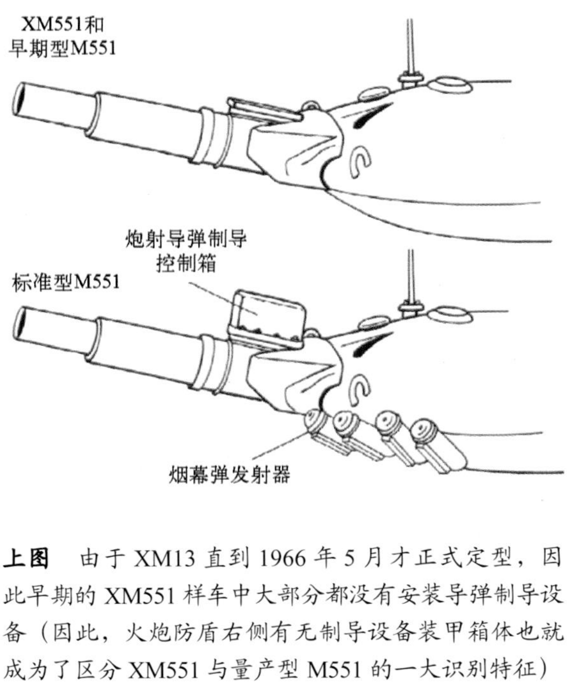

上图 由于XM13直到1966年5月才正式定型，因此早期的XM551样车中大部分都没有安装导弹制导设备（因此，火炮防盾右侧有无制导设备装甲箱体也就成为了区分XM551与量产型M551的一大识别特征）

上图 美军坦克兵、XM551空降坦克与XM-13“橡树棍”反坦克导弹

上图 正在进行机动性测试的M551初期生产型

地面部队。所以M551可以被认为是堵漏洞用的快反战车，目的是使苏联装甲矛头被迅速消耗钝化，但绝不是什么专用的伞兵坦克，更不是消耗品（论技术含量和单车战斗力，无炮塔的ASU-85远远不及M551，并且后者也能比前者承担更多的战斗任务，但从一辆伞兵战车的角度来看，两者的位置却要完全调换一下次序，而且ASU-85优异的伞降性能更不是后者可以比拟的）。

事实上，作为“灵活反应”战略的产物，在西方最忌惮苏联地面装甲集群的20世纪60年代末，拥有“两用炮”的M551“谢里登”，其登场有其必然性，但随着时间拖延，西方在技术上的优势越来越大，数量上劣势越来越小（常规力量的对比已经基本平衡甚至略微占优），所以M551在20世纪70年代末的急流勇退同样可以理解（1988年：北约总兵力为502.7万，华约为500万。一旦在欧洲爆发战争，北约在第一时间可以在联邦德国展开和投入86.9万人，在其他战区总共268.51万人，美国本土还有147.3万人 。华约在民主德国和捷克第一时间可以投入的兵力为88.7万人。在东欧其他战区有95.73万人，苏联保有231.1万人。单讲陆军，华约在战时可投入229个师，北约可投入134个师，但北约的师要比华约的师大很多，比如美国一个装甲师是1.85万人，而苏联一个坦克师是1.15万人。而且北约的部队满员率和战备程度都超过华约部队。就坦克而言，北约总共有3.12万辆坦克，华约共有6.87万辆，北约的坦克战备状况良好的比例要高于华约，战备程度要高）。但无论如何，从越南到格林纳达，从格林纳达到巴拿马，从巴拿马到海湾战争，战后再没有哪种美国坦克能够拥有M551这般丰富的战斗历程，对于一辆冷战高峰时期才开始投产、生产数量刚刚过千的战车来讲，这其实已经极为幸运了。

也曾陷入迷途——美国的“导弹坦克”计划

M551的背后其实还有着更大的故事。冷战时代是指第二次世界大战结束后并不稳定的1945年。随着轴心国的崩溃瓦解，出现了两个超级大国对世界霸权的争夺，其政府形式代表了两种差异巨大的政治经济体制。在其他任何一个时期，这样的差异和相互猜测都可能导致又一次世界大战，但因整个竞争过程处于具有毁坏性能力的原子武器的阴影中，所以最终任何一方也不敢直接向对方进行军事挑衅。广岛事件后有人预言原子武器的威胁会消灭战争本身，从美国和苏联彼此从未直接介入战争这个意义来看，他们是对的。事实上，冷战极大的讽刺之一正是它带来了一段空前的稳定时期，然而在这段稳定期中，由于战争的危险是时时刻刻切实存在的，铁幕两边的人们不得不每时每刻进行着战争的准备，并在很多情况下按照夸张的想象而不是实践经验进行着新式武器的研发生产——美国一连串令人眼花缭乱的所谓“导弹坦克”项目尝试就是如此，M551便是其中的一员，但并不是唯一。

上图 苏联坦克在研制上采取的政策是循序渐进

在如何将反坦克导弹武器系统与坦克相结合这个问题上，由于一上来就打算用炮射导弹的方式“一步到位”，拉平甚至反超冷战开始以来与美国乃至整个西方世界在装甲对抗领域的劣势，冷战中美国雄心勃勃的“导弹坦克”计划变得异常艰辛，以至于最终被证明是一个歧途。所谓炮射导弹技术，实际上是利用一门大口径低膛压火炮来发射反坦克导弹（当然，这门火炮还可以发射除了动能穿甲弹以外的其他弹种）——显而易见，这种技术能够最大限度地调和战斗全重与火力性能间的尖锐矛盾，同时还能获得此前一直不敢想象的远程精确打击能力（所谓炮射导弹，就是在弹头装有末端制导系统，用普通火炮发射后，能自动捕获目标并准确命中目标的一种炮弹。它常被人们称为长“眼睛”的炮弹。坦克上配备炮射导弹的思路主要是想在现有坦克火炮的基础上增加坦克火力的射程）。客观来讲，美国人之所以从一开始就将反坦克导弹武器系统与坦克相结合的具体方式定位在难度最大的“炮射导弹”，首先是出于战术上的考虑——既能发射导弹，也能发射普通炮弹的两用炮，将在战场上获得何种程度的战术优势不言而喻。事实上，炮射导弹技术的前景是如此诱人，以至于美国陆军打算将其用于所有装甲作战平台——从试验场上的 M48A2E1 样车（也就是 XM-60 项目）到正在规划中的 MBT-70 都是如此。不过，这种战术上的美好意图，在与时任国防部长麦克纳马拉的“通用化”思想相结合后，事情却变得复杂起来。

1961 年肯尼迪上台，成为美国的第 35 任总统，在其鼎力支持下，他的大学同窗麦克纳马拉当上了国防部长。麦克纳马拉其人经历很不简单，他在第二次世界大战中曾是陆军航空兵（美国空军的前身）的管理专家，后来又在福特公司工作了 15 年，他利用这些经验组织起国防部长办公室的这个强有力的工作班子，这个班子被支持者赞为真正的“国防精英”，而批评者则谤之为“狡童”。不过精英也好，狡童也罢，麦克纳马拉上任伊始，就大刀阔斧地拿艾森豪威尔时代庞大的三军武器研制计划开刀，大力提倡武器装备的“通用化”。首当其冲的是研制美国空军和海军通用的飞机及其他武器装备。在这方面，F-4“鬼怪”Ⅱ战斗机、A-7“海盗”Ⅱ攻击机和“麻雀”空空导弹的研制取得了成功，做出了表率。这几种兵器都是美国海军研制成功、美国空军一道采用的武器装备。受此鼓舞，在地面兵器的研制上，麦克纳马拉也开始强调要实现陆军和海军陆战队装备的“通用化”，并进而实现北约各国的武器装备的通用化。在这种思想指导下，再加上当时盛行的“导弹万能论”，美国陆军与海军陆战队联合提出了一个可以发射 XM13（1966 年 5 月定型后称为 MGM-51A“橡树棍”）反坦克导弹及普通炮弹的 152 毫米口径两用炮框架（被称为战斗车辆武器系统（CVWS）），企图将之作为未来所有装甲平台的标准化军械。这最终导致了 MBT70、M60A2 与 M551 这 3 种美国 20 世

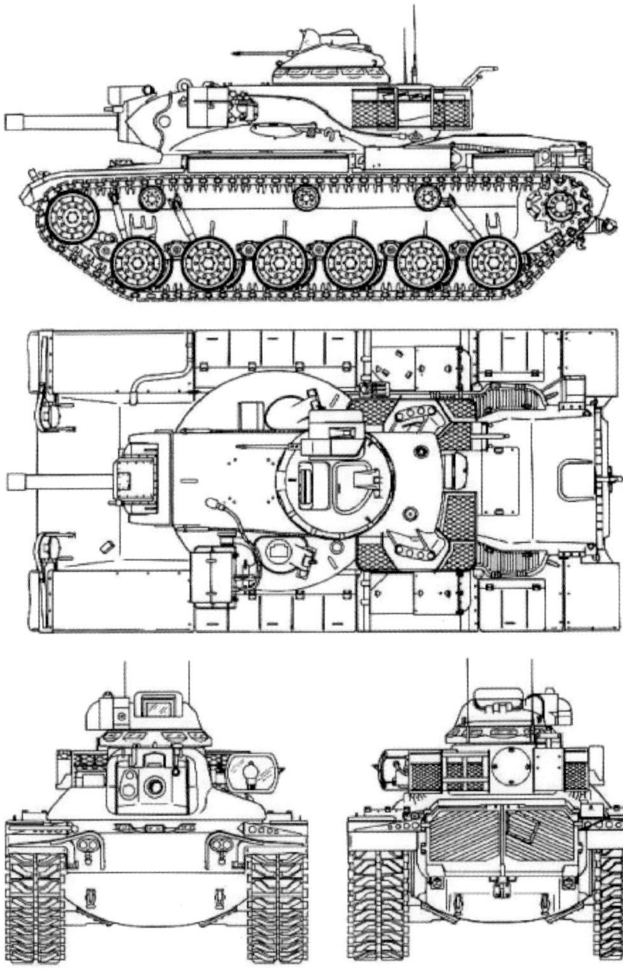

上图 使用 CVWS M162 152mm 口径两用炮的 M60A2 主战坦克

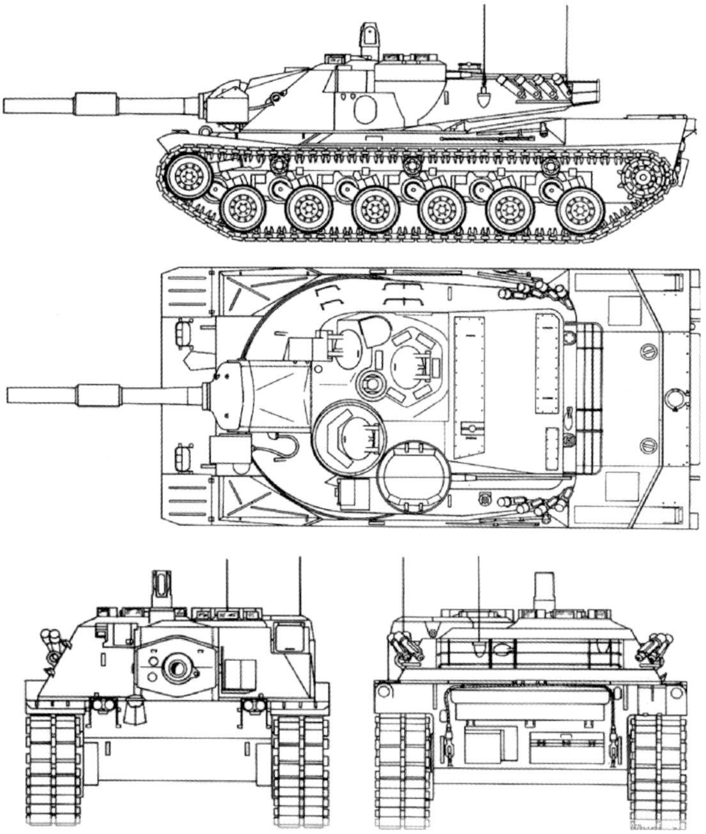

上图 使用 CVWS M150 152mm 口径两用炮的 MBT70 主战坦克

纪 60 年代最著名的导弹坦克出现。

不过 152 毫米口径似乎更接近苏联而非西方的口径体系，CVWS 的口径选择令人疑惑。事实上，这是为了发射 XM13（MGM-51）“橡树棍”反坦克导弹而削足适履的结果。其实除了 XM13“橡树棍”反坦克导弹之外，CVWS 框架下的 XM150、XM162 和 XM81 这 3 种型号火炮的其他弹药也都是共享的——其炮身结构与药室完全一致，区别仅仅在于身管长度。其中，为 MBT-70 主战坦克研制的 XM150 身管最长，达到了 4353 毫米；而为了将 XM150 搬到现役的 M60 底盘上，XM150 的身管长度被缩短到 4070 毫米，相应的型号也变为了 XM162；至于战斗全重只有 15 吨的 M551（XM551），由于在火力上也被要求达到与上述两型主战坦克相提并论的程度（能在 3000 米距离上击毁当时任何一种主战坦克），XM162 的身管长度只能进一步被缩短至 2870 毫米，型号则被改为 XM81。然而，MBT70/M60A2/M551 的最大“亮点”是 CVWS 系列 152 毫米两用炮，但问题出得最多的还是这种在技术上过分先进的火炮。

早在 CVWS 系列能够发射 XM13 反坦克导弹的两用炮研制之初，反对的声音便已经不绝于耳。这些声音归纳起来主要有以下几点：第一，CVWS 两用炮无法发射动能穿甲弹；第二，发射破甲弹时，其威力要比理论上降低 20%～30%，原因是破甲弹的旋转稳定对其金属射流的集中有不利的影响（破甲弹是利用“聚能效应”（又称门罗效应或空心效应）原理制成的弹药，主要由弹体、空心装药、金属药形罩和起爆装置组成，大多采用电发引信。其破甲过程为：当弹药击中目标诱发装药爆炸时，所产生的高能量集中在金属药罩上，并在瞬间将其融化成为一股细长（直径 3 ～ 5 毫米，长达数 10 厘米）、高速度（高达 8 ～ 10 千米 / 秒）、高压力（100 ～ 200 万个大气压）和高温度（1000℃以上）的金属射流，这种具有强大能量的金属射流在顷刻间穿透装甲后，继续高速前进，加上它所产生的喷溅作用，就会破坏坦克内的设备，杀伤乘员，并极易引燃油料及诱爆弹药，产生“二次杀伤效应”）；第三，反坦克导弹飞行速度低，在制导过程中限制了坦克的机动，易于被敌方反击；第四，导弹的结构复杂，可靠性较低，特别是在欧洲战场上地形较复杂，交战距离在 1 000 米左右，导弹跟踪容易失去目标，而且有线制导的导弹也容易被树枝等小障碍物干扰起爆；第五，XM13 最小射程高达 730 米，而且在这个距离内无法制导，当发生遭遇战时的尴尬可想而知；第六，反坦克导弹的价格是炮弹的 20 倍，成本太高。

除此之外，CVWS 两用炮存在的技术缺陷也不容忽视。由于发射普通弹药时所用的全可燃药筒技术不过关（尽管为防止药筒受潮和微生物侵蚀，在药筒上涂有一层油膜，但这种简单的措施不足以完全抵消空气中潮湿度的影响，药筒的燃烧速度不一致，导致无法充分燃烧），结果大量燃烧后的气体和残渣会留在炮管内，造成无法装填下一发炮弹，甚至会引爆已装入的炮弹。无奈

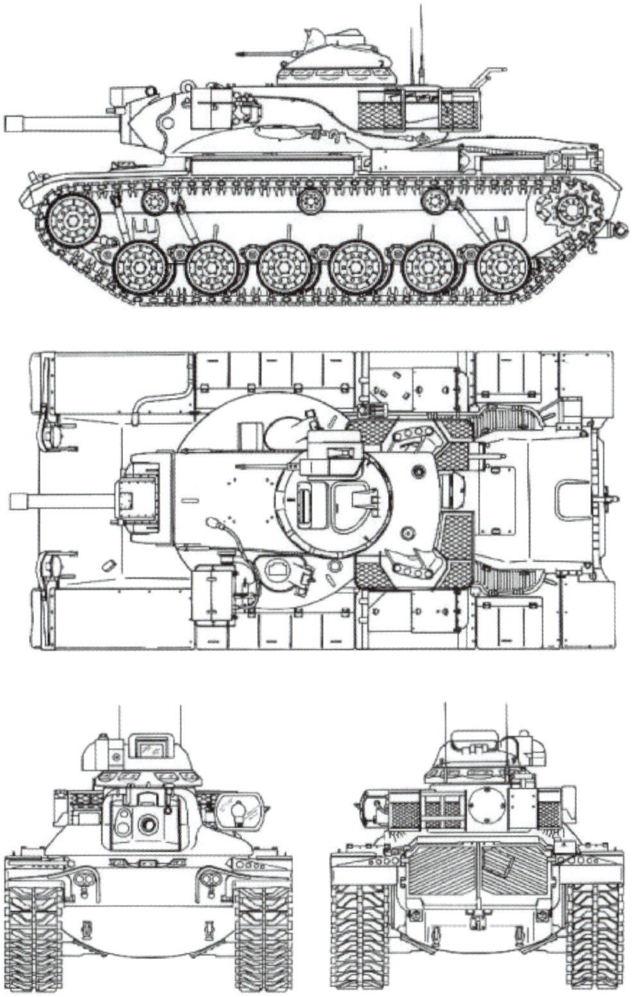

上图 使用 CVWS M81 152mm 口径两用炮的 M551 轻型坦克

之下，阿里逊公司在 1967 年底被迫开始研制一种残渣去除系统，并于 1968 年 3 月就拿出了被称为“炮尾闭锁去除残渣装置”（CBBS）的工程样品。CBBS 系统的原理其实很简单，它通过 4 个压气机驱动 2 个气筒，向炮管内吹气，将炮管内的燃气吹致炮口，实际上是一种抽烟装置。然而，CBBS 系统毕竟只是一种权宜之计，如果全可燃药筒的关键技术瓶颈无法突破，也只能是治标不治本的辅助措施。可惜，面对 CVWS 所存在的诸多缺陷，被“导弹万能论”冲昏了头脑的美国军方不以为然，坚持在 3 种被寄予厚望的新型坦克上采用技术上并不成熟的 CVWS 152mm 两用炮——美国的早期导弹坦克项目就这样被 CVWS 带上了一条绝路（正是因为 CVWS 本身存在的大量技术问题，为 MBT70 的夭折，以及 M551 和 M60A2 的提前退役埋下了祸根）。

王者无敌——“艾布拉姆斯”的磨砺

相比大名鼎鼎的乔治·巴顿，艾布拉姆斯这位 1972 年的美国陆军参谋长，无论是资历还是名气都要逊色很多，但正是以他名字命名的 M1 系列主战坦克却成为了有史以来美国最“伟大”、最“成功”的坦克——基本设计完善，技术先进，可生产性良好，升级潜力巨大，更重要的是，“艾布拉姆斯”从来没有令人失望过。事实上，或许衡量“伟大”与“成功”的标准有很多，但 20 多年来以傲慢的姿态行驶在全球各个热点地区的“艾布拉姆斯”，已经成为了一个不折不扣的“美利坚军事图腾”，发挥着远远超过了一部战斗机器本身的影响力，这或许才是对“伟大”与“成功”最为恰当的注释。全世界再没有一辆坦克能与“艾布拉姆斯”相提并论。

当然，“艾布拉姆斯”的“成功”虽然是一个复杂的问题，但需要澄清的一点是，这绝不是一个用先进技术盲目堆砌出来的“高科技怪物”，“适度”与“取舍”才是“艾布拉姆斯”的闪光点。比如，在 XM1 坦克开始设计之初，恰逢大量的新技术涌现之时，如复合装甲、热成像瞄准镜、先进的火控系统和燃气轮机等。然而，虽然美国军方及时抓住了机遇，将其中许许多多的新技术纳入项目中，但由于 MBT-70 的教训就在眼前，美

上图 M1 原型车

上图 海湾战争中的 M1A1HA“艾布拉姆斯”主战坦克车

上图 正在引导一队 AAV7 两栖战车行驶在滩头上的陆战队 M1A1 主战坦克

国军方从一开始就没有试图将 XM1 打造成“世界上最完美”的坦克，而是在这些新技术中有所取舍，力争在有限经费的范围内将其打造成世界上尽可能好、发展后劲儿尽可能足的坦克。正是这样一个“适度”与“取舍”的基本原则，奠定了“艾布拉姆斯”成功的基础，其发展势头远远超过了当初似乎更为“高大上”的“豹 II”与“挑战者”。

与“巴顿”家族的情况类似，自诞生之日起，M1“艾布拉姆斯”系列坦克一直进行着不断的升级改造，但主要类型基本可以分成三大类：M1、M1A1/HA、M1A2 和 M1A2SEP。目前，作为美军装甲部队主力的 M1A2SEP 实际上是 M1A2 的第二阶段改进产品，它将本已空前强大的 M1A2 性能再次大幅度提升，具体的改进项目包括：①采用大容量的存储器；②新型车长显示器；③第二代前视红外探测器；④对人眼安全的激光测距仪；⑤更新车内空调系统；⑥改进的全球定位导航系统（GPS）；⑦加装一台辅助动力装置；⑧采用先进的自动变速箱等。由于采用了这些最新的技术，M1A2 坦克所具备的数字化程度在整车中占到 95%，模拟技术仅为 5%。它比 M1A2 在捕捉目标速度上提高了 45%，报告目标位置的精度提高 32%，毁歼概率则提升了 100%。业内专家认为：“M1A2SEP 坦克是现代科技与实战理论相结合的代表作，是目前世界上最具杀伤力的陆地战斗系统，它将充分满足 21 世纪初数字化战场的作战需要。”美国陆军的权威人士也声称“艾布拉姆斯”坦克在未来的岁月里仍会起到支柱作用，它将在美国陆军中至少服役到 2031 年。至此，随着 M1A2SEP 这个王者的登场，在 100 年的时间里，美国终于完成了从“坦克大国”到“坦克强国”的华丽转身。

上图 目前美国海军陆战队下辖 3 个现役坦克营（第 1、2、4），每个坦克营有 58 辆坦克，共 174 辆坦克，全都是 M1A1，具体型号有 M1A1HC、M1A1D 及 M1A1AEP

结语

纵观百年坦克发展史，历史上的美国人在设计和制造坦克方面其实算不得是什么“行家里手”。然而，当以强大的国家实力为后盾，进行了长达几十年的摸索，并在这一过程中经过了几乎“不曾间断”的战火验证后，美国人终究还是摸到了坦克的“门道”。今天，与“花里胡哨”的韩国、日本甚至是土耳其坦克相比，M1A2SEP 也许仍然不是“最先进”的，但没有人可以否认 M1A2SEP 是这个世界上最强大的地面战争机器——合理的技术选择、“海量”的战争经验反馈乃至国家实力的隐形投射，从根本上决定了这一点。换句话说，相比于曾经的“王者们”，美国人也许用了相当漫长的时间才爬上了“坦克王国”的王座，但美国人坐在这个王座上的时间也可能会是“相当漫长”的。

少年“扬基”之烦恼——美国坦克的设计思想

长期以来，人们对于美国坦克的设计水平可谓褒贬不一。在赞美者眼中，美式坦克形成了自己独特的设计风格，是工业生产与先进技术的完美结合，日益代表着坦克设计中的“普世价值”；而在反对者眼中，美式坦克的设计却被认为缺乏“灵性”和“艺术感”，大量先进的单项技术被并不成功的整合折损了价值。客观地说，这些说法并非全无道理，但观点却又都失于偏颇。那么，事情的真相究竟如何呢？在经历了一个怎样的发展变化过程后，美国人对于坦克的设计又形成了一个怎样的“理念”？

上图 长期以来人们对于美国坦克的设计水平一直都是褒贬不一的

“谈不上”的设计理念

早在美国独立战争前夕，美国的决策层就已经意识到这个新国家同纷乱的欧洲分离开来的重要性，通过独立以后的外交实践在美国领导人的深思熟虑下，美国最终确立了孤立主义的外交政策。美国国父华盛顿在著名的《告别辞》中为美国的外交政策定下了孤立主义的基调——坚持不与任何国家（主要为欧洲列强）结盟，不卷入列强纷争，完全独立地处理国际事务。其精髓为：“我们是为我们自己行动，不是为别人而行动的。”而从客观条件来看，美国独处一方，远离他国，这种地理位置也的确允许并促使美国能推行一条独特的外交路线，使好战国家不能从美国获得好处，也不敢轻易冒险向美国挑衅，美国因此可以在“美国式正义”的指引下，依照自己的利益，在和平和战争问题上做出自己的抉择。虽然在欧洲大战即将明确分晓的1917年，出于一定程度上的投机心理，美国也曾一度突破了自己的孤立主义原则，但由于在第一次世界大战中遭受了巨大伤亡，威尔逊总统带着他的“十四点建议”黯然离去，结果美国在20世纪20年代开始又重新奉行孤立主义，决心不再参与任何在欧洲发生的军事冲突。

然而，长期的孤立主义必然造成美国军事技术发展的滞后——毕竟军事斗争的切实需求才是军事技术发展的直接动因。除了1861～1865年的内战期间，军事技术因迫切的战争需求而短暂地得到了一次突飞猛进的机会外（但这些进步成果在内战结束后就被美国人丢到了脑后，反而是欧洲在其中受益不浅，引发了一轮军事技术革命），整体上美国军事技术的发展是长期落后于欧洲列强的。事实上，尽管美国1894年工业产量世界第一，1914年一战前，拥有世界工业的1/3，其工业规模比第三大工业国英国与第二大工业国德国的工业规模总和还要大。但一战中刚刚登陆欧洲的美军却是一支既缺乏军事斗争经验积累（法国人曾经不无刻薄地这样评论美国远征军：“美国军队各级都不了解他们的任务，参谋人员只懂理论，而不知道如何管理他们的军队。军士们身体都很好，但不懂如何指挥打仗和

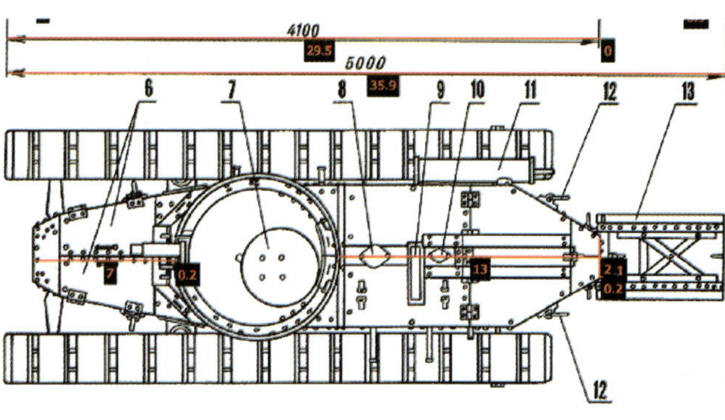

Char Mitrailleur FT-17

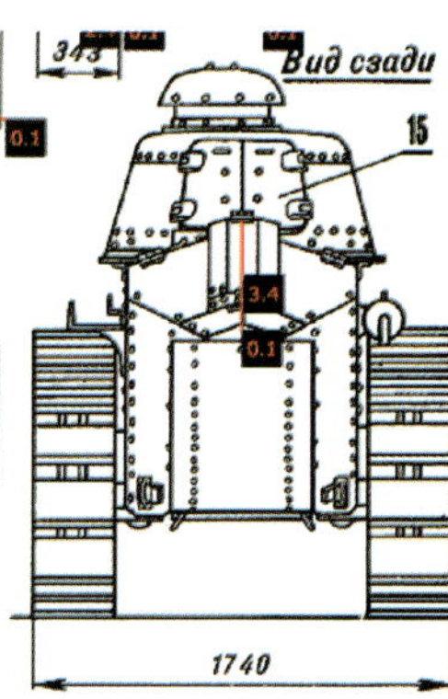

Char FT-17 TSF

上图 一战中法国的FT-17成为美国的仿制对象

调配人员”），又装备低劣的二流军事组织——上岸的美军很快发现自己手里的家伙大都是一些上不了台面的破烂，后来用英、法提供（或是由美国工厂按照英、法图纸仿制）的飞机、坦克、大炮甚至机枪重新装备后，才勉强投入战场（举例来说，在第一次世界大战中，美军不多的飞机都是由欧洲设计的，比如战斗机就是法国的 SPAD S.13 和 纽波特 17）。也正因如此，虽然利用英、法提供的图纸结合自身强大的工业生产能力，一战中的美国一跃成为世界上最具潜力的坦克生产国，但其坦克设计却谈不上什么“风格”——在英、法提供些什么图纸，就造什么东西的情况下，“美式坦克”的设计理念是无从谈起的。

上图 一战中英国的 MKVIII 过顶履带式重型坦克同样是美国的仿制对象，美国人称之为“自由号”

上图 美国 M1919 式“自由号”重型坦克侧视图

上图 博物馆馆藏的“自由号”重型坦克实物

“坦克”是什么？“闭门造车”的奇葩

一战结束后，美国重新回到孤立主义的老路，军事技术与工业能力严重相悖的情况并没有太大改观（一战结束后，美国工业实力更上一层楼，工业规模基本上相当于英、法、德 3 国总和，金融实力也大为膨胀，成为全世界的债权人，纽约取代伦敦成为世界金融中心）。除了对海军建设继续抱有热情外，在空军与陆军机械化装备的更新和研发上投入少得可怜，以至于居然出现了当时身为米德堡坦克训练中心营长（同时兼任陆军坦克咨询委员会委员）的乔治·巴顿少校自己掏腰包为部队购买坦克零件的怪事（作为一个富有创造力的年轻民族，两次世界大战期间的美国在军事技术的发展上其实也有一些重要贡献，但这些创新成果却并没有被美国政府所重视，反而在国外开花结果）。结果，当美军在偷袭珍珠港事件发生后又一次卷入世界大战时，整体军事技术仍然滞后于几个主要欧洲国家。以飞机制造工业为例，美国是飞机的诞生地，但美国航空技术却长期落后于欧洲，在 20 世纪二三十年代，欧洲航空技术继续领先，尤以德国和英国最为突出。美国虽然在 1915 年组建了国家航空咨询委员会（NACA，今 NASA 的前身），也发明了发动机围护罩和变桨距螺旋桨，但就代表航空技术前沿的战斗机领域而言，美国航空技术甚至落后于日本，以至于珍珠港事件时，美国没有能在技术上超过日本“零”式的战斗机。飞机制造工业是如此，坦克工业亦是如此。

战时美国坦克工业只是以量取胜，在设计上远没有悟到“门道”。而且为了使战时生产更加高效，美国政府甚至精选了少数型号，指令各公司跨公司集中生产标准化的坦克和装甲战车，这在一定程度上进一步抑制了各公司对技术前沿和设计艺术的追求（认为美国陆军无法承担太多种类的武器给美军带来的负担，因为美军是在离家几千英里外的地方作战，任何使后勤变得复杂和繁重的武器都应该被摒弃）。结果，相比于德国、英国和苏联装甲机械化战斗车辆设计在战时环境下的“精进”，较晚参战的美国坦克在设计上的落后更加明显，而这种落后在坦克歼击车上的反映恐怕要比坦克本身更为清晰，也更能说明问题。事实上，美国在战争中发展出的几种主要型号履带式坦克歼击车——如 M10、M18 和 M36——本质上是一些以牺牲装甲防护来换取火力强化的快速坦克，除了敞开式的旋转炮塔顶部外，人们很难理解这种类型的装甲战斗车辆究竟与其他国家的“坦克”有什么实质性区别。

上图 M10 坦克歼击车（早期型）四面图

上图 M10 坦克歼击车（中期型）四面图

在当时的美军看来，坦克歼击车是用来防御敌人的坦克而稳定己方的战线，用一个非常通俗的词来解释坦克歼击部队的作用就是消防队，哪里着火，消防队就要奔赴现场。在己方阵线被敌人突破之前，以最快的速度赶到热点地区，同时起到消防队的关键作用。至于“坦克”，则是为了“突破”而非与敌坦克交战来设计的。这就是二战中美军坦克设计理论的“原点”。也正因如此，美军认为坦克歼击车最重要的是速度，敌人在进攻时总是

上图　M10 坦克歼击车（后期型）四面图

下图　M10A1 坦克歼击车四面图

上图　M10 坦克歼击车（后期型 加炮塔顶盖）四面图

下图　M18“地狱猫”（76 毫米炮）坦克歼击车四面图

上图 M18“超级地狱猫”（90 毫米炮）坦克歼击车四面图

上图 M36 坦克歼击车四面图

下图 M36B1 坦克歼击车四面图

下图 M36B2 坦克歼击车四面图

选择己方防御薄弱的地方来实行突击计划，而能机动防御并且阻止敌军坦克集群的就是速度较快的坦克歼击车。其次，坦克歼击车在火炮口径和威力上也要超过同级别坦克，要有良好的战术进攻能力，能够随同部队进攻，提供火力支援，对付战场上出现的敌方重装甲目标。总之，拥有不逊于坦克的火力，比坦克更快的速度，充分发挥战场机动消防队的特点，来完成防御作战的任务——这些就是美国军方对坦克歼击车的要求和理解。

然而，当美军带着这些“闭门造出来的车”来到战场上时，才发现这种理想化的设计思想完全是一种彻彻底底的纸上谈兵——在时代技术条件下，技术还无法引领战术。实战中，美国军队对于这些坦克歼击车的实际战术运用与坦克并没有什么差异。从资源浪费的角度来看，美国人制造的这些旋转炮塔式坦克歼击车已经是一个彻头彻尾的失败——大手大脚的美国人就像是一个被宠坏的孩子，肆意挥霍着手中的大把财富。不过，问题还不仅仅在于资源的浪费和重复建设，事实上，如果视为“薄皮快速坦克”，并且的确能够发挥设计用途——作为在反坦克用途上比坦克更“给力”的装甲机械化反坦克炮，那么如此设计倒也无可厚非。然而现实却并非如此，美国人在欧洲战场上很快发现，自己那些似驴非马的旋转炮塔式坦克歼击车已经走入了歧途——它们不但无力对付德国新一代重型装甲作战车辆，而且类似于坦克的设计思路也使得升级潜力挖掘殆尽。

“坦克歼击车”的设计理念是如此这般，那么“坦克”的设计理念也就可想而知了。值得注意的是，对美军二战坦克研发拥有重要影响的另一因素则是其独特的研发“标准”。即任何坦克装甲战斗车辆的研发设计标准有两条，简而言之就是“战斗需要”和“战斗价值”。“战斗需要”的意思是任何新武器的开发必须是急需的，不是主观意愿决定的。“战斗价值”的意思则是一种武器应当能满足它所赋予的任务，并且能适应恶劣的战场条件，不需要太多的维护就能保持作战能力。这些标准意味着美军除非预见到了一种新型坦克迫切需求，否则不会支持开发新型坦克。除非前线装甲部队经过实战，向陆军地面部队施压，否则也不会研发新型坦克。这是在诺曼底登陆前，美国陆军一直坚持的政策。抛开设计原则上的是非不说，这种论调反映了诺曼底登陆前，部分美军将领的自欺欺人。也正因如此，这或许也可以解释为什么美军直到 1945 年才开始装备 M26“潘兴”这第一种以“坦克为作战目标的坦克”，而苏、德两国早在 20 年前就开始按这样的思路去设计自己的坦克——或许这听起来似乎令人难以置信，然而却是事实。

总之，二战中的美国号称“自由世界”的兵工厂，但这样一个令人感到诧异的现象却实在令人费解——军事技术与工业能力存在一定程度的脱节。美国人长期以来一直缺乏足够的机械化战争经验，包括二战中也没能真正领悟机械化战争的精髓，而这一点反映在装甲机械化战斗车辆的设计 / 制造领域尤为明显。如果说整个战争中美国人制造的坦克大都乏善可陈的话，那么其在战争中设计 /

上图 M26“潘兴”是第一种以“坦克为作战目标的美国坦克”

制造的那些坦克歼击车则更令人感到匪夷所思，这实际上是一些比“平庸”还要糟糕的设计。很少有人意识到，战争中被广泛使用的M8轮式装甲人员侦察车最初居然是按照坦克歼击车来设计的，而M10、M36这两种全履带式坦克歼击车更与苏、德两国的同类大相径庭——无论从可生产性、设计思想还是实际作战用途，美国人对“什么是坦克？”这个问题的最基本理解居然都是模糊、混沌和不清晰的，反映出了一种懵懵懂懂的茫然。

开始领悟“门道”

二战中，综合国力与军事技术（特别是陆军技术装备）上的脱节是令美国人深感焦虑的一个症结——1944年投产的M26，其火力和机动装甲防护尚且无法全面压倒1942年投产的“黑豹”和“虎I”就很能说明问题。不过作为美国第一种以“坦克为作战目标的坦克”，M26终归算是一个“良好的开端”，预示着美国人在坦克设计方面正在“开启心智”。事实上，虽然以今天的眼光来看，M26的基本设计完全缺乏任何值得称道的“闪光点”和“革命性”，但它的最大价值显然并非在于设计或是技术细节，而在于为美国军方解决了一个最重要的根本问题——“坦克是什么？”也正因如此，这可以解释为什么此后的美国设计师甘愿在M26的设计框架内继续耕耘近30年之久。从过渡性的M46、M47到日渐成熟的M48和M60，设计上其实平庸的“巴顿”系列，撑起了冷战中最艰难的一段时光。

经历了“潘兴”与“巴顿”系列的淬炼，美国坦克的设计理念开始逐渐成形——“在一个足够‘坚韧’的框架内，以先进的技术不断进行填充和替换，从而获得综合性能上的质量优势”——这样一个原则在美国军方和坦克工业界初步成为了共识（M41和M103甚至于也可以在一定程度上视为“巴顿”系列的轻型和重型版本）。不过，正如一切成熟的设计理念都要经过质疑和批判一样，美国军方在20世纪60年代初获得了M60A1之后，一度对这种设计理念所蕴含的保守表现出了不满。客观来说，整个“巴顿”系列的确因其漫长的生命力获得了成功，但同时也是一种“应急”味道非常浓厚的装备——这种“应急”不仅仅体现在其预定的作战用途上，更体现在设计的仓促性上。对于一个和欧洲大陆隔离并在世界范围内自认承担“安全义务”的超级大国来说，其对地面装甲机械化装备重要作用的认识，与对海军和空军相应装备的要求相比，显然是重视不够的。所以从一开始，美国陆军就将手中的“巴顿”视为一种过渡性装备——在真正令人满意的东西出现前，暂时填补空缺之用。然而过渡性装备的定位也就意味着一种无奈，“巴顿”仅仅解决了有无问题，

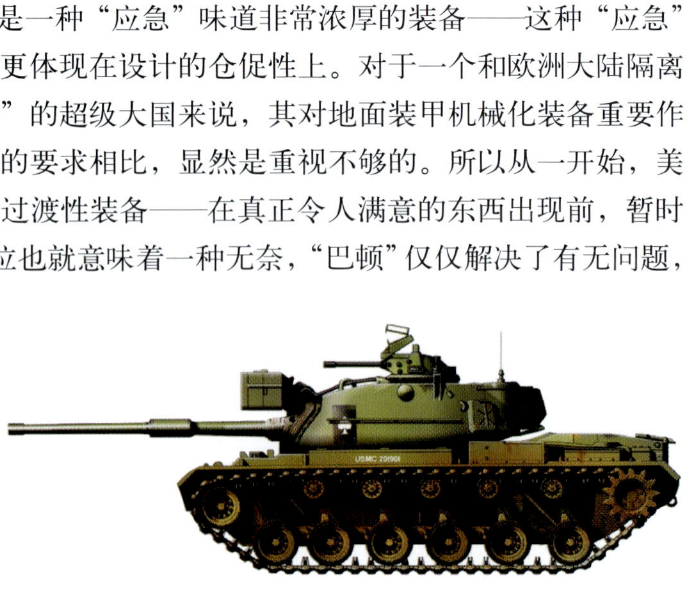

右图 M48A3/5“巴顿”主战坦克侧视图

或许还能因某些子系统的技术先进性而沾沾自喜，但在纯军事意义上，对于“质量型坦克”的需求，却在欧洲的冷战对峙中一天比一天变得更强烈了，至于这其中的原因则非常简单——铁幕两侧，北约对于“前沿防御”、华约对于“短期战争”的强烈军事政治诉求，都决定了这一点。

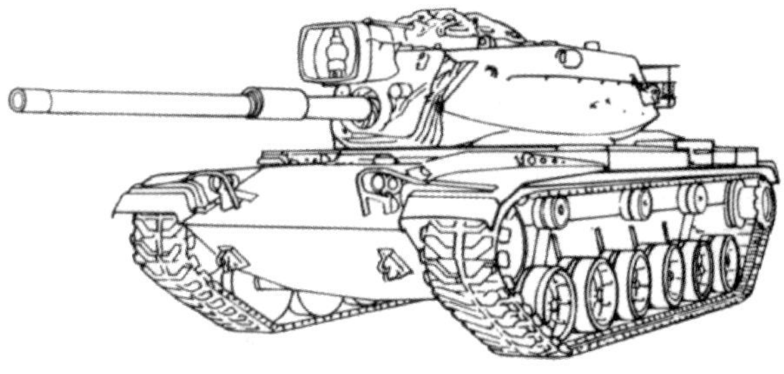

上图 M60A1 巴顿主战坦克

下图 M60A3 巴顿主战坦克

结果在短暂的喜悦之后，美国军方沮丧地发现，较之于同时代的苏联坦克，M60A1更大、更重，子系统的技术性也更为先进，但在综合战斗效能上却没有体现出所谓的“质量优势”，这似乎表明在一个旧瓶子中不断注入新酒是一种蹩脚的方法，暴露出了美国坦克设计师思维上的匮乏。也正因如此，到了 20 世纪 60 年代中期，美国军方决定彻底跳出“巴顿”系列这个“旧瓶子”，企图以MBT-70这个“新瓶子”来承载他们的梦想。可惜，10 年后当 MBT-70 企图以技术引导战术，在设计和技术上同时进行冒进，却遭遇了彻底的滑铁卢时，对美国陆军来说无异于一盆痛彻心扉的凉水。于是一场深刻的反思开始了。此后的美国坦克设计师开始采取一种看似回到了“巴顿”系列的老路，但实则“背对基础”的设计思想，即把第二次世界大战以来吸取的经验教训，与最新发展阶段出现的先进技术进行有选择的紧密结合，由此出现的 XM1 最终真正体现出了一种成熟而稳健的坦克设计理念。

上图 “通用”XM1 初样车

事实上，与“巴顿”系列类似，XM1 的基础设计同样因“保守”而被批评为“平庸”。然而难能可贵之处在于，XM1 在设计伊始就有意将可拓展性和技术升级潜力放在首要位置。火控、火力乃至装甲模块，从一开始就被设计成可替换的。这种自顶而下的设计理念，与自下而上一直对 M26 的框架进行修修补补的“巴顿”系列有着根本性的区别。毕竟从军事装备技术的发展角度来讲，展望未来的需求是一项复杂的工作，它必须适应国家安全目标及预计的威胁，而这两者均可能出现突如其来的重大变化。需要指出的是，如果将 XM1 的基础设计视为一个框架，那么美国在为这个框架进行子系统技术填充时，表现出了“有所为有所不为”的一种成熟心态——在子系统的选择上并不一味追求所谓的“技术先进性”，而是有着更全面的综合考虑。举例来说，XM1在柴油机和燃气轮机之间，虽然抛弃了技术上相对“保守”的柴油机，选择了技术上较有风险的燃气轮机，但这正是将动力系统作为“框架”的一部分加以考虑的结果，也是从“巴顿”系列旺盛生命力中汲取有益经验的一种反映（从M46到M60，虽然子系统被替换为多轮，但“巴顿”系列的动力/传动系统却基本没有大的变化），美国坦克设计师和军方一致认为，只有一个性能上强劲、稳固，技术上又有着一定前瞻性的动力系统作为基础，XM1的设计框架才能经受得住时间的考验，设计上强调的可拓展性和技术升级潜力才能得以充分实现。

上图 “克莱斯勒”XM1初样车

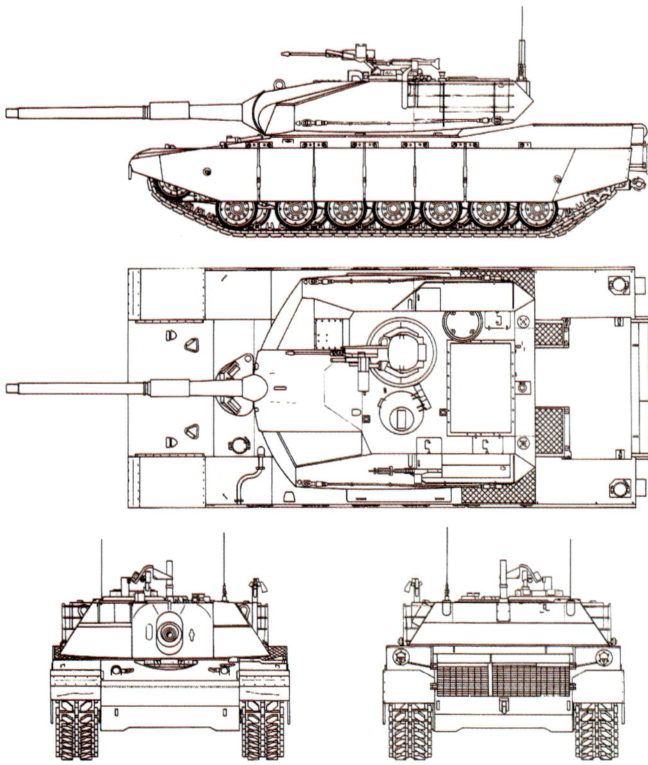

上图 “克莱斯勒”XM1初样车三面图

不过与动力系统上的“冒险”相比，XM1在火控和军械系统上又表现出了一种精明的保守。同当时参加美国陆军坦克选型的德制“豹II”AV坦克相比，XM1与基本型M1的技术层次相对较低，其火控系统是相对简易的“下反式”，火炮则沿用了M60系列的M68 105mm线膛坦克炮，而不是炮口动能更大、初速度更高且技术上已经成熟的RH120 120mm滑膛坦克炮。究其原因，在于美国陆军认为，采用了新型弹药的M68 105mm线膛坦克炮在有效射程、精度和威力上，与RH120 120mm滑膛坦克炮差别不大，完全能够应对一段时间内的现实性威胁，更何况M68实际上是基于英制L7 105mm坦克炮的美国许可证版本，是当时西方坦克的标准军械，无论火炮本身还是弹药，其储备量和通用性都较之新锐的RH120优势太过明显，对于整辆坦克的成本控制更是至关重要（美军放弃“豹II”AV的理由正在于此。美军在20世纪70年代的最后3年中，对运到本土的几辆“豹II”AV进行了详细考察后

上图 XM1主战坦克正样车

认为，采用这种德国坦克的主要问题是单车成本太高。而参与对“豹 II”AV 进行技术鉴定的食品与化学品公司更是详细指出，如果要在美国土本生产“豹 II”AV，并将其作为美军下一代主战坦克全面替代 M60“巴顿”系列，那么其单车价格要比生产 XM1 高出 25%）。所以在权衡利弊之后，XM1 与基本型 M1 都采用了较为“低端”的 M68 105mm 线膛坦克炮和“下反式”火控系统，这种“保守”与动力系统上的“冒险”形成了鲜明的对比，美国坦克设计理念成熟与否也就由此可见一斑了——毕竟坦克设计的“诀窍”正是在于“取舍”的高明。

上图 艺术家笔下的 M1E1“艾布拉姆斯”主战坦克

结语

探讨美国坦克设计理念演变的一个启示就是后来可以居上。整体来说，美国坦克设计走过了一段轨迹曲折的坎坷之路。美国人在装甲战斗车辆方面的“天赋”向来有限，甚至于连“什么是坦克”都没能搞清楚——似驴非马的“坦克歼击车”就很能说明问题。不过二战结束时，美国从德国缴获了大量的相关技术，而且很多技术人才最后也流入了美国。由于战后初期英国经济困难，美国还得到了大批来自英国的技术移民。美国最大的优势还在于雄厚的工业基础没有受到战争破坏的科研环境，加上匹敌世界的巨大财力。这些优势使美国可以不惜工本地用时间和金钱进行大量的摸索。当然，在摸索的过程中会走一些弯路。在追赶世界先进水平的路上，需要更多的实际上不是探索，而是验证。这个过程可以有的放矢，较少做无用功——“巴顿”系列就是如此，它们的基本设计笨拙而平庸，毫无革命性和闪光点，但却实用，而且在经过一系列“小步快跑”式的技术改进后，符合冷战大部分时间的战场现实。

这说明，坦克这类地面装备的技术研究不是巫术，只要方向对头，知其然是可以用时间和金钱堆出来的。但到了接近世界前沿甚至超越之后，“失败乃是成功之母”就是更常见的情况。“只要方向对头”是实干结硕果的一个前提，做到这一点并不容易。技术方向当然是战术和技术的有机结合，但在不同时期，技术方向常常有不同的重点。与战争时期，战术引导技术，战术要求成为技术方向主要动力的情况不同，在和平时期，常常是技术引导战术，技术发展作为技术方向的主要动力。然而，技术引导可能脱离战术需要，事后诸葛亮是容易做的，但是站在技术前沿，常常会被眼前的种种可能所迷惑，最闪光的道路不一定是通向光明的道路——技术上全面冒进的 MBT-70，其最终失败就是很典型的一个证明。不过经历了 MBT-70 的失败后，美国人进行了深刻反思，意识到技术引导必须与战术需要高度吻合。此后推出的 M1 系列，终于以“得当的取舍”和自顶而下的“基本框架”，在设计上大获成功。事实上，今天的 M1A2SEP 与 30 年前的基本型 M1 相比，作战效能提高了几倍，但车体结构和基础部件却几乎没有变化。

上图 因技术冒进而失败的 MBT70 主战坦克

美国坦克的作战理念

美国在大多数军事技术领域都是一个“后来者”，然而作为一个以成功的工业化迅速崛起的超级大国，山姆大叔又可以随心所欲地在物质层面打造一部强大的战争机器，也正因如此，这可以解释为什么在两次世界大战期间却排末座，在第二次世界大战中表现平平的美国装甲力量，在冷战中却能与苏联装甲集群对峙40年，并作为当今世界上规模最大、战斗效能最强的一支装甲力量，维护着美国的全球利益。不过很少有人意识到，尽管凭借物质层面的超强优势，美国装甲力量赢得了一场又一场战争的胜利，但伴随着这支装甲力量从无到有、从弱到强的成长过程，其作战理念却也几经变化——从人云亦云的“拿来主义”，到美利坚味道十足的“空地一体战”，对于“财大气粗”的山姆大叔来说，这中间究竟经历了些什么？

右图 美国装甲力量赢得了一场又一场战争的胜利，但伴随着这支装甲力量从无到有、从弱到强的成长过程，其作战理念却也几经变化

上图 作为一个以成功的工业化迅速崛起的超级大国，山姆大叔又可以随心所欲地在物质层面打造一部强大的战争机器

迷信“拿来主义”的“权威”

在可以横向对比的一切大国中，只有美国的军事地缘环境最具“特色”——其国土虽然幅员辽阔，但东西都是大洋，南北两邻则国力军力羸弱。换句话说，美国本土遭受陆上军事威胁的可能性几乎为零，实际上处于一种“没有陆上天敌”的绝佳状态。也正因如此，在血腥的内战结束后，美国乘着工业化浪潮迅速崛起，但在“孤立主义”的论调中，其军事力量却长期偏重于海军而非陆军建设。事实上，一战前无论是从规模、装备还是作战理念来看，以欧洲的标准，美国陆军都不过是一支无足轻重的三流军队。结果，当美国决定在 1917 年直接介入欧洲战事时，其陆军远征军是在一种极为仓促的状态下被动员起来的，从装备到作战理念都极度缺乏，只能照搬欧洲的现成经验，这一点反应在美军如何对待坦克这个“新生事物”的问题上，可谓非常典型。

坦克在 1916 年的索姆河战役中一经出现，就以超越地面障碍的机动力、抵挡枪弹的防护力和强大的火力这 3 个基本特点，在突破堑壕、铁丝网和步枪与机枪火力构成的防御时显示出其他武器所无法比拟的巨大技术优势。也许正因为初上战场的坦克在这方面发挥出了巨大的作用，促使许多人只从“自行火力点”和引导步兵冲击的“盾牌”两方面来思考坦克的作战运用问题。比较典型的是英国的欧内斯特· 斯温顿提出的坦克使用原则，认为坦克的任务是支援步兵，坦克配合步兵只能在战术纵深内行动，要求“冲击时坦克应先于步兵，在步兵到达攻击目标之前，应与步兵保持一定的距离，把敌步枪和机枪火力集中引向坦克”，从而否定了坦克从战术突破发展成战役突破的可能性。由于这种观点反映了当时对坦克运用的“权威经验”， 因此被许多国家军队统帅部所接受，这其中便包括对现代战争其实“所知有限”的美国陆军。结果当 1917 年 7 月 19 日，美国远征军总司令潘兴将军下令成立委员会，就美国使用坦克进行作战的问题进行研究后，正式组建的美国远征军坦克部队所接受的不仅仅是来自英、法制造的坦克，与这些坦克一起到来的还有它们那套“权威”的作战理念。结果一战中的美国坦克部队是在工兵司令部的领导下被投入战斗的，所扮演角色的也仅仅是步兵的“附庸”，这一点与英、法坦克部队毫无二致，当然也无可厚非……

上图 一战中正向前线实施机动的美国坦克部队

上图 正式组建的美国远征军坦克部队所接受的不仅仅是来自英、法制造的坦克，与这些坦克一起到来的还有它们那套“权威”的作战理念

毫不关心的冷漠是基调

从第一次世界大战到第二次世界大战期间的20年，是世界现代史上激烈动荡的时期，这期间美国经济出现了大起大落的局面。1924～1929年，是美国经济又一个高速发展时期，由于是柯立芝总统当政，被称为“柯立芝繁荣”。在此期间，美国工业生产增长了69%，生产总值超过了整个欧洲资本主义国家，钢产量为英、法、德3国总和，汽车由1923年的1300万辆增至1450万辆，航空、无线电和化学工业等工业部门的生产都增长了一倍，对外贸易居世界第一位，纽约取代伦敦成为世界最大的金融中心。美国的市场上充斥着电冰箱、洗衣机、收音机、电唱机乃至汽车，显示出一片“繁荣”景象。美国经济“繁荣”的主要原因在于：美国在第一次世界大战中发了战争横财，垄断资本从军火生产中获得巨额利润。而战后欧洲各国的经济处在医治战争创伤的恢复阶段，根本无力和美国竞争国际市场，这给美国经济高速发展创造了良好的外部环境。但“柯立芝繁荣”并没有解决资本主义社会内部的固有矛盾，“繁荣”是一种假象。当时美国许多工厂开工不足，大批工人失业，农业处于萧条状态，与各资本主义国家的矛盾在发展之中。“繁荣”不过是经济危机的前奏。

正当美国当权者高唱“繁荣”赞歌的时候，一场席卷资本主义世界的经济危机发生了。1929年10月底，纽约证券交易所的股票市场崩溃。随之经济危机像滚雪球般席卷了全国各个经济部门，大批工厂倒闭。在1929～1933年的危机期间，美国约有14万家工厂企业倒闭，1700多万工人失业，100多万农民破产，工业生产下降了53.8%，对外贸易缩减了3/4，劳动人民流离失所，饥寒交迫，用烂铁皮和木板搭成的所谓“胡佛屋”或“胡佛村”比比皆是。胡佛被人们称为“饥饿总统”。而另一方面，资本家灯红酒绿，过着花天酒地的生活。他们为了控制高物价，不惜把大批牛奶和小麦倒入大海。经济危机加剧了美国社会矛盾，人民不断展开各种形式的抗议示威活动。美国爆发的经济危机迅速波及整个资本主义世界。在1929～1933年期间，资本主义世界工业大国的工业生产下降了44%，贸易额下降了66%，分别倒退到1908年和1913年的水平。

上图 与冷战中不同，20世纪20年代的美军装甲兵作战理念“毫不关心的冷漠是基调”

成千上万的工厂企业和银行倒闭，4000万工人失业，几千万农民破产。危机期间资本主义世界损失了2500亿美元，大大超过了第一次世界大战损失的1700亿美元。经济危机使资本主义世界的各种矛盾空前激化。德国、日本和意大利出现了法西斯势力上台执政加紧扩军备战，决心用战争来转移危机的影响和人民的视线。在欧洲和亚洲分别形成了战争策源地。另外，国际上的冲突和局部战争也不断发生。动荡的局势深刻影响了美国的军事战略和外交，而美国军事战略的变化也影响到了美国的军事思想。在第一次世界大战中，美国已从政治、军事和经济各方面显示出了超级大国的姿态。但是在“巴黎和会”和国际联盟成立的过程中，美国因英、法的抵制未能取得对世界政治事务的支配权，想当世界霸主的企图受挫。为了维护自尊，美国虽然并没有放弃夺取世界霸权的野心，但仍在 20 世纪 20 年代中期又开始奉行“孤立主义”的外交政策，结果这个大背景，对美国坦克部队的建设及其作战理念的发展与完善产生了意义深远的负面影响。

美国陆军在一战时便意识到，坦克的出现具有革命性意义，这种战争机器使战争进入了一个新的阶段。但是由于坦克刚刚发明，存在许多缺陷，未能在战争中发挥更大的作用，因此战后受到了美国军方的轻视。一战结束后不久，美国便取消了坦克部队，军界普遍忽视了坦克在军事战略上的潜在价值，只把它看成是“一个计划用于支援步兵前进的活动装甲攻击部队。坦克兵种是步兵的一个分支”。完全是当时英、法等欧洲老牌陆军所持陈词滥调的翻版。当时美国流行的是罗肯巴克的“坦克理论”。罗肯巴克准将 1919 年任美国坦克部队司令。虽然他的坦克作战理论中也不无可取之处，比如罗肯巴克认为：美国要比它的盟国更有可能使坦克的潜力得到充分的实现。坦克对“每一个兵种都具有巨大的价值”“坦克应大量使用，否则就干脆不用”。然而在总体上，罗肯巴克的坦克部队作战理念却是保守和了无新意的。他虽然认识到坦克具有重大的战略价值，但是没有看到坦克突破敌设防阵地、向纵深推进的强大突破和机动能力，“坦克是一个计划用于支援步兵前进的活动装甲部队。坦克兵种是步兵的一个分支”，正是他的基本观点。这种看法基本上左右了美国军界基本的坦克理论。

至于 1930 年担任陆军参谋长的麦克阿瑟，不但不接受国际上流行的哈特和富勒关于机械化部队的思想，反而认为应继续使用一战时的旧坦克，这就大大影响了机械化部队的建设。美国在一战前期曾订购了 23405 辆坦克，但到 1917 年参战时仅造出 26 辆，前线部队使用的基本都是英、法所提供的坦克。战争刚一结束，政府便取消了订货。1920 年的国会法案还取消了建制意义上的“坦克部队”，美国装甲力量只能以连的形式勉强存在着。以后 10 余年里，美军只在纸面上拥有 1100 多辆一战时期按照欧洲图纸制造的。随着时间的推移，性能日渐落伍的旧式坦克。由于经费短缺，战后虽然也先后试验了不少型号的轻型坦克、轮式装甲车等，但这些技术探索并没有受到重视，战术探索则干脆被军方宣布为“非法”。事实上，这时的美军坦克

上图 艺术家笔下的 M4A3E2“小飞象”突击坦克

主要是供骑兵所使用的快速机动武器，军方远没有认识到坦克强大突击性的战略价值。进入 20 世纪 30 年代中后期，世界性的经济危机导致德、意、日法西斯主义的产生，新的战争正在酝酿之中。各国都在扩军备战。此外，一战后世界科技的迅猛发展也反映到军事领域，飞机、坦克、新型舰艇和大炮，以及各种武器装备有了巨大的增长。上述的新形势和严峻的国际形势极大地影响了美国的军事思想，使这期间美国的军事思想有了新的变化，备战步伐也有所加快，但美国陆军却仍着重发展自动步枪和大口径榴弹炮，而对坦克的技术和战术探索仍然没有赋予足够的重视，以致在 20 世纪 30 年代中后期，欧洲的全面战争即将爆发时，美军现役部队装备的坦克数量只与波兰持平，甚至低于日本，对坦克部队在战争中的运用和理解则停留在一战时代原地踏步，只拥有一个机械化旅的美国坦克部队仍然没有从“步兵的附庸”这一角色脱身。

不过需要说明的是，与两次世界大战期间美国军方高层对“坦克部队”的冷淡态度形成鲜明对比的是，很多美军少壮派基层军官却对“坦克”的探讨充满了热情。比如，后来著名的“坦克将军”巴顿就始终对坦克有着浓厚兴趣。两次世界大战期间，长期停滞在上尉军衔的巴顿其实是美国最早的坦克部队指挥官，一战时他组建了美国第一支坦克部队，担任美国第一个坦克旅旅长，参加了战争后期的几个著名战役。他在坦克部队被取消后向部队告别时满怀深情地说：“坦克部队是我的心血和希望，我相信它是不会衰亡的，总有一天，我还会与它重聚，我的生命和荣誉全都与它息息相关。”1919 年，他就认为坦克具有极大的战略价值。而总参谋部的查菲少校较早地提出了组建机械化部队的思想。他认为机械化部队作为一种新型兵种的核心，具有骑兵的快速和冲击力，同时具有步兵的某些持久力。他主张组建几个完全机械化的坦克团、摩托化步兵和摩托化炮兵。

自欺欺人的奇谈怪论

第二次世界大战中，美军强大的物质优势其实掩盖了许多问题，如何在战争中运用坦克部队便是其中之一。事实上，直到美军在 1942 年再次卷入世界大战，其对装甲部队作战理念的理解仍然是模糊、混沌和不清晰的，反映出了一种懵懵懂懂的茫然。举例来说，美军中型坦克设计是以美军地面部队的作战思想作为指导的。中型坦克主要是以两种形式部署：独立坦克营和装甲师。独立坦克营主要是配属给步兵师执行火力支援任务，通常每个步兵师拥有一个独立坦克营。独立坦克营主要用来摧毁敌军碉堡、防御工事等依靠步兵很难克服的障碍。装甲师中的坦克则被当做骑兵，主要是在步兵师打开敌军

上图 直到美军在 1942 年再次卷入世界大战，其对装甲部队作战理念的理解仍然是模糊、混沌和不清晰的，反映出了一种懵懵懂懂的茫然

防线缺口后执行向纵深突破发展的任务。

上图　尽管当初在设计 M4 时，就要求它的主炮能同时发射高爆弹和穿甲弹。但即使如此，美军地面部队仍然强调中型坦克而不是用于反坦克作战的最佳选择

但令人感到“奇葩”的是，在上述任务中，中型坦克都不是用来对付敌军坦克的。相反，根据美军战术，这是装甲较弱但是配备大威力火炮坦克歼击车的任务。二战中美军坦克歼击营的标准装备是用 M4A2 衍生的 M10 坦克歼击车。它上部的装甲较薄，拥有一个顶部开放的炮塔，装备一门 3 英寸反坦克炮。这种战术思想没有忽视美军坦克同样也会碰到敌军坦克的可能性。实际上当初在设计 M4 时，就要求它的主炮能同时发射高爆弹和穿甲弹。尽管如此，美军地面部队仍然强调中型坦克不是用于反坦克作战的最佳选择。当时世界上其他主要坦克大国——德国、英国和苏联都不曾采用这种怪异的作战思想，他们都是强调用己方的坦克去对付敌人的坦克。美军在诺曼底战役初期总共投入了 2 个装甲师 7 个独立坦克营的坦克部队。在被人保证“M4 是最好的坦克”后，美军马上就被初期巨大的伤亡数字所震惊。M4 即使在德国步兵的反坦克武器前都显得脆弱，如拖曳式的 Pak-40 反坦克炮和“坦克”杀手火箭筒。诺曼底作战第一个月，M4 的伤亡率平均为 32%，是预期 7% 的 4 倍。虽然 M4 可以和四号坦克一战，但是不管是 75 毫米还是 76 毫米主炮都无法应对豹式坦克。诺曼底树篱遍布，使得实战中 M4 很难有机会去迂回到豹式坦克的侧后，只得正面交战，而这种交战往往是一边倒的，毫无疑问豹式胜出。

上图　实施公路机动的“谢尔曼”

诺曼底作战的事实一举宣告了坦克歼击战术的终结。无论是独立坦克营还是装甲师，碰上敌军坦克时都得指望自己去应对。美军坦克歼击车的概念来自 1940 年法国战役的影响，是一种明显的防御策略。而在 1944 年一切都变了，美军成了进攻的一方，这种战术已经过时。可以说贯穿整个二战，美军始终缺乏系统的机动作战思想，但原因恰恰在于其物质基础不是太弱，而是太强了。以

上图　由 M24“霞飞”轻型坦克和 M8 轮式装甲侦察车构成的装甲侦察集群

美军在欧洲战场对德军的物质优势，打胜仗并不稀奇，于是大多数指挥官想的是尽量少冒险，少死人，整体战术上追求火力配系齐全条件下的一线平推，不求有功但求无过。结果，这反而阻碍了美国人对于装甲兵作战理念的深入探讨，以至于有人刻薄地说，二战中美国装甲部队在西线战场的最大成就无非是用自己的"谢尔曼"去消耗德国人的汽油。

上图 有人刻薄地说，二战中美国装甲部队在西线战场的最大成就无非是用自己的"谢尔曼"去消耗德国人的汽油

左图 艺术家笔下，一辆因没有汽油而被放弃的"黑豹"被美军轻易缴获后运走

在"大规模报复"中被"边缘化"

美国人在第二次世界大战中的装甲兵运用是怪异和笨拙的，在战役法理论层面谈不上什么建树，但这并不影响他们凭借绝对的物质优势来赢得这场战争的胜利。况且通过战争中的摸爬滚打和鲜血淋淋的教训，美国人的装甲兵作战理论也经历了转型和完善，至少战前自欺欺人的奇谈怪论是被抛弃了。可以说，在战争结束前，美国人多少算是摸到了一些门道，装甲兵作为一个独立兵种的地位被确定了。然而，由于战争的结束和冷战初期对核武器的畸形依赖，随着装甲部队在规模上的大幅缩水，对于装甲兵作战理论的探索，美国人也一度失去了兴趣。这种情况直到朝鲜战争爆发后才有所改观。

朝鲜战争爆发前，在欧洲地区就缔结和约以确定德国未来进行的谈判破裂，捷克斯洛伐克被纳入苏联集团。这些事态导致了北大西洋公约组织的形成，英、美、法 3 国在德国的占领军转变为作战部队。而随后朝鲜战争的爆发，可以说彻底改变了欧洲的格局。时任联邦德国（西德）总理的阿登纳在获知朝鲜半岛所发生的事情后就一针见血地指出："我相信世界的命运并不取决于朝鲜战场，而是取决于欧洲的心脏。我也相信，斯大林不仅有对朝行动计划，而且还可能有对德行动计划。在朝鲜发生的一切，在德国都可能重演。同样的命运在等待着我们。"发生在朝鲜的一幕，引起了美国政府对欧洲防务的深深忧虑。美国人此时已经十分清醒地意识到，二战结束后，虽然苏联在政治军事态势的本质上依然追求防御方针，但以"进攻"为核心的苏联军事学说却并没有因此而改变，苏联军事技术在发展方向上也强调突出攻击性，而且无论是己方还是潜在的敌方，都很快将大战末期出现的喷气式飞机、原子弹等新的战争手段加以实用化，战争的复杂性空前提高。苏军高层依然认为，"要胜利就必须进攻，你必须突然向前运动，行动坚决，只有对敌人最薄弱的地区实施最猛烈的打击，才能取得最后的胜利”。所以作为一个契机，不但重新武装西德的问题被摆上了日程（1950年9月，美国政府正式向北约组织部长理事会提出重新武装西德问题），美国装甲部队的重新武装也在迫切的需求中被启动了。作为其中的一个核心问题，如何在战争的最初阶段阻挡或至少是严重削弱苏联装甲集群的纵深推进能力，在西方军界中引起了激烈的争论。然而讽刺的是，这场讨论的结果却使美国装甲部队被“边缘化了”，至于这其中的原因不难理解，在艾森豪威尔“要么毁灭、要么投降”的“大规模报复”战略中，常规战争的可能性实际上被认为是不存在的。

上图 朝鲜战争中的美军 M4A3E8

上图 大规模报复理论的牺牲品——美国陆军 M103A2 重型坦克

“灵活反应”与乏味的“救火队”

在发明核武器之前，对战争可能造成的破坏范围可以在破坏实际发生之前做乐观的估计，但在核武器发明之后，一切却都改变了。核攻击造成的破坏后果再也不能被忽视了，再也不能像过去那样，在估计骑兵袭击、围城战甚至常规轰炸袭击的后果时，因为乐观情绪或把战果想得很诱人而对战争损失只是有些朦胧的担心，总是把破坏后果缩小到最低限度。不诉诸核战争是由核破坏程度可确定、确实可计量的性质所决定的，而不是由可能发生但难定的破坏程度所决定的。这种科学的可预测性改变了千年来战争所得与所失的比较方法。结果，当时间进入20世纪60年代，虽然1962年的古巴导弹危机令苏联颜面扫地，但美国人的核垄断地位却也逐渐丧失了，艾森豪威尔政府奉行的大规模报复战略，可能陷入“既不能打核大战又不能打常规有限战争”的尴尬，对美国造成“瘫痪性影响”，作为美国常规力量的重要组成部队，美国装甲部队的地位也因此被尴尬地“边缘化”了。

不过，正是意识到了“大规模报复”战略的“瘫痪性影响”，肯尼迪政府开始转奉参谋长联席会议主席泰勒一直鼓吹的“灵活反应战略”，抛弃大规模报复战略中片面依赖核武器的观念，试图以常规战争作为到处挥舞的“剑”，以核力量为“盾”。将常规力量、战术核力量与战略核力量共同视为北约武装力量的三大支柱之一，在战争时期将根据情况“逐步升级”地使用常规武器、“有选择、有限度”地使用战术核武器乃至战略核武器。

这就意味着一度被“边缘化”的美国装甲部队，其地位重新得到了重视。不过，在“灵活反应”的大背景下，需要在中欧进行“前沿部署”的美国装甲部队，其地位虽然得到了重新评价，但其作战理念却变得相当“乏味”——只能在“前沿防御”机动防御作战中扮演“救火队”这一角色，实际上被局限于“战术层次”，实际上是被灵活反应“绑架”了。糟糕的是，这种本已令人心焦的军事局面，在1967年之后变得更为不堪了，美国装甲部队的作战理念被“灵活反应”的“绑架”也就更甚一步。如果说此前的“前沿防御”是因为政治上的因素而做的一种妥协，至少在战术上还是拥有相当程度的灵活性，那么到了这一年，由于戴高乐把北大西洋公约组织的军队从法国赶了出去，对北约而言前沿防御已经开始成为军事上一项必要的措施了，美国装甲部队的运用也就只能进一步局限于“战术层次”，而无法在战役层次进行施展。

上图 艾森豪威尔政府奉行的大规模报复战略，一度令美国装甲部队的地位被尴尬地“边缘化”了

上图 艺术家笔下，正在中欧作战的M60A2“巴顿”主战坦克（M60A2是美军冷战中3种著名的“导弹坦克”之一）

要知道，机动范围（作战纵深）对装甲部队来说是十分珍贵的，但北大西洋公约组织的部队和设施却又极为拥挤。在法国退出北约以前，北约的防御纵深必要时可沿已建立的补给线和交通线直抵比利牛斯山脉。而在法国退出北约之后，在西德的腰部，战场仅有130千米宽，还不及从洛杉矶至旧金山距离的1/3。换句话说，在法国退出北约后，美国在中欧部署的装甲部队进行战役机动的自由明显地缩小了，做出决定的时间也减少了。北约在铁幕前面能支持多久将取决于许多可变的因素，包括（但不仅限于）战争的性质（核

上图 艺术家笔下，于中欧地区执行“救火队”任务的美军装甲集群

上图 1979年驻欧美军装甲集群穿行于西德小镇

战争或非核战争）、苏联进攻的规模（广泛的或有限目标的）、预警时间的长短（几小时、几天，还是几周）、双方兵力的对比、北大西洋公约组织的意志，以及气候条件等。如果要避免强大的敌人突破前沿，部署于中欧的美国装甲部队，除了在有限作战区域内进行一系列整体规模庞大，但实际上却零散不堪的“战术性阻滞”之外，别无他法。否则北约的主要抵抗线就会被包围，战争的结局也就注定了。

直到“空地一体战”才算入门

美国装甲部队被“灵活反应”框架下的“前沿防御”牢牢“绑架”的情况，在进入20世纪80年代后开始有所改观。此时，战略核力量的高水平均衡出现了向低水平均衡过渡的趋势，人们认为使用核武器打一场核战争越来越不可能，核武器以其巨大的杀伤力登上了战争舞台，也以其巨大的杀伤力逐渐走向自己的反面。美、苏《中导条约》的签署，可以看做是这种趋势开始的标志。而核武器退居战争舞台的幕后，迫使美国人再一次审视火力和机动的关系，最终从否定消耗战思想入手，发展了空地一体作战理论，使其“装甲兵作战理念”的内涵和外延都大大拓展了。

上图 艺术家笔下，海湾战争期间正在通过输送车向前线输送的M1A1

所谓“空地一体战”理论，就是指在战役中协调一致地运用各种作战力量和手段，组成在地面和空中运动的各种兵力集团，利用战役战场的全部空间，对当面之敌战役布势的全纵深实施空地结合的同时打击，以迅速取得战役作战的胜利。即在战役中，主要的不是逐次地“啃”布满最新式反坦克兵器和装甲兵器的防御地区，也不是抗击高度机动的预备队的突击，而是密集地、协调一致地使用地面和空中力量，以火力和高度快速的军团在敌战役布势的全纵深对其最重要而又最薄弱的组成部分实施同时而强大的打击，以便在最短的时间内达成进攻目的。这正成为决定现代进攻战役实质的主要趋势。从本质上来说，“空地一体战”理论是一种更高层次的“装甲机械化部队战役法理论”。由于不能以核突击作为达成进攻目的的主要手段，就必然强调在战役中各种手段、各种力量和各种因素（包括心理因素）的综合使用，以至于缺一不可。可以说，这种合同作战已到了“一体化作战”的程度。

上图 空地一体作战理论，使美国“装甲兵作战理念”的内涵和外延都大大拓展了

“空地一体战”理论认为，在未来战役中，任何一种武器系统都不能主宰战场。只有发挥作战部队和各种武器系统的整体威力，才能战胜敌人。为此必须协调一致地使用各种兵力兵器，使战役布势的各个组成部分密切配合、互相补充、“整体化”，才能做到发挥整体优势。另外，在战役军团的编成上则强调高度的合成。整体作战思想强调对各种作战方法的综合运用，强调攻防行动的有机结合，“硬”打击与“软”杀伤（电子战、心理战）的有机结合，“虚”与“实”的结合；强调综合利用战场空间，使近距离作战、纵深作战和后方作战相互配合，相互补充；同时强调发挥战役诸要素的综合效应，“将机动、火力、防护和指挥等要素巧妙地结合起来”，以最大限度地产生作战力量。“立体战役法理论”中的整体作战思想要求所有参战的指挥员“具有统一的战役战术意识”，美军把它称之为“默契协同”，他们认为，只要所有部队都充分领会了指挥官的意图，即使在战场混乱、通信失灵的情况下，部队也能保持协调一致的行动。在强调发挥自己整体威力的同时，整体作战思想还着眼于破坏敌军的整体作战能力，强调打敌关键弱点，破坏其凝聚力，使敌失去平衡，从而丧失有组织地抵抗的能力——而这正是“空地一体战”理论所追求的“瘫痪效应”的精髓。

上图 “空地一体战”理论认为，在未来战役中，任何一种武器系统都不能主宰战场

上图 美军认为，“空地一体作战中，速度具有重要意义”。“空地一体战”从本质上讲是一种机动战役

需要说明的是，“空地一体战”理论中美军机械化集群火力与机动的关系，首次在战役法理论层面上达到了平衡。“空地一体战”从本质上讲是一种机动战役。美军认为，“战役法的核心是机动思想”，把机动看做是现代战役战斗的“灵魂”。“空地一体战”强调机动战思想，并非忽视火力的作用。恰恰相反，它们强调的是火力与机动的平衡、火力与机动的协调。把火力作为实施战役机动的有力保障，通过机动来运用火力消灭敌人。把机动作为各种战法的载体，“战役机动是为各种战法服务的”。机动战思想的核心是速度。

上图 “空地一体战”理论强调的是火力与机动的平衡、协调

美军认为，“空地一体作战中，速度具有重要意义”。“快速行动有助于获得和保持主动权，从而保持行动的自由。而速战速决则能使部队避免陷入持久消耗战和遭敌反击，从而有助于迅速转移兵力实施更加有力的打击，使敌来不及反应或举措失当。”高速度是“时代的命令”，是取得战役胜利的决定性因素。没有高速度，就形不成战斗力，就没有战役的纵深。不保持进攻的高速度，“敌人就有可能从我首次冲击的震撼下恢复过来，判明我主突方向，而将其兵力和火力集中到这一方向上来”。因此，抢速度是机动战的实质。实际上，美军改进作战方法的各种措施都是围绕着提高速度来采取的。

人们探索研究问题的理论起点和逻辑模式，决定了人们对事物认识的深刻程度及把握事物发展趋势的准确程度。但美国装甲兵作战理念上的几经变化，究其根源，却并非研究问题的理论起点和逻辑模式变化所致。事实上，戴高乐曾经悲哀地说：“谈到实力，情绪和逻辑就免谈”，而这个论调放在美国装甲兵作战理念的演变中倒是非常“贴切”。由于在物质层面上，往往较之对手拥有“绝对优势”，这种优势又通常使得一切军事上的谋略和技巧变得毫无价值，结果美国装甲兵的“作战理念”在很长一段时间里，都是晦涩、模糊乃至粗枝大叶和自以为是的，究其原因，物质层面的极大优势有效地弥补了作战技巧的不足和作战理念的拙劣。

上图 美国装甲兵作战理念上的几经变化，并非研究问题的理论起点和逻辑模式变化所致

上图 艺术家笔下的美国海军陆战队 LAV-25 步兵战车

美国坦克的制造技术

美国坦克在设计上或许“保守”得几乎“平庸”，但不可否认的是，其子系统在技术上却独具特色，并在一定程度上引领着业界的潮流。那么美国坦克究竟有着哪些值得关注的技术特点？其先进性在细节处是如何体现的？这种先进性的背后又意味着什么呢？

上图 艺术家笔下的M60A2“太空船”坦克

务实的精明——在坦克炮的选择上有讲究

在20世纪60年代末的MBT-70计划中，美国人曾雄心勃勃地计划用152毫米的“炮射导弹两用炮”取代“传统”坦克炮，然而不久后，美国人痛苦地发现，这种曾被大肆吹嘘的“两用炮”却成为导致MBT-70灾难性失败的罪魁祸首。事实上，除了技术原因外，生产和使用成本过于高昂才是造成“两用炮”最终下马不可忽视的重要原因。美国当时正深陷越南战争的泥潭无法自拔，相对衰落的国力令其也无力承担过多的装备换装计划，据统计，从1961年肯尼迪派特种部队进驻越南，到1973年美军撤出，越战耗费了美国至少2500亿美元，累计6万美国士兵死亡，30多万人受伤。而且由于美国在越南陷入困境，国防开支负担不断加重，美国经济在1970年完全陷于停顿，1973年，美国主导下的“布雷顿森林体系”轰然倒塌。在1971年，美国在20世纪首次出现贸易逆差，开始变得越发需要德、日资本以向全世界投射军事力量。随着德、日在贸易问题上越来越强硬，美国领导人无奈地发现，他们失去了其前任战后近1/4个世纪所享有的行动自由。“布雷顿森林体系”的崩溃预示着美国经济霸权的结束，也让被视为美国力量典型标志的美元从此“失去魔力”。而这一切与这场“毫无理智的”越战有莫大关系。

美国历史学家孔华润说，如果说越战失败对美国的战略地位没有什么影响，那么这场战争的代价对美国的伤害实在是太深了，它加速了美国霸权力量的衰落。这使得哪怕是

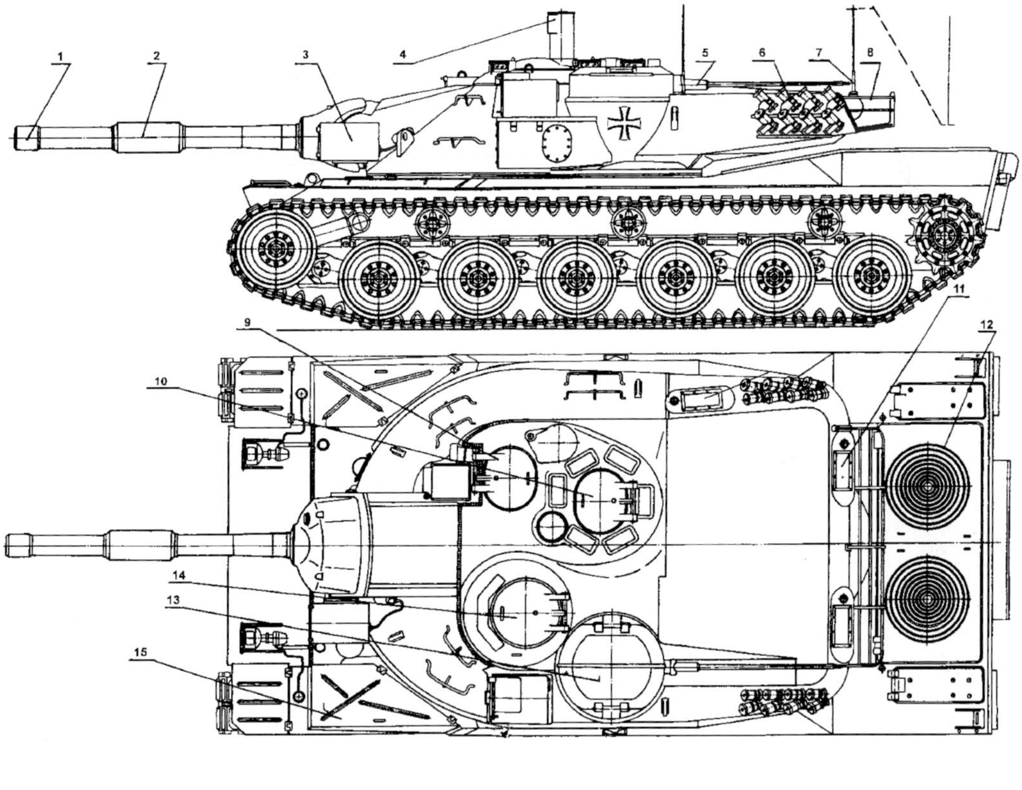

上图 使用CVWS M150 152mm口径两用炮的MBT70主战坦克

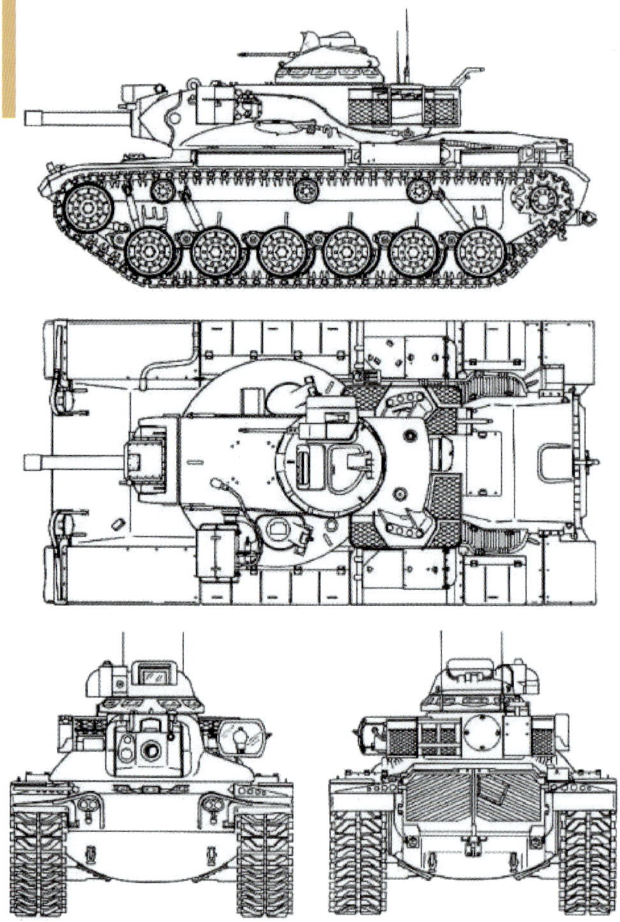

上图 使用 CVWS M162 152mm 口径两用炮的 M60A2 主战坦克

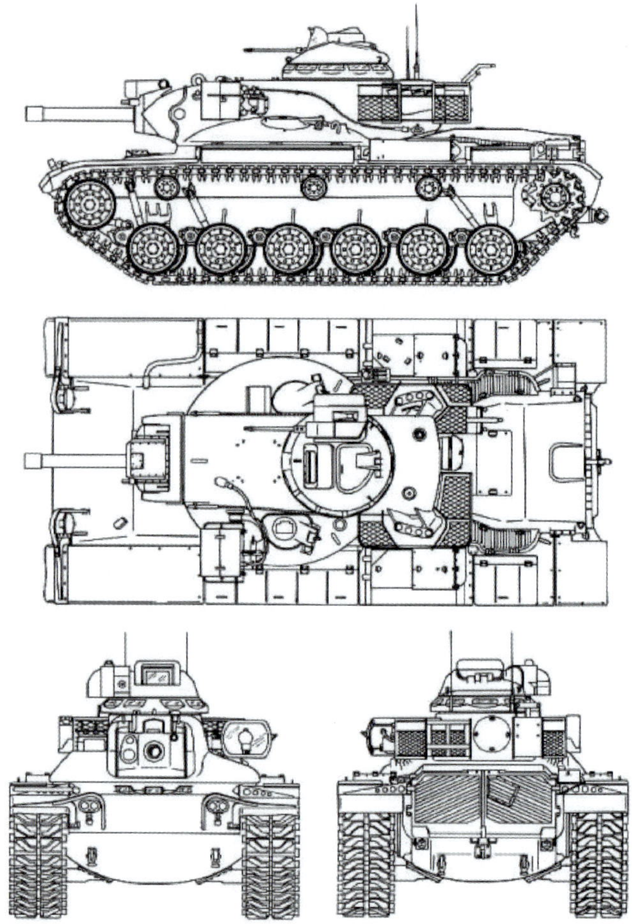

上图 使用 CVWS M81 152mm 口径两用炮的 M551 轻型坦克

一向大手大脚习惯了的美国人，也不得不勒紧裤腰带过日子。美国军事力量的衰落反映出公众对战略威慑和前沿集体防御的失望情绪，以及公众对总统处理外交事务权力的怀疑。国会利用公众对越南问题的幻灭情绪来维护自己对国家安全政策的影响，它通过与白宫合作将国防开支控制在 700 亿美元的水平，从而使 1968 ～ 1974 年这 5 年内的实际军费开支减少了 37%。在这种情况下，要美国人带头接受“两用炮”这种过于昂贵，但实际战场价值却又无法“交代明白”的装备，显然是不可想象的事情。不过在“两用炮”的幻想破灭后，美国人迅速调整了自己的心态。1977 年，德、美两国在签订的正式文件中确认，德、美两国的下一代主战坦克至少要在火炮上实现通用，而此时确定的 XM1 方案也的确是按照能装备 120 毫米以上级别火炮

上图 1985 年的演习中，一辆从 LARC-60 两栖登陆艇上驶下的 M60A2 主战坦克（这是美国军队中最后服役的“两用炮”坦克）

的程度设计的。

然而有意思的是，1981 年 2 月，美国陆军正式开始采购的 7058 辆 M1 装备的却仍然是英制 L7A3 105mm 线膛炮的美国许可证版本改型——M68E1。与 M60 坦克的 M68 基型炮有所不同。M68E1 由于改进了摇架结构，并将摇架重量减到 115 千克，从而减少了在炮塔内所占有的空间。反后坐装置也加以改进，带有液压驻退机和同心式复进机，其液压压力由原 14.7MPa（150kgf/cm^2）减至 12.25MPa（125kgf/cm^2）。该炮装有可测量炮管弯曲的炮口校正系统。事实上，在欧洲这样的战场环境中，120 毫米或是 125 毫米这类大口径远射程高精度坦克炮的性能优势无法发挥，其战场效能可能低于 L7A1 105mm 线膛炮——在 1000 ~ 1800 米距离上（这基本是在考虑到地形因素后，战场上坦克的一个常见交战距离），L7A1 105mm 线膛炮对典型苏联装甲目标的毁伤效能与 120 毫米或是 125 毫米大口径坦克炮没有什么区别。也正因如此，在精明的美国军方看来，配发了新型弹药后，M68 105mm 线膛炮的主要技术性能已经“足够好了”，基本能够满足当前的作战需求。

上图 装 M68 105mm 坦克炮的 XM1 样车

上图 1988 年驻德美军装备的装 M68 105mm 炮的 M1E1 主战坦克

不过，在当时广泛装备 120 毫米或 125 毫米炮的同级主战坦克鲜明对比下（包括北约阵营中的挑战者 I、豹 II，以及华约阵营中的 T-64、T-72 和 T-80），美国陆军的这些 M1 还是成为了大车装小炮的笑柄。这种“尴尬”的局面直到 1984 年 8 月 28 日才告结束——这一天，装有进口德制 RH120 120mm 滑膛炮的 M1A1 正式定型，此后又经过历时半年的谈判，美、德双方就美方引进 RH120 的全套技术资料在国内按许可证进行生产的问题最终达成了协议。1985 年 2 月，RH120 的美国版本 XM256 120mm 滑膛坦克炮设计定型（但在生产工艺上与 RH120 有很大不同，这一点后文会有详细讲述），装 M68E1 105mm 线膛炮的基本型 M1 在生产了 2374 辆后于当月停产，而量产型 M1A1 的生产线则于同年 8 月启动，并从 1986 年 9 月开始以每月 70 辆的速度下线装备部队，至 1993 年产量达 5415 辆。此后，1993 年美军又以 M1A1 为基础，推出了火控电子系统增强版的 M1A2 及 M1A2SEP，但除了少量全新的试生产型车辆外，大部分 M1A2/M1A2SEP 是由 M1A1 乃至更早的 M1 改装而来，这使库存中装备 M68 105mm 线膛炮的 M1 系列坦克数量骤减，装 M256 120mm 滑膛炮的 M1A1/A2 数量占据了压倒性优势。

不过很少有人注意到的是，量产型 M256 虽然在结构及性能上与原版 RH120 并无二致，但在具体材料及生产工艺上却有很大不同。M256 与 RH120 的这些差别首先体现在炮钢钢种成分上。在量产 M256 之前，美国军方已经确定其材料规格将同 M68E1 一样，采用遵循 MIS-S-46119A 标准（1973 年 3 月生效）的 4337+V 改进型钢种。虽然 4337+V 也属于 Mi-Cr-Mo-V 系低合金高强度钢种的一员，但其在合金含量仅达 3.49% 的情况下，仍能达到德版 RH120 所用炮钢屈服强度，材料成本大幅度降低。而另一方面，M256 与 RH120 的差异又不仅仅在于钢种成分的不同，其区别更表现在所用到的制造工艺上。从资料上分析，M256 身管先是在电炉经过熔炼后，通过真空碳脱氧技术浇铸成电极（真空碳脱氧技术夹杂物含量仅为 0.0027%）。然后，这些电极将由美国 Cabot 公司利用其拥有的两台 Consarc 公司生产的电渣炉加工出直径为 600 ～ 750 毫米，锭重 10 ～ 15 吨的电渣重熔空心管坯（RH120 样炮所用的电渣锭子由 Cabot 提供）。随后，这些电渣重熔空心管坯不像莱茵金属公司那样要经煤气锻造加热炉加热，而是直接使用进口自奥地利 GFM 公司的旋转锻造机进行锻造。值得指出的是，由于这种旋转锻造机（四锤精锻）压力公差要比 RH120 量产型所用的 4000 吨压力机公差小得多，所以可以直接到达调质设备，而不必像 RH120 那样，还要再经过一个中间加工的步骤。相比 RH120，M256 在生产工艺上的另一个重大改革是采用卧式连续热处理工艺和设备，时间为 2 小时 40 分，回火只需 4 小时，全部操作仅需一人进行不同尺寸工艺工件的调整，大大提高了生产效率。综上所述，美国版 RH120（M256）的生产流程大体为，电熔炼熔→真空除气（真空碳脱氧）→电渣熔铸空心管杯→旋转锻造→卧式连续热处理这样一个过程。尽管在最终炮管性能上 RH120 与

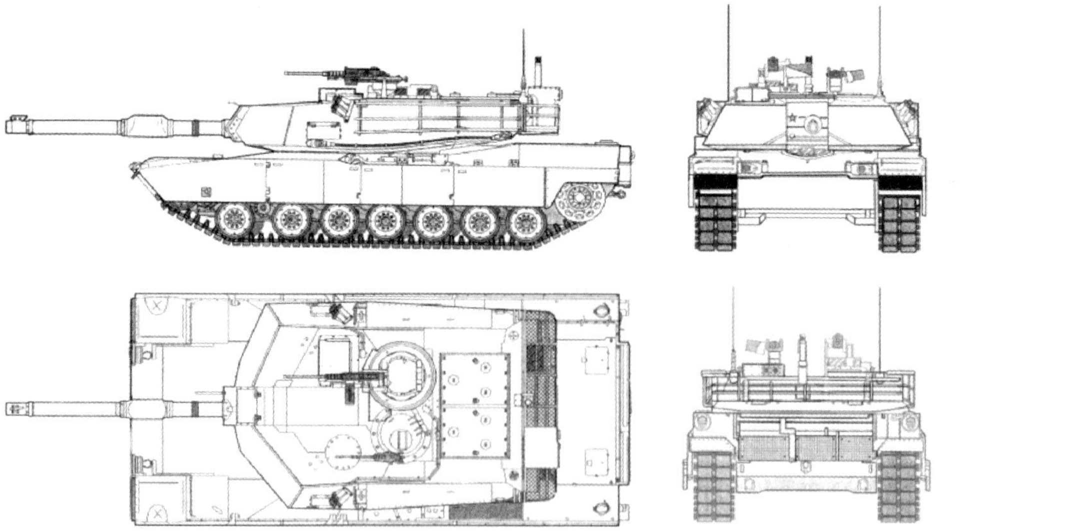

上图 装 M256 120mm 高膛压滑膛坦克炮的 M1A1HA 主战坦克（RH120/M256 的上车才使 M1 系列主战坦克真正步入成熟）

M256 两者大致相当——M256 同样可以承受 5500 大气压的膛压，在使用超速脱壳穿甲弹时，其最大理论初速度也可达到 1750 米 / 秒。但相比 M256 的生产工艺流程，原版 RH120 合金元素使用量略高，劳动生产率低（与 RH120 相比，M256 的生产效率提高了 4 ～ 5 倍），材料利用率低（RH120 材料利用率为 37%，M256 材料利用率为 66%）。所以，如果要客观地评价 RH120 与 M256，也只能正视原版的生产工艺要比仿制品稍逊一筹的现实。

弹药上见功夫

到目前为止，全世界范围内装 M256 120mm 滑膛炮的 M1A1/A2 系列坦克高达 8000 辆以上（包括为美国海军陆战队生产的 M1A1 及出口埃及、沙特的 M1A1），而装备豹 II 的全部 8 个国家总装备量却才不到 3300 辆（德国（2125 辆）、荷兰（445 辆）、瑞士（380 辆）、西班牙（108 辆）、瑞典（280 辆）、丹麦（51 辆）、挪威和奥地利（数量不详）），这就意味着 M256 这种美制翻版 RH120 得到了远比原版更大范围的扩散和装备使用。也正因如此，作为美国装甲力量的火力支柱，美国人在 M256 的弹药研制上是下了大力气的。其实美国人在引进 RH120 全套技术的同时，也引入了其配套弹药。所以最初为 M256 配备的 M827/828 两种长杆次口径尾翼稳定脱壳穿甲弹，实际上是以德国的 DM13/23 为参考蓝本设计的，但这并不等于说 M827/828 就是 DM13/23 原封不动的复制品。事实上，M827/828 与 DM13/23 的最大区别在于弹芯材料——后者采用的是钨合金弹芯，而前者的弹芯则由贫铀材料制成。众所周知，提高弹体材料密度可以增强穿深，而 DM13/23 弹芯所用的钨合金钢材料密度为 17.1 克 / 立方厘米，已经远远高于苏制 2A20 115mm Б M-6 长杆次口径尾翼稳定脱壳穿甲弹钢合金弹芯的 11.3 克 / 立方厘米，但美国人却对这个程度仍不满足——要知道，尽管当时滑动弹带技术并不成熟，但早在 20 世纪 70 年代末为 M1/M60 坦克的 M68 105mm 线膛炮配发的 M735 贫铀弹的穿深已经相当可观（这种 M735 贫铀弹由普通的 M735 换装贫铀弹芯而来，尽管 M735 的贫铀弹芯长径比仅为 8 ∶ 1，但穿深仍达 370 毫米），后来的 105mm M883 贫铀弹穿深更达 405 毫米，与 DM13 基本持平。所以这就是为什么论火炮本身 RH120 的性能远远凌驾于 L7A3 之上，但当年开始美国陆军还是生产了 2374 辆装 M68 105mm 炮的 M1 坦克的原因。

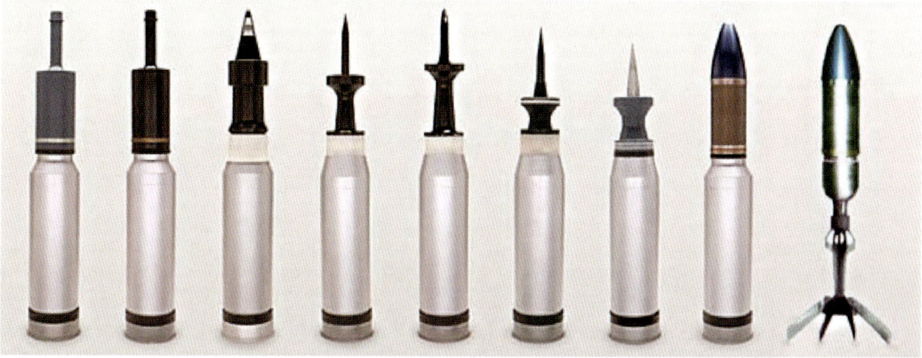

上图 RH120/M256 弹药谱系

于是为了避免这种尴尬的再一次发生，美国人先是为所引进的DM13换装了密度达18.6克/立方厘米的贫铀合金材料弹芯（由U238加入0.75%钛所制成（在贫铀中加入0.75%的钛时，强度比纯铀金属高3倍），弹芯直径仍为38毫米，长径比为12：1），制成了所谓的XM827贫铀长杆次口径尾翼稳定脱壳穿甲弹。在M256定型前高达11000发的高强度实弹测试中，通过对DM13与XM827的对比，美国人确信XM827的贫铀弹芯延性、韧性更好，大幅度地提高了弹丸的横向载荷（断面比重），降低了飞行速度中的速度损失，再加上由于钨制穿甲弹芯在撞击装甲时会钝化为蘑菇状，侵彻性能将受到一定的影响，而贫铀穿甲弹芯在撞击装甲时具有自锐特性，从而将穿甲威力提高了10%（研究发现，着靶速度（不是初速度）在2000米/秒以下时贫铀材料的侵彻能力高于钨合金，当着靶速度超过2000时，两种材料的侵彻性能随着着靶速度的增加组建趋向一致，这是因为惯性效应在侵彻过程中开始居支配地位。着靶速度在2000以下的时候，贫铀和钨合金弹体在侵彻能力方面的差别，是由于贫铀合金的临界绝热剪切应变率较钨合金低，易发生绝热剪切破坏，所以在穿甲时头部不断被削尖，所谓的“自动锐化”，是指有利于穿甲，而钨合金不幸会产生相反的效应，也就是产生较大蘑菇头，不利于穿甲）。此后又将3根直径为15毫米的贫铀弹芯平行地装在DM23的弹托内，制成了所谓的M828贫铀长杆次口径尾翼稳定脱壳穿甲弹。

不过美国人为其M256 120mm滑膛炮配用的M827/828贫铀弹尽管在穿甲威力上要比原版的RH120+DM13/23组合更胜一筹，但这并不是没有代价的。以DM13与M827的对比为例。美国人早在XM827的定型测试中就发现，由于贫铀合金材料弹芯机械性能不及德制弹药的钨合金弹芯，XM827弹芯的弹性模量小仅为DM13的1/2，其刚度要明显低于后者的钨合金。这使M827在外弹道上高速飞行时，贫铀弹杆在气动力的作用下发生的弯曲变形在一定程度上降低了弹体的飞行稳定性，直接导致M256在同样距离上使用DM13的射击精度要稍优于XM827，而且两者精度上的差距会随着射击距离的增加而成正比（贫铀比钨的弹性模量小很多，为了保证贫铀弹芯发射时不发生弯曲，就得用更长的弹托，这样的话就增加了不少的消极重量。另外，在其飞行过程中，其速度可达到M5～M6，在这种速度下的气动加热可以达到2500K左右的高温，在强大的高温和气动力的耦合作用下，弹芯难免会发生变形，贫铀比钨的耐热性能差，所以它的变形也比钨的大，这种变形引起的速度下降也影响了贫铀弹的穿甲性能）。不过性能上的瑕疵还是其次，最重要的是，早在1975年为M68 105mm坦克炮研制M735贫铀弹时，美国能源部就对其进行了一系列放射性测试，并于1978年3月到1979年11月发表了3份试验评定报告，初步结论是：铀弹加工过程中会造成放射性污染，应采取相应措施进行监测；在运输和使用过程中只要包装妥善，不会造成放射性污染；装配成的铀弹受热后（燃烧）不会造成放射性污染；发射后一段时间内，靶区内会造成一定的放射性危害，但其危害程度有待认定。显然，这一结论不免使人对M827/828这类贫铀弹的实战使用心存忌惮。

然而，毕竟在综合性能上贫铀弹对钨合金弹的优势明显，再加上在自然界中铀矿通常是以混合状态存在的，而贫铀弹芯所用的铀238占自然界铀矿的99.275%，美国又有大量富含铀238的核废料可供利用，制造成本十分低廉，结果对贫铀弹的种种顾虑最终还是难挡其耀眼的魅力，M1A1正式列装美军部队仅仅两年，美国军方就又以德国最新型的DM33钨合金穿甲弹为基础，研发出了相应的贫铀版本——M829（但是相关的预研究早在1985年就开始了），并全面替换了早期的M827/828。不过最初的M829是按照等比例更换DM33弹芯制成的，虽然炮口初速度为1679米/秒，但由于弹芯强度不够（弹芯直径为28毫米，长径比为20:1），2000米距离的精度要比DM33下降1.3%左右，因此M829只经历了小批量生产即被改进型M829A1替代。M829A1贫铀弹芯直径为24毫米，长径比仍为20:1，但为了承受更高的膛内发射应力，保证贫铀合金弹体在膛内不发生弯曲，从而达到提高射击精度的目的，弹托长度增加7%。测试表明，虽然增加了弹托的长度，在一定程度上增加了消极质量，降低了初速度，但M829A1初速度仍达1675米/秒，在2000米的距离上可击穿550毫米厚的均质钢装甲板，精度与DM33相当，综合性能则凌驾于后者之上。不过试验场上的数据终究不如战场上的战绩让人心服口服，但M829A1却幸运地赶上了海湾战争这样一个"好机会"，令其一战成名。

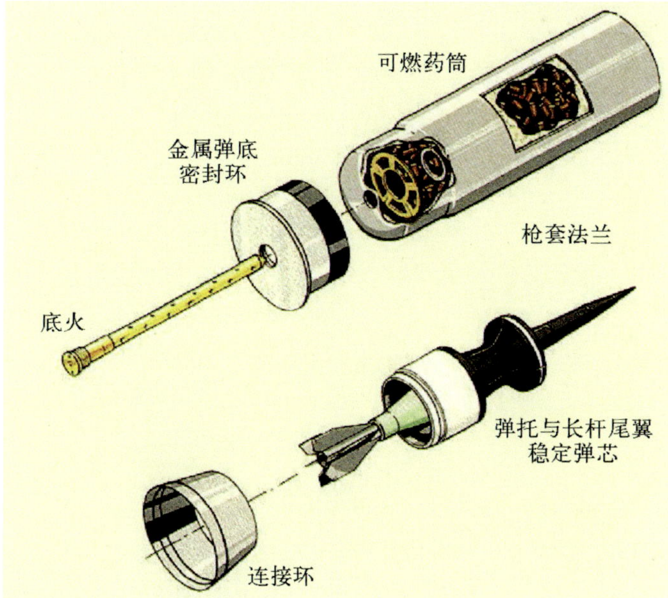

上图 M829A1穿甲弹结构示意图（作为现代动能反坦克弹药的典型代表——M829尾翼稳定脱壳穿甲弹采用高硬度、大密度的弹芯材料和大长径比弹体设计，弹丸单位截面积上的质量与弹丸速度得到了极大的提升，侵彻能力实现了巨大的飞跃）

M829A1于1991年初设计定型，随后就被开足马力生产，大量供应当时在海湾地区参加沙漠风暴行动的美军装甲部队。在随后展开的对伊拉克军队大规模军事行动中，美国陆军及海军陆战队的M1A1使用M829A1射击的效果令人印象深刻——从T-55到最新型的T-72海湾战场上无论何种型号的苏制坦克遭M829A1前后贯穿乃至尸首分离的场面比比皆是（曾发生过一枚M829A1贯穿一辆坦克后又穿透另一辆而"一箭双雕"的情况。还有一

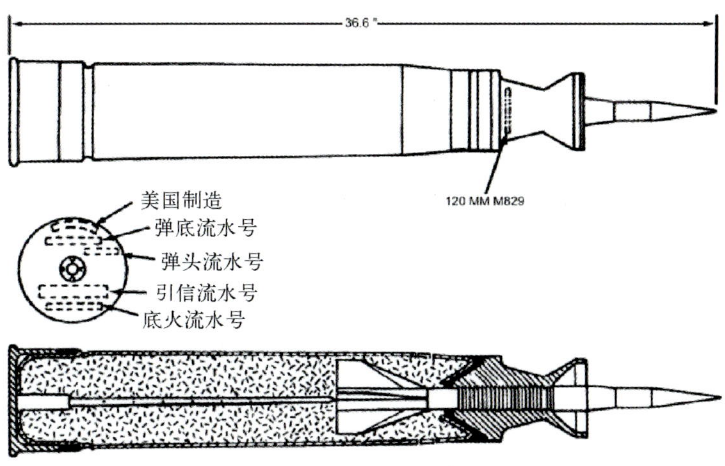

上图 M829贫铀合金弹芯尾翼稳定脱壳穿甲弹（APFSDS-T）

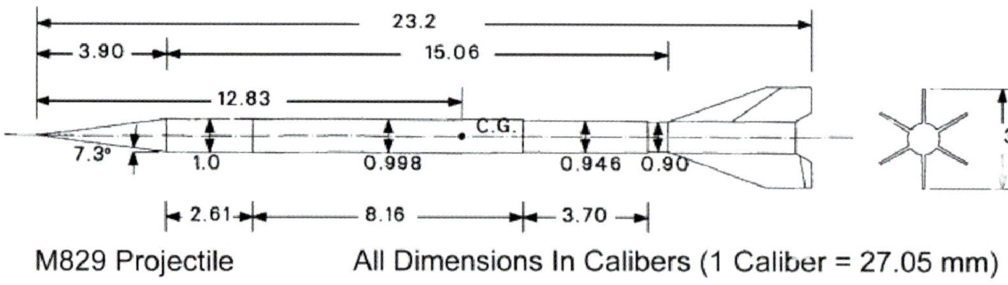

上图 M829贫铀合金弹芯尾翼稳定脱壳穿甲弹结构示意图（杆径是有“最”优值的，阻力大了会影响威力，小了则容易折断）

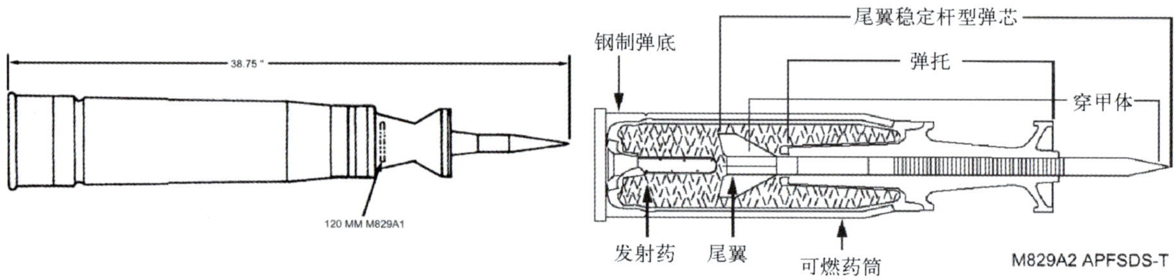

上图 M829A2贫铀合金弹芯尾翼稳定脱壳穿甲弹（APFSDS-T）结构示意图（弹托的密封是通过尼龙带实现的。可燃药筒内装的是袋装粒状多孔发射药，以防在可燃药筒损坏时发射药漏失。炮弹发射后，钢制药筒底将从炮尾抛出）

上图 艺术家笔下的“鼠”式超重型坦克

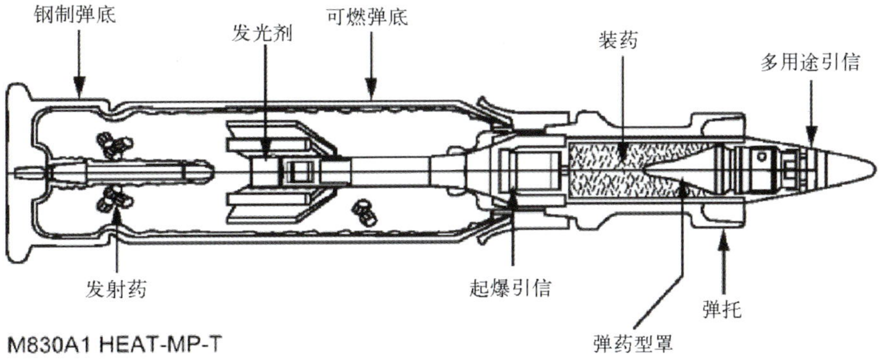

上图 具有反直升机能力的M830A1多用途破甲弹（HEAT-MP-T）结构示意图

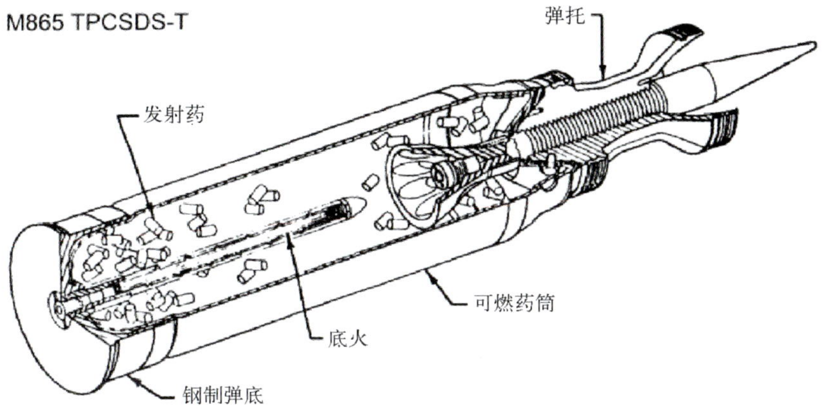

上图 M865动能练习弹（特殊的锥形带孔尾翼结构清晰可见）

枚M829A1击穿了T-72左侧掩护用的沙墙后贯穿了坦克，又从右侧沙墙飞出，其威力可见一斑）。以至于该弹被参战的美军士兵不无敬意地称为“银弹”——意即能够解决一切问题（当M829A1贫铀弹芯击中坦克装甲时，弹体本身和弹着点附近的部分装甲都会在高压下融解成为高温射流。当装甲被击穿后，没有融化的弹体和装甲射流及碎片会在战车内部飞溅，这往往导致没有采用隔舱化设计且灭火抑爆系统性能低劣的苏制坦克内部发生弹药殉爆）。由于M829A1被美军认为如此成功，其弹芯在战后又被用于改造M68 105mm坦克炮M883乃至后来的M900系列贫铀弹——105毫米与120毫米炮的弹药居然在这个

上图 一名M1A2内的美军坦克手正在将一枚M865训练弹推入炮膛

层面上实现了通用。不过尽管 M829A1 在战场上创造了实打实的辉煌，但美军并没有就此止步，通用动力公司武器与战术系统部又于 1992 年研制出了改进型 M829A2 贫铀弹，相比 M829A1 M829A2 的改进在于诸多的细节方面——比如弹托采用碳 - 环氧树脂复合材料制造以降低消极质量，提高初速度；弹芯材料中嵌入了钨丝以提高其弹性模量，改进贫铀侵彻弹芯的结构性能；可燃药筒采用了新的加工工艺以提高燃烧效率等。俗话说，“魔鬼永远存在于细节之中”，如此煞费苦心的雕琢换来的成效是极其斐然的：M829A2 的初速度提高了将近 30 米 / 秒，在 2000 米距离上对均质钢装甲的穿深达到了 600 毫米。也正因如此，随着 M829A2 在 1993 年的投产，在不久前曾经创下赫赫战功的 M829A1 即被无情地宣布停产。不过由于海湾战争的原因，M829A1 储量较大，时至今日仍然与 M829A2 构成了美军 M1A1/A2SEP 系列主战坦克群穿甲弹的中坚。

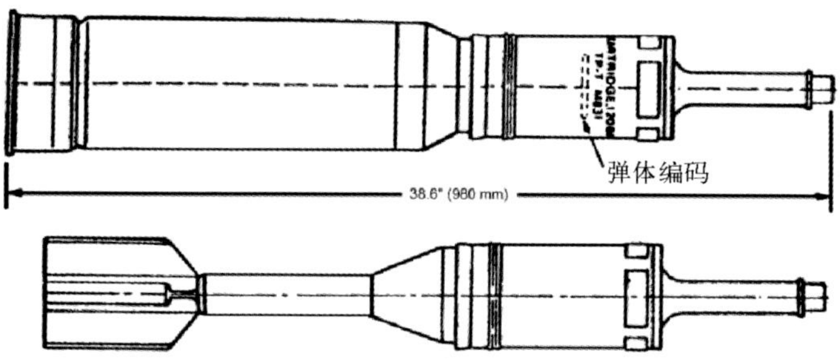

左图 M831 多用途弹练习弹

动力系统基础深厚

动力系统可谓现代美国坦克技术先进性的集中体现，如果说 AGT-1500 坦克用燃气轮机是一个代表作，那么成功的二冲程发动机技术同样如此，可惜这一点往往为人所忽略了。举例来说，M551“谢尔登”轻型坦克上使用的通用动力 6V-53T 型 6 缸水冷涡轮增压柴油机，就是一种设计精良的坦克二冲程柴油机。与 T-34 坦克所使用的 B-2 这类著名四冲程柴油机活塞用 4 个冲程才完成一个工作循环的原理不同（其中 2 个冲程是完成进气和排气动作，活塞的功用相当于一个空气泵），二冲程柴油机的曲轴每转动一转，即活塞每两个冲程就完成一个工作循环，而进气和排气过程是利用压缩及工作过程的一部分来完成的，所以二冲程柴油机的活塞没有空气泵的作用，为了排除燃烧后的废气，并把新鲜空气充满气缸，必须在柴油机上安装专用的扫气泵（增压器）。因此，

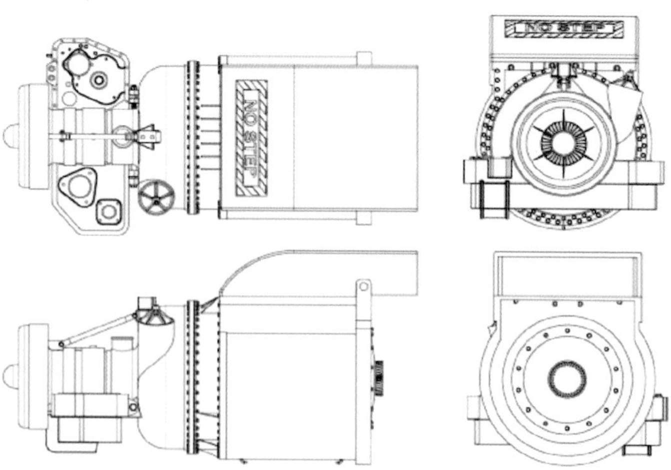

上图 动力系统可谓现代美国坦克技术先进性的集中体现，AGT-1500 坦克用燃气轮机是一个代表作

在相同的汽缸尺寸和转速下，二冲程发动机的功率理论上要比四冲程发动机增加一倍（不过，由于扫气容积的损失，充气时间较短，废气清除困难及驱动扫气需要消耗一部分功率等原因，使二冲程发动机的实际功率只能增加 60% ~ 70% 左右，但即便如此，这种提高也已经相当可观了），而且由于曲轴转一圈完成一个工作循环，因此二种程发动机的扭矩输出均匀性也要比四冲程发动机好。

上图　T-55 坦克燃气轮机

上图　吊装中的 AGT-1500 坦克用燃气轮机 / 传动系统

上图　1966 年秋，开始装备福克斯堡的陆军训练司令部第 16 装甲骑兵团第 4 中队的 M551 初期型

上图 第 4 装甲骑兵团第 3 中队装备的 M551 初期生产型

上图 第 11 装甲骑兵团第 1 中队 B 连装备的 M551 早期生产型

上图 1970 年初，福克斯堡的陆军训练司令部第 16 装甲骑兵团第 4 中队装备的 M551“越南型”

上图 1974 年服役于驻欧美国第 1 装甲师师属侦察营的 M551A1 轻型坦克

上图 很多退役的 6V-53TA 转为了民用

虽然在 M551 之前，美国坦克还没有正式使用二冲程柴油机的历史（M4 与 M24 的几个改进型号除外），甚至使用柴油机的型号也屈指可数，但这并不等于美国在这方面毫无技术积累。事实上，M551 所使用的 6V-53T（A）型 6 缸水冷二冲程涡轮增压柴油机，属于通用汽车公司底特律柴油机阿里分部自 1937 年开始的一个庞大二冲程直流扫气水冷直喷式柴油发动机家族中的一员。这个家族按照投产的时间顺序共分为 71 系列（1937 年）、53 系列（1957 年）、149 系列（1967 年）和 92 系列（1974 年）4 大系列。每一系列以英制体积单位立方英寸表示的每 1 气缸排量作为该系列发动机的名称，所以 6V-53T 所属的 53 系列柴油机的单缸排量就为 53 立方英寸。同时，从 6V-53T（A）的名称中还能看

上图 M551所使用的是6V-53T（A）型6缸水冷二冲程涡轮增压柴油机

出更多门道。按照该系列柴油发动机的命名规则，第一位数字表示发动机气缸数，所以6V-53T显然是一台6缸机型（53系列共有直列3缸、直列4缸和V型6缸、V型8缸4种机型）；第一位数字后的字母则表示气缸的排列形式，V表示气缸排以V型排列，L表示气缸是直列排列（但直列机往往不用任何字母表示），根据这点判断，6V-53T是直列式还是V型布局一目了然；而整个型号的倒数第二位字母表示进气方式，比如6V-53T的T即是Turbocharged的首字母，也就是涡轮增压的意思（如果是N则表示自然吸气，即Natural aspirated的首字母）。至于最后一位则表示有无中冷，如果有A（Aftercooled的首字母）则表示有，反之则无。因此，对6V-53T（A）的正确解读应该是——通用汽车公司底特律柴油机阿里分部53系列V型6缸涡轮增压中冷柴油机。

简单来说，6V-53TA实际上是为了提高发动机的可靠性、耐久性和改善燃油经济性，采用中冷、增加进气密度、降低缸套进气口高度、加长膨胀行程和改善气缸内涡流特性等技术措施，对71系列的8V-71TA进行重新设计的结果，并取得了良好的成效。凭借6V-53TA 221千瓦（300马力）的最大功率，M551的单位功率达到了15.2马力/吨，速度达到69.2千米/小时，最大行程更是达到了563千米——几乎是使用汽油机的M41的3倍，这显然是6V-53TA在技术上成功的一个直观显示。

结语

在经历了MBT-70及XM803的滑铁卢之后，美国陆军对发展新式坦克所抱的心态已经有所改观。并于1972年2月成立了一个由使用单位、研制单位和陆军参谋部3方组成的特别任务小组，正式开始了XM1坦克的研制工作。不过在1973年10月，又发生了一件对美国未来主战坦克发展影响深远的事件：中东爆发了自第二次世界大战以来最大规模的坦克会战，可惜其中以色列装备的美制坦克表现不佳。这使美军得出结论，企图在装甲技术兵器的质量上获得对华约的压倒性优势是不现实的，兵力对比仍是决定战役结果的决定因素之一。为此，美国陆军放弃了要制造出世界上“最好的坦克”这样一个目标，转而选择了在有限的预算下制造最好的坦克的合理目标，并且按照优先级进行了排序：乘员生存性能、目标监控和目标捕获能力、首发和次发命中率、目标的快速获取和打击能力、通过能力、弹药通用能力、装备生存性能、乘员舒适性、侧面被弹面积、加速和减速性能、被弹量、人性因素、生产能力、使用范围、速度、后勤诊断维护能力、升级潜力、设备支持和可运输性。并特别根据1973年10月的中东战争经验，对设计要求做了部分补充，如要求增大战斗行程、加强侧面防护和改进车内弹药储存等。由于总的指导原则是在降低单位成本的前提下确保质量，这就决定了什么技术将在新坦克上使用，而什么却不该用。不过值得人们深思的是，美国人之所以能够在设计上“有所为，有所不为”，除了思维方式上的变化外，或许技术储备上的深厚底蕴才是令其能够如此行事的“底气”所在。

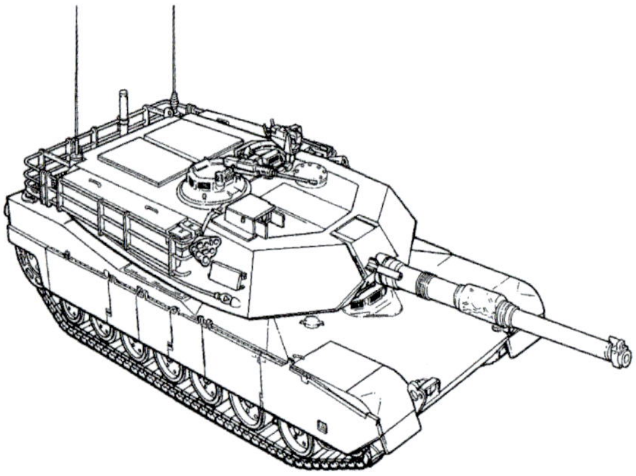

上图 M1A2 主战坦克

日 本 篇

日本坦克发展史（1）

在世界坦克发展史上，日本的地位非常奇特。作为一个起步不晚的坦克生产国，日本军方对国产坦克的态度却始终模棱两可——既从这种革命性的陆战装备中看到了机会，又因昂贵的价格问题而犹豫不决。再加上作为一个后起工业国，复杂的技术与薄弱的工业基础之间的矛盾始终困扰着日本坦克工业，这使日本坦克大都是一些高不成、低不就的平庸之作，即使偶有亮点也如流星般一闪而过……

上图 叶县日本陆军步兵学校所配备的英制“赛犬”中型坦克正在做渡桥训练。坦克上还涂着英军编号

对“坦克”的敏感“事出有因”

1868年，日本发生资产阶级改革运动——明治维新，结束了长达200余年的德川幕府封建统治，成立新兴资产阶级控制下的天皇制宪政政权，为日本资产阶级现代军事思想和军事技术观念的产生开辟了道路。新政权成立后，实行“富国强兵”“殖产兴业”“文明开化” 三大政策，开展了一场广泛深入向西方学习的运动。而这场运动，自始至终都渗透着浓烈的军事因素。一方面派遣山县有朋（1535—1922）、大山岩（1842—1916）等军界要人赴欧美考察，一方面不惜重金从西方引进大量先进军事技术，并建立以西方军事技术为基础的现代军事工业。到第一次世界大战之前，日本军方对“一切”西方军事技术的最新成果都保持着高度敏感，并养成了“系统性”收集相关情报的“习惯”，这使坦克一经出现，马上引起了日本军方的高度关注。

对样品挑挑拣拣

早在1916年11月，经外交渠道的反复磋商，日本驻英国大使馆副武官安藤利吉中尉就考察了法国战场上的英军坦克（早在一战爆发之前，日本就和英国建立了战略同盟。而在一战期间，日本派出了大批军官到英、法军队中做观察员。在坦克诞生的第一刻起，这些观察员就嗅到了坦克的无穷魅力，并将这种新奇武器信息传回日本。安藤利吉正是这些“观察员”中的一个，此人1940年2月出任新编南华方面军司令官，1944年1月晋升为陆军大将），并将考察结果详细编写成一份长达50页的报告发回国内。日本陆军对安藤利吉的报告进行初步评估后，1917年7月，时任第12师团长的柴五郎中将利用为东伏见宫依仁亲王访英做准备的时机，再次对英、法两国的坦克进行了实地考察，并在欧洲战事尚未结束的1918年7月，与同行的辎重兵少佐水古吉藏一起代表日本政府向英国政府正式订购了1辆只装备机枪的马克IV型“雌性”过顶履带坦克。当年的10月24日，英国的Ⅳ型坦克海运到日本的横滨港，和这辆坦克同时从英国抵达日本的还有一组全员坦克乘员和几名英国技术顾问。虽然，当时日本人谁也没见过坦克，但巨大的马克IV号到货后，军方和技术人员还是兴高采烈地开始了研究。

为了组建坦克部队和研制本国的坦克，日本成立了由陆军省军务局长管辖的自动车调查委员会。该委员会在日本陆军辎重第1大队设立了一个军用车辆试验单位，日本引进的第一辆坦克就分配在了这里。接受坦克后，该单位对坦克进行了包括各种地形的行驶和越障在内的严格测试和试验，同时还专门研究了对付坦克的反坦克壕。有意思的是，当时担任军用自动车调查会的首席军官奥村慕平认为：“把这种车称为‘坦克’是不适当的，应当称为‘战车’”。所以直到现在，日本人也还是称“坦克”为“战车”。然而，经过不长时间的考察后，日本人就失望地发现，笨重而庞大的马克IV型坦克并不适于日本的地形（IV号的外形是一个硕大的菱形，长为8.05米，宽为4.12米（雄性），雄性重28.4

上图 日本陆军步兵学校的学员等人在英制马克 IV 号过顶履带坦克前留影

上图 1919 年中期，日本陆军从英国购买了 6 辆“赛犬”中型坦克

吨，雌性重 27.4 吨。在一战中英国重型坦克有雌雄之分，雄性装备火炮和机枪，而雌性则只装备机枪。装甲厚度为 6.1 ～ 12 毫米，雄性在车体左右各配备一门法国哈奇开斯（Hotchkiss）公司的速射 6 磅短管炮 QF 6 pounder 6 cwt Mk. I/Mk. II，外加 4 挺 .303 口径刘易斯机枪（Lewis machine gun）。而雌性则只配备 6 挺刘易斯机枪。乘员为 8 名，分别担任车长、驾驶员和枪炮手）。

虽然马克Ⅳ型坦克并未给日本陆军留下太好的印象，但引进“战车技术”的决心却并没有改变（在 1919 年对马克Ⅳ型坦克做了几次演示和试验后，该车被送到日本各地做巡回展览，最后在钢铁奇缺的 1944 年被当做废铁回炉了）。于是，在随后的几年时间里，

上图 日本军官在一辆“赛犬”中型坦克前合影

多种英、法坦克样品被相继引进。比如在1919年中期，日本陆军从英国购买了6辆“赛犬”中型坦克，并在其下属步兵及骑兵学校对其做了大量试验。然而，骑兵与步兵却对这种坦克的评价截然相反，骑兵军官认为这款坦克太笨重，但步兵军官则对其虽重达14吨而时速却能开到每小时13千米的性能赞赏有加，而且对其原地转向的功能印象深刻。虽然，最后骑兵与步兵对是否引进“赛犬”中型坦克没能达成共识，但在进行了一系列试验后，这6辆“赛犬”还是被正式纳入了日本陆军的战斗序列。差不多在同一时间里，日本陆军还从法国人手中购买了13辆配备机枪或者火炮的FT-17轻型坦克。这些坦克原本是供其骑兵部队测试的，并将其命名为“甲型战车（Ko Gata Sensha）”。日军骑兵军官对其装甲厚度和越野能力非常满意，但对其时速只能达到7千米则颇有微词。在利用这些FT-17轻型坦克进行了一系列成功的试验和演练之后，日军决定在今后10年内组建至少一支装备装甲车辆的骑兵侦查部队。但在1922年，日本陆军又改变了主意，规定只有步兵才能装备履带式战车，所以这些坦克随即被调配给了属于步兵的坦克学校。然而，步兵在接手这些FT-17后，虽然对其所代表的技术潮流表示认同，但这些仅有两名乘员的轻型坦克过小，动力过弱，装甲也不尽如人意，最终这些FT-17轻型坦克没能进入日本陆军那“挑剔”的法眼。

上图 在日本进行演示的法制雷诺FT-17轻型坦克

上图 法国圣沙蒙M21型轮履两用坦克

值得一提的是，除了马克IV、“赛犬”和雷诺FT-17外，日本人还引进了一些稀奇古怪的英、法试验型坦克样品。比如法国圣沙蒙公司（St. Chamond）在1921制造的M21型轮履两用坦克就是其中之一。法国圣沙蒙公司与FAMH公司合作设计的这款坦克在很大程度上是对轮履两用军用车辆做技术验证。众所周知，在平坦地面尤其是公路上，轮式车跑得比履带车要快很多，而在崎岖不平的地形上履带的越野能力又大大优于车轮。所谓轮履两用的设计理念，就是要让一辆坦克既有轮子又有履带，这样就可以行遍天下了。1921年第一辆原型车建造完成。车体基本上是用钢板铆在一起的盒子状，前部略微向后倾斜。唯一的武器是架在前部的一挺8毫米机枪。对该车进行测试后发现其实际应用起来很麻烦。从车轮模式转换到履带模式相对容易，只要将轮子慢慢升起，让原先悬空的履带慢慢落地就可以，只需10分钟即可。而从履带模式转换到车轮模式却十分麻烦，因为车轮的悬挂系统设计得强度不足，无力将坦克车身连带履带抬离地面。要想完成转换则首先要将坦克开到两道和履带同宽的平行斜坡上，再将车轮降下但悬空着不接触地面，之后再倒车直到车轮接触地面为止。如此的转换方式麻烦无比。如果是在战场上，找到现成的两道斜坡是根本不可能的。而其底盘过于复杂容易出现机械故障或者外力损坏。最终法军对这种设计失去了兴趣。1923年，日军将法国圣沙蒙1921型轮履两用坦克的试制样车租借到日本做试验。最后日军对此种坦克设计嗤之以鼻，坦克也以归还法国人了事。

难产的国产货

1914年第一次世界大战的爆发使远离欧洲主战场的日本摆脱了危机。由于欧美商品来源中断，日本先是对东南亚国家出口大量增加；接着，协约国的大批订单奔涌而来。1914年和1919年比较，商品出口总额从5.9亿日元增加到21.7亿。在这6年里，战前长期入超的日本出现了总额13.3亿的出超，再加上轮船运费、保险费等非贸易收入，使日本的外债由19亿降为16亿，对外债权却由8.1亿猛增到43.7亿，一跃成为债权国。贸易的繁荣带来了投资热潮，在银行、运输、采矿、化学、机器制造及金属工业部门的投资总额达54亿日元。产业结构也发生了明显的变化，工矿业总产值比重从49.5%上升到61.1%，日本完成了从农业国向工业国的转变。军事工业技术的发展又上了一个“台阶”。比如以当时代表工业技术水准的军舰制造为例，日本已经赶上了世界先进水平。1911年日本委托英国造船厂为它制造了最后一艘大型主力舰“金刚”号，其同级后续3艘“比睿”“榛名”和“雾岛”号分别由横须贺海军造船厂、神户川崎造船厂和三菱长崎造船厂承建。在一战后期，日本自行设计建造的“长门”号战列舰建成下水，标准排水量为32700吨，装备了8门410毫米口径巨炮，最高航速26节，是当时最优秀的战列舰。

上图 日本步兵学校装备的雷诺FT-17

上图 由于当时日本汽车工业很薄弱，制造试制1号战车的工作交给了国有陆军造兵厂大阪工厂

上图　由“试制一号”发展而来的“91式重战车”

正是在这种信心的支撑下，虽然当时日本政府和军界的很多守旧高官认为凭日本的工业技术自行开发坦克是完全不可能的，而且法国人也打算要廉价处理一批库存的“雷诺”FT-17型坦克给日本。但日本陆军技术本部原乙未生大尉向陆军大臣谏言说用外国的老式坦克来装备部队不可取，主要装备绝不能依赖外国，这是一条不可动摇的原则。于是到了1925年3月自动车调查委员会撤销，陆军技术本部车辆成为研制坦克的具体负责部门。根据在陆军技术会议上通过的坦克设计方案，1925年3月日本开始设计制造第一辆国产坦克。由于当时日本汽车工业很薄弱，制造坦克的工作交给了国有陆军造兵厂大阪工厂。日本政府还有意通过该计划带动本国重工业，以让其在5年内具备制造坦克的能力。尽管对于高层所设的诸多限制很不满意，陆军技术本部还是全力以赴地投入到坦克研制工作中。他们秘密地将坦克设计目标定位为一款可以与任何欧洲坦克抗衡的作战用“重型坦克”。

作为日本第一种国产坦克，其设计目标如下：重量约12～15吨（比日军装备的英制“赛犬”中型坦克仅重1吨）；可用于进攻厚重的陆地防御工事并具备良好的道路行动能力；在坦克周围将火力集中最大化以提高单车在陆地防御工事中的独立作战能力；一个中央可旋转炮塔，配备57毫米炮（与英国一战时期的IV号坦克配备的坦克炮口径相同）；2个各自独立的机枪炮塔，分别置于坦克的前部及尾部的发动机后方（这种3炮塔的设计或许是受到英国维克斯公司当时正在研制的5炮塔坦克独立号的影响）；装甲足够抵御同时期37毫米炮弹的近距离轰击（日军装备的FT坦克使用的就是37毫米炮）；道路时速为25千米；悬挂系统可支持坦克在非道路地带运行，转向系统简便、精准并可由单人完成（“赛犬”坦克复杂的转向系统让日军坦克兵很头疼）；壕沟跨越能力达2.5米，最大爬坡度为43度；乘员为5人，宽度与高度可适用于铁路运输，包括山地铁路；持续工作时间至少10小时。

日军高层的计划是对“战车”的多个组件进行独立研制并测试后，再同时装配到原型车上，但技术本部认为这会浪费时间而决定直接在原型车上做测试。组件在日本多家公司分别制造，主要包括三菱重工和川崎重工，之后组件被送到大阪陆军造兵厂以安装在那里秘密建造的原型车车体上。1927 年 2 月（昭和 2 年）第一辆样车制造完成，被称为“试制一号”坦克。“试制一号”坦克装备一门 57 毫米主炮和两挺机枪，主炮塔配备一门 57 毫米坦克炮，是基于法国哈奇开斯（Hotchkiss）公司在 19 世纪末期设计的 57mm QF 6 磅军舰岸防两用炮或是在其基础上研制的 57 毫米短管 QF 6 磅“速射”炮，战斗全重为 18 吨。最高时速为 20 千米，主要部位装甲厚度为 17 毫米，侧面为 8 毫米，底部为 6 毫米。其底盘悬挂系统的设计，大量小直径负重轮半刚性悬挂，以及硕大的防护板，无疑是受到英国一战以来的坦克设计风格的影响。车体上层结构采用了三炮塔设计，炮塔可容纳 2 人，即炮手和兼任装填手的车长。车长不能全职指挥是一大设计缺陷。炮的护盾被置于炮塔内，而在炮管呈高角度向上时护盾也被升起，可是在火炮下部露出一个缺口，直接危及炮手和车长的安全。副机枪塔分别位于前部和尾部，均为圆柱形且两侧为顶部倾斜，不可转动，各自配备一挺大正 3 年式 6.5 毫米重机枪（日本 1914 年开始制造的法国哈奇开斯 M1914 机枪的仿品）。火力死角范围为 10 ~ 20 米。在机枪炮塔内及周围的弹药箱中可储存最多 500 个 10 发弹板。机枪炮塔均被置于中线偏左侧，而驾驶员则坐在右前侧、前机枪手旁。

“试制一号”研制成功后于当年 6 月送到日本富士裾野演习场，顺利通过了野外测试验。但是日军高层对全重 18 吨的“试制一号”坦克并不满意，由于经验不足，车体的很多部件设计都曾被迫反复修改。为增强车体强度而在内部使用了纵横钢梁，是导致“战车”最终严重超重的原因之一。而日本制造业之前仅制造过军舰用的厚钢板，造出的相对很薄的坦克用表面淬硬钢板总是不合格。甚至于到了原型车宣布制造完成时，实际安装的是硬度很低的“软钢板”，也有资料显示干脆就是铁板。由于最初陆军的要求是 12 吨，在设计时就涨到了 16 吨，而最终完成的样车竟然有 18 吨，再加上弹药和战车乘员等要达到 20 吨，这是绝大部分铁轨和铁路桥所无法承受的重量。再加上由于时间紧而没有专门开发引擎，所选用的是位于大阪某工厂生产的于 1923 年研制成的一款 8 缸风冷汽油发动机，并被置于主炮塔后的车体尾部，废气通过置于右侧的排气管导入坦克尾部的消声器中。有 4 个前进挡和 1 个倒挡。引擎舱与作战舱之间设有一个舱门。汽油箱与润滑油箱被分开置于主作战舱左右的不同舱室中，但这种设计被认为容易让油箱缺乏足够保护而在战斗中被击中爆燃。

上图 由“91 式重战车”发展而来的“95 式重战车”

由于设计结构存在严重缺陷，再加上发动机功率太小，速度太慢，机动性不佳——陆军要求坦克能跟上卡车的行进速度，也就是25千米，而“试制1号”在测试中的最大速度也没能超过20千米/小时，所以预定将于1926年底投入生产的“试制1号战车”被推迟。雪上加霜的是，由于一上来就将目光盯在了“重型坦克”上，与重量成正比的昂贵造价也令日本陆军大呼“吃不消”。此时的日本经济已经由热转冷，日本外贸增长明显减速，再加上1920年开始，美国恢复战时中止的金本位货币制，由此导致的通货紧缩使美国经济陷入短暂萧条。由于日本出口对于美国市场的高度依存，这一冲击向日本国内快速传导，一边等待外部需求好转，一边想办法从压缩军费上打主意，结果耗资巨大但成果却并不令人满意的“试制1号战车”也就只能成了一个“牺牲品”。

结语

虽然“试制1号”是一个并不成功的失败作品，但其意义却不可小觑。在近代历史上，日本曾经创造过让世人惊叹的“奇迹”。自从1853年“黑船来航”被美国强行敲开国门沦为半殖民地，到第一次世界大战结束成为世界一等强国，只用了不到70年。在这个大背景下，凭借少量引进的英、法坦克样品，日本在短短几年后就造出了自己的国产货，跻身于坦克生产国行列的事实无疑是日本疯狂崛起的一个标志性事件，而且其影响至今仍在继续……

日本坦克发展史（2）

第一次世界大战的影响及“总体战理论”的诞生，导致日本军事领域发生了深刻变化。飞机、坦克等新式武器装备运用于战争及发挥的作用，使日本军部将本国的武器装备近代化列为“当务之急”。战后，日本陆军假借裁军之名，大力改进装备，不但组建了自己的坦克部队，更将坦克的国产化视为重中之重。在这种情况下，作为闭门造车的产物，虽然“试制一号”失败了，但日本人还是从中汲取了宝贵的经验，为二战前迈入真正的“坦克生产国”奠定了基础。

上图 艺术家笔下的“特4式内火艇”

上图 艺术家笔下，搭载“特4式内火艇”的伊41号运输潜艇

从维克斯 C 中型坦克到“89 式中型战车”

由于在此之前自行研制的“试制一号”过于笨重，很多技术问题被认为正是出在这里，因此日本陆军要求第二辆坦克绝对不能超过 10 吨。恰好此时，日本陆军从英国引进了一种 11.5 吨重的维克斯 C 型中型坦克，这使其很自然地成为了“试制二号”的参考范本。维克斯 C 型中型坦克设计基于该公司前一年推出的 MKII 中型坦克。MKII 的引擎位于车体前部而作战舱则在后部，而 C 型则做了对调，看上去就像是一辆头朝后尾朝前的 MKII，但悬挂系统却头朝前。C 型的主武器为 6 磅 47 毫米炮，而 MKII 所配备的仅为 3 磅炮。辅助武器为 4 挺维克斯 .303 口径（7.7 毫米）机枪，分别位于车体左前侧、车体左右两侧和炮塔后侧，装甲仅为 5 ～ 6 毫米。由于这款坦克没能获得英国政府的订单，所以在 1927 年仅有的两辆原型车被分别卖给了爱尔兰和日本。

上图 日本进口的维克斯 C 中型坦克样车

上图 早期型“89 式轻型战车”

1927 年 3 月，坦克连同维克斯公司的技术人员及全体坦克乘员一同抵达日本。在一次爬坡试验中，从发动机中泄漏出的汽油挥发气渗到作战室并最终导致爆炸起火，两名维克斯公司的技术人员被烧伤。日军对这次事故印象深刻，认定汽油发动机太危险。这辆被烧坏的坦克被送到三菱内燃机名古屋制作所芝浦分工厂进行长达 3 个月的维修。三菱由此对该坦克的构造有了深入了解，并在“试制二号”的设计中，自觉或不自觉地将维克斯 C 的很多设计原封不动或者稍加改动后糅合进去。虽然到了 1928 年初，设计人员意识到按照他们的设计，坦克的重量将达到 12 吨，仍然超重。同时所选用的法制 37 毫米炮（推测有可能是 FT 坦克所使用的皮托（Puteaux） 37mm SA18 L/21 步兵炮）或日本仿制的 37 毫米炮被认定为炮弹威力不足。因此研制工作被终止，并开始推倒重来，因而“试制二号”并没有造出原型车。不过在加以减重设计后出现的样车于 1929 年 4 月在大阪兵工厂试制成功，并随即在日本东北地区（注意是日本的东北）进行了 1000

千米的长距离行驶试验。由于陆军技术本部对它颇为满意，遂于当年被定型为“89式轻型战车”（日本皇纪2589年）。值得注意的是，刚定型时这种坦克的确被称为“轻型战车”，后来由于强化结构、加强装甲防护的种种改进，战斗全重又突破10吨，达到11.5吨以上，这才改称“中型战车”。

由于在本质上是一种日本人对维克斯C消化吸收后的模仿品，又参考了部分雷诺FT-17的技术特点，所以“89式中型战车”在外观上与这两种坦克有许多相似之处，例如：车体较高，短身管火炮，小直径负重轮，大直径诱导轮，以及有尾撬等。不过，由于维克斯C的汽油机爆炸事故令日本人印象深刻，在生产使用过程中，日本人逐渐将“89式中型战车”动力由汽油机改为了柴油机——柴油除了比汽油更安全外，还具备燃油经济性高、产量高等特点，这对日本这个纯石油进口国而言很重要。也正因如此，“89式中型战车”分为两个版本，早期装汽油机的称为89甲中战车。从1934年起，其动力装置改用柴油机，称之为89乙中战车（西方称之为89B坦克）。甲型自1931年投产，数量很少，1936年后生产的都是乙型。

89式中型坦克净重12.1吨，战斗全重13吨，乘员4人。主要武器为一门90式57毫

上图　日本陆军89式甲型（汽油机）“中型战车”四面图

上图　日本陆军89式乙型（柴油机）“中型战车”四面图

米火炮，射程为 5600 米，初速度为 350 米 / 秒，弹药基数为 100 发。辅助武器为 2 挺 6.5 毫米九一式机枪，携弹量为 2745 发，前机枪在车体左侧，下面是出入舱门；炮塔机枪与火炮轴线呈 150 度夹角（逆时针方向）。车长塔在炮塔右侧，有高射机枪座。甲型动力装置为直列 6 缸水冷航空汽油机，118 马力；乙型为日本设计的 J3 型直列 6 缸风冷 4 冲程柴油机，120 马力，两个油箱，分别为 100 升和 70 升。机械变速箱 4 进 2 倒，单行星转向机，两个规定转向半径。主动轮后置，诱导轮前置且带齿。每侧有 9 个小直径负重轮，4 个托带轮。平衡悬挂，弹性元件是 14 ~ 15 片钢板弹簧，2 ~ 5 和 6 ~ 9 负重轮一组，第一负重轮为水平螺旋弹簧悬挂。每侧履带 81 节。车体尾部可安装尾橇，可将越壕宽从 2 米提高到 2.5 米。铆接结构前装甲为 17 毫米，侧装甲为 12 ~ 17 毫米，顶装甲为 10 毫米，材料为镍铬合金钢。车长 5.75 米，宽 2.18 米，高 2.56 米。最大行驶速度为 25 千米 / 小时，最大行程为 170 千米。作为日本第一种真正意义上的国产坦克，定型后的 89 式坦克主要由三菱重工业公司（株式会社）生产。但关于 89 式战车的总生产量有几种版本，一种说法为 404 辆，另一种说法为 409 辆，大体上在 400 辆以上。

得意之作——“97 式中型战车系列”

两次世界大战期间，日本坦克工业的最高成就当 97 式“中战车”莫属。到 20 世纪 30 年代中期，89 式中型战车的火力和机动性已明显落后于当时世界坦克的发展潮流。为此，日军参谋总部和工程部在 1936 年决定发展一种新式坦克。三菱重工的“97 式中型战车”开始了侵略历史。该坦克由日本三菱重工业公司于 1937 年制成。1938 年开始装备，一直服役到 1945 年，共装备了 1500 多辆。其中三菱重工业公司生产了 1224 辆，日立的龟有工厂和相模工厂生产了 300 多辆。

97 式中型战车战斗全重 15.3 吨，乘员 4 人，车长和炮手位于炮塔内，驾驶员位于车体前部的右侧，机枪手位于驾驶员的左侧，炮塔位于车体纵向中心偏右的位置。主要武器为 1 门 97 式 57 毫米短身管火炮，可发射榴弹和穿甲弹，携弹量 120 发（榴弹 80 发、穿甲弹 40 发），其穿甲弹可以在 1200 米距离上击穿透 50 毫米厚的钢质装甲。辅助武器为

上图　日本陆军第 1 坦克联队装备的 97 式中型坦克

上图 日本陆军 97 改中型坦克侧视图

上图 带推土铲的 97 改中型坦克侧视图

2 挺 97 式 7.7 毫米重机枪，携弹量为 4035 发，其中一挺为前置机枪，另一挺装在炮塔后部偏右的位置。动力装置为 1 台功率为 125 千瓦的 12 缸风冷柴油机，位于车体后部；车辆最大速度为 38 千米 / 小时，主动轮在前，动力需要通过很长的传动轴才能传到车体前部的变速箱。车体每侧有 6 个中等直径的负重轮，第 1 和第 6 负重轮为独立的螺旋弹簧悬挂，第 2 ～ 5 负重轮每两个为一组要用平衡悬挂。车体和炮塔均为钢质装甲，采用铆接结构，最大厚度为 25 毫米。车长 5.516 米，宽 2.33 米，高 2.23 米。由于“97 式中战车”机动性能强，可靠性高，发展潜力巨大，被日军视为得意之作，并因此在战争中又衍生出了 97 改、1 式、2 式、3 式、4 式与 5 式中型坦克。

97 改中型坦克战斗全重增加到了 15.75 吨。由三菱公司设计出新炮塔，换装 1 式 47 毫米火炮，穿甲弹的初速度为 825 米 / 秒，在 500 米距离上可穿透 75 毫米厚的装置。火炮采用半自动垂直滑动式炮闩，车上携带 104 发炮弹和 2575 发机枪弹。这种坦克在日本称为“97 改 ”“奇哈改”或是 100 式中型战车。有些 97 改中型坦克还增加了 1 挺高射机枪。1 式“奇黑”中型坦克是日军为准备“本土决战”，于 1941 年研制成功的中型坦克。“1 式”的“1”，该车战斗全重增加到 17.2 吨，增加了 1 名装填手，乘员增至 5 人。炮塔尺寸也明显增大，车高增大到 2.38 米。主炮是长身管的 47 毫米坦克炮。车体改为焊接结构，主要部位的装甲厚度达到 50 毫米；动力装置是三菱公司生产的 100 式 12 缸风冷柴油机，功率为 176 千瓦。这种坦克共生产了 587 辆。 3 式“奇努”中型坦克 1943 年设计定型，战斗全重增加到 18.8 吨，在 1 式中型坦克的基础上，换装了新式炮

上图 97 式指挥坦克

左图 日本陆军 1 式中型坦克

塔和 75 毫米坦克炮，取消了炮塔后部的机枪。最大速度减至 38 千米 / 小时。只生产了约 60 辆。4 式"奇托"中型坦克 1944 年研制成功，是第一种以反坦克作战为主要目的而设计的日本坦克。战斗全重为 30 吨，乘员为 5 人，车辆外廓尺寸加大。主要武器为 1 门 75 毫米坦克炮，弹药基数 65 发；发动机为 1 台 294 千瓦的风冷柴油机；负重轮由 6 对增加到 7 对。车辆最大速度为 45 千米 / 小时，最大行程为 250 千米；装甲厚度为 12 ~ 75 毫米。该坦克只生产了 6 辆。5 式"奇里"中型坦克 1945 年研制成功，战斗全重 37 吨，乘员为 6 人。车长 7.3 米，炮塔上装有 1 门 75 毫米火炮，车体前部还装有 1 门 37 毫米火炮。动力装置是 1 台航空发动机，功率为 400 千瓦。车辆最大速度为 45 千米 / 小时，车体每侧有 8 个负重轮，最大装甲厚度为 75 毫米。这种坦克只生产了 1 辆样车，日本便投降了。此外，97 式"奇哈"中型坦克的变型车还有扫雷坦克、推土坦克、各种自行火炮、装有 20 毫米高射炮的防空坦克、坦克架桥车，以及各种工程车和抢救车等。

上图 1 式中型坦克侧视图

上图 日本海军装备的 2 式中型坦克

上图 3式中型坦克侧视图

上图 日本海军装备的4式中型坦克侧视图

上图 日本海军装备的5式中型坦克四面图

越来越荒谬的“重型战车”之梦

需要注意的是，尽管出于技术、工艺、成本乃至预定战场环境的考虑，日本军方最初拒绝装备15吨以上的“重型坦克”——“试制一号”的流产在很大程度上与此有关。然而到了20世纪20年代末期，苏联军方成功仿制英国维克斯30吨级“独立”号重型坦克的消息传来（即T-28中型坦克），令日本军方感到如鲠在喉，在这种情况下，尽管明知本国工业基础实力不济，但还是强行上马了一系列重型坦克计划。1931年（昭和6年），由“试制一号”重型战车改进而来的91式重战车开发完成。91式重型战车全重18吨，总体与“试制一号”相同，但是发动机输出有所增加。最高速度达到25千米/小时。采用多炮塔布局，火炮由初期的57毫米坦克炮换装成70毫米坦克炮。装备机枪3挺作为自卫火力，正面2挺，炮塔后部1挺。弥补了火力盲区，加强了攻击能力。包括样车在内，91式重型战车共生产了4辆，随后在91式重型战车的基础上，日本又对其进行了改良，衍生出了新型号——95式重型战车，该型以91式重型战车为蓝本进行了改修，主要是增强装甲、火力与野外适应性，战斗全重也相应增至25吨。然而，1934年生产出第一辆原型车后并没有投入量产。

令人感到可笑的是，尽管日本人从来没有研制成功超过30吨级以上的“重型战车”，但到了1939年，由于诺门罕战役失利，受到刺激的日本陆军又开始开发5～100吨级的“超

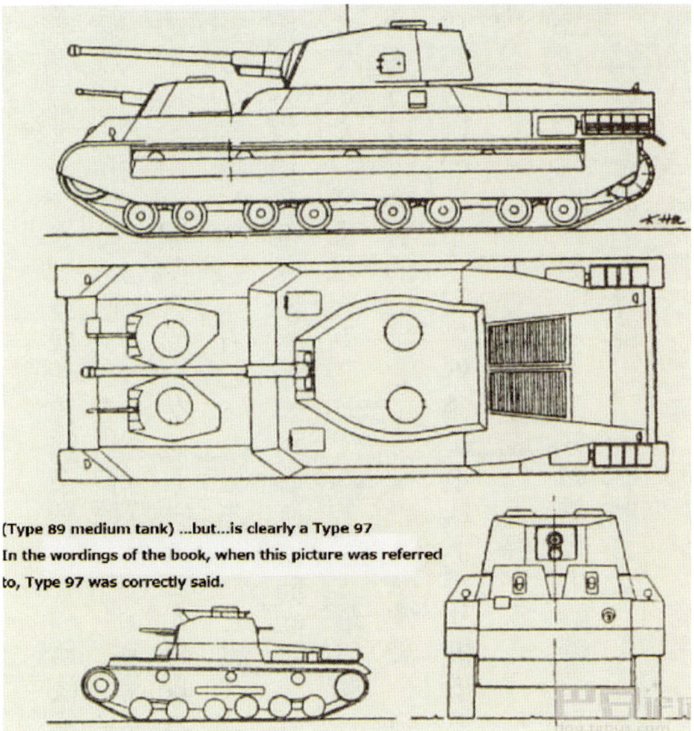

上图 100吨级超重型坦克方案示意图

级重型战车”。当时陆军省岩畔豪雄大佐前往陆军本部，未经正规手续下达了巨型坦克的秘密研发命令。此乃岩畔大佐的私人命令。在技术本部第五部车辆科长村田大佐率领下计划秘密进行，1940年即完成样车。本车是超重型战车行走实验样车，被设计为在不能行走的情况下，为了本土防卫作战将其埋入地中，仅露出炮塔作为要塞使用。样车相当庞大，车内空间可供人轻松站立行走，分为前部操作室、中部战斗室和后部机关室3部分，用16毫米钢板作为隔断隔开。11名预定乘员用梯子进入内部。预定装备一门105毫米加农炮主炮，一门75毫米副炮，一挺7.7毫米机枪（九七式车载重机枪），以及100发以上的主炮炮弹。装甲外板使用低碳钢，前部厚度为75毫米，再贴一层75毫米钢板作为追加装甲。侧面厚度为35毫米，在最外侧再追加35毫米垂直装甲板，实际上达到70毫米板厚效果。

离合器使用一般的机械多片式离合器，高低速五段变速器因为使用了齿轮选择滑动式而非常沉重，变速手柄置于驾驶员前方中央位置，需要双手才能操作。转向变速器采用周转齿轮式。动力装置与引擎置于车体后部，采用后轮驱动方式。样车的实验在相模陆军兵工厂的试验场进行。但是因为工厂内的实验道路仅仅是将山林和田地进行了平整，只是直行坦克履带就因为自重而下沉，无法行动。之后的野外试验，100吨坦克只是转向车体就下陷，底盘与地面的摩擦使得转向只能断断续续地进行，前进中下部传导轮逐个脱落。最后的混凝土路面行走实验，履带超出了道路边缘而导致混凝土粉碎下陷，驶过的道路全都遭到严重破坏。结论是难以投入实战而将样车丢到厂内仓库闲置，于1944年将其完全解体，设计图也烧毁处理掉了。

上图 100吨级超重型战车方案1

左图 100吨级超重型坦克方案2

海军也要造坦克——怪异的“内火艇”

与航空兵部队不同，几乎不用太多的解释就可以明白，虽然海军一向紧盯着陆军的步伐，但在建立装甲机械化部队（战车队）的问题上，陆军却比海军有着更为充足的理由和优势——毕竟这个兵种的属性，就是要向陆军倾斜的。事实也的确如此，欧洲的战火刚一熄灭，在政府的经费支持下，日本陆军就从西方引进了更多的坦克样品，同时也在筹备组建自己的“战车部队”，似乎从一开始就拔得了头筹——1920年陆军成立了陆军省军务局长管辖的自动车调查委员会，然后接连从英国和法国购入多辆“赛犬A”中型坦克与“雷诺”FT-17轻型坦克，并利用这些进口坦克，在千叶步兵学校和九州久米留组建了两支试验性的“战车教导队”。不久后陆军方面又以1922年和1924年的两次大裁军为借口，在保持部队战斗力的名义下，于1925年将自动车调查委员会撤销，取而代之以一个被称为陆军技术本部车辆班的机构，来主导国产坦克装甲战斗车辆的研制，企图大规模扩编陆军战车部队。然而，相对于陆军的一连串组合拳，海军似乎被“打蒙”了。直到陆军已经开始讨论几种国产（陆军）战车设计方案的1926年，海军在这个领域却仍然毫无行动。

不可否认，日本海军在组建“战车兵”的问题上多少有些被动，然而从日本陆、海军“斗法”的历史来看，这种局面是不可能持久下去的（毕竟相对于火炮，“战车”是一种更为耗费资源的昂贵之物，如果听凭陆军掌控“战车兵”的主导权，那么海军的权益必将受到莫大的损害）。于是海军的反击很快便开始了。不过，相对于陆军而言，海军要拥有自己的“战车兵”，首要的一个问题并非是装备或是人员（陆军可以从外国购买坦克样品，那么海军自然也能；陆军如果要自己造战车，那么海军自然也能；陆军如果可以派人留洋学习战车的操作和使用，那么海军自然也能……），而是如何才能“师出有名”——毕竟相对于陆军，“海军战车兵”听起来就不那么名正言顺。无奈之下，海军只能拿出“海军陆战队”这个招牌，希望为“海军战车兵”捞点名分出来。不过在一开始，相比于陆军大张旗鼓地试制战车（1927年，陆军主导研制的“试制一号”坦克已经走下了绘图板），海军还是比较收敛的，仅仅以“陆战队本部附属队”施行海军机关警卫勤务的名义自制了一些装甲汽车（后来又购入了一些89、92式轮式装甲车），对于真正意义上的全履带坦克暂时没有涉及，以免触怒陆军。然而，海军省很快就发现，少量的轮式装甲车不但无法称之为“海兵战车队”，更与和陆军争夺这一新兴兵种主导权（至少不能让陆军将这类资源独占）的目标相距甚远，而要达到这个目的，就必须另辟蹊径。于是在这种情况下，“水陆两栖战车”开始进入了日本海军高层的视线，至于这其中的原因非常简单——相对于“陆军战车”，“水陆两栖战车”的海军属性是显而易见的，陆军完全没有插手的理由。

上图　“特88式1号试制内火艇”与“特88式2号试制内火艇”

由于种种拿得上台面或是拿不上台面的原因，从1928年起（也就是陆军的“试制一号”），日本海军也开始尝试着与吴海军工厂合作，试制自己的两栖战车。不过由于完全缺乏经验，最初的作品可算是完全失败的：被称为“特88式1号试制内火艇”与“特88式2号试制内火艇”的水陆战车样车（之所以被称为“特式内火艇”（即特别内燃机艇）而不被称为“两栖战车”，其实完全是一个可笑的文字游戏，海军方面一厢情愿地认为，如此便可避免刺激陆军那敏感的神经——这只是一艘能够上陆的“艇”，而非入水的“车”），是一个至今也难以归类的怪物——实际上是在4轮卡车底盘上，以铆接的低碳锅炉钢板围成一个全封闭式的车体（两辆样车车体外形略有不同，但车顶都拥有一个锅盖式的凸起，作为机枪塔及乘员的出入舱口），同时为了提高车辆的越野机动性能，还在每侧车轮之间的车体中部各安装了一个可升降的履带组件（该履带组件由125毫米宽的单销履带、4个刚性悬挂的小直径负重轮、2个托带轮、前主动轮，以及后诱导轮构成，在浮渡状态下履带组件升起，以减小阻力，而在涉水或是登陆后，则需要视情况选择将该履带组件放下，以增强机动性能）。可想而知，这种怪异又复杂的设计，注定不会带来什么好结果——“88式1号试制内火艇”与“88式2号试制内火艇”不但浮力小，浮渡性能差，而且复杂的可升降式履带也并不实用，再加上火力和防护方面的先天不足，基本不具备战场价值。

上图　“特92式内火艇”样车

在经历了“88式1号试制内火艇”与“88式2号试制内火艇”的失败后，海军并没有放弃发展“特式内火艇”的决心，而是用了3年时间进行考察，重新选择与经验较为丰富的三菱公司进行合作，准备对当时世界上最先进的英国“维克斯”3 吨水陆坦克进行测绘仿制——应该说这种拿来主义的手段，或许更为符合当时日本的真实工业水平，因此很快海军对“特式内火艇”的尝试便有了初步成果。1932 年，一辆被称为“特 92 式内火艇”的水陆坦克样车被摆在了海军省大院中，进行公开展示。尽管在车体外形上稍有变化，但这辆所谓的“特 92 式内火艇”本质上仍是对英国“维克斯”3 吨水陆坦克的模仿品——为了具备足够的浮力系数，全车采用了薄皮大馅式的结构设计，战斗全重 3.1 吨，乘员为 2 人（即驾驶员和车长），从前到后依次分为驾驶 / 传动舱、战斗舱（上置一个手动操纵的旋转式单人炮塔，内置一挺 6.5 毫米或是 13.2 毫米机枪）和动力舱 3 部分（一根贯穿车底的传动轴将动力和传动系统连接起来，此举虽然导致车体升高，对防护性能造成了不利影响，但全车负载却较为均衡，有利于获得良好的水上浮渡和操控性能），车体由日本钢铁公司室兰钢铁厂生产的 6 毫米镍铬钢板铆接而成，并进行了仔细的密封处理，每侧行动部分基本上照搬了“维克斯”3 吨水陆坦克的相应设计，即板簧式平衡悬挂、6 对小直径负重轮、3 个托带轮，以及前置的主动轮和后置的诱导轮，至于水上浮渡航行则依靠车尾的一个螺旋桨和方向舵。

需要注意的是，由于模仿原型的技术起点较高，作为一种事实上的水陆坦克，“特 92 式内火艇”样车在性能上达到了时代技术条件下的先进水平，后来的实车试验也证明了这一点——在一台 75 马力 6 缸汽油机的驱动下，水上航行速度达到了 6.5 千米 / 小时，陆上公路速度则达到了 40 千米 / 小时，基本与其模仿原型相当。不过虽然就性能而言，“特 92 式内火艇”的确令人满意，然而该车最后却并没有投产——至于这其中的原因非常简单，由于水陆坦克的制造工艺较为复杂，仅仅 3 吨重的“特 92 式内火艇”，其生产成本却超过了陆军 11 吨级的 89 式中型战车，如此高昂的造价自然引起了陆军方面的强烈指责。由于同样的原因，此后在 1937 年，由三菱公司自行投资研发的“SRII 特式内火艇”（海军方面称之为“特 98 式内火艇”）也仅仅推出两辆样车后便不了了之（“SRII 特式内火艇”实际上是“特 92 式内火艇”的改进型号——仍然保留了螺旋桨（有资料称，一辆“SRII 特式内火艇”样车采用了双螺旋桨，另一辆“SRII 特式内火艇”样车则采用了喷火推进装置）和尾舵，以及船身式车体，但装甲厚度由 6 毫米提高到 11 毫米，乘员由 2 人增加到 3 人，战斗全重由 3.1 吨提高到 4 吨，行动部分的悬挂装置由板簧平衡结构改为较为轻便的螺旋弹簧平衡结构，负重轮数量由 6 个减为 3 个——最后一组负重轮实际上只有半组单只，另外一半由大直径诱导轮代替，以此来减轻结构重量）。

虽然从 1928 年就开始“折腾”，而且不乏“特 92 式内火艇”“特 98 式内火艇”（“SRII 特式内火艇”）这样的出色成果，但直到 1937 年，由于种种复杂的原因（主要是陆军在作梗），日本海军仍然没有获得任何一辆堪用的“特式内火艇”，陆战队框架下成立“海兵战车队”的畅想更是遥遥无期。痛定思痛之后，到了 1938 年，海军决心要尽快转变这种局面。日本政府企图在一定程度上整合现有资源，为此进行了一系列尝试来弥补陆、海两军的关系——主要是由政府出面建立了一系列有关军工生产的统合职能机构（每一个机构的领导都由一位来自战备相关产业的行政官员担任）。尽管政府的这种幼稚行为很快就被陆、海两军置

上图 试验中的“SRII特式内火艇”样车

之不理，各个统合职能机构从一开始就是一个空壳，从来没有真正行使过什么实际职能，但精明的海军却利用这个机会占到了“便宜”——陆军的95式轻型战车不但被海军弄到了图纸，还分到了一部分产能。这样，以现成的95式轻型战车为基础，海军再次向“特式内火艇”的目标发起了冲击。

海军的基本原则是，利用陆军95式轻型战车这个白捡的“洋落儿”，以尽可能简便的方法对其进行改造，以期获得一种适合海军使用而且造价低廉的“特式内火艇”。按照这个思路，接受了委托的三菱公司迅速展开了相关设计（95式轻型战车同样是他们的作品），仅仅3个月时间就拿出了初步设计——通过在战车两侧的翼子板加挂两个薄钢板焊接而成的大型刚性浮箱（上岸后拆掉），95式轻型战车就由一种陆军战车变身成了海军的“特式内火艇”。在对比了稍早的“特98式内火艇”后，海军虽然对这样的一个设计方向表示认同（为此海军正式将样车命名为“特1式内火艇”——代号“米莎”以示重视），但同时又毫不客气地指出，其设计细节过于粗糙，在性能上难以满足作战需要（主要是侧面的两个巨型浮箱阻力大，再加上没有安装任何水上航行装置，完全靠两条履带划水，因此适航性不佳）。

由“特1式内火艇”衍生而来的“特2式内火艇”，最终之所以能够成为一个相当成功的作品，并不是没有原因的。首先，与“特1式内火艇”一样，“特2式内火艇”同样是以陆军的95式轻型战车为基础，而按照20世纪30年代末40年代初的标准，这种“陆军”轻型战车的性能还是能够拿得出手的。比如95式轻型战车是世界上第一批采用风冷柴油机的轻型战车，仅是这一点，就使得其拥有了性能上的某些优势。为此当时的日本军方曾有过一场大辩论，一种意见认为，应当采用国际上通用的汽油机；另一种意见认为应当大胆地采用柴油机。后者的意见认为，日本是一个资源匮乏的国家，采用价格相对便宜的柴油（日本人称“轻油”）更有利，更重要的是，战车上用柴油不易引起火灾。这说明日本军方是较早认识到坦克柴油机安全性的国家之一。辩论的结果是，后者占了上风。柴油机派还认为，战车上的柴油机应该是风冷式的，以避免水冷式的保养麻烦、冬季易结冰等弊端。也正是由于这台120马力的93式风冷柴油机的采用，不但为95式轻型战车提供了充沛的动力，也使得95式轻型战车成为了一种机械可靠性颇高的日制装甲机械化车辆。同时相对于7.4吨的战斗全重，同样以时代标准而言，95式轻型战车的火力也令人相当满意。95式轻型战车上的主要武器是1门94式37毫米坦克炮，1933年试制完成。这种37毫米火炮身管相对较长，全炮长1.36米，重仅64千克，具有一定的穿甲威力，在300米的射击距离上可穿透45毫米厚的钢装甲。弹药基数为120发。发射的弹种有穿甲弹和榴弹。火炮的高低射界为-10度～+24度，方向射界为左右各10度。也就是说，即使炮塔不旋转，火炮也可以左右转动10度。辅助武器是2挺7.7毫米重机枪，可自动连发射击，乘员需抵肩射击，弹仓内有20发机枪弹（到二战后期改为链式供弹），带有1.5倍的瞄准镜，其中的一挺为前机枪，另一挺为炮塔后机枪，共携弹3000发。前机枪由机枪手操纵，炮塔后机枪由车长操纵。前机枪的射界为：高低-10度～+35度，方向射界左右各25度；炮塔后机枪的射界为：高低-10度～+25度，方向射界左右各25度。显然，尚算出色的性能是海军死死抓着95式轻型战车不放，执意要以其为基础，改造为“特2式内火艇”的重要因素。

上图 日本陆军95式轻型战车俯视图

其次，对于“特1式内火艇”的设计思路进行了深度优化，则是“特2式内火艇”获得成功的另一个因素。采用外挂浮箱式结构的“特1式内火艇”，在设计上就已经相当有新意（如此获得的好处显而易见：不但制造工艺简单，成本低廉，而且可以根据需要，很方便地进行拆装，最大限度地保持95式轻型战车的原有性能，使其不至于因附加的两栖性能而受到减损）。至于“特2式内火艇”，对这种设计思路又进行了彻底的深化，使其综合性能较之“特1式内火艇”脱颖而出。事实上，“特2式内火艇”同样采用了以外挂浮箱的方式来兼顾浮渡性能和任务灵活性，但为了弥补“特1式内火艇”适航性差的缺陷，三菱公司决定要改变浮箱的形状和外挂方式——即通过在车首和车尾而不是两侧外挂流线型浮箱的方式来改善整车的适航性。同时，针对“特1式内火艇”只靠履带划水，导致水上机动性差的问题，三菱公司也计划将曾成功用于“SRII特式内火艇”样车的双螺旋桨机构用于“特2式内火艇”的设计。到了1939年底，由于日本海军机关对“特2式内火艇”的用途，突然产生了一个“骇人听闻”的新点子——即“特2式内火艇”必须要具备由潜艇进行远距离水下输送的必要性能，以达成战术上的突然性——这使得已经接近成形的“特2式内火艇”设计不得不被推倒重来。不过这样的一个变故对“特2式内火艇”带来的影响却是有益的——为了适应潜航状态下的耐压性要求，作为基础的95式轻型战车车体被迫必须进行重新设计。

最后于1940年制成的首辆“特2式内火艇”样车，已经与最初在绘图板上的样子差异颇大了——车体外廓尺寸较之陆军用的标准型“95式轻型战车”扩大了27%

上图 日本陆军95式轻型战车正反视图

上图 “特2式内火艇”侧视图

（主要是为增加储备浮力）；车体和炮塔的装甲钢板厚度进行了相应的调整（炮塔的前面、侧面和后面的厚度均为12毫米，顶部为6毫米；车体正面为12毫米，侧面及后面为10毫米，顶部为6毫米），并在工艺上由铆接改为焊接，以增大车体外壳的耐压性能；为了提高涉水时的机动性能，在“陆军版95式轻型战车”基础上，底盘行动部分进行了一定程度的改进——主要是加大后诱导轮的直径，并将其位置放低接地，以起到第5个负重轮的作用，从而增加履带接地面积，提高对地面或是海底、海滩的附着力；重新设计了车体、前后浮箱的外形，使其成为一个连接严丝合缝流线型极好的整体（前浮箱和后浮箱均由3毫米厚的软钢板焊接而成。由于钢板没有淬火，可焊性好，保证其具有良好的水密性。前、后浮箱都由特制的卡夹固定。前浮箱的形状好似船头，采用流线型，并用隔板分成6个小区，即使被子弹击穿1个小区，仍然可以保持充分的浮力。前浮箱的自重约为1吨，排水量约为6立方米。后浮箱的形状好像俄文字母“П”字形，内部为5个小区，自重约为680千克，排水量约为3立方米）。

值得注意的是，除了上述基本的结构特征外，“特2式内火艇”还有一些不容易为人所注意的细节。比如为防止海水的浸渍和腐蚀，在运输过程中，要将发动机和电气装置从“艇”中卸下来，存放在潜艇内部，到达目的地后，潜艇浮出水面，又需要将发动机和电气装置装回。为此，在“特2式内火艇”的坦克本体内部对发动机、电气装置和传动系统的安装卡销进行了重新设计，以使其能够在30分钟内全部拆装完毕；同样是出于密封性和耐压性的考虑，除车长外，全“艇”其他4名乘员都只能通过炮塔两侧和车体顶部的两扇矩形舱门上下车，而这两扇舱门均为双层结构，以此来增加水密性；为了避免浮渡过程中，发动机进水熄火，“艇”体后部发动机舱盖上特别设计了一个结构奇特的烟筒式“水喉”；为了解决“艇”体在水中转向的问题，采用了一个相当简单却又有效的设计——后浮箱上部后边安装有一个方向盘，通过一根很细的钢丝绳由炮塔处伸至车内，用来控制左、右方向舵；为了提高全“艇”的整体作战效能，一门威力更大的1式37毫米坦克炮，取代了“陆军版95式轻战车”所用的94式37毫米坦克炮（1式37毫米坦克炮是在94式和98式37毫米坦克炮的基础上改进而成的，身管加长了80毫米，药室也相应加大。在1000米的射击距离上，穿甲威力由原来的20毫米（垂直均质钢装甲板）提高到25毫米，在300米距离上，穿甲威力由原来的45毫米（垂直均质钢装甲板）提高到52毫米）。

虽然在1940年2月到6月间进行的一连串试验中，“特2式内火艇”样车陆上最大速度为37千米/小时，最大行程为320千米；水上最大速度为9.5千米/小时，水上最大行程为140千米。

上图 “特2式内火艇”俯视图

不过，考虑到陆军早已在事实上把持了日本的坦克工业，而陆海军的关系此时已经几近僵化，海军不大可能再像“特2式内火艇”那样钻个空子让陆军的战车生产线为自己生产“特3式内火艇”，甚至于获得陆军“1式中型战车”的技术资料都是很困难的。所以在权衡利弊之后，海军为了在尽可能短的时间内获得“特3式内火艇”，干脆选择自己单干——指示吴海军工厂着手建立“特3式内火艇”的生产线。

以今天的视角来看，海军的这一决定似乎是相当荒唐的。作为一种事实上的水陆战车，而且是以现成的陆军“1式中型战车”为基础衍生而来的水陆战车，“特3式内火艇”本应是设计、可生产性和资源节约几方面的表率，然而当海军决定要由自己来生产这种“特3式内火艇”时，却使事情变得完全不同——这种重复性建设，无疑是对有限资源的极大浪费。不过这种荒唐的事情却正是当时活生生的事实——以飞机生产为例，截至日本投降，海军制造出的飞机有53种基本机型，共112个品种，而陆军则有37个基本机型，共52个品种，这些飞机在相当比例上，其用途和性能都是严重重合的，而有些飞机上用的引擎和机炮，甚至多次上演过陆军和海军分别从同一个国家购入专利许可证，然后由各自控制的工厂分别生产的案例（陆军和海军似乎都很乐于让他们的供应厂家们生产用途相同但却形状各异的产品。“即使是生产一个螺钉，陆军可能要造成左旋的，而海军则要造成右旋的来表示与其不同。”日本同盟新闻社的记者加藤益雄在回忆中这样说道）。到了1943年中期，这种情况又发生在了战车的生产上——“特3式内火艇”的事情就是一个活生生的例子。更何况，当海军借“特3式内火艇”的名义正式将手伸进战车制造这个陆军的传统领域之前，其实陆军也早就开始将手伸进海军的传统领域了——造船（为了打破海军对航运的垄断，陆军不但早在战前就建立起了自己的商船队。当战争爆发时，陆军手中掌握的船舶总吨位就已达到了210万吨，而同时民用的“航运控制协会”的船舶总吨位是170万吨，而此时日本海军商船队的总吨位则仅有150万吨。不过陆军对此并不满足，甚至建起了自己的造船厂——除了建造油轮、运输船外，在其产品清单中居然还包括作战用潜艇）。因此，很难说海军在“特3式内火艇”的问题上决心甩开陆军的掣肘由自己单干，算不算是一种变相的报复。

上图 “特2式内火艇”正反视图

然而报复也好，无奈也罢。吴海军工厂毕竟缺乏设计和生产一种中型“特式内火艇”的经验（实际上，设计和生产任何坦克装甲战斗车辆的经验也都没有），再加上陆军的刻薄，海军机关费尽心力也无法从陆军的库存中获得足够数量的“1 式中型战车”实物——只能以特务手段，用几乎走私的方法，贿赂三菱、日立的龟有和相模等工厂内部人士在账目上做假，从而获得一些额外生产出来的坦克配件（如炮塔、240 马力的 100 式风冷柴油引擎，以及 48 倍径的 1 式 47 毫米反坦克 / 坦克炮等，但获得整车是不可能的）。结果在这种窘境中，接到由三菱公司转交的“特 3 式内火艇”设计草案后，吴海军工厂只能根据自己的技术力量情况对原有设计进行调整——实际上就是简化，最终出现的“特 3 式内火艇”样车也因此变成了一种面目全非的东西。

上图 正在装配中的 1 式中型坦克

具体来说，这辆重达 19 吨的“特 3 式内火艇”样车，在整体设计上最大限度地利用了“特 2 式内火艇”的技术成果——车体外形、前后浮箱和引擎罩水喉都由“特 2 式内火艇”的相关设计放大而来（双螺旋桨推进系统、尾舵及相应的操纵结构则是直接照搬的），同时为了满足可由潜艇进行潜航输送的特殊要求，与“特 2 式内火艇”一样，“特 3 式内火艇”除了车体装甲钢板由铆接改为焊接工艺外（目的是提高耐压强度，同时减轻结构重量，提高装甲防护能力），发动机、传动系统与电气设备的快速拆装也大量参考了“特 2 式内火艇”。然而，由于原计划直接利用“1 式中型战车”车体的构想落了空，虽然“特 3 式内火艇”直接安装了原装的“1 式中型战车”炮塔（其 48 倍径的 1 式 47 毫米坦克炮发射穿甲弹时初速度达 810 米 / 秒，可算是日本陆军当时实际拥有的最好的坦克炮，能够对 M4“谢尔曼”构成一定的威胁），底盘部分也大量利用了“1 式中型战车”的部件进行装配（包括 240 马力的 100 式风冷柴油引擎），但除了车体外形外，“特 3 式内火艇”的行动部分也不同于“1 式中型战车”——考虑到“1 式中型战车”原先采用的板簧平横式 + 横向螺旋弹簧平衡式混合悬挂，对于吴海军工厂来说过于复杂，因此“特 3 式内火艇”的行动部分统一为简单的板簧平横式悬挂，同时为了适应战斗全重的增加，“特 3 式内火艇”每侧的负重轮数量由“1 式中型战车”的每侧 3 组 6 个，增加到 4 组 8 个（托带轮数量，也相应地由 3 个增加到 4 个）。

上图 “特 3 式内火艇”侧视图

上图 “特 3 式内火艇”俯视图

遗憾的是，尽管日本海军方面在“特3式内火艇”的设计和生产上挖空了心思，然而由于“特3式内火艇”的生产实际上仍然受制于陆军，结果从1943年定型投产到1945年8月15日战败投降，由于配件不足，吴海军工厂仅仅向海军方面提供了19辆“特3式内火艇”（值得提及的是，尽管只得到了19辆“特3式内火艇”，但由于综合性能较为均衡，日本海军对于“特3式内火艇”的使用范围是相当宽泛的——除了作为两栖战车之外，凭借良好的适航性和精确的直瞄火力，“特3式内火艇”往往被当做真正的炮艇使用）。

有意思的是，尽管“特3式内火艇”的生产数量微不足道，但在1944年7月，海军却仍然决定要在“特3式内火艇”的基础上，继续发展两种衍生型号，即“特4式内火艇”与“特5式内火艇”。这其中，“特4式内火艇”最初打算是利用“特3式内火艇”的技术成果发展出的一种履带式两栖装甲输送车——即将原有的炮塔拆除，同时修改车体上层结构设计，使之成为一个驾驶室前置，而在车体后部拥有宽大的敞开式结构的载员/载货舱（不过为了不影响“特3式内火艇”的生产，原先用于“特3式内火艇”的240马力100式风冷柴油机，在“特4式内火艇”上被一台65马力的卡车用汽油机所取代）。不过随着战况日益陷入绝境，海军突然决定将“特4式内火艇”转而发展成一种可执行岸防任务的特种装备——即由潜艇秘密输送至被美军围困的“外岛”后（或是提前部署于该地），携带2枚93式重型氧气鱼雷的“特4式内火艇”，利用该车独特的两栖性能和91式重型氧气鱼雷的强大威力，以出其不意的方式对美军登陆舰艇实施毁灭性打击。

显然这是一个离经叛道甚至是荒诞不经的想法，然而“特4式内火艇”的设计还是按照这个思路进行了改进——为适应潜渡输送的要求，敞开式的载员/载货舱被改为全封闭式设计，同时在由此形成的甲板上，安装了2枚93式重型氧气鱼雷的支架。不过制成的2辆样车表明，姑且不论其战术思想的正确与否，由于动力羸弱，重达16吨的“特4式内火艇”即便在空载状态下，也是一种机动性相当糟糕的两栖车辆。结果，由“特4式内火艇”携带93式重型氧气鱼雷执行“岸防”任务的想法只得作罢，唯一生产出的2辆样车只被作为普通的两栖装甲输送车使用。至于29吨重（浮渡状态）的“特5式内火艇”，则是“特3式内火艇”的重装甲重火力版本——与“特3式内火艇”相比，这个所谓的“特

上图　“特4式内火艇”双视图

5 式内火艇”虽然继承了前者的底盘和基本结构，装甲防护也进行了一定的增强（“特 5 式内火艇”首上装甲板厚度仍然保持在“特 3 式内火艇”的 50 毫米水平，但其侧装甲板也同样提升到 50 毫米水平——相较之下，“特 3 式内火艇”的侧装甲厚度仅为 20 毫米水平），但为了适应海军的新式战术思想，即强调将这种重型“特式内火艇”作为陆战队进行防御作战时的强大机动火力碉堡，而在车体上层结构和军械配置上进行了相当大胆的修订——原先炮塔内的 48 倍径 1 式 47 毫米坦克炮被移至车体首上位置（以半固定方式安装，方向射界左右各 13 度，主要用于执行反坦克任务），另将一门主要用于支援步兵的 25 毫米机炮置于炮塔中，以尽可能地节省主炮的弹药。姑且不论这种堪称奇葩的设计思想是如何荒唐（设计思想类似的美制 M3 格兰特 / 李、法制夏尔 B1 都不能算是成功的作品），在日本投降前，吴海军工厂只来得及向海军交付了一辆“特 5 式内火艇”样车。

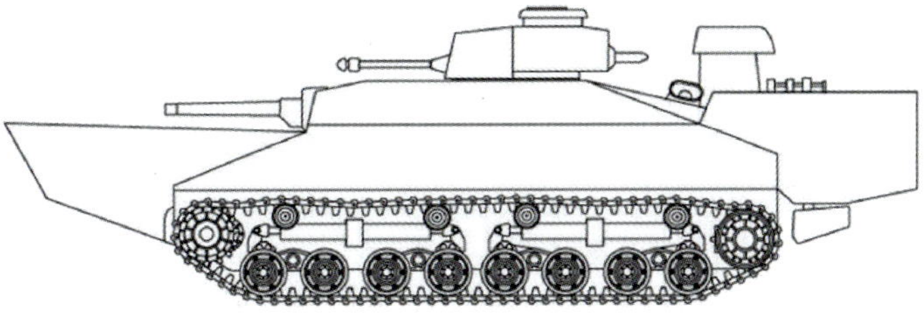

上图 “特 5 式重型内火艇”结构简图

上图 “特 5 式内火艇”侧视图

结语

作为一个贪得无厌的军国主义国家，日本的野心与其国力始终存在严重的“倒挂”，这一点在二战中的日本坦克上表现得十分明显。事实上，虽然勉强挤入了“坦克生产国”的行列，但日本较弱的钢铁和汽车工业，却注定了其坦克制造业很难有大的作为。以至于在两次世界大战期间，乃至第二次世界大战的战争过程中，其坦克工业只能生产出性能低劣且数量极少的“战车”。

日本坦克发展史（3）

日本投降后，作为战败国，旧日本皇军被迫解散。然而仅仅5年后，朝鲜战争爆发，在驻日盟军总司令部（GHQ）指示之下，日本政府于该年8月10日组建直属于总理府的“警察预备队”，日本再次走上了武装的道路。在这个背景下，已经沉寂了近5年的日本坦克工业再次蠢蠢欲动……

上图 一片祥和的樱花树下，隐藏着一支杀气腾腾的74式坦克集群

上图 61式、74式、90式、10式——战后日本主战坦克家族

蹒跚学步的 61 式

防卫厅对战后国产坦克要求必须能适应日本本土作战，性能必须能与苏制的 T54/55 坦克相匹敌。研制的国产坦克样车命名为 STA，意为“日本第一代国产坦克样车”。因 STA 的研制时间紧迫，故部件研制与样车研制是同时进行的。技术研究本部根据 STA 的设计方案，按实际尺寸于 1955 年 10 月先制成木制模型。在此基础上，技术研究本部与三菱重工协作，从 1955 年 12 月开始到 1960 年 1 月先后进行了两次整车试制。两次试制共制造型号为 STA1、STA2、STA3 和 STA4 等 4 辆样车，并进行了技术与使用试验。在正式定型之前，对第二次整车试制的 STA3 和 STA4 两辆样车进行了适当改进，于 1961 年 4 月正式定型，命名为 61 式“中型战车”（为叙述清晰，文中“中战车”与“中型坦克”、“主战坦克”混用）。

作为战后日本坦克工业重建成功的重要成果，61 式“中型战车”虽然大量参考了美国 M46、M47 主战坦克的设计和技术，但在细节上仍然隐隐体现出了一些“日本风格”。其总体布置的特点是动力后置，传动前置，传动轴通过中间的战斗舱。坦克内部自前至后大致可划分为传动装置及驾驶员和操纵装置、乘员及武器和火控装置，以及动力装置 3 部分。车体由防弹钢板焊接而成。坦克车体低矮，炮塔外形呈流线型，前装甲倾斜度较大，前部装甲厚 46 毫米，两侧厚 25 毫米，后部厚 15 毫米。炮塔前部装甲厚 64 毫米，两侧厚 40 毫米，后部厚 20 毫米。车内装有防原子装置。驾驶员位于车体右前部，他有 1 个向右开启的单扇舱盖，舱口前面装有 3 具潜望镜。炮塔采用整体铸造结构，呈对称椭圆形，但右侧突出得稍大些，侧面的轮廓也稍有不同，后半部向后突出。炮塔尾舱里存放炮弹，炮塔内有通风装置、无线电台，还装有各种小型工具箱。车长和炮长坐在炮塔内右侧，炮长位于车长前面，车长的鼓形指挥塔可 360 度旋转。其后有一个向背后开启的单扇舱盖。指挥塔上有 4 个观察镜，指挥塔下部安装合像式测距仪。装填手位于火炮左侧，他有一个向后开启的单扇舱盖，舱盖前面炮塔顶上有一个简单的潜望镜。车体后部动力舱的布置自前至后为蓄电池、空气滤清器和发动机。4 个蓄电池的电压为 12V，容量为 200Ah。发电机装在发动机上，输出功率为 2.4 千瓦。为便于检查和维修动力传动装

上图 STA-1 样车

上图 STA-2 样车

置，车体前上装甲的一部分及车体后部的一部分均用螺栓连接。车体两侧翼子板上各装有1个油箱，车体后部还装有备用油箱，备用油箱可由车内操纵供油或将其丢弃。

61式“中型战车”的动力系统为一台三菱12HM21WT型4冲程12V90°风冷直接喷射废气涡轮增压柴油机，缸径为140毫米，功率为441千瓦（600马力），标定转速为2100转/分。该机是在日本旧陆军坦克上使用的风冷柴油机的基础上加以改进的，从1956年6月至11月进行单缸试制，于1957年2月制成样机。在该机研制阶段，曾对风冷和水冷两个形式反复进行研究，经试验，在性能方面水冷较为理想，但为适应使用情况，要求采用风冷形式。经过进一步研究和试验，风冷形式的性能终于达到了规定指标。最初考虑采用二冲程，虽经努力研制，而性能却不理想，故确定采用四冲程。而二冲程风冷柴油机仍在继续进行研究，直到1962年制成了4缸样机，为研制61式坦克的下一代新坦克的发动机奠定了基础。行动部分采用独立扭杆悬挂，每侧有6个小型负重轮，3个托带轮。前面的两个以及后面的两个负重轮装有减振器，最后部的负重轮与诱导轮通过联动装置联动，并可调节履带的松紧度。主动轮前置，诱导轮后置。履带为单销式，着地面上可安装橡胶衬垫或防滑钉，履带宽500毫米，平均每侧87块履带板，由高锰钢铸造制成。传动装置前置，发动机的动力经主动轴传给前方的离合器。采用干式多片双离合器，控制离合器可转换高速、低速和空挡。采用自动液压操纵常啮合齿轮式机械变速箱，有5个前进挡和1个倒挡，这些排挡均具有高、低速转换能力。转向装置为双差速式，差速器的动力经侧传动传至主动轮，驾驶员操纵两个操纵杆实现转向。

上图 日本陆上自卫队装备的国产61式主战坦克

上图 61式“中型战车”为战后日本坦克工业重建翻开了新的篇章

61式“中型战车”的主要武器是1门90毫米加农炮，是日本制钢所以美国90毫米M36反坦克自行火炮及M47坦克安装的90毫米火炮为样炮自行研制的。该炮于1961年正式采用，称为61式90毫米加农炮。炮管前部装有抽气装置，最前端装有T字形炮口制退器。采用横楔式炮闩，装有手动及电磁螺线管式击发装置。火炮最大射速为10～15发/分。配用的弹种有榴弹、黄磷烟幕弹和穿甲弹等，榴弹的初速度为850米/秒，穿甲弹的初速度为1160米/秒，弹药基数为50发。火控系统采用基线长1米的合像式光学测距仪，放大倍率为12×，装在指挥塔内，与炮长用直接瞄准镜同时使用。测距仪测得的目标距离

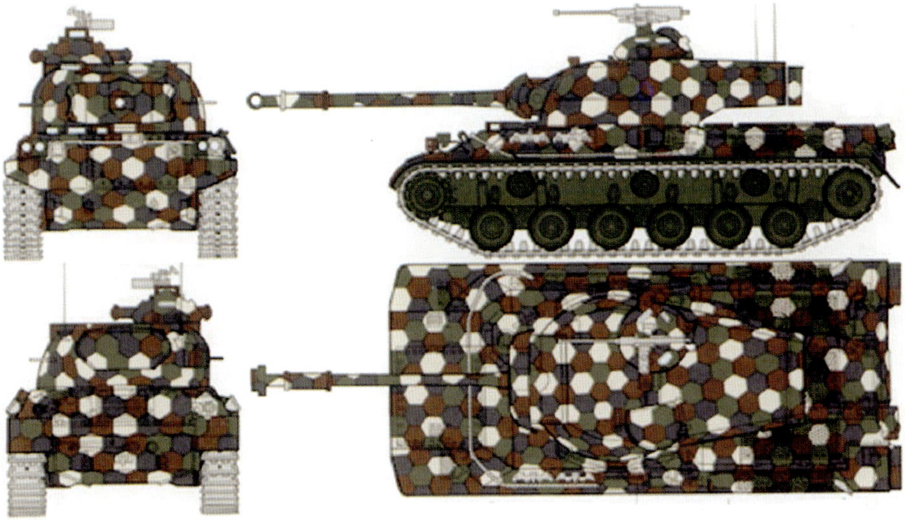

左图 61 式“中型战车”四面视图

传给主炮，决定主炮的俯仰角度。炮长使用的瞄准装置是一具放大倍率为 6× 的单目式直接瞄准镜和一具放大倍率为 4× 的潜望式瞄准镜，前者固定安装在 90 毫米火炮上，后者通过机械式联动装置与火炮联动，总是与火炮的俯仰角度一致。车长用 M15 单目潜望镜装在指挥塔顶部的 12.7 毫米机枪架下，放大倍率为 7×，用于机枪瞄准。在车体两侧前护板上各装有一对白光及红外驾驶灯，在火炮防盾左侧可安装红外 / 白光探照灯。火炮和炮塔的旋转与俯仰利用电液操纵，并备有人工操作方式。旋转驱动为电液式，电动机和油压泵布置在炮长左侧。当炮长把座椅前面的手柄向所需旋转的方向移动时，火炮和炮塔就旋转，其回转速度与移动手柄的角度成正比。手动时炮长转动位于炮长座椅右侧的手柄。当火炮和炮塔以动力方式旋转时，右侧的手柄必须停止使用。此外，还装有限制器，当炮塔旋转到限定位置时可闭锁。俯仰驱动也是电液式的，俯仰与旋转使用同一个电动机。人工俯仰时由炮长操纵转换杆，转换杆向右下方转动时火炮呈俯角，向左下方转动时呈仰角。

61 式“中型战车”的研制总经费按 1962 年度币值计算约 5 亿日元，每辆坦克的价格约为 7000 万日元。在 1962 年度正式装备，最初优先装备一部分陆上自卫队直属部队及北海道部队。到 1975 年 2 月总共生产 560 辆，1984 年 12 月开始退役，到 1988 年尚有 424 辆。值得一提的是，防卫厅技术研究本部还利用 61 式中型战车底盘，研制了 67 式装甲架桥车、67 式装甲抢救车和 70 式装甲工程车 3 种衍生车型。67 式装甲架桥车取消 61 式坦克炮塔，以 61 式底盘为基础发展而来，于 1967 年正式定型，命名为 67 式装甲架桥车。该车仅装备第七机械化师和第七工兵大队。该车的剪式轻金属折叠桥展开后为 12 米，跨度为 10 米，桥宽 3.5 米，最大承载能力为 40 吨，架设时间为 3 ～ 5 分钟，可从任一端收桥。该车总重为 36.7 吨，乘员 3 人。67 式装甲工程车则是战场上工程兵使用的车辆，装有推土铲和轻型吊车，车重 35 吨，乘员 4 人。至于 70 式装甲工程车，则是利用 61 底盘仿制美国 M47 装甲工程车而来，1963 年进行部件试制，1967 年进行整车试制，1970 年正式定型，命名为 70 式装甲抢救车。该车定型后装备 4 辆，然后停产，它是用 1971 年度和 1972 年度的预算制造的，其中包括定型车在内。该车取消 61 式坦克的炮塔，装有固定式作业舱，上部结构的尾舱中装有绞盘，绞盘拉力为 343 千牛，可沿陡坡拉起陷落的坦克。

车体前面装有可朝前摆动的A形吊车，起吊能力为18吨。吊车通过独立的液压油缸，除容易进行小角度俯仰外，靠吊杆的两个支脚可进行较小的方向性调整。为确保起重工作的安全性，还装有防止倒转的制动器，以免牵引和起重作业时负载意外地掉下来。A形吊车不用时向后卧于车体上面。液压操纵的推土铲安装在车体前面，在抢救作业时或者在使用A形吊车时用以稳定车辆。该车重35吨，乘员4人，载有1门可安装在前上甲板的81毫米迫击炮，还装有1挺12.7毫米和1挺7.62毫米机枪。

评价不低的74式主战坦克

由于苏联装甲集群对日本北部形成了巨大的军事压力，61式中型战车在投产后即被认为难以与T-62为代表的新一代苏式坦克相抗衡，只是由于“国产化身份”才获得了勉强装备。在这种情况下，在61式中型战车列装不久的1964年，日本防卫厅技术研究本部就开始了新一代主战坦克（“中型战车”-“中型坦克”）的研制。在1964～1967年期间制造了一些试验台架车，并进行了试验。1967年完成了部件研制试验任务后，开始研制样车，被命名为STB，意为“第二代国产坦克样车”。从1968年开始，先后进行两次整车试制。第一次整车试制制造了2辆样车，1969年6月制成STB1，1969年7月制成STB2，STB1安装英国L7A1火炮并采用自动装弹机。2辆样车进行了广泛的技术与使用试验。在第一次整车试制的基础上，在1970年11月～1971年11月，1年内改进试制成的STB3～STB6共4辆样车，取消自动装弹机，目的在于降低成本、简化结构和提高可靠性。从1971年12月～1973年2月，4辆样车分别进行了与STB1和STB2大致相同的技术与使用试验。此外，还进行了射击及维修保养试验。试验结果基本上达到了战术技术性能要求。在正式定型之前，又进行了适当的改进，最后于1974年9月定型，命名为74式坦克。

上图　74式坦克侧视图

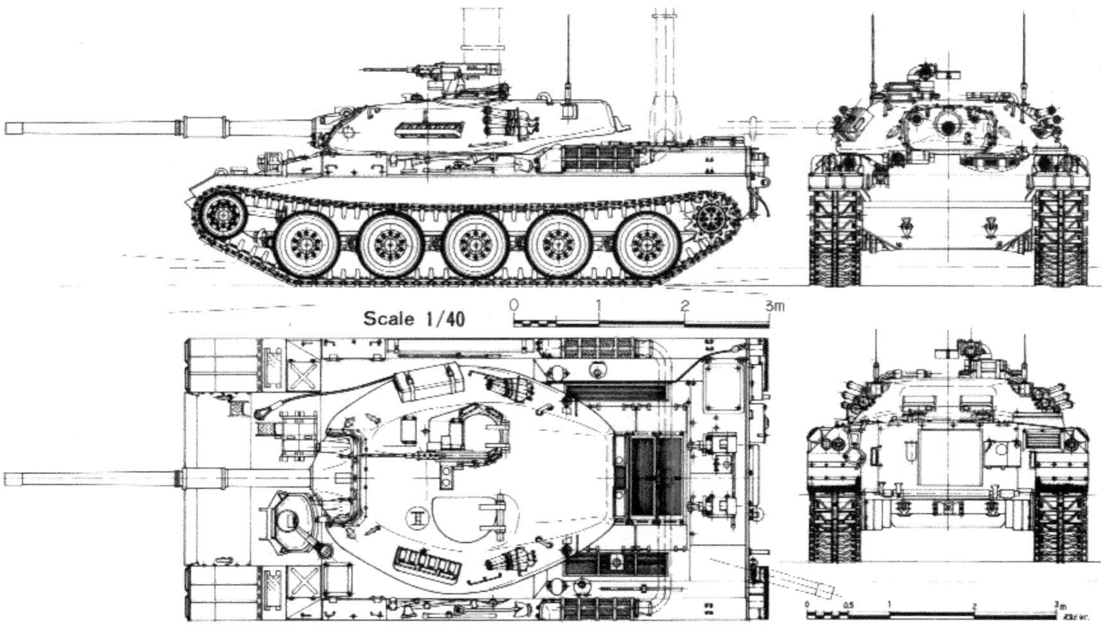

上图 74 式主战坦克四面视图

以今天的视角来看，包括最新型的“10 式主战坦克”在内，在战后日本坦克工业研制生产的一系列坦克中，74 式获得的评价是最高的。至于原因则不难在 74 式主战坦克的设计和技术细节上找到。该坦克为传统的炮塔型坦克，由车体和炮塔两部分组成。车体由均质钢板焊接而成，驾驶舱在车体左前方；车体中部是战斗舱，其上有炮塔；车体后部为动力舱。该坦克的车体前面呈流线型，宽度较窄，高度较低，车体前部装甲厚 130 毫米，两侧厚 75 毫米，后部厚 50 毫米。炮塔前部装甲厚 130 毫米，两侧厚 75 毫米，后部厚 50 毫米。由于车高降低，车内空间必然减小，为此采用了相应的措施，将车体上部两侧扩展到履带上方，以满足对车内空间的需要。车体下半部采用整体铸造，这种结构在防护性、强度和重量等方面有很多优点。但在生产上却需要高技术和大型设备，因而成本较高。炮塔为均质钢铸造结构，内有 3 名乘员，车长和炮长位于火炮右侧，炮长在车长前下方，装填手在火炮左侧。车长指挥塔可 360 度旋转，有一个向后开启的单扇舱盖。驾驶员位于车内左前方，有一个向左开启的单扇舱盖，舱盖前面有 3 个 JM-17 潜望镜，中间一个可由红外潜望镜替换。在两侧履带的前护板上各装一对驾驶灯，内侧为白光灯，外侧为红外灯。与红外灯相配合使用的红外潜望镜，有效视距为 50 米。车体前部可安装推土铲，每一个坦克连有一辆配备推土铲的坦克。在 74 式主战坦克研制初期，日本曾考虑过自行研制火炮，但为了提高 74 式坦克的火力、节省研制费用，以及考虑到与美国 M60 坦克火炮的通用性，因此决定采用北约国标准坦克炮。定型状态的 74 式主战坦克装有一门 105 毫米线膛炮，它是由英国国防部技术研究所研制、维克斯（Vickers）公司生产的。日本在引进一部分维克斯公司生产的 L7A3 式 105 毫米火炮后，从 1978 年度开始由日本制钢所特许生产。为减小该炮的后坐力，将驻退机改为同心式，还改进了复进机。该炮采用立楔式炮闩，可自动开闩和闭闩。火炮射速为 9 ～ 10 发 / 分，方向射界 360 度，俯仰范围为 -6 度～ + 9 度，手动操作时均可增加 0.5 度，借助液气悬挂调节射界能增大 ±6 度。火炮身管长为口径的 51 倍，即 5.340 米，没有炮口制退器，没有隔热护套，中部装有抽气装置。火炮重心位于炮耳轴附近，因而没有弹簧补偿装置。更换炮管十分方便，10 米内即可完成。火炮防盾布置在炮塔外面。炮管寿命理论值为 250 发，实际上大约为 150 发。值得一提的是，日本人在 74 式坦克上为该炮研制了半自动供弹机，能自动提取炮弹，并将炮弹输送至炮尾。

上图 包括最新型的“10 式主战坦克”在内，在战后日本坦克工业研制生产的一系列坦克中，74 式获得的评价是最高的

上图 外形低矮的 74 式主战坦克是一种兼有东西流派特点的非典型二代主战坦克

俗话说，内行看门道。除了低矮的车体、良好的防弹外形轮廓、拿来主义的 L7 105mm 坦克炮与前卫的半自动装弹机外，动力、传动与悬挂系统才是 74 式坦克的真正看点。74 式坦克采用三菱 10ZF22WT 型 2 冲程风冷柴油机，这是一台有 10 个气缸、缸径 135 毫米、活塞行程 150 毫米、每缸有 4 个排气门的直流扫气发动机。它装有两台机械传动的废气涡轮增压器和两组中冷器，能用标准柴油、JP4 煤油和汽油等多种燃料，在 2200 转 / 分时发动机的功率为 640 千瓦（870 马力）。由于有两个轴流式风扇消耗功率，在全负荷时约为 88.2 千瓦（120 马力），所以净功率为 551 千瓦（750 马力）。在全负荷时，带风扇的燃油消耗率约为 316 克 / 千瓦 · 时（232 克 / 马力 · 时）、最低燃油消耗率为 286 克 / 千瓦 · 时（210 克 / 马力 · 时）。该发动机的单位体积功率（带风扇）约为 173 千瓦 / 米^3。日本发展的这种二冲程坦克发动机主要用于该坦克，但改变缸数后形成 10 缸、6 缸和 4 缸 3 种机型一个完整系列，也用于其他战车。各机型结构大体上相同，气缸排列都采用 V 型 90 度夹角，缸径和行程相同，具有同样的燃烧系统、增压方式和冷却方式，主要部件可以通用。61 式坦克变速机构的每次变速是用脚操纵高低挡离合器进行的，而 74 式坦克则是当操纵高速杆时，一次变速机构中的离合器就机械断开，而相应于一次变速机构的各挡的液压开关机构工作以后，由于同回路内的差压转换阀的作用，使一次变速机构自动结合。一般不使用离合器踏板，踏板仅在启动和停车时使用，与装有液力变矩器的车辆相同，可以不用离合器工作，操纵极容易，而且完全没有流体损失。因此，在启动时扭矩增大，而且差压转换阀适应于人的感觉，柔和地使离合器结合。转向系统为功率再生式，这种系统是第一次装在日本履带式战车上。它是利用中间轴上差速器的差速作用，在转向时从制动一侧（内侧）向不制动一侧（外侧）回

流功率，这种做法能使内部功率损失减到最小。

至于 74 式主战坦克采用的部分可调式液气悬挂装置，则为世界有炮塔坦克上首次采用的“前卫技术”。该装置的工作原理和结构是：负重轮的平衡肘与活塞杆相连，随着平衡肘的上下运动，活塞做往复运动，推动油缸内的液压油，并通过液压油使装有气体的气囊压缩或膨胀，这就可以因气体的弹性而起到缓冲作用。油泵将油送到油缸或使其返回油箱来调节油缸内的油量，油箱布置在车体右侧斜甲板之下，主油泵放在发动机的前面。前后左右端的 4 个负重轮可以自由调整高度，右前与左后负重轮、左前与右后负重轮的控制油路彼此相连。在炮塔吊篮的周围，有 4 个（每侧 2 个）圆柱形闭锁阀，用于坦克射击时保证底盘稳定。在发生机械故障或行动部分在战斗中损坏时，闭锁机构也进行闭锁。在驾驶座椅后部有紧急手动调节装置和辅助油泵。车长和驾驶员各配一套车资操纵装置，前者布置在车长座椅右侧，靠近炮塔控制装置，后者布置在驾驶员座椅正面。车长操纵装置上装有平衡调整水准仪和车辆姿态控制开关，专供车长在射击时调整使用；还装有超越驾驶机构，当该机构开启时，驾驶员操纵装置便失去作用，而且驾驶员操纵装置上显示出车长超越驾驶的灯信号。车长超越射击操纵装置与火控装置的弹道计算机相连接。

上图 74 式坦克教练车

上图 74 式主战坦克除火炮是按照英国专利由日本制造及该炮配用的脱壳穿甲弹按英国专利特许生产外，其余各种部件均为日本自行研制的

上图 “轻而巧”——74 式主战坦克奠定了日本战后坦克设计的基本风格

上图 由于日本经济陷入了衰退及冷战的结束等原因，74 式主战坦克现代化改进的计划并没有全部实现

74式主战坦克除火炮是按照英国专利由日本制造及该炮配用的脱壳穿甲弹按英国专利特许生产外，其余各种部件均为日本自行研制的。该坦克的研制总经费约25亿日元。1975年9月接收首批生产型车，1990年度停产，共生产870辆。每辆坦克的价格，按1984年度币值计算约为3.76亿日元。日本防卫厅从1990年开始正式对该坦克进行现代化改进，计划将870辆74式坦克全部加以改造。现代化改进工作主要是更新该坦克的火控系统，采用90式坦克的部分技术，每辆坦克的改进费用约为1亿日元。然而，由于随后日本经济陷入了衰退，以及冷战的结束等原因，74式主战坦克现代化改进的计划并没有全部实现。

超豪华的90式主战坦克

作为一种“传统”，在74式主战坦克列装的同时，日本下一代主战坦克的研制即已开始。为了替换已经开始退役的61式坦克，还准备在10年后更新一部分74式坦克，日本第三代主战坦克的研究和发展工作始于1974年，部件制造和试验工作始于1977年。当时暂称为TK-X坦克，意思是“试验中的坦克”。日本坦克通常是以定型年代（第一生产年度）命名的。因曾预计新坦克在1988年或1989年定型，故相继又称TK-X坦克为88式和89式坦克。但是由于研制周期拖长，定型日期推迟到1990年，故又称之为在90式坦克。该坦克在1982～1984年度进行第一次整车试制时制造2辆样车，进行了技术试验。1986～1988年度进行了第二次整车试制制造4辆样车，于1987～1988年进行技术试验，并计划在1989年度进行使用试验。先后两次整车试制共制造6辆样车。1987年夏天公开的样车是第二次整车试制的样车。

在90式坦克研制期间，日本已发展成为世界上的经济强国和技术发达国家。1977年，日本的国民生产总值为5640多亿美元，仅次于美国和苏联。1978年，造船492.1万总吨，

上图 90式坦克一度居于“世界坦克排行榜”的头把交椅——然而在今天看来，这种排名无法说明任何问题

上图 90 式坦克糟糕的可靠性与其技术指标的先进性形成了鲜明的对比，在战场上未必是一种堪用的武器装备

居世界第一位。1979 年，产钢 1.11 多亿吨，仅次于苏联和美国，居世界第三位。日本发达的科学技术也使得其军事技术又一次走到了世界前列。也正因如此，90 式坦克从 1975 年开始研制，到 1990 年定型，历时达 15 年之久。整个研制经费高达 350 亿日元，每辆价格为 850 万美元。90 式坦克被日本人称为“世界上第一流的坦克”，但更多的人将之称为“世界上最昂贵的坦克”。90 式坦克外形设计几乎和“豹 II”坦克完全相同。该车的车体长为 7.5 米，车宽为 3.43 米，车高为 2.335 米，这些数据与现在世界上具有代表性的第三代坦克相比，车长（除“勒克莱尔”外）短数厘米至 1 米，车宽小 10 厘米至数十厘米，车高低数厘米至数十厘米，的确达到了一定程度的紧凑化。重量也比其他同一代坦克轻 5 ~ 10 吨，为 50 吨。90 式坦克不但在外貌上类似“豹 II”坦克，在总体设计上也吸取了“豹 II”坦克火力强、机动性好等优点。当然，90 式坦克也有自己的独到之处。

90 式坦克的一个特点是“小车扛大炮”。90 式坦克的战斗全重比“豹 II”坦克轻 5 吨，但火炮是相同的。90 式坦克在研制之初，日本防卫厅就决定选用 120 毫米滑膛炮。由于本国工业基础雄厚，技术水平先进，因此日本决定自行研制坦克炮，由日本制钢所负责研制。1978 年开始进入研制阶段，采取分段研制办法。先试制 105 毫米滑膛炮，再试制 120 毫米滑膛炮。在 1982 ~ 1984 年第一次生产的 2 辆样车上，安装了日本制钢所研制的火炮，使用的是日本生产的弹药。这些车辆的试验一直持续到 1986 年，试验获得了大量数据。样炮在弹丸初速度、膛压等方面均达到了要求，只是 120 毫米火炮的穿甲深度和身管寿命比“豹 II”坦克的 120 毫米火炮略逊一筹。结果，日本防卫厅决定 90 式坦克采用与“豹 II”坦克、M1A1/M1A2 坦克相同的德国莱茵金属公司生产的 120 毫米滑膛炮。

然而无论如何，从“小车扛大炮”这一特点来看，90 式坦克毕竟吸取了 74 式主战坦克的部分成功经验。90 式坦克的另一个特点是采用自动装弹机，这正符合了日本坦克追求紧凑的目标，因为安装自动装弹机就可以节省出装填手作业的空间。120 毫米滑膛炮的炮弹又大又重，自动装弹机对于体形矮小、体力较差的日本人来说自然是最合适不过了。90 式坦克配备 3 名乘员，“豹 II”坦克没有装自动装弹机，所以有 4 名乘员。驾驶员位于车体前部左侧，其上方有 1 扇舱门，门上有 3 具潜望镜，中间 1 具可换上夜间使用的被动式潜望镜。车长和炮长都位于炮塔内，车长在右侧，炮长在左侧，都配有舱门。炮塔与“豹 II”坦克的相似，其前部、两侧和后壁呈垂直形状，炮塔尾舱一直延伸到车体后部的窗体底端。车长上方有指挥塔，塔上装有潜望式瞄准镜和观察镜。自动装弹机由三菱重工业公司研制，布置在炮塔尾舱，安全性较好。后来法国“勒克莱尔”坦克也采用了相似的自动装弹机。装弹机为电驱动式，由弹仓、选弹装置、输弹机和推弹器等组成。输弹机可容纳 16 发炮弹，炮弹装在输弹带上。在装弹时，向自动装弹机输入弹种数据，输弹带将炮弹送到装填位置，推弹器将选出的炮弹推入炮膛。从第 1 发炮弹发射完毕到第 2 发炮弹装填完成需时 4 秒，按此速度每分钟可发射 15 发炮弹，但实际射速为 6 发 / 分。弹药从车内补充，也可从炮塔顶部的舱口补充。弹药采用半可燃性药筒，弹药发射后剩下的只是一个底壳。炮弹发射后，炮管回到水平位置，由自动装弹机装弹，然后又恢复到发射位置。值得一提的是，这种自动装弹机经常发生故障（故障率为 5%），以至于精挑细选的展示车有时都不免会出“洋相”。

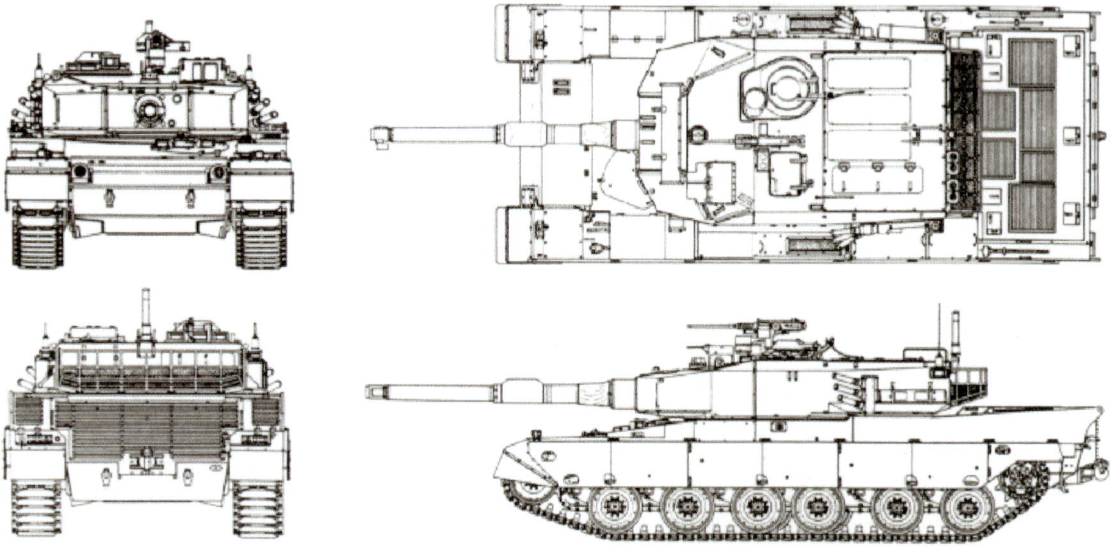

上图 90 式主战坦克四面视图

当然，“过分时髦”的火控系统是 90 式主战坦克的另一个特点，也为这种坦克的“超豪华”之说提供了足够的谈资。具体来说，该坦克装有性能先进的火控系统，由观察瞄准装置、测距仪、弹道计算机、直接瞄准装置和指挥仪式瞄准装置构成。车长有 1 个装在炮塔右侧上部指挥塔前方的独立稳定式 360 度回转的潜望式瞄准镜，为双目式 L 型，放大倍率为 10×，内装掺钕钇铝石榴石激光测距仪（测距范围可达 5000 米）；配有从炮长瞄准镜得到的目标数据监测装置，必要时可超越射击。炮长潜望式瞄准镜装在炮塔上部左侧，为高低向独立稳定的单目周视潜望镜，放大倍率 10×，内有热成像夜视装置和掺钕钇铝石榴石激光测距仪；还有 1 个辅助直接瞄准镜，为单目式 L 型，放大倍率为 12×，内装夜视显示装置。该坦克的瞄准系统分为直接瞄准和指挥仪式瞄准两种方式。直接瞄准是按照常规的瞄准方法来捕

上图 90 式主战坦克更多是一种技术堆砌的产物，74 式坦克设计中曾有的那种灵气在 90 式上已经消散许多

捉目标，而指挥仪式瞄准系统可实现行进间射击。由于安装了超越控制装置，即使在炮长发现目标并进行瞄准以后，车长若再发现其他目标构成更大威胁时，还可使炮长的目标自动改成车长发现的目标，即应用该装置可在对一个目标射击的同时还可瞄准其他目标。在车长瞄准镜内还附带稳定型导向器，车长戴上头盔后，接通镜的开关，车长瞄准镜便可和炮管联动，即炮管和车长的脸部总保持方向一致。该坦克的火控计算机装在炮塔的尾部，该计算机可根据横风传感器测得的数据，以及目标距离、弹种、视差修正量、耳轴倾斜、药温、炮膛磨损、大气压力、目标未来位置及其修正量的数据来计算火炮的瞄准角和提前角，使瞄准镜十字线自动装定。该坦克采用被动式红外热成像装置，可把敌坦克放射的红外线通过高灵敏度红外电视将画面显示在荧光屏上，可同时进行目标瞄准，也可自动跟踪。

起初，由于日本政府和主承包商三菱重工业公司对 90 式坦克讳莫如深，使得它蒙上了一层神秘的面纱。再加上在 1998 ～ 2004 年世界主战坦克排行榜上均居第三位，一时间日本坦克已跻身于世界最先进坦克之列的说法不胫而走。然而，从今天的视角来看，也许人们对 90 式主战坦克部分技术的先进性是肯定的，但将之推到一种过分吹捧的“高位”却未必是合适的——坦克体现的毕竟是一种综合实力，远非先进技术的简单堆砌这般简单，而作为一个战后从未在作战行动中使用过任何一辆坦克的国家，难道就能创造奇迹么？

结语

尽管拥有长期排位“世界三甲”的 90 式“超豪华”主战坦克，但到了 2010 年 7 月 11 日，日本陆上自卫队富士学校还是向人们展示了新一代的 10 式主战坦克。虽然从目前的情况分析，10 式主战坦克并非是一种技术革新之作，在某种程度上只是 90 式主战坦克的“Bug 剔除版”和“减重版”（10 式全长 9.42 米，宽 3.24 米，高 2.3 米，战斗重量 44 吨。相比之下，90 式坦克重约 50 吨，全长 9.8 米，宽 3.4 米，乘员 3 人。两者采用了完全一致的 44 倍径 120 毫米滑膛炮，火控系统技术也类似，只有车辆电子系统随着时代进步经历了“升级”）。但这样一来，传递给人们的信息却更值得寻味——在世界各主要坦克生产国换装计划早已“冻结”的今天，日本人为什么要造这样的一辆 10 式主战坦克？

上图 训练中的 10 式主战坦克

日本坦克的技术特点

日本虽然在第二次世界大战中已经跻身主要坦克生产国行列。然而，由于“脆弱和不成熟的工业”，二战中的日本坦克不但产量不足，而且质量低劣，与苏、德、美、英等国相比，实际上处于二流水平。不过，战后的日本坦克工业经历了恢复和发展，在吸收了西方技术和结合自身的设计要求后，其坦克技术呈现出一些颇为值得注意的特点。

上图 日本在第二次世界大战中已经跻身主要坦克生产国行列

坦克外形轮廓小

日本坦克与美国和西欧坦克相比，体积小、重量轻，颇具日本特色。这主要是由于日本坚守传统的坦克设计思想，在重视优先发展火力，不断提高机动性和防护性的同时，强调使坦克性能适合本国的战略和自然环境，以及日本人体形等要求，因此，日本坦克严格限制车重和外形尺寸，确定了体积小、重量轻的设计原则。针对 61 式、74 式坦克，为了控制车重，适当减薄了装甲厚度，力求减轻各部件的重量（61 式坦克重 35 吨，74 式坦克重 38 吨）。这虽然较适合国情，但是坦克的装甲防护性能却受到一定的削弱。针对这一弱点，74 式坦克用良好的防弹外形相应地予以弥补。在控制外形尺寸方面，以降低车高为主。61 式坦克车高 2.49 米，74 式坦克的车高仅 2.25 米，借助液气悬挂装置还可降低 200 毫米，是世界上有旋转炮塔的同代坦克中最低矮的。90 式坦克的车高为 2.34 米，而德国的豹 II 为 2.46 米，美国的 M1 为 2.38 米，M1A1 为 2.44 米。从 74 式坦克开始，日本对坦克外形尺寸的要求有些放松，但 90 式坦克的车宽和车长仍比 M1 和豹 II 坦克的相应尺寸小。90 式坦克的外形酷似豹 II，但其外形尺寸比豹 II 小一圈。炮塔为小型，呈扁平状，总体结构的紧凑性超过了豹 II。随着采用各种先进技术，日本坦克的重量开始逐渐增大，90 式坦克达 50 吨。但世界上同代坦克的重量，除俄罗斯外，普遍超过 50 吨，因此日本坦克的车重仍属较轻。

上图 日本坦克与美国和西欧坦克相比，体积小、重量轻，颇具日本特色

上图 由于车体外形轮廓矮小，在业内对 74 式坦克的设计评价很高

坦克炮和弹药依赖引进技术

迄今为止，日本坦克的火炮和弹药的发展仍然主要依赖西方技术。早在 74 式坦克上装备的英国维克斯公司制 L7A1 型 105 毫米 线膛炮，就是北约组织的标准坦克炮，后由日本按专利特许生产的。其配用的脱壳穿甲弹也是从英国购买的，后改为美式 M68 105 mm 坦克炮的配系弹药。90 式坦克的 120 毫米滑膛炮是按德国莱茵金属公司的 RH120 L44 120mm 滑膛坦克炮专利特许生产的，其配用的尾翼稳定脱壳穿甲弹和多用途破甲弹也是该公司的

专利特许生产。不过由于自恃民用制造工艺水平较先进，出于民族自尊心等方面的考虑，日本人曾力图在 90 式坦克上安装本国研制的主炮和弹药，90 式坦克研制之初就由日本制钢所负责研制。1978 年开始进入研制阶段，采取分段研制办法。先在 L7A1 105mm 线膛坦克炮基础上试制 105 毫米滑膛炮，再试制 120 毫米滑膛炮。在 1982 ~ 1984 年第一次生产的两辆样车上，安装了日本制钢所研制的火炮，使用的是日本生产的弹药。在 L7A1 105mm 线膛炮基础上扩膛而来研制的 120 毫米滑膛炮样炮在弹丸初速度、膛压等方面均达到了指标要求，只是穿甲深度和身管寿命比德国的逊色很多。至于尾翼稳定脱壳穿甲弹和多用途破甲弹，虽然勉强达到了性能指标要求，但与原装备的德国货相比却逊色不少。日本实际上在冲击大口径高性能坦克炮的道路上彻底失败了。不过需要注意的是，即便如此，日本人一直并未间断对这种坦克炮和弹药的研发和技术储备，以便为其新一代坦克进行积累。

上图 74 式主战坦克采用引进的 L7 105mm 线膛坦克炮

全电式炮控、自动装弹机和液气悬挂起步较早

日本在 74 式坦克上采用的全电动式火炮和炮塔控制装置，使用了一台惯性小、灵敏度高、效率高的电动机，这是三菱重工业公司在改造了民用机床的低惯性调速电机（自动控制电动机）后制成的。他们还成功地应用了自制的控制大电流的 200 安的晶体管。就自动装弹机而言，日本早在研制 61 式坦克时就开始研究自动装弹装置。后在 74 式坦克上安装了一种半自动供弹机。最终在 90 式坦克上开始采用一种全自动装弹机，将炮弹分上下两层排放在尾舱内的弹带上，弹带水平移动，保持装填位置，沿轨道装填。炮弹的存储、选弹和装填均由电子计算机控制。74 式坦克采用液气悬挂装置，当时曾引起国内外的极大关注。很明显，采用液气悬挂装置的 74 式坦克可通过变换车姿来适应山地岛国的地形条件，较大地提高了越野机动性，使越野平均速度达 35 千米 / 小时，有利于发挥坦克的三大性能。这种可调式液气悬挂装

上图 全电动式火炮和炮塔控制装置、混合式液气悬挂等技术均首先应用于 74 式主战坦克上

置完全是由日本自行研制的，其空气液压装置引用了飞机油压缓冲装置和空气压缩机等其他领域的技术成果。至于 90 式坦克，采用的是液气和扭杆混合式悬挂装置，这是一种完全独立的悬挂装置，体现了日本在坦克悬挂技术上的飞跃发展。

独到的二冲程发动机

战后日本发展的坦克发动机别具特色。61 式坦克的 12HM21WT 发动机虽为一种四冲程 12 缸 V 型 90 度风冷直接喷射废气涡轮增压柴油机。但三菱重工业公司在该机的研制阶段曾对风冷与水冷和四冲程与二冲程形式的选择上进行了反复研究。在冷却形式的抉择上，为适应在沙漠地区和严寒气候下使用要求，采用了风冷式。在决定发动机冲程类型时，最初曾考虑采用二冲程，虽然经过研制，但性能仍不理想，因此确定采用四冲程结构。不过对二冲程形式的研究工作并未因此而终止，1962 年制成了 4 缸机，为研制 61 式坦克的下一代即 74 式主战坦克用的二冲程发动机奠定了基础。

上图 在决定 61 式发动机冲程类型时，最初曾考虑采用二冲程，虽然经过研制，但性能仍不理想，不过对二冲程形式的研究工作并未因此而终止

上图 三菱重工业公司 61 式坦克的研制阶段就曾对风冷与水冷和四冲程与二冲程形式的选择上进行了反复研究

74 式坦克采用的三菱 10ZF 型发动机是世界上二冲程坦克柴油机中唯一采用风冷方式的。10ZF 发动机是以三菱重工业公司在第二次世界大战期间研制的高速鱼雷艇上应用的二冲程水冷柴油机为基础发展而来的，并在当时的PB报告有关风冷文章的启迪下，将水冷改进为风冷，1960 年制成了 4ZE 型样机。该机为 4 缸机，功率为 147 千瓦（200 马力），缸径与行程为 125mm × 125mm，采用了鲁茨扫气泵与废气涡轮串联布置的传统方式，使发动机体积增大，不能体现风冷发动机的结构紧凑的优点。三菱重工业公司经过对二冲程废气涡轮增压发动机通常采用的几种方式进行了分析对比研究后，在 10ZF 发动机上采用了机械传动废气涡轮增压的方式。4ZE 型样机对 ZF 系列发动机的研制起到决定性作用。10ZF 型发动机的研制工作从 1964 年开始，1967 年制成样机，同年 8 月装在部件试验样车 STT 上进行试验。经过对该机进行基本性能、多种燃料的可用性和装车等试验均取得满意效果后，于 1969 年 10 月正式定型。74 式坦克所用的 10ZF22WT 为

一种二冲程 10 缸 V 型 90 度直接喷射机械传动废气涡轮增压中冷风冷柴油机。

上图 74 式、90 式相继采用二冲程发动机

10ZF22WT 进排气管均设在气缸排外侧，扫气口设在缸套中部。2 个喷油泵装在左右气缸排的后部。2 个轴流式风扇垂直布置于 V 形夹角的上方。发动机的左右两侧各装有 2 个铝制管式机油散热器。2 个废气涡轮增压器装在左右气缸排的前部。启动电机装在发动机右侧后部。该机采用直接喷射 ω 型燃烧室，能用柴油、JP4 煤油和汽油等多种燃料。最高爆发压力可达 11.8MPa（120 千克 f/cm^2），在转速为 2000 转 / 分时发动机功率为 640 千瓦（870 马力），但由于 2 个风扇在全负荷时大约消耗功率为 88 千瓦（120 马力），因此净输出功率为 551 千瓦（750 马力）。缸盖为一缸一盖式，每个缸盖由两部分组成，上半部是铝合金铸件，下半部为钢制的燃烧室，用排气门座螺纹将两部分连接在一起。气缸套是钢制的，缸盖在热状态下通过螺纹与气缸连接成一体。由于该发动机采用了直流扫气，扫气口开在缸套中部，因此散热片的单位功率散热表面小，仅为 0.016 米 ^{2}/ 马力，不及该公司四冲程风冷发动机散热面积（0.033 米 ^{2}/ 马力）的一半。因此，存在发动机冷却不足的问题，尤其是缸盖与活塞的热负荷过大。为增强抗热负荷能力，都采用了组合式油冷结构。缸盖上制有田字形冷却油路和旁通路，能使 4 个排气门座和喷油器四周普遍得到冷却。采用这种冷却方式，冷却机油带走燃油总热能的 2% ~ 3%。曲轴箱为铝合金铸件，各部分有加强筋。气缸的紧固螺栓一直深入到曲轴箱的主轴承附近，以改善曲轴箱的受力状况并提高刚性。主轴承盖为铝合金锻件，通过垂直方向和水平方向的螺栓装在曲轴箱轴承座内，采用干式油底壳。

值得注意的是，该机在结构上有系列化、采用机械传动废气涡轮增压和适合多种燃料特点，通过变化缸数后形成 10 缸、6 缸和 4 缸机型的完整系列。各种机型在结构上大体相同，都采用 V 型 90 度夹角气缸体，缸径与行程均为 135 毫米和 150 毫米，具有同样的燃烧系统、增压方式和冷却方式，因此零部件的通用性强。之后以 10ZF 为基础，改变气缸数，以形成 V 型 4 缸、6 缸、10 缸的 ZF 系列，适应多种装甲战车应用。10ZF22WT 发动机与同时代其他一些国家装备的坦克发动机相比较，整体性能较差，如体积大、单位体积功率低、燃油消耗率高和热负荷高。在 ZF 系列之后，日本又继续发展了 ZG 系列二冲程坦克柴油机。ZG 系列柴油机由 4ZG、6ZG、8ZG 和 10ZG 共 4 种机型组成，为日本战后自行研制的第三代装甲战车用的发动机。日本在 74 式坦克定型（1974 年 9 月）的同时就开始了下一代主战坦克 TK-X 的研制工作，其动力装置仍由三菱重工业公司负责研制。尽管当时美国的新一代主战坦克已有采用燃气轮机的可能，但公司注意到燃气轮机有油耗高的问题，因此仍然坚持发展高速高增压中冷二冲程柴油机。该公司在 1970 ~ 1976 年间成功地进行了 ZG 组成的完整的 ZG 柴油机系列。由于该系列柴油机采用了高压比的 2 级涡轮增压中冷，放弃了传统的风冷形式而采用水冷形式，虽然气缸尺寸与ZF的相同，但单缸功率却提高了1倍，由55.1千瓦（75马力）提高到110.3千瓦（150马力），平均有效压力已接近二冲程柴油机的理想值。单缸试验表明，采用水冷以后，输出功率可提高13%，缸心距可减小15%。90式主战坦克将用10ZG32柴油机，该机体积与10ZF发动机相同，而输出功率却从551.5千瓦（750马力）提高到1103千瓦（1500马力）。虽然在二冲程发动机中，ZG的水平已经较高，但由于无法克服二冲程发动机的一些固有缺陷，日本在其10式坦克实验车中又转回传统的四冲程柴油机路线。

火控系统技术先进

由于日本坦克数量有限，在与假想敌的作战中，很可能面临以寡敌众的境况，所以日本战后坦克对火控系统技术的投入花了不少本钱，水平不低。以74式坦克为例，该火控系统采用扰动式控制方式。弹道计算机的功能比较简单，仅计算距离、药温、静态倾斜角、炮膛磨损、视差及两种弹种对火炮的高低角修正，只配用了距离传感器，距离数据由测距仪自动测定并输入计算机。其他弹道修正数据均不用弹道传感器测定，而由人工估测，手动输入计算机。对运动目标的射击依靠车长目测提前量，命中率较低，因此该系统只适合于从静止坦克射击固定目标。虽然配用了火炮稳定系统，可保持火炮在行进间稳定跟踪目标，但稳定精度不高（约3mrad）。该火控系统在设计思想上突出了车长的作用，激光测距仪和弹道计算机主要供车长操作使用，因为车长在坦克中的位置最高，便于快速和准确地捕捉目标，确定和执行战斗方案。这不同于由车长担任搜索和指挥决策，炮长负责对目标跟踪、瞄准和射击的豹式坦克。

该火控系统的操作程序如下：①车长发现目标，通知全车乘员，同时操纵炮塔控制旋转手柄，将火炮指向目标；②车长选择和识别目标，向炮长和装填手发出指令，装填手选择弹种，如果车辆在行进，则接通火炮稳定系统开关，车长按下激光测距仪按钮进行测距；③弹道计算机根据自动输入和手动输入的数据确定火炮的瞄准角，炮长通过控制装置控制火炮重新指向目标，或使火炮跟踪运动目标；④车长将目测运动目标的提前量通知炮长、炮长进行火炮微调，车长下达射击指令，同时观察弹丸的轨迹和弹着点，装填手准备下一发炮弹。至于90式坦克的火控系统，则是在74式坦克火控系统的基础上发展而成的，性能比74式先进，精度比74式高。采用类似M1和豹II坦克火控系统的指挥仪式控制方式；弹道计算机用小型或微型数字式计算机代替74式中的模拟计算机，且功能比74式多；

上图 90式坦克的火控系统是在74式坦克火控系统的基础上发展而成的，性能比74式先进，精度比74式高

用二氧化碳激光测距仪代替红宝石激光测距仪；用热成像被动夜视瞄准镜代替74式的主动红外夜视瞄准镜；弹道传感器配用了炮耳轴倾斜、风速和炮口校正传感器；稳定系统增加了瞄准镜稳定装置。因此，该火控系统可以从静止或行进的坦克射击固定目标或运动目标，并且首发命中率和反应时间都比74式系统的好。火炮随动于瞄准线，稳定所需的能量少，精度高。车长还备有超越控制装置。炮长的瞄准潜望镜内装有被动热成像自动跟踪装置和激光测距仪，可将图像显示在炮长和车长座椅前的监控器上。电子计算机提取目标区的对比度、面积和重心等数据，判断追踪的目标和射击距离。被动热像仪的工作波段为10 Um，在黑夜或雾、雪天气里也可以识别目标。火控系统、观察系统和自动装弹机均由电子计算机进行系统控制。

变速转向系统技术扎实

变速转向系统技术扎实是战后日本坦克技术的一个突出特点。90式与10式坦克的变速转向系统均达到了时代背景下的最高技术水平。比如，90式坦克变速转向机构主要由带液力变矩器的行星式自动变速箱、静液式动力再生型转向机构和油冷多片制动机构组成，具有变速、转向和制动3种功能。为了能在水中行驶，各部件采用了水密封措施。变速箱为带液力变矩器的电子控制式自动变速箱，有4个前进挡，2个倒挡，可以用4挡起步。起步以后，可以根据燃油踏板位置和车速自动变换离合器，1 ～ 4挡均可自动变速。在4挡行驶阻力小时，依据液力变矩器的作用，发动机的动力可以只通过齿轮排（机械系）来传递。由于液力变矩器和自动变速的原因，车辆的起步和加速都可通过油门踏板来完成。液力变矩器在由多个工作轮形成的环形工作腔内，利用液体来传递动力，并能随负荷的变化自动无级地改变扭矩和转速的液力元件。最简单的液力变矩器由3个工作轮组成，主要包括与发动机相连的油泵轮，与输出部分相连的涡轮，以及作为外力矩支点的导轮。油泵轮将机械能转换成液体动能，涡轮将液体动能转换成机械能，导轮不做机械功，无能量间的转换，但可改变通过它的工作液体的动量矩，从而使液力变矩器具有变矩能力。液力变矩器已在自动变速车辆上广泛采用。变速转向机构设有用于保持2挡变矩状态的强制2挡，以使在变速控制或电气系统出现故障时，也能进行正常的操作。该变速转向机构的传动过程是，发动机的动力从输入齿轮装置经过液力变矩器传递到变速装置，然后由行星式侧传动机构传递到输出轴。在液力变矩器的闭锁离合器工作时，来自发动机的动力

上图 90坦克变速转向机构主要由带液力变矩器的行星式自动变速箱、静液式动力再生型转向机构，以及油冷多片制动机构组成，具有变速、转向和制动3种功能

从输入齿轮经过闭锁离合器直接传递到变速装置。

转向机构采用静液控制的双差速方式。与74式坦克转向机构相比，转向时起到使左右履带产生速度差作用的转向离合器和差速齿轮改变成了转向用液压油泵及马达。发动机的动力在通过液力变矩器分为前进动力和转向动力以后，转向动力通过液压油泵及马达的静油压传递。转向通过改变转向装置的液压油泵的流量和斜板倾斜方向即控制液压马达的转速和旋转方向来实现。转向时，发动机的转向动力由转向装置的液压油泵及马达传给左右侧传动机构的行星齿轮装置，与来自变速装置的动力汇合传给输出轴。中心转向只能在变速开关的N（空挡）或ST（中心转向）位置进行；中心转向位置与空挡位置相比，可以实现中心转向，且不受地形和地貌的限制。转向机构的转向比及转向半径是：前进1挡，转向比为1.92，转向半径约为4.5米；前进2挡，转向比为1.44，转向半径约为1.6米；前进3挡，转向比为1.26，转向半径约为9米；前进4挡，转向比为1.17，转向半径约为15米；倒1挡，转向比为2.40，转向半径约为3米；倒2挡，转向比为1.31，转向半径约为8米。侧传动机构装在车体后部两侧，通过齿轮连接器连接在变速转向机构上，用于驱动主动轮。侧传动减速比为3.50。制动器由行驶中使用的工作制动器和停车时使用的停车制动器组成。制动器为湿式多片式，用于制动左右两侧输出轴。工作制动器为脚踏式，靠液压控制制动盘。停车制动器为手拉机械式，利用储备在制动油缸内的弹簧力控制制动盘。90式坦克传动装置的总减速比分别为：前进1挡，17.05；前进2挡，9.78；前进3挡，6.23；前进4挡，4.18；倒1挡，22.19；倒2挡，7.27。

上图 变速转向系统技术扎实是战后日本坦克技术的一个突出特点。90式与10式坦克的变速转向系统均达到了时代背景下的最高技术水平

10式坦克的变速转向机构在通过无级变速和静液双差速方式来连续改变转向比方面是世界坦克之最。液压油泵有变速和转向用的两种。该坦克的变速装置为静液机械式无级自动变速箱，采用了液压油泵和行星齿轮的组合方式。其离合器和换挡操作都不需要，可

上图 10式坦克的变速转向机构在通过无级变速和静液双差速方式来连续改变转向比方面是世界坦克之最

以自动地无级变速。据说，该变速箱的功率变换效率最大为85%。变速装置用于机械系传递动力，装有4挡离合器和前进倒车离合器，在理论上可以实现前进倒车等速。动力分两路传递，一路是经过变速离合器和齿轮机构的机械系，另一路是经过变速用液压油泵及马达的液压系。两路动力经过行星齿轮机构汇流，前进动力传递给左右两侧的差速器。该型转向机构与90式坦克的相同，为静液双差速方式。因为采用了无级变速，所以并不存在74式和90式坦克的各变速挡位最大转向比的限制，而且由于采用了转向液压油泵及马达，因此可以任意调整左右履带的速度差，从前驶到原地转向的转向半径也可以自由变化。中心转向通过改变为专用的变速方式来实现。制动器也采用了与90式坦克相同的湿式多片式。

上图 10式坦克

结语

日本学者清水几太郎在20世纪80年代讲过："等日本解除了战后各种错觉和禁忌，建立起与经济力量相符的军事力量之后，自然也就会产生巨大的政治力量"；"如果日本有了与经济力量相称的军事力量，那些真正了解军事力量含义的国家就不会忽视这一点，他们就会让步，就会小心行事，早晚会对日本表示尊敬"，那时日本就"可以成为堂堂的大国"。也正因如此，作为一种重要的陆上作战装备，日本在坦克技术方面的进步和动态理应引起人们的注意。

以色列篇

以色列坦克的百年发展

以色列是一个身处四战之地的弹丸之国，然而正是这样一个国家，却与周边强邻打了一场连绵半个多世纪的“中东装甲战”，并在这一过程中，不但实现了自身“装甲文化”的飞跃，更成为了一个举足轻重、影响力深远的坦克生产国。

上图　装 105 毫米低膛压坦克炮的 M51“超级谢尔曼”

“白手起家”——以色列坦克发展史（1）

从对“谢尔曼”的修修补补起家

今天以色列国防军（IDF）装备之精良、作风之顽强、战力之强悍是得到了举世公认的。不过，如果将时光回溯60年，情况却大不一样——

与1973年赎罪日战争时，美国不惜抽调现役装备支援以色列的情况完全不同，第1次中东战争中的以色列国防军（IDF）还没有得到美国的如此垂爱，来自美国官方的军事援助可以说根本就不存在。纵观战争初期的形势，阿拉伯国家处于十分有利的地位，以色列军队节节败退。以军的将领惊呼，以色列军队无法抵挡阿拉伯国家军队的进攻，全军已处于崩溃边缘。为扭转战局，以色列总理急电以色列驻联合国代表埃班说：“以色列急需几周的时间来重新组织和装备军队”“以色列需要立即停火”。1948年6月11日，在美、苏、英等国的斡旋下，阿、以双方达成了临时停火协议，利用这一难得的喘息机会，以色列抓紧运入了那些神通广大的采购人员在捷克斯洛伐克、法国、美国、意大利、瑞士和南斯拉夫等地以各种名目购买的军火，相当数量的M4“谢尔曼”坦克就在这种情况下被运进了以色列。

1948年5月，以色列从二手武器黑市上购买了10辆安装有37毫米炮的法制“霍奇基斯”39.H轻型坦克，但直到1948年6月11日达成临时停火协议后，才趁着这一珍贵的窗口时机，从南斯拉夫起运，于1948年6月17日抵达特拉维夫以北的一个小港口。利用这批二战前生产的老式法国坦克，1948年7月，以色列陆军组成了第一个

上图 曾经服役于以色列军队的原版M4A4“谢尔曼”

上图 1953年9月，出现在特拉维夫一次阅兵式上的以色列国防军第7装甲旅M4A2

坦克营——第82装甲营（第82装甲营实际上只有两个连：一个连由10辆“霍奇基斯”39.H轻型坦克和从苏联犹太移民中挑选出的参加过二战的坦克兵组成；另一个连由2辆“克伦威尔”、1辆在大战中北非战场上为英军所遗弃的M4A2“谢尔曼”和来自英国、南非的志愿军组成）。然而，相对于所面临的战争形势而言，以色列装甲兵的这点家当仍然只是杯水车薪，无论是数量还是质量上都远远不够。所以尽管到了1949年7月，第一次中东战争（以色列独立战争）以以色列人的惨胜结束（阿拉伯国家军队死亡1.5万人，以色列军队死亡约6000人），战略形势有所好转，但以色列人深知他们是生存时刻受到威胁的，眼前的停火只不过是另一场战争的前奏，所以在全世界范围内四处搜罗武器对以色列人来说仍然是一件事关存亡的头等大事。

也正因如此，作为当时世界上扩散范围最广、数量又最为可观的战争剩余物资，散落在世界各地的M4“谢尔曼”自然成了以色列特工的重点关注目标。在1948年7月18日，第2次停火令生效之前，以色列人签下了最大一笔军火单子——以非战斗物资的名义，从意大利购入了约100辆

美国库存在那里的 M4（105）“谢尔曼”坦克。有意思的是，以色列人弄到的这些“谢尔曼”是 M4 系列中十分特别的一个型号，其底盘部分与 M4A2 完全一致——焊接式车体、铸造式炮塔及烧汽油的莱特旋风 R975E-C2 星型空冷航空发动机（420 马力），但不同之处在于装有一门 105 毫米短身管榴弹炮，与那些装备 M1 76mm 或是 M2 75mm 炮的型号相比，这种主要用于火力支援的“谢尔曼”十分稀少。不过受国际武器出口条约限制，在按废铁价卖给以色列军火走私贩子之前，美国人不但拆除了坦克上的辅助武器，还在 105 毫米短身管榴弹炮上凿了孔（美国人较起真来倒是认真的可爱）。更倒霉的是，由于国际武器禁运的原因，这批坦克启运时阿拉伯联军的盟主埃及已经与以色列在希腊的罗得岛签订了停战协议，以至于这批“谢尔曼”运抵以色列时没能赶上参加战斗（事实上这些“谢尔曼”也没有战斗力，的确称得上是非战斗物资）。但即便如此，以色列人还是在 1949 年 5 月 7 日建国一周年的阅兵式上展示了他们的 M4“谢尔曼”坦克——当然，炮管上的凿孔处被堵上了黏土，并喷上金属漆迷惑外界，直到阅兵式后才在以色列技术人员的努力下，将一些状况较好的 M4（105）用金属件补齐了炮管上的凿孔，使其可勉强使用。另有 6 辆 M4（105）换装了从瑞士弄来的 Pak39 75mm/L48 坦克炮——这批炮原本是瑞士人为自己从纳粹德国进口的“追猎者”坦克歼击车额外订购的备用火炮，在卖给以色列人的同时每门炮还很厚道地附送有 Gr38HL 型空心装药高爆弹和 Pzgr39 型被帽穿甲弹各 100 枚。虽然修修补补、东拼西凑的样子有点狼狈，但对“谢尔曼”的修修补补却成了日后以色列坦克工业的一个起点。

上图 基于 M4 底盘的 155 毫米自行榴弹炮

上图 基于 M4 底盘的 M66 160mm 重型自行迫击炮系统

不老传奇——“超级谢尔曼”

在凭借对搜罗来的二手坦克勉强应付过了第一次中东战争之后，获得真正“顶用”的现代化坦克成为以色列的当务之急。1952 年 9 月，以色列人的军事考察团详细考察了这种极具特色的 AMX-13 轻型坦克，近距离接触后的结论却是毁誉参半。赞同者认为，在现有条件下，AMX-13 是以色列马上能够获得的唯一“现代化”坦克（英国人认为向以色列出售坦克要比出售战斗机更会刺激到阿拉伯人，不过最后他们连飞机也没卖给以色列人），况且 AMX-13 装备的 CN-75-50 坦克炮将能够有效应对以色列当前面临的威胁（CN-75-50 就是法国版 75 毫米口径 KwK 42 L/70，但法国人改进了弹药，使用了更短的药筒）。事实上，这种对 CN-75-50 的看法非常具有现实意义——阿拉伯人即将得到大批苏制坦克（以二战中的型号为主），而二战中的无数次战例已经证明，75mm KwK 42 L/70 炮可以在 1550 米的距离上有效击穿任意角度的 T-34/85、SU-85 和 SU-100（甚至有在 2200 米距离上的摧毁记录），在 800 ~ 1000 米距离上则有把握击穿 IS-2 的车体首上装甲，甚至对埃及人可能获得的 IS-3 也能构成威胁。但反对者却认为，AMX-13 设计于 1946 年，整体设计理念落后，本质上属于国力不足条件下企图以低成本来单独突出某方面性能的产物，特别是过于薄弱的装甲防护非常不适合兵源短缺的以色列，况且此前法国已经卖给了埃及人 60 辆 AMX-13，所以以色列需要重一点的、装甲防护更好、火力更强大的坦克，而不是这种哗众取宠的薄皮货。

事情最终的解决是折中式的——一方面，法国人在卖给以色列人100辆AMX-13、60辆AMX-13/105自行榴弹炮、150辆M3半履带装甲人员输送车的同时，以赠品的方式附送了60辆M4A1E3、40辆M4A1E8，以及数量不明的大批配件；另一方面，按照绝对数量来说，“谢尔曼”已经是当时寒酸的以色列装甲部队的绝对主力车型，再加上M4虽然是一个战时设计，但车体坚固耐用，装甲防护要远远高于AMX-13，所以将CN-75-50移植到M4的想法也就油然而生。经过简单的计算，以色列人认为这是可行的。所以以色列方面以AMX-13备件的名义进口了远远多于常规需要的CN-75-50，并向法国的布尔日兵工厂（Bourges Arsenal）求援，为谢尔曼坦克设计一种可安装75mm CN 75-50坦克炮的改进型炮塔，同时法国人答应额外赠送的100辆M4A1陆续到货更是令以色列人不禁喜出望外（这批坦克的车况相当不错），于是对这种老式坦克的改造在1953年便开始了。在以色列人手中大把耀眼法郎的刺激下，老牌的布尔日兵工厂很快令顾客满意而归——1954年8月，2个装CN-75-50 75mm坦克炮的改进型炮塔制造完毕。

上图 馆藏于俄罗斯库宾卡坦克博物馆的M51“超级谢尔曼”(该车在“赎罪日战争”中被叙利亚军队缴获，然后被苏联军事顾问运回国内)

从外表上看，火炮的防盾突出于炮塔，防盾与炮塔之间用帆布覆盖。炮口安装类似于AMX-13轻型坦克火炮的炮口制退器。炮塔两侧各有两个烟幕弹发射器。此外，改进的项目还包括弹药抛壳系统、用含铅的铸造配重块代替装在炮塔后边的焊制钢质配重箱、与AMX-13完全相同的炮长望远式瞄准镜，以及新型供弹系统等。由于时间紧迫，这两个炮塔很快被装配到了底盘上，不过多少有些让人奇怪的是，或许是找不到合适的底盘，布尔日兵工厂将其中的一个炮塔装在了M10坦克歼击车的底盘上充数（另一个则搭配了M4A2的车体），但无论如何，实车试验的结果令以色列方面极为满意，于是下达了成批的订单。1955年12月，以色列人开始利用首批从法国运来的CN-75-50改进型炮塔组装自己的“萤火虫”——M50“超级谢尔曼”。有意思的是，由于手中大部分现成的“老谢尔曼”都正在接受制式化改装，所以这些CN-75-50改进型炮塔被安装到了由法国人提供的那些散件组装成的M4A4底盘上——这与其模仿对象“萤火虫”的做法如出一辙。尽管仍有夸大之嫌，但与之前所谓的M1/M3“超级谢尔曼”相比（M1和M3型“谢尔曼”实际上是将动力统一为莱特旋风R975E-C2或是福特GAA V8两种汽油机，将火炮统一为M1 76mm或是M3 75mm两种坦克炮后的以色列“谢尔曼”统称），M50这个“超级谢尔曼”多少还算是名副其实一些，至少用于正面对抗T-34/85、SU-100还是有把握的。

上图 以色列国防军在苏伊士运战争结束后的一次阅兵式上，炫耀他们新得到的M50“超级谢尔曼”(第一批生产出的50辆M50“超级谢尔曼”优先装备了精锐的第7装甲旅)

第一批次的50辆M50“超级谢尔曼”采用了M4A4的底盘（除了苏伊士运河战争前交付的18

上图 1957 年，以色列国防军第 7 装甲旅的 M1/M3“超级谢尔曼”开始撤离西奈半岛

上图 参加 1967 年“六日战争”的 M50“超级谢尔曼”

辆外，剩余的 32 辆陆续在 1956 年月 12 月到 1957 年 2 月出厂），然而这个说法其实并不完全准确，由于这些 M4A4 底盘实际上是以法国人提供的散件组装而成，因此与标准的 M4A4 在动力系统方面有着很大不同——原版的 M4A4 实际上是因为 M4A3w 的福特 GAA V8 发动机产量不足，临时将 5 台克莱斯勒 A57 6 缸卡车汽油发动机并联起来作为替代品的产物，但以色列在将这些 M4A4 散件组装起来的过程中，为了最大限度地实现与现有“谢尔曼”车队的通用性（也是从可靠性方面考虑），以色列人用手头的莱特旋风 R975E-C2 星型空冷航空发动机替换掉了“玩笑式”的克莱斯勒 A57X5。然而即便如此，实战经验还是告诉以色列人，在中东战场上的坦克使用汽油机是极不明智的。另一方面，由于时间紧迫，头一批次的 M50“超级谢尔曼”并没有像大部分 M1/M3“超级谢尔曼”那样为行动部分换装 HVSS 水平螺旋弹簧悬挂及宽幅履带，而是依然沿用了原来的 VVSS 平衡式垂直螺旋弹簧悬挂系统和窄幅履带，

上图 参加 1967 年“六日战争”的 M51“超级谢尔曼”

在 CN-75-50 75mm 坦克炮的后坐力明显增大的情况下，无论是从机动性还是从底盘的承载能力来看，这批 M50“超级谢尔曼”的使用价值都被大打折扣（实战中，包括部分 M1/M3 在内，仍然使用窄履带及 VVSS 螺旋弹簧悬挂系统的“谢尔曼”在行动部分出现了大量维修问题，无论是前线部队还是后勤维修人员都苦不堪言）。

也正因为如此，以色列对生产线上的下一批 M50“超级谢尔曼”做了许多改进，但主要集中在为 M4A4 底盘换装 338 千瓦（460 马力）的康明斯 V8 柴油机，以及 HVSS 水平螺旋弹簧悬挂和宽幅履带上，到 1959 年 4 月，这一批次的 50 辆 M50“超级谢尔曼”交付使用。不过有意思的是，在该批次 M50 的生产过程中，以色列人发现 M4A4 底盘其实并非康明斯 V8 柴油机的最佳搭配对象——后车体带有大型散热器的 M4A3 才是。为此特意在 1959 年底用 M4A3 底盘改装出了一辆 M50“超级谢尔曼”进行了测试，结果出人意料，效果良好，所以从 1960 年开始，转而采用

上图 参加 1967 年“六日战争”的 IDF M51“超级谢尔曼”（西奈半岛）

上图 M1“超级谢尔曼”侧视图（由于资源有限，仍有相当一部分 M1/M3“超级谢尔曼”并未换装 HVSS 水平螺旋弹簧悬挂及宽幅履带）

上图 苏伊士运河战争前，正在进行整备的以色列第 7 装甲旅 M1/M3“超级谢尔曼”

M4A3 底盘（当然换装了康明斯 V8 柴油机，以及 HVSS 水平螺旋弹簧悬挂和宽幅履带）来搭配 CN-75-50 改进型炮塔——这样的 M50“超级谢尔曼”在 1958 ~ 1959 年之间，共生产了 80 辆（为此以色列从各种渠道得到了数百辆 M4A3 车体）。截止到 1967 年第三次中东战争爆发前，以色列国防军共拥有 220 辆分别基于 M4A3 和 M4A4 底盘的 M50“超级谢尔曼”。

有意思的是，M50“超级谢尔曼”远非“谢尔曼不老传说”的终结。英国政府在 1956 年第一次中东战争爆发后同意向以色列出售武器，急需重装备的以色列迅速将“百人队长”主战坦克列入了采购表的首位（这是当时英国人手中最好的坦克，比“萤火虫”强得多）。但在战争结束后，英国人又顾虑重重地延缓了坦克的交付时间。结果到了 1958 年，以色列只得一边向美国申请购买 100 辆 M47（结果遭到了拒绝），一边加紧生产 M50“超级谢尔曼”以保持装甲部队的规模和战斗力。后来英国人考虑到，虽然英军主力已全部撤离中东，但英国传统势力在这里的影响还是比较巨大的，而且从 20 世纪六七十年代开始开发北海油田，不怎么依赖中东石油，因此不必像法国那样刻意讨好阿拉伯国家。于是在 1959 年，开始向以色列交付第一批“百人队长”。

好笑的是，当千思百想好不容易盼来的“百人队长”到手后，当时仍然以所谓的 M1/M50“超级谢尔曼”为主要装备（当然还包括 240 辆令人厌恶的薄皮货 AMX-13），情形类似于“叫花子”的以色列装甲兵们却对这种现代化英制坦克并不满意。主要意见集中在 3 个方面，首先是“百人队长”坦克的机械和电气系统比“谢尔曼”系列坦克复杂得多，仍然没有走完草创时期的以色列装甲兵后勤维护部队操作起来有点吃力，加上基层坦克兵们要从美制设备转而适应英制设备，在习惯上也存在问题；第二个方面则针对“百人队长”的痼疾——战术机动性，英制流星汽油机功率有限，油耗高，坦克的燃料携带量也不足，因此“百人队长”坦克的速度和作战行程受到很大限制（因为同样的原因，以色列人正在忍痛淘汰掉所有使用汽油机的“谢尔曼”）；最后，由于“百人队长”是针对欧洲平原的季风海洋性气候条件设计的，高温多沙的沙漠作战环境对冷却系统和空气滤清器的要求则要高得多。因此，刚刚到达以色列的“百人队长”坦克发动机冷却系统及空气滤清器故障频频。当然，尽管有这样那样的不满意，但以色列装甲兵当时要解决的首先是有无的问题，他们不但没有富裕到可以把“百人队长”扔到一

上图 陈列于以色列坦克博物馆的 M50“超级谢尔曼”（火炮防盾外形与后来的 M51“超级谢尔曼”有着显著区别）

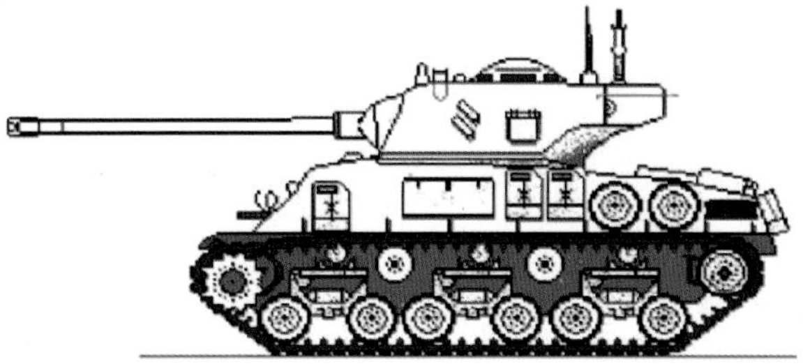

上图 M50“超级谢尔曼”侧视图

上图 1956年10月，以色列国防军第7装甲旅装备的M1“超级谢尔曼”

边不管的程度，甚至连那些“老谢尔曼”（当然以色列人的说法是“超级谢尔曼”）也还得继续升级，这就是M51“超级谢尔曼”的由来。

历史上的M4最大缺点是车体太高，比M26还高，车体被弹面积不是一般的大。而且作为一个仓促的战时设计，由于原计划是要安装星形航空发动机以降低成本，结果导致传动轴布置得很高，炮塔吊篮底板得在传动轴之上，这造成炮塔座圈整体超高，炮塔只有更高而且传动轴两侧的空间还基本只能放点油箱之类的东西。在这种情况下，如果要保留其本身炮塔大致结构和车体结构不变，安装CN-75-50这种级别的火炮实际已经是其极限了，要想在火力上再进一步，只能另辟蹊径。但以色列人很快就想到了办法。当然，这个办法没能脱离“换炮”的套路，但在怎么个换法的问题上却有了新思路——这次以色列人没打算再让“老谢尔曼”（或者说是“超级谢尔曼”）发射更强的动能弹（因为这不现实），而是想要在化学能破甲弹上打主意。如此一来，火炮口径与后坐力同步增加的矛盾也就得到了一定程度的缓解。如果主要以发射破甲弹为目标，那么为所谓的“超级谢尔曼”安装更大口径的坦克炮也就成为可能。不过，最初以色列盯上的法国105mm CN-105-F1式坦克炮（也就是AMX-30的主炮），身管长径比高达56倍，炮口初速度为1000米/秒，就这样装在“谢尔曼”坦克的炮塔上明显过长，初速度过高，车内根本缺乏所需的后坐空间。为此，以色列再次向法国布尔日兵工厂求助，提出修改CN-105-F1式火炮的要求，将炮管长度缩短1.5米（长径比降为44），使初速度降至可以接受的800米/秒，并能够发射以色列自己研制的105毫米破甲弹（105mm D1504式火炮可以发射OCC 105F1式非旋转稳定的空心装药破甲弹、60式榴弹、发烟弹和教练弹。破甲弹与法国AMX-30主战坦克配用的弹相同，初速度为905米/秒，破甲深度为360mm/0°或150mm/60°）。

如此改造后的105mm CN-105-F1式坦克炮，被以色列称为D1504。而坦克炮的解决也就意味着M50“超级谢尔曼”升级之路上的最大障碍被一扫而光，于是随后M51“超级谢尔曼”的出现也就顺理成章了。1960年3月，一辆M50“超级谢尔曼”被升级为M51“超级谢尔曼”进行测试。这辆基于M4A1底盘的样车沿用了此前的改进项目，包括康明斯公司的338千瓦（460马力）柴油机、M4A3E8的水平螺旋弹簧悬挂系统，以及改进型转向装置、传动装置、排气装置和宽幅的履带等。不同之处在于，对炮塔尾舱和弹药储存箱进行了

上图 1961年7月，仍然服役于以色列装甲部队的M1“超级谢尔曼”

上图 1974年2月的撤离行动中，两辆M50“超级谢尔曼”正被坦克运输车运出苏伊士运河西岸（由于在1973年10月的战争中，以色列装甲部队遭受了前所未有的惨重损失，而要补足这些损失却并不容易。所以在1974年2月的撤离行动中，精打细算的以色列人把所有的“瓶瓶罐罐”都带走了，即便是M50这种老爷车也不例外）

上图 今天馆藏于美国阿伯丁的M50“超级谢尔曼”

改进，以便安放新型105mm D1504坦克炮所用的105毫米弹药，在火炮防盾上方安装了1个白光/红外探照灯，炮塔两侧安装了2具烟幕弹发射器，并用小型紧凑的直流发电机取代了原来的发电机——以上所有这些项目共耗费了25000个工时，而战斗全重则增加到了39吨。但测试表明，为这辆样车所做的这些改进都是值得的，其最大公路速度仍然达到了45千米/小时，行程270千米，而且高达2000发的实弹射击试验更是证明，这辆样车完全能够承受D1504 105mm坦克炮的后坐力。

1960年7月，也就是M51“超级谢尔曼”样车正在测试的同时，经过并不容易的谈判过程，以色列和联邦德国终于签订了一项购买二手150辆M48A2坦克的协议。正是这项协议的签订，使以色列国防军对是否有必要将M51“超级谢尔曼”投产产生了疑虑。不过由于阿拉伯国家的强大压力，这批坦克最终只有40辆交到了以色列军队的手里。这使以色列国防军最终下定决心，用一批增强型的M51“超级谢尔曼”进行弥补。于是从1961年1月起，陆续有180辆M1或是M50“超级谢尔曼”被升级为M51“超级谢尔曼”。当然值得一提的是，虽然联邦德国没能完全履行那份二手M48A2坦克交易，但不久之后美国人主动找上了门来，改变了对以色列的军售立场，补齐了联邦德国所欠的110辆M48A2，并另外追加了100辆。从此以后，以色列开始大批量接受美制坦克。1965年接收了90辆M48，1966年接收了120辆。到1966年底，以色列装甲部队共拥有250辆M48，其中包括150辆M48A1和100辆M48A2。不过以色列人认为这些M48坦克的M41型90毫米坦克炮在反装甲能力上不如M51“超级谢尔曼”的D1504 105mm坦克炮，所以以色列人实际上是一边接收M48，一边坚定不移地继续将部分M1/M50“超级谢尔曼”升级成M51“超级谢尔曼”。

上图 以色列为功勋卓著的“超级谢尔曼”树立的纪念碑

老树开新花——M60“超级谢尔曼”火力支援车

“赎罪日”战争中，IDF的“超级谢尔曼”造就了一个不折不扣的传奇。这些二战时的老爷车在修修改改之后，不但击毁了超级大国制造的现代化主战坦克，更拯救了以色列，这一切只能用奇迹来形容。然而，传奇终有成为历史的那一天，但对“超级谢尔曼”来说，其隐退却是一个缓慢的渐近式过程。事实上，尽管在“赎罪日”战争中，“超级谢尔曼”的胜利实际上是惨胜——自身损失之大令以色列装甲兵痛彻心扉，但毕竟证明了自己存在的价值。这使以色列国防军意识到，在塔尔将军主持研制的国产主战坦克大批装备部队之前，将现有的“超级谢尔曼”进一步改装后，仍能作为现役坦克车队的有效补充。考虑到以色列能够掌握的资源从来就是紧巴巴的，这种设想无疑具有非常大的诱惑性，于是在1976年，一种最现代化的“超级谢尔曼”改型——M60高速火力支援车出现了。该车有两个主要特点，一是采用了一门高初速度的HVMS 60mm口径自动炮；二是采用了全新的动力/传动系统及现代化的火控装置。

HVMS 60mm口径自动炮的发射方式与众不同，可采用普通后坐循环或前冲后坐循环方式，即不仅能在发射位置发射，而且也能在一般火炮不能发射的位置发射。当该炮在后坐部分向复进过程中发射时，耳轴拉力下降到22.54千牛。该炮具有两大特点：一是初速度高；二是自动装填。

上图 集结中的M60高速火力支援车（HVMS）

初速度高能提高对装甲的侵彻力，脱壳穿甲弹初速度为1220米/秒，在2000米射程上可击穿60度倾角的120毫米钢装甲，直射距离为1500～2000米，榴弹最大射程为12000米。至于其自动装弹机的装弹方式，是先由2个10发装的输弹鼓按需要将弹输入到1个9发装的弹仓，然后由弹仓将弹输入自动装弹机内，再通过凸轮装置将弹送入炮闩。由于采用自动装弹，可使火炮射速达到10发/分，并能选装包括尾翼稳定脱壳穿甲弹在内的5个不同弹种。自动装弹机可以从下部供弹，从上部抛出空药筒。另外，还有11～16发弹存放在车体内后部，必要时可人工将弹装入弹鼓内。自动装弹机的使用不仅提高了发射速度，缩小了供弹装置和弹仓的体积，而且还能使炮塔体积减小，这使M60的炮塔形状相对M50/M51“超级谢尔曼”发生了很大的变化，低矮的防弹外形特别有助于减少被弹面积。特别值得注意的是，由于自动装填具有点射能力（可点射2、3、4、5发弹），从而对目标的某一部位可实现多发击中，增大侵彻效果，这使M60“超级谢尔曼”高速火力支援车具有正面挑战T-62主战坦克前装甲的能力（试验表明，该弹在1500米距离上对T-62坦克的击毁概率为M68 105mm坦克炮M456式105毫米空心装药破甲弹的3倍，仅稍低于M735式105毫米尾翼稳定脱壳穿甲弹）。

另一方面，随着时代的进步，以色列人对M60高速火力支援车（HVMS）的改造已经不同于M50/M51“超级谢尔曼”，而是全方位综合性的。一台底特律8V92AT柴油机和XGT-411液压机械传动装置构成的组合，使M60“超级谢尔曼”的机动性产生了质的飞跃——最大功率在2400转/分时为406千瓦（552马力），公路最大速度可达70千米/小时，车辆从静止加速到32千米/小时所需时间为6秒，最大行程为483千米。至于火控系统则有两种任选方案，一是由M32瞄准镜（带AN/VSG-2坦克热像瞄准镜）组成的光学火控系统；二是数字式火控系统，由AN/VSG-2坦克热像瞄准镜、AN/GVS-5型激光测距仪和数字式弹道计算机组成。可惜的是，尽管后者更能保证该车在行进间能够获得较高的首发命中率，但出于成本考虑，以色列国防军最终还是选择了前者，不过相对于观瞄系统简陋的M50/51“超级谢尔曼”来讲，这已经是一种革命性的进步了。

当1975年，令人耳目一新的M60高速火力支援车出厂时，人们再一次惊叹于这种二战老车顽强的生命力。此后的两年时间里，以色列共获得了80辆“崭新”的M60“超级谢尔曼”高速火力支援车用于替代仍在服役的M50/M51“超级谢尔曼”（大约120辆整修后的M51“超级谢尔曼”被卖给了阿根廷，用于填补TAM计划的空缺）。然而，随着国产的梅卡瓦主战坦克的入役，M60“超级谢尔曼”高速火力支援车只在以色列国防军中服役了短短的几年，在入侵黎巴嫩的战斗

上图 现存于智利某地的M51“超级谢尔曼”

上图 智利陆军安装有扫雷装置的M51“超级谢尔曼”

结束后，便于1983年匆匆将其中的60辆M60卖给了智利军队（还包括一批M51“超级谢尔曼”）。至此，这些最现代化的“超级谢尔曼”在以色列国防军的服役经历基本完结了。

结语

对旧车的修修补补只能视为以色列坦克工业诞生前的铺垫，然而却也足以看出一些日后的端倪了。事实上，“特殊的环境造就了特殊的作战理念，而作战理念又决定了武器装备的发展思路”——此语用在以色列国防军身上殊为不谬。

“深度挖掘的无奈与智慧”——以色列坦克发展史（2）

在实现“装甲文化”的飞跃、成为一个“有影响力”的坦克生产国的过程中，地缘环境恶劣、政治环境微妙的以色列远非是一帆风顺的。对此，从“酋长”坦克计划的流产到对“百人队长”的一系列深度挖掘中，即能看到以色列人对建立自主坦克工业的雄心壮志，也能体会到种种的无奈与挫折。

自主坦克工业的挫折——“酋长”坦克计划的落空

从建军伊始，坦克就在以色列国防军中占有极其重要的核心位置，但同时对以色列人来说，如何保证坦克来源渠道的稳定性却从来都是一个令人头疼的难题。也正因如此，拥有现代化坦克的生产能力一直是以色列政府梦寐以求的梦想，并为此进行过一次充满了艰辛的尝试。在1966年，英国需要资金去完成它正在研发的新式的装备有120毫米主炮的“酋长”主战坦克的计划。这是当时整个西方世界防护及火力都最为出众的一款坦克，整体性能能够压倒已知的任何一款苏制坦克，

相较当时广受好评的美制M60A1也要占优势。如此优异的性能和英国人手中缺钱的现实这两个因素结合在一起，使精明的以色列人看到了机会。到1967年，经过一系列台上台下的谈判，以色列最终以购买数百辆二手“百人队长”主战坦克，并为“酋长”主战坦克项目投入巨额资金为诱饵，成功说服英国允许以色列在国内建立一条“酋长”主战坦克生产线（显然，这看起来是解决当时以色列人所无法接受的，在装甲装备在数量和质量上对阿拉伯世界处于全面下风，而导致中东装甲力量失衡的状况最好的解决方案）。

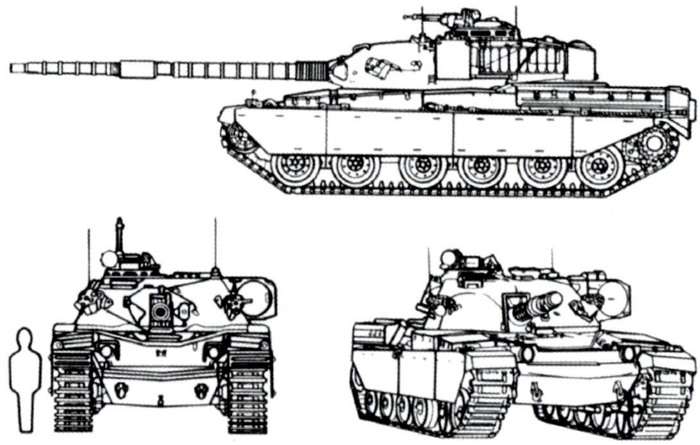

上图 英国“酋长”（Chieftain）MK5主战坦克

上图 “酋长”主战坦克侧视图（以色列曾经对其倾注了极大的心血和期盼）

上图 面对阿拉伯国家强大的压力，英国被迫中止了和以色列的“酋长”主战坦克的合作计划。3年的设计和研发心血付诸东流，以色列人走了一圈又回到了起点

然而，以色列和英国的合作持续了3年。两辆“酋长”主战坦克原型车被交付给了以色列。以色列在“酋长”主战坦克的性能提高及财政发展计划上投入了大量的资金，并在以色列境内与协助其工作的英国政府官员和工程师进行了紧密合作。但是阿拉伯世界对此做出了干涉。他们对英国进行了制裁，撤出存在英国银行的资金，并采取了一系列其他相关的行动。面对于阿拉伯国家强大的压力，英国被迫中止了和以色列的酋长主战坦克的合作计划。3年的设计和研发心血付诸东流，以色列人走了一圈又回到了起点，而且那逝去的时间也无法追回。结果在1973年10月的战争中，缺乏坦克造血能力的以色列，差点因此而遭受亡国的劫难。以色列建立自主坦克工业的努力也遭受了一次前所未有的挫折。

从“百人队长”到“肖特”

在1956年的苏伊士运河战争结束后，复仇心切的阿拉伯人开始疯狂输入各种性能优良的苏制坦克，以色列人面临的形势立即严峻起来，靠改造20世纪四五十年代的老坦克已无法与阿拉伯国家在战场上对抗（此时，M4“谢尔曼”系列和法制AMX-13坦克仍是以色列国防军装甲部队的主

上图 借着第二次中东战争（苏伊士运河战争）的“西风”，“百人队长”成为了以色列国防军装备的首批现代化主战坦克

上图　在大苦湖附近的一个桥头堡，一辆以色列国防军的“百人队长”主战坦克正在向火线机动，准备拦截已经突入进来的埃及 T-62 主战坦克

战装备，但同时代阿拉伯国家开始获得的 T-54/55 坦克却要在性能上毫无疑问处于领先地位）。好在这时的英国已经成了苏伊士运河战争后以色列获取坦克的可能来源——英国政府在 1956 年第二次中东战争（苏伊士运河战争）爆发后同意向以色列出售武器，于是急需地面重型装备的以色列将英国的“百人队长”坦克列入采购优先顺序排位表的首位。

上图　以色列国防军（IDF）第 7 装甲旅装备的“百人队长 - 肖特”主战坦克（1973 年 10 月 戈兰高地前线）

“百人队长”主战坦克底盘车体结构示意图

1	挡风支架
2	驾驶舱防火隔壁
3	战斗室防火隔壁
4	油料加注口
5	发动机排气口
6	传动系统主动轮安装托架
7	后拖曳索联接支架
8	拖曳钢索固定支架
9	水箱加注口
10	前拖曳索联接支架

针对“百人队长”MK3 火力不足的缺陷，1963 年在英国的帮助下，以色列给第一批百人队长 MK3 型换装了 105 毫米 L7 线膛炮（L-7105 毫

上图　1973 年 10 月 6 日，叙利亚开始进攻戈兰高地大约几小时后，一辆以色列国防军第 7 装甲旅后备装甲营的“百人队长”主战坦克开始开往前线（值得注意的是，这是一辆未经过任何改装的老式“百人队长”MK3）

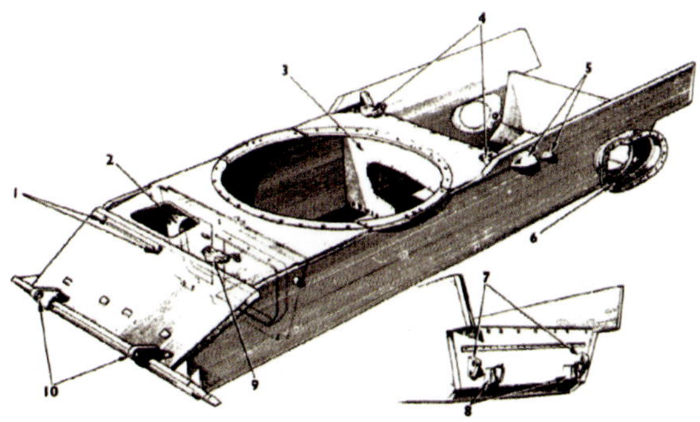

米炮可以发射曳光脱壳穿甲弹，有效射程为 1800 米，发射碎甲弹时有效射程为 3000 ~ 4000 米，训练有素的炮长和装填手可使射速达到 10 发 / 分。105 毫米 L-7 式火炮使用的弹种有 L-28A1 式曳光脱壳穿甲弹、L-52A1 式曳光脱壳穿甲弹和 L-64 式曳光尾翼稳定脱壳穿甲弹、L-63 式曳光脱壳教练弹和 L-35 式碎甲弹。上述弹种均为英国皇家兵工厂制造的整装式炮弹，发射药由电击发火帽引燃。北约国家同口径炮弹也可毫无困难地在 L-7 炮上使用）。装在车长指挥塔上的 7.62 毫米机枪被美制 12.7 毫米机枪代替，无线电设备也换成了美制。到了 1966 年，英国陆军急需资金发展“酋长”坦克，于是英国与以色列签订了一揽子合作协议。根据这些协议，以色列要参与“酋长”坦克的研制计划，并建立一条生产线独立生产“酋长”坦克，就必须购买数百辆英军退役下来的“百人队长”MK5 主战坦克（MK5 实际上是 MK3 换装 L7 105mm 线膛炮的火力加强型。而且有意思的是，“百人队长”MK5 型坦克能拖带一个装 200 加仑燃料的油料拖车，可以使行程增大到 118 英里）。就这样，

到 1967 年之前，387 辆英制“百人队长”MK3/5 主战坦克成为了以色列装甲部队的当家主力——主要装备南部军区：塔尔师第 7 装甲旅第 82 坦克营（33 辆），约菲师沙得里装甲旅和塞拉装甲旅（共 4 个坦克营），以及沙龙师兹珀里装甲旅（1 个坦克营），北部军区只有佩利德师拉姆装甲旅拥有 1 个“百人队长”坦克营。

事实上，由于机械结构的复杂性，以及在动力传动系统方面存在的一些问题，在当时的以色列坦克部队中，“百人队长”坦克并不被看好。早在 1964 年由于对“百人队长”的可维护问题失去了耐性，以色列人便开始利用美国技术对这些英制坦克进行不断地小范围升级。到了 1967 年 5 月，以色列政府又与美国达成了协议，准备购入 400 台大陆 AVDS-1790 柴油发动机用于改进自己手中现有的“百人队长”，但是第一批改装后的“百人队长”直到 1970 年才宣告完成。“酋长”坦克计划的落空，使以色列不得不加紧改进现有的

上图 1973 年 10 月 6 日，在位于巴列夫防线最北端的“德若拉”据点，一辆刚刚补充完弹药的以色列国防军“百人队长 - 肖特”主战坦克，在遭遇战中被埃及步兵发射的一枚 AT-3“赛格”反坦克导弹轰成了火球

上图 这是 1973 年 10 月 7 日的戈兰高地战场上，一辆在残酷的坦克战中被彻底击毁的以色列国防军第 188 装甲旅“百人队长 - 肖特”主战坦克（戈兰高地“紫色线”第 107 支撑点附近）

上图 1973 年 10 月 8 日，戈兰高地，一辆以色列国防军第 7 装甲旅的“百人队长 - 肖特”正在向火线实施机动

上图 1973 年 10 月 7 日，“眼泪谷”布斯特大桥附近，一辆被一枚 AT-3 反坦克导弹击毁的“百人队长 - 肖特”

“百人队长”坦克，并在 1969 年之后将其改进型统称为“肖特”（Shot）坦克。更换发动机和传动系统使“百人队长 - 肖特”的底盘外形发生了很大变化——车体后部加长，发动机前端向上倾斜 3.5 度，为布置冷却空气出口，升高了顶装甲。升高的发动机顶装甲板和位于履带护板上方的空气滤清器是它区别于原始“百人队长”坦克的主要外部特征。得益于“百人队长 - 肖特”主战坦克在动力 / 传动系统方面所做的“大手术”，在全车装甲防护，但战斗全重反而略有下降的前提下，单位功率达到了 16.7 马力 / 吨，而且大大减轻了驾驶员的操作强度，简化了驾驶训练过程和时间。更重要的是，这套由 AVDS-1790-2A 风冷涡轮增压柴油发动机以 CD-850-6 传动系统组成的动力包，不但整体设计便于换修需要日常维护的部件，也便于发动机 / 传动系统的整体拆装，而且与以色列国防军现役的 M48A3/A5、M60A1 保持了良好的通用性，使战时后勤维护的压力大大降低，对整体战斗力的保证可谓意义非凡。

此后的战争中，“百人队长 - 肖特”的优异表现与 AMX-13 轻型坦克的不堪一击形成鲜明对

上图 “百人队长-肖特”重防护的设计思想特别适合以色列兵员有限的国情

上图 在一场激战过后，一辆以色列第7装甲旅的“百人队长-肖特”坦克乘员正在吃午饭，享受着这片刻难得的轻松

比，更重要的是它重防护的思想特别适合以色列兵员有限的国情——1973年10月6日和7日的戈兰高地防御战中，清一色装备“百人队长-肖特”坦克的拉菲尔•埃坦准将第36师级部队第7和第188装甲旅创造了战争史上的奇迹。“百人队长-肖特”坦克在这场史诗般的迟滞防御战中发挥了重要作用，它炮塔前正面152毫米和车体正上方118毫米厚的均制钢装甲带来的良好抗弹性，其合理的车体结构和内部设备布置使它具备了良好的战场生存能力。从1973年10月6日下午2点叙军发起总攻到10月8日黎明，虽然第7和第188装甲旅几乎完全被打散建制，坦克和人员损失殆尽，但他们迫使叙利亚军队在戈兰高地留下了近600辆坦克残骸，极大地挫伤了叙军的锐气，为后备部队的集结参战赢得了宝贵的时间。战后，以方公布的“百人队长-肖特”坦克损失数量仅在200辆左右，而与之对抗的叙利亚军队则几乎丢掉了两个半装甲师，这一比例堪称惊人。

废物利用还是深度挖掘？——“百人队长”的以色列多用途改版

在1973年以后，由于性能日渐落后，再加上当时以色列已经从美国获得了更先进的M60A3主战坦克，而自行研制的梅卡瓦MK1主战坦克也即将完成，“百人队长-肖特”坦克逐渐失去了它在以色列国防军中的支柱地位，但高达1100辆的装备规模却仍占以色列装甲部队的半数（包括从南非等国获得的翻新二手车，以及缴获的战利品），更何况相对于“薄皮大馅”的M113，这个老兵在防护性上确有过人之处（38毫米的5083铝合金装甲板VS 118毫米的均质钢装甲板，如此差距显而易见），这种先天优势自然成为了以色列军方在改造重型步兵战车时的首选。据资料显示，第一辆由“百人队长-肖特”改装而来的重型装甲人员输送车其实早在黎巴嫩战争之前的1981年就已经出厂，但以色列军方当时对这个废物利用的产物并不感冒，直到黎巴嫩方面的主要战事平息后，碰了几次壁的军方才开始认真对待起这个看起来虽不太体面，但的确能够满足需求的权宜之计（再加上此时，由于梅卡瓦I的大量入役，“百人队长-肖特”开始逐步作为战略储备物资转入封存）——就这样到了1983年末，脱胎自“百人队长-肖特”主战坦克的“纳格玛肖特”（Nagmashot）重型装甲人员输送车总算是诞生了。

上图 M113的实战表现远不如其设计者预期的那般理想

简单地说，“纳格玛肖特”（Nagmashot）基本就是将“百人队长 - 肖特”炮塔摘除，利用 7 块 70 毫米厚的均质装甲钢板在炮塔座圈的相应位置焊接成一个封闭式的上部结构，再结合原先的战斗室空间形成了一个可容纳 6 人的机械化步兵载员舱。除此之外，对原坦克底盘所做的改动甚少，特别是动力 / 传动装置的后置结构原封未动（车体为焊接结构，两块横隔板将车体分成前后 3 部分。前部左侧是储存舱，内装弹药和器材箱，右为驾驶舱。车体中后部依次是战斗舱和动力舱，这是典型的传统坦克舱室布置方式。驾驶员有 1 个向左右开启的双扇舱盖，每扇舱盖有 1 个潜望镜）。当然，由于这种设计带有很大的随意性，因此“纳格马肖特”装甲人员输送车在其演变成良好防护的运兵车的过程中，也曾经历了一系列改进，比如：战斗室的上部结构不断增高，其两侧和炮塔周围的斜装甲上也一直在不断更换附加反应装甲；同时为了使该车的底部装甲能对付地雷的攻击，以色列工程师们也进行了大量卓有成效的工作，最终为其设计了一种奇特的 V 型底盘装甲。但为了不违背以色列国防军关于重型装甲人员输送车的研制初衷，“纳格玛肖特”（Nagmashot）的火力可以说是被人为地弱化了——除了必要时可以搭载一门 60 毫米口径的迫击炮外，车顶载员舱舱门处的 3 ～ 4 挺 FN 7.62mm 机枪便是这辆厚皮怪兽的全部火力了。

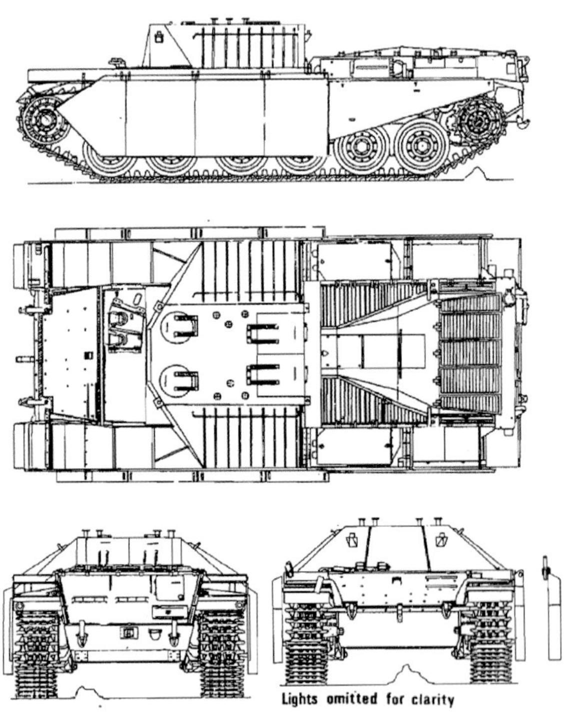

上图 “纳格玛肖特”（Nagmashot）重型装甲人员输送车四面图

上图 一辆正在战斗巡逻中的后期型“纳格玛肖特”（Nagmashot）

由于是利用退役坦克来实现重装甲机械化步兵输送车设想的最初尝试，再加上部队需求的紧迫使其设计多少有些仓促，“纳格玛肖特”（Nagmashot）难免给人一种粗糙之感——这其中最失败之处莫过于后舱没有以任何形式开舱门，乘员只能从毫无遮蔽的两侧翻上翻下，严重违背了机械化步兵的实战要求。所以虽然“纳格马肖特”装甲人员输送车及其变型车与后继车型曾是黎巴嫩反暴乱困境中使用过的最佳特种车辆，但该车实际上只具备有限的使用价值。同时应该客观看待的是，虽说该车其貌不扬，但毕竟代表了一种旗帜鲜明的作战理念，所以“纳格玛肖特”（Nagmashot）重型装甲人员输送车的悄然出现，应该算是坦克装甲车辆发展史上一件划时代的大

上图 M-50“超级谢尔曼”装甲人员输送车（在以色列建国之初的 20 多年最艰苦岁月里，皮实、可靠的“谢尔曼”坦克始终是以色列装甲兵乃至整个国防军的中流砥柱）

事。虽然解决了有无问题，但浓厚的实验性质注定了“纳格玛肖特”（Nagmashot）只是一种过渡车辆，对其的完善实际上从未间断。就这样在“纳格玛肖特”（Nagmashot）服役几年之后，根据所积累的大量使用经验，以色列国防军（IDF）终于获得了一种基于“百人队长 - 肖特”底盘的制式车辆——“纳格玛科恩”（Nagmachon）重型装甲人员输送车。

像其前身一样，“纳格玛科恩”（Nagmachon）最大限度地保留了“百人队长”坦克底盘的主体，虽然受结构及改装成本的制约，还是没能拥有一个位于车尾的装甲舱门，但载员舱的容积却更大，人机工程性也更好。同时，作为延续自“纳格玛肖特”（Nagmashot）的设计重心，“纳格玛科恩”（Nagmachon）的装甲防护性能被一如既往地放在了第一位。除了原有的主装甲外，其前 4 对负重轮都在厚重的侧裙板覆盖之下，并且安装的大量反应装甲，有效提高了反侧向伏击能力（在车身两侧加装了 7 块加厚的侧甲，前 4 块外侧附加有反应装甲，剩余 3 块为匀质钢板。 7 块装甲都可以向上翻起 180 度，也可以水平折叠）。当然，

上图 初期型“纳格玛肖特”（Nagmashot）重型装甲人员输送车（战斗室上层结构比较低矮，除了 4 块巨大的“布拉泽”反应装甲外，再没有过多的附加装甲“补丁”是其显著识别特征）

上图 “纳格玛肖特”（Nagmashot）重型装甲人员输送车载员室顶部舱口

为了弥补没有车尾舱门的缺陷，“纳格马科恩”后侧特别设计有一段重量较轻、没有安装附加装甲模块，但位置较高的侧裙板装甲，用来为下车作战的步兵在穿越尾部发动机舱这段“危险地带”时提供一定的防护（也就是说，最后一段侧裙板竖起时，可用来保护从车顶舱门出入的步兵，而行军状态时，如果将这段侧裙板放下，则可对后两对负重轮提供一定的遮蔽）。

不过值得注意的是，“纳格玛科恩”（Nagmachon）车身上安装的块式附加装甲并非全部是爆炸反应装甲——根据“纳格玛肖特”（Nagmashot）几年时间的使用经验，以色列国防

上图 “纳格玛肖特”（Nagmashot）重型装甲人员输送车车顶简易机枪架

上图 “纳格玛肖特”（Nagmashot）重型装甲人员输送车驾驶员舱门

上图 “纳格玛科恩”（Nagmachon）正面视图（载员室上层结构的“碉堡”，令人印象深刻）

军（IDF）发现，在巷战中爆炸反应装甲殉爆产生的碎块，往往会对下车作战的步兵造成不亚于敌方火力的伤害，况且这种装甲模块是只能用一次的耗材，被敌方火力引爆后必须及时更换，否则就会留下防护缺口。正因如此，“纳格玛科恩”（Nagmachon）吸取了诸多血淋淋的教训，只在重要部位选择性地安装了一些反应装甲模块，而在其他地方则以类似于 TOGA 的被动式附加装甲模块取而代之（不过从外观上，两种类型的附加装甲模块并不容易区分）。同“纳格玛肖特”（Nagmashot）相比，“纳格玛科恩”（Nagmachon）对地雷的威胁更为重视，不但车体底盘的防雷装甲板增厚了 5 毫米，而且还完全焊死了原先的地板逃生舱口，在一定程度上提高了防雷能力。此外，“纳格玛科恩”（Nagmachon）的动力舱后甲板上还装有一根主要用来对付路边炸弹的粗大天线，其原理是发出无线电信号提前引爆路边炸弹或者阻断敌方发出的用以触发炸弹的无线电信号。从这些细节可以看出，以色列人对“城市型”重装甲步兵输送车的设计已经深有体会。而后来的实战也证明，经过如此装甲强化并采用后的“纳格玛科恩”（Nagmachon），其战场生存性对高强度的城市战行动极为适应，当然也更能安全地运输士兵穿梭于大马士革与戈兰高地之间的危险地带。

上图 “纳格玛科恩”（Nagmachon）车体后部特写（后段侧裙板上翻 180 度后，可以为搭载步兵在上下车时提供一定的遮蔽与防护，从而部分弥补原始设计的先天不足）

上图 正反停放的两辆“纳格玛科恩”（Nagmachon）

不过，以色列人是精明的，这种精明体现于点点滴滴之中——“纳格玛科恩”（Nagmachon）所应用到的一些改进，实际上也被用于对早先的“纳格玛肖特”（Nagmashot）升级，这就使分辨

上图 “纳格玛科恩”（Nagmachon）载员舱上层结构周围的4具TAAS CL-3030近战多用途榴弹发射器清晰可见

上图 战斗巡逻中的“纳格玛科恩”（Nagmachon）重装甲人员输送车

两种车辆的难度被大大增加了。事实上，只看车体很难将“纳格玛科恩”（Nagmachon）与后期型“纳格玛肖特”（Nagmashot）区分开来，两者间最明显的差异还在于上层结构。同后者相比，“纳格玛科恩”（Nagmachon）位于车体中部的载员室上层结构顶部围有3块带防弹玻璃观察窗的20毫米装甲钢板，形成了一个足以屏蔽两名士兵的简易“碉堡”。利用这个碉堡上的简易枢轴式枪架，车载的机械化步兵们可以最多架起4挺7.62毫米机枪，以及一门60毫米迫击炮（安装和拆卸都比较方便）——虽然火力仍然薄弱，但这些武器在城市作战中对付敌方的有生力量已经绰绰有余，而且3块装甲钢板所能提供的防护，相对于“纳格玛肖特”（Nagmashot）毫无遮蔽的简易武器更是一大进步。由于以色列国防军（IDF）将“纳格玛科恩”（Nagmachon）视为最成功的“百人队长-肖特”变形车，因此拓展其用途，将之用于高危环境中的想法也就油然而生，这便促成了“纳克帕唐”（Nakpadon）重型装甲工兵战斗车的直接起源。“纳克帕唐”（Nakpadon）实际上是为突击工兵部队设计的一种特别版本“纳格玛科恩”

上图 首辆“纳克帕唐”（Nakpadon）样车

（Nagmachon）。

由于用途有所特指，因此“纳克帕唐”（Nakpadon）一方面继承了“纳格玛科恩”（Nagmachon）的绝大部分血统，但另一方面装甲防护又得到了进一步强化——为突击工兵提供了一种最坚固的战斗载具，将健壮如牛的小伙子们送到“敌人的那堵墙下”，并在随后的战斗中成为不可摧毁的武器库、防护所乃至救护站——这才是“纳克帕唐”（Nakpadon）最核心的设计目的。为此，“纳克帕唐”的装甲防护更为复杂，全车上下几乎打满了补丁——车身两侧、前部及车顶加强了各种由以色列军事工业公司特别研制的复合装甲组件，统统用螺栓固定在车体各处。但由于保密的原因，人们对这些复装甲组件的构成所知甚少，只在某些资料中很模糊地提到过，该车的前段围裙复合装甲组件由橡胶、钢板及陶瓷构成了有间隔的箱式结构，能够有效抵挡AT-3反坦克导弹的聚能破甲战斗部，效果接近爆炸反

上图 “纳克帕唐”（Nakpadon）重装甲突击工兵战斗车正面视图（厚实的侧裙板与包裹严密的载员舱都向人们预示着这是一辆将防护性要求发挥到极致的战车）

上图 这是一辆拆除了侧裙板的“纳克帕唐”（Nakpadon）

上图 车组乘员与他们的“纳克帕唐”(Nakpadon)(在以色列国防军，即便是装甲部队也不乏女兵的身影)

上图 安装在“纳克帕唐”（Nakpadon）后车体上的粗大无线电诱爆天线

应装甲模块，但又没有后者在巷战中的弊端，其整体防护能力与巷战适应性均比“纳格马科恩”大幅提升，车底的防雷装甲组件构成也与之类似（据说技术来自于马加奇系列主战坦克的改装套件）。最初的“纳克帕唐”（Nakpadon）样车出现于 1988 年，该车系利用一辆现役的“纳格玛科恩”（Nagmachon）直接改装而成——除了上述增强型装甲组件外，虽然拆除了“纳格玛科恩”（Nagmachon）那个招牌式的“碉堡”，但针对该车的特殊用途，换成了可 360 度周向旋转的 M27 型指挥塔。

尽管试验结果令人满意，但可惜不久之后由于经费的缺乏，整个计划还是陷入了停顿状态。此后直到 1990 年 9 月，由于伊拉克对科威特的入侵，引起了海湾地区局势的剧烈动荡。如此大背景下，这个曾经被以色列军方认为必要但却一直搁置的项目才开始重新启动。到了 1990 年底，由于“百人队长 - 肖特”坦克的全面退役，大批底盘空闲下来可供利用（数量高达 900 辆之多），以色列军事工业集团 IMI 下属位于热麦特的斯莱维恩（Slavin）重武器制造厂得以按照此前样车的标准对其中状态较好的底盘进行改装，于是首批“纳克帕唐”（Nakpadon）在 1991 年 3 月以“神奇”的速度装备部队（当然是相对之前的蹉跎）——尽管是废物利用的产物，但对以色列国防军（IDF）突击工兵部队的士兵来说，这些仿佛从天而降的“纳克帕唐”（Nakpadon）仍然称得上是雪中送炭。

结语

毫不夸张地说，其自 1948 年以来的建国史，就是一部以色列国防军的浴血征战史。不过以色列地少人稀，国土面积仅 1.49 万平方千米，且多为沙漠荒滩，人口勉强超过 700 万，又身处四战之地，地缘形势糟糕得简直令人绝望——事实上是要以一己之力抗击着整个阿拉伯世界。但也恰恰如此，为了让自己这个渺小而坚强的祖国生存下去，在历次以弱胜强的命运之战中，以色列国防军不但逐渐形成了自己独树一帜的作战理念，日后影响力巨大的以色列坦克工业也在厚积薄发中孕育着。

“装甲文化的飞跃”——以色列坦克发展史（3）

1973 年的“赎罪日”战争之后，以色列迈出了建立坦克工业的实质性步伐，并在这一过程中实现了“装甲文化”的飞跃，于是一个自成风格且影响力巨大的新兴坦克生产国出现了。

上图 1982 年黎巴嫩战争反思的产物之一——基于“百人队长”底盘的“美洲豹”重型装甲战斗工程车

上图 梅卡瓦 I 主战坦克

“进口替代”的大胆设想

1973 年的“赎罪日”战争之后，尽管以色列装甲部队在重建过程中致力于结构性调整——机械化步兵和炮兵的比例被大大提升了（这其中的主要原因是以色列继续采用防御战略，把决定性的进攻推迟至敌方进行首次打击之后，所以对于机械化步兵和炮兵的需求在一定程度上超过了坦克），但坦克仍是装甲部队建设的核心，这一点无可回避。事实上，在以色列国防军的心目中，坦克仍不失为在战场上起支配作用的因素，但前提是把它作为计划周密的、能够应付现代化战争中出现的各种问题的合成战斗队的组成部分之一。于是以这种回归理性的思想为前提，对现有坦克的改进和更新也在战后有条不紊地进行中。不过，虽然在经历了1973年10月的18天恶战之后，以色列装甲部队元气大伤，装甲部队的主力装备中能够真正管用的，实际上只剩下了不到200辆M60A1坦克，但在如何获得新式坦克的问题上，以色列人的观念却与以往有了很大不同。

上图 1973年，苏伊士运河西岸，以色列某后备装甲营装备的美制M60A1主战坦克

以色列估计在下一轮阿以军事对抗中，阿拉伯人将投入更多的军队。毗邻的阿拉伯国家的军队规模预计会进一步扩大，而且将有更远的阿拉伯国家派来的大量特遣部队同他们会师。因此下一次军事对抗中消耗率会比1973年10月要高——以色列方面是根据武器杀伤力和射击精度的提高，以及预料对方军队的规模将增大，而得出这个结论的。显然，这意味着以色列军队不但也要相应扩大规模，而且在主要技术装备、弹药和备件的储备量上也要大大增加——这其中的原因很简单，再像1973年10月的战争那样，祈求仅仅依靠美国的紧急空运来渡过难关的想法将是不负责任的。从以色列政府和军方的角度看来，1973年美国的空运实际上是以色列政治上受束缚的一个缩影，任何空运都将表明以色列的依赖性，这显然有损于以色列的利益。而且，尽管美国在1973年10月对以色列实施了紧急空运，为此不惜以削弱本土和欧洲的防务能力为代价，直接抽调现役装备，甚至还将一度下令陆海空三军进入三级战备（和平时期的最高战备状态，第一次那样的全球警戒是因为1962年的古巴导弹危机），以回应苏联对阿拉伯国家支持的强硬态度，但阿拉伯人和苏联人所没有察觉到的是，华盛顿在战争正处于关键时刻的整整一个星期采取了一种犹豫和拖延态度，而以色列人却对此从一开始就十分敏锐地感觉到了。

上图 在1973年的全面战争到来之前，为了继续扩充和强化本已实力不俗的装甲部队，对于那批从联邦德国国防军手中接收的90毫米炮版本的二手M48“巴顿”坦克，以色列国防军开始着手进行深度改进——新型的AVDS-1790柴油机与L7 105mm坦克炮的美国仿制品M68最终都出现在了这些二手车上，同时一些附加装甲组件也使坦克的防护性有所增强

以色列驻华盛顿大使拼命地来回奔走于美国国务院、白宫和五角大楼之间，竭尽全力想对官僚作风快刀斩乱麻，使供应物资能够源源不断地运往以色列。结果直到10月13日星期六，第一批“银河”C-5式运输机才载着补给品飞往以色列。显然，在危急关头进行的这次空运，对以色列在军事上来说是至关重要的，但在这一行动最终产生效果前，以色列几乎因为技术装备的战损率过大，但自己即缺乏主要技术装备的库存，又缺乏必要生产能力的事实，险些导致战线因此全面崩溃。更重要的是，停火后由于美、以双方在对阿谈判问题上的一系列分歧日益加剧，这使以色列人也意识到，今后美国以类似的方式来表示对以色列的支持——这种支持是以色列在6日战争后获取飞机和坦克的主要来源，并在1973年10月

上图 1973年10月6日战前，两辆于训练间隙进行休整的M60A1“巴顿”主战坦克

的战争中能够最终取得胜利的保证。

然而战争实践又表明，战场上的激烈程度一定会使军需人员措手不及，弹药消耗异常快，飞机损失严重，毁坏的坦克数量惊人。在一场短促激烈的现代化战争中，对战损技术装备的及时补充至关重要。多年来作为储备装备和弹药依据的军需标准表，需要进行大修改。但打算从国外进口储存足够的武器，一直能用到战争结束也不需要美国进行空运的想法，又是幼稚和不切实际的——因为如果存在美国人掐断以色列武器进口渠道的可能性，那么其他西方国家这样做的可能性更大。从许多方面看，以军官兵们不仅仅是为了以色列的生存与自由而战。但在以色列回击苏联支持的阿拉伯军队时，和以军处在同一阴影下的西方世界除少数外，多数持胆小怕事和自私自利的态度。这充分表明，下次以色列一旦再面临类似境况时，西方世界将会做出什么样的反应。于是以色列感到它政治上孤立，军事上严重依赖美国，从而减少了它的行动自由，而且以色列需要时间来重建军队和恢复信心。所以很明显，要在未来的战争中获得能够在质量上保持优势，数量上足以满足需求，但同时又不受苛刻政治条件制约的新式坦克来源，只能放弃此前完全依靠进口坦克的策略。作为这种思索的结果，主管以色列装甲兵装备发展的塔尔少将正式提出制造国产坦克，并最终取代现役装备中全部进口坦克的大胆设想。

上图 1973 年 10 月 11 日，一辆风尘仆仆的以色列"百人队长"坦克正穿越"紫色线"向叙利亚境内发起冲击

上图 1973 年 10 月 16 日，苏伊士运河西岸前线，一辆以色列国防军第 460 装甲旅的 M60A1 坦克正装载着机械化舟桥的一部分，准备涉水穿越苏伊士运河

"装甲文化的飞跃"

在 1973 年 10 月的战争结束后，已经不是一个以色列是否应该参与研发一种以色列自制坦克的问题，而是一个以色列是否有能力在此项坦克研发计划里获得高水平的工业及技术专业技能的问题。另外一个问题就是以色列是否有能力研发一种在价格上具有可承受力，并且保证不会因此计划而破坏以色列整体经济的坦克（具体来说，就是可以归结为两点，一是以色列有能力计划、设计和制造一种能掌握其所有关键技术，并且能够规模化生产的主战坦克吗？二是这项研制计划存在经济可行性问题吗？它在经济上对于以色列的整体经济基础而言是否有生存能力？）。这两项课题的研究结果是具有正面意义的。研究结果认为，以色列有能力研制生产一种能够量产化的坦克，并且站在以色列国家整体经济的角度，这样的研制发展计划在经济上也是可行的。

有意思的是，像以色列的塔尔将军这样拥有丰富的坦克战实战经验的坦克项目负责人谈不上绝无仅有，但至少是极为罕见的（塔尔（Tall）将军是以色列国防军装甲兵部队的著名将领，1924 年生于马哈奈姆（今以色列特拉维夫附近）。塔尔先后在赫布莱大学及英国的参谋学院学习，攻读哲学、政治学和军事学。1942 ~ 1946 年间，塔尔在英国陆军的犹太旅中服役，参加了英军在二战中意大利战场的战斗。二战结束后，塔尔于 1948 年回到刚刚建国的以色列，转入以色列国防军，先是步兵，后转入装甲部队，历任以军装甲师的团长、师长和装甲兵总监，获得了少将军衔。1961 年和 1973 年，他两次获得以色列防卫奖章）。也正因如此，长时间的作战实践不但使塔尔获得了丰富的坦克使用和作战经验，也使其掌管的国产坦克项目从一开始就在设计思想上独一无二，具有浓郁的以色列风格，并最终发展成一种对中东战场拥有最佳适应性的“梅卡瓦”（希伯来语“战车”的意思），为实现所谓的“装甲文化”的飞跃奠定了一个坚实的基础。

简单来说，塔尔将军的思想其实可以归结为很简单的几个字——“防护为重，乘员生存力第一”。坦克的机动性和火力只有在防护性能的支持下才能得到充分发挥。如果没有可靠的防护作为保障，坦克就不敢最大限度地接近敌人，就会影响坦克炮的命中率和穿甲威力。所以最终出现在绘图板上的“梅卡瓦”，不再追求火力、防御和机动三者的平衡，而是防御第一、火力第二、机动第三这样优先次序思想下的产物，必须将装甲防护及坦克乘员的生存力作为其基本性能特征。同时值得注意的是，塔尔将军的设计思想不仅仅是一个老兵从战术角度思索的结果，同样也必须与当时以色列国防军乃至整个国家所持的军事思想密不可分。1973 年 10 月战争以后，以色列由于政治上和军事上的原因保持防御的战略态势。企图主要靠政治手段来减少阿拉伯人发动突然进攻的机会，并且希望能减慢向全面战争的过渡。为了加强防御态势，以色列在指导思想和技术方面都有了变化。

上图 以色列国防军第 211 装甲旅的“梅卡瓦”MK1 主战坦克

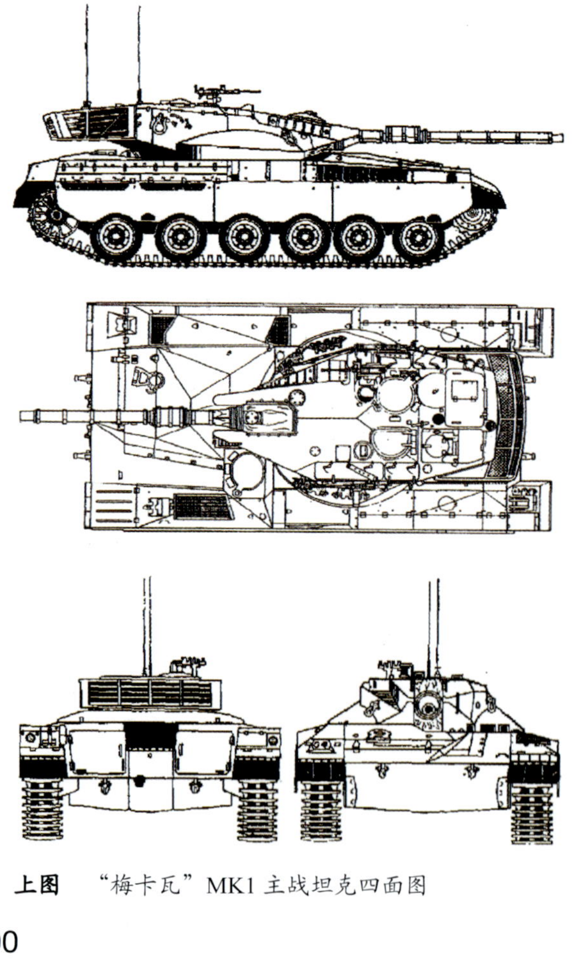

上图 “梅卡瓦”MK1 主战坦克四面图

这就造成在“梅卡瓦”的设计意图中，必须把机动性的进攻武器系统和进攻战术同防御战略重新协调起来——换句话说，将“梅卡瓦”只看做是一辆传统意义上坦克的想法将是片面的，而是要令其承担起一座机动性防御堡垒的全部职责。为此，这辆坦克不仅仅要能够在一对一的坦克决斗中生存下来，还需要能够在孤立无援的情况下长期坚守阵地，并在必要时充当装甲人员输送车、弹药车、自行迫击炮……甚至重装甲救护车的角色也在考虑之中。对以色列装甲兵而言，这不仅仅是一次技术装备的更新，更是一次“文化上的飞跃”。

当然，尽管“梅卡瓦”的设计在 1974 年 6 月就已基本成形，并在当年的 11 月拿出了第一辆样车，但能设计出来是一回事，是否能够大批量生产出来又是另一回事——毕竟作为一个只有几百万

上图 今天“酋长”主战坦克已经沦为了历史的陈列品，但“梅卡瓦”的生命力却仍然在延续，其中的因果令人感慨

上图 陈列于以色列装甲兵博物馆中的“梅卡瓦”MK1主战坦克原型车

人口，资源贫瘠，缺乏重工业基础的小国，要做到这一点，其难度是可想而知的。不过，塔尔将军对此采用了一种非常实际而有效的策略。其总体思想是要在现成的已经掌握其关键技术的子系统及装配工艺上去“装配”而不是“制造”出这种坦克，而且在完成所有研制和论证步骤前，整个开发计划必须以研发一系列原型产品作为起点（并且这项工作必须在整个生产计划文件定案以前完成）。为此，任何短缺的技术必须采取部分从国外获得（比如从美国购买装甲板、火炮、发动机、传动系统、火控系统及其他很多部件，从英国购买悬挂系统和机枪），部分由以色列的国防部门或是工业部门自己的研究机构自行研制开发的方法予以解决（比如车体和炮塔的装配），以避免在对相关技术的完全吃透方面耗费过多的时间。同时，出于满足生产规模的需要，塔尔将军还决定不但要充分利用以色列国防军现成的直属工厂，而且一些私营工厂也被要求参与进来，以应对这样的潜在需求。甚至于为了节省成本，塔尔还征用了以色列陆军的坦克仓库作为“梅卡瓦”的装配车间。显然从设计到装配“梅卡瓦”的所有一切，处处体现着精明而又务实的智慧。实事求事地说，由于条件限制，“梅卡瓦”只能利用可获得的二流部件进行装配（毕竟采用“拿来主义”，对于“梅卡瓦”坦克能尽快研制成功并保证有较高的可靠性，具有重要意义），但就是这些二流部件，以及看似另类而随性的“堆砌”风格，却使以色列装甲部队得到了有史以来最为称心得手的作战装备。1978年4月，第一批40辆生产型“梅卡瓦”交付部队——从各种角度来看，这都是一个里程碑式的历史性事件，实现了以色列式“装甲文化”的飞跃。

“梅卡瓦”从II到IV

很少有人意识到，作为二战结束后在装甲机械化战斗领域实战经验最为丰富的一支军队，以色列国防军1973年之后于坦克国产化方面所进行的卓越努力，实际上是对“坦克”这种传统装甲战斗车辆进行了重新定义。而且黎巴嫩战场上的实践也的确表明，实战效能和技术先进性并不是一码事，针对性与革命性相结合的设计理念才是王道，无论是通向大马士革公路上与叙利亚坦克的钢铁碰撞，还是贝鲁特街道上的残酷巷战，由二流部件装配起来的第一代“梅卡瓦”都显示出了特别的战场价值（由于防护性和火控系统的反应速度都要优于以军现役的任何一种坦克，1982年黎巴嫩战争中的“梅卡瓦”往往被置于行军或是战斗队列的最前端，这使其参加战斗的几率要大大高于以军其他型号的坦克）。首先，尽管“梅卡瓦”与叙军T-72M（准确地说是出口型的T-72M）首次交战的细节在战后相当长一段时间内都属于机密（没有一辆被击中的T-72坦克落到以色列人手中。叙利亚人似乎总是尽力将被击中的坦克从战场上拖走，以防以色列人仔细查看，不过以色列的侦察部队仍然成功地查看了一辆丢弃在无人地带的T-72坦克），但从人们评价一辆坦克的传统观点来看，坦克战中的第一代“梅卡瓦”无疑是称职的——至少在综合性能上不落下风，更在某些方面显示出了优越性，第一代“梅卡瓦”完全有能力正面抗衡T-72M是一个不争的事实。

上图 一辆以色列国防军第211装甲旅的“梅卡瓦I”主战坦克正在向黎巴嫩境内推进

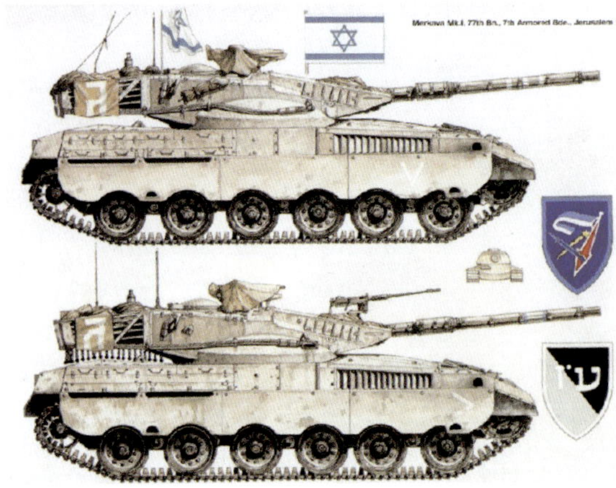

上图　“梅卡瓦”MK1在1982年战争中的表现，证明了其基本设计是成功的，并显示出了在中东战场环境下比任何外国坦克都要好的适应性

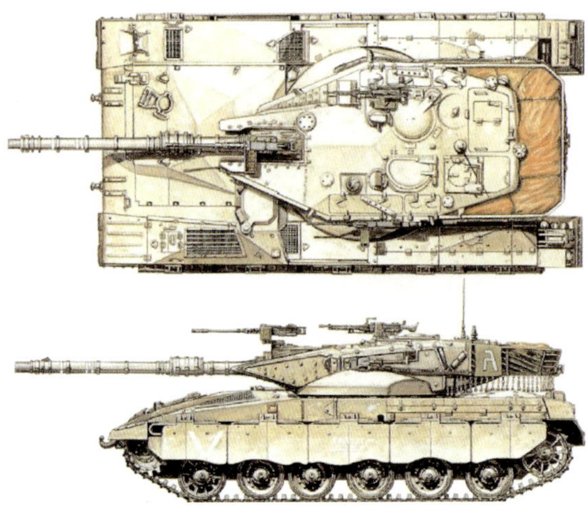

上图　1982年黎巴嫩战争中的第一得分手“梅卡瓦”MK1

从第一代“梅卡瓦”的战场实践来看，这种由欧美二流部件装配而成的以色国产坦克的先进程度也许并不理想，但面向中东战场针对性极强的设计理念却很好地弥补了这一点。也正因如此，1982年的军事行动过后，以色列国防军对“坦克”特别是新型国产坦克的狂热并非是走回了1967年时的老路，而是“装甲文化”飞跃后的一次升华：鉴于第一代“梅卡瓦”在黎巴嫩的军事行动中充分验证了其基本设计的合理性和有效性，吸取了这场战争诸多经验教训的下一代“梅卡瓦”不但依然延续了其基本设计理念，而且在火力、机动和防护性方面开始追求一种真正的压倒性优势。不过值得提及的是，这里所说的下一代“梅卡瓦”实际上是指经历了重新设计的“梅卡瓦III”型，至于“梅卡瓦II”的原型车早在1982年黎巴嫩战争前就已经出现，并在1982年5月投入了小批量生产，但由于服役时间的问题没能赶上参战，而“加利利和平”的战事结束后，出于消化战争经验的原因，生产线上的“梅卡瓦II”又进行了针对性升级，这使其生产直到1983年3月才正式走上正轨。

上图　初期型“梅卡瓦”MK2与“梅卡瓦”MK1差别不大，而作为1982年战争的一种迅速反馈，1983年出现的“梅卡瓦”MK2B仍然算不上是第二代“梅卡瓦”

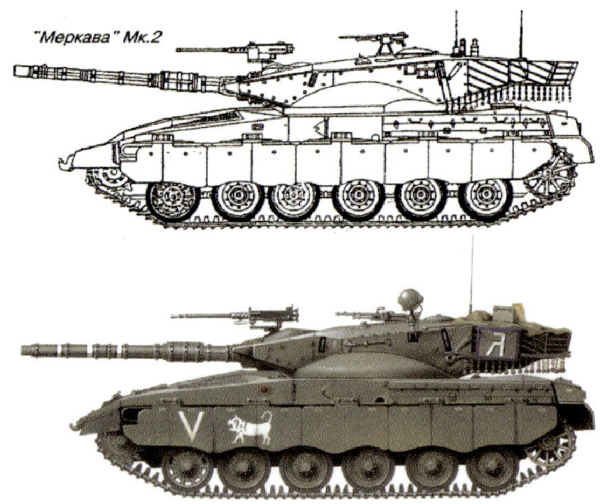

上图　1982年黎巴嫩战争后反思的产物之一——“梅卡瓦”MK2主战坦克

相比于第一代“梅卡瓦”，黎巴嫩战争之前出现的第二代“梅卡瓦”早期型号，起初只是相较于前者的一种完善，比如，将单层的侧裙板改为背面附有特种装甲的钢制裙板，进一步增强防护力；以及进一步缩小楔形小炮塔的正面投影面积，减少被弹率等，但105毫米主炮、动力/传动系统乃至车体基本结构则原封未动。然而，1982年的黎巴嫩战争过后，以色列国防军认识到现有的“梅卡瓦”（既包括已经投入实战的MK1，也包括虽小批量生产但尚未服役的MK2）只能与苏制出口

上图 1990年，以色列国防军第7装甲旅第3营第2连装备的“梅卡瓦”MK2主战坦克

型T-72M打个平手，下一代“梅卡瓦”需要围绕更大口径的火炮、更先进的火控系统、更厚重的装甲乃至更充沛的动力进行重构，不但在设计理念上要继续领先于对手，在技术先进性上也要向西方一流标准看齐，力争稳压对手一头，以使其将来在面对阿拉伯国家换装比T-72M更新型主战坦克的威胁时，能够依然游刃有余。应该说，以色列国防军的未雨绸缪是基于多年来形成的清醒战争理智——当战争到来时，任何侥幸和谬误都会迅速受到惩罚。但问题在于，作为一个在坦克设计领域刚刚入门的“小学生”（尽管第一代“梅卡瓦”的成绩仍算是相当不错），要在“梅卡瓦”的框架下制造出一辆豹II标准的第三代主战坦克，不但在经验和技术上存在难度，而且时间上也难以满足以色列国防形势的现实需求。作为一种过渡性措施，初期型“梅卡瓦II”的生产被即刻中止，加以有限改进后以“梅卡瓦”MK2B的面貌于1983年3月重新送上了生产线（之前生产的初期型“梅卡瓦II”自然就是MK2A）。

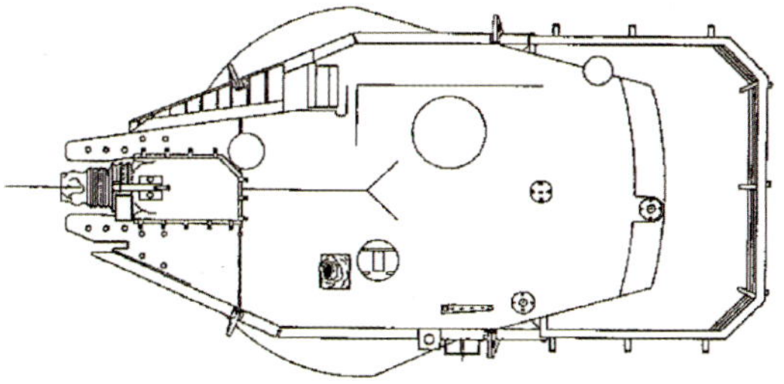

上图 “梅卡瓦”MK2B炮塔结构俯视图

MK2B与MK2A间的主要差别在于火控系统、传动装置，以及一些更加侧重于实战的细部改进，如火控系统用钇铝石榴石（YaG）激光测距仪代替了原先的钕玻璃激光测距仪，换装了1台更先进

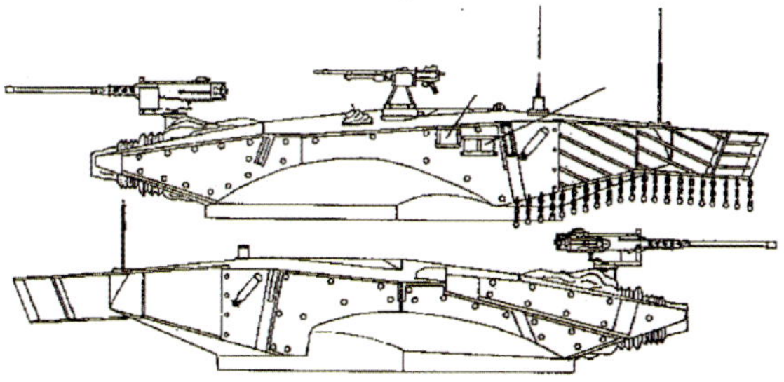

上图 “梅卡瓦”MK2B炮塔结构侧视图

的埃尔比特（Elbit）公司数字式计算机，增加了1套气象传感器装置和1个侧倾自动修正仪，为炮长增加了一个夜间射击使用的休斯（Hughes）公司热成像瞄准镜（该瞄准镜与昼间瞄准镜结合成一体，与火炮相连接）；传动系统改为以色列设计的4挡自动变速箱；发动机的废气先与冷却空气混合再排出，减少了坦克的热辐射特征；车底甲板采用双层间隙装甲，并冲压成浅V型结构，提高了防雷能力；在发动机后面加了一层特种装甲隔板，以提高坦克车体的正面防护性；在炮塔后部加装金属挂链，提高对破甲弹的防护力；将“梅卡瓦I”和初期型“梅卡瓦II”的外置式60毫米迫击炮，改为车体内置，使之能够从车内装弹和击发等。通过上述改进，“梅卡瓦”MK2B被以色列国防军认为能够有效应付在真正意义上的下一代“梅卡瓦”服役前的局面，因此从1983年3月起，陆续下线的“梅卡瓦”MK2B开始作为以色列装甲机械化部队的当家花旦进入服役，同时MK2B的很多技术改进措施也被用于早先生产的MK1和MK2A。

尽管“梅卡瓦”MK2B可以应付眼前的需要，但到20世纪80年代末，以色列国防军认为他们将需要一种更新型的主战坦克，尤其是在“百人队长-肖特”式和M48坦克的使用寿命届时均将告终的情况下更是如此。于是，“梅卡瓦III”（MK3）出现了。与过渡性的“梅卡瓦”MK2相比，作为

上图 “梅卡瓦”MK2B主战坦克侧视图

上图 1982年黎巴嫩战争后反思的产物之一——“梅卡瓦”MK3主战坦克

真正的“下一代梅卡瓦”，梅卡瓦III型主战坦克是全面吸收了1982年黎巴嫩战争经验的产物——继承了上一代成功的基本设计框架，但除了行动部分与传动系统外，几乎每个主要部件都是全新的，从而明显地提高了火力、机动和防护性能。事实上，在全世界的坦克设计师都要把坦克设计成为适合开阔地作战，针对坦克本身为主要作战目标的兵器时，以色列人却出于无奈设计了一种百货商店式的反传统货色，并为此被全世界嘲笑了好一阵子。然而，当时间到了1987年，这种百货商店式的反传统货色发展到第三代时，全世界才发现以色列人的“百货商店”不但在正面战场很好使，在清剿游击队时更是不可或缺的利器。

上图 20世纪80年代末，全新的“梅卡瓦”MK3主战坦克开始出现在黎以边境（照片中可见1982年时的黎以边境）

上图 黎以边境上一辆“梅卡瓦”MK3后视图（炮塔后面的金属链显著地增强了对各种空心装药战斗部的金属射流侵彻效能）

把发动机放在前部，从而在坦克乘员与敌人之间增加了金属重物。这种独特设计所产生的结果，是在车后开设了通向补加的弹药储存室的门。这个增加的空间也可用来收容从被击毁的坦克中抢救出来的乘员，最多可载运6名步兵。尽管最初设计这个空间原是为了存放弹药，但它却表明，从技术观点看，一种即具有坦克的机动力、防护力和火力，又具有装甲人员输送车的运载能力的装甲战斗车辆已经出现。于是，“梅卡瓦III”真正成为了主战坦克中的一个传奇，它的设计思路与当今世界的坦克主流截然相反，却最终获得了众多坦克专家有所保留的认可。

不过，在“梅卡瓦III”出现仅仅1年之后，情况又发生了很大变化。1988年，埃及与美国签订了购买555辆最新型M1A1坦克的合同，其中25辆在美国生产，其余530辆将按此项订货在开罗建立的坦克工厂按许可证组装，在沙漠军刀行动前的1991年1月2日，作为对埃及带头出兵的一种奖赏，美军从位于沙特境内的陆军储备仓库中提前向埃及军方交付了首批15辆M1A1。这个事件对于以色列装甲部队来说，不吝于当头一棒——自拥有“梅卡瓦”以来，以色列陆军装甲部队对阿拉伯国家一直享有的技术优势一下子被拉平，甚至是被超越了。于是在这个大背景下，下一代“梅卡瓦”的技术预研被加速转化，

上图 生产线上的“梅卡瓦”MK3

上图 “梅卡瓦”I/II/III 型侧视对比。尽管在外形上的变化只是细微的，但与“梅卡瓦”MK1/2 相比，MK3 型唯一原封不动传承下来的只有底盘的行动部分。行动装置有 12 个弹性支撑在两个同心螺旋弹簧上的负重轮，每侧 6 个，其中 4 个有旋转式液压减振器，前后两个有液压限制器，悬挂总行程增至 600 毫米，其中行动行程为 300 毫米。履带为干式钢质单销式，每条履带有 110 块履带板。

这最终先是导致了“梅卡瓦 IIIB”的出现，随后在 2002 年开始列装的“梅卡瓦 IV”基本上将“技术对比”的天平重新拉了回来。“梅卡瓦”MK4 主战坦克战斗全重 65 吨，与 MK3 型相差无几，但动力系统却升级为 MTU833 的 1500 马力（Mk4 采用德国 MTU833 内燃发动机，该发动机由美国通用动力公司地面系统分部授权制造，最大输出功率可达 1103 千瓦，远远超过 Mk3 上安装的美制 AVDS-1790 发动机，且成本更为低廉。更为难得的是，MTU833 的体积较小，这使得 Mk4 车身前方的发动机罩外观平整，不像 Mk3 一样高高隆起，对改善坦克乘员的视野十分有利。与 MTU833 发动机匹配的是德国伦克公司的 RK325 自动变速箱。这种自动变速箱体积虽然很小，传动效率却很高，它有 5 个前进挡和 2 个倒挡，而不像前几代的变速箱仅有 2 个前进挡和 1 个倒挡。车身悬挂系统变化不大，仍采用弹簧减震器，其减震冲程长达

上图 2002 年开始列装的“梅卡瓦”MK4 主战坦克

600 毫米，足以应付戈兰高地的丘陵地貌，即使是在布满岩石的河滩上，Mk4 仍能以 60 千米的时速行进。此外，Mk4 还装有辅助动力系统，在主引擎停止工作的情况下，该系统可以为车载电池充电和向射击系统提供电力保障）。显然，如果单纯地用于应付低烈度战争，这种不惜血本的动力系统彻底更新换代毫无必要，之前的 AVDS-1790 系列已经足以。而曾经在 MK3“猎鹰”上进行过验证性预装的自动跟踪式火控系统则更能体现“梅卡瓦”MK4 在设计上对于作战目标的侧重点。

曾有观点认为这种自动跟踪技术即适用于攻击地面目标，又适用于攻击直升机。但事实上，该技术在跟踪地面目标时不太适用。当火控系统捕捉住地面目标以后，目标如驶入烟尘之中或被建筑物阻挡，火控系统能记忆目标形状继续跟踪到目标再次出现。此记忆时间实际上只能有 4 ~ 5

上图 “梅卡瓦”MK4 的设计重心在于满足核威慑条件下的常规大规模机械化战争。炮塔主要采用楔形装甲，用较大的斜面弹开动能弹，而且缩小炮塔正面投影减少中弹可能，不过这种炮塔实际上是受到整体重量的限制，尽可能地提高正向两侧的防护角度，减少侧甲所需要的厚度及重量，但是缺陷就是空间受到一定的损失，楔形的弊端就是炮塔空间的极度浪费，大量设备都必须安置在车体内，降低了空间的有效利用率

秒，超过 5 ~ 6 秒，自动跟踪记忆功能就会丧失，如果活动目标在遮蔽物后转向行驶，自动跟踪记忆功能立即丧失殆尽。实际上，自动跟踪记忆功能是为攻击低空武装直升机用的（塔尔将军早在 20 世纪 80 年代初即预言到对坦克威胁最大的当属武装直升机，怎样利用坦克炮攻击直升机是他长期考虑的问题）。毕竟直升机速度快，被遮挡物遮蔽的时间短，空中的背景噪音低，容易被捕捉和跟踪。具有自动跟踪功能的火控系统在炮手高放大倍率（12× 以上）瞄准镜观瞄之下，对直升机的攻击准确度大大提高——非正规游击队或许还能拥有一些简陋的地面车辆（以民用车辆居多），但直升机却根本是一个超出想象的奢侈品，所以安装昂贵而先进的自动跟踪系统用意何在也就不言而喻了。

不应被忽略的“马加奇”

如果说“梅卡瓦”系列意味着以色列自主坦克工业的建立和“装甲文化”的飞跃，那么由“巴顿”系列不断升级而来的“马加奇”系列却不应该被人简单地忽略。在“梅卡瓦 I”开始量产的 1978 年，本就不平静的中东又掀起了新一轮的波澜。1978 年 3 月，巴勒斯坦武装人员再次潜入以色列，袭击一辆公共汽车。为报复这一恐怖行动，以色列部队举行了代号“利塔尼”的军事行动，于 1978 年 3 月 14 日入侵黎巴嫩南部，对巴勒斯坦解放组织根据地发动毁灭性进攻，占领了利塔尼河以南的大片地区。虽然此后在美国压力下，以色列人

上图 尽管以“梅卡瓦”MK4 的列装为标志，以色列国防军地面部队在技术装备上得到了进一步改善，但在长期和平主义环境的侵蚀中，要应付这样的大规模军事行动，全面装甲机械化的以色列国防军地面部队自身的备战状况其实并不理想，即便是最新型的 MK4 也由于军费的削减而没有得到完全配置

上图 参加土耳其主战坦克竞标的“梅卡瓦”MK4（由于装甲材料技术瓶颈始终没有解决，“梅卡瓦”MK4 在土耳其的竞标中丢了大脸，从此再也没有拿着“梅卡瓦”去参加国际投标）

遵照联合国决议撤出，联合国维和部队进驻该地区，清剿行动宣告失败，但是以色列却在边界区域组织了一些黎巴嫩基督教民兵，被称为黎巴嫩自由战士（即南黎巴嫩军 SLA）。事实上，“利塔尼”是以色列国防军在 1974 年 1 月 18 日和 5 月 31 日分别与埃及和叙利亚签署停火协议后，主动发起的最大规模的地面作战行动——这实际上成为了贝京政府开始转变军事战略的一个风向标。

不过，贝京对此的态度仍然是谨慎的，这其中的原因很简单——虽然贝京的前任成功地完成了大规模的以色列国防军重建计划，这似乎为以色列转变军事战略提供了方便条件，但在贝京看来，以色列国防军还不够强大，在追求数量的目标完成的情况下，进一步提高以色列武器的质量重新成了当务之急。毕竟，1973 年那场代价高昂的“胜利”成为一个沉重的负担压在以色列国防军身上：逊于第一流的表现将不能达到以色列社会的高度期望。在这个背景下，除了开足马力开始生产“梅卡瓦”外，对原有“巴顿”系列坦克的升级也在

上图 1973 年 10 月 6 日的战争爆发前，一支装备“马加奇”主战坦克的以色列装甲部队正在进行日常训练

同步进行中，于是一些更新型号的"马加奇"出现了。事实上，1973 年 10 月的战争充分证明了第一代"马加奇"坦克的战场价值（第一代"马加奇"在以色列国防军中的制式型号是"马加奇 3"），在西奈战场，这些由各种"巴顿"坦克（主要是 M48 系列，也有少量 M47）改装而来的"大卫战士"那庞大的身躯横冲直撞的场景是埃及人的梦魇，而在戈兰高地的大反攻中，"马加奇"依靠先进的 M17B1C 型合像式测距仪和新型尾翼稳定脱壳穿甲弹对叙方的 T-62 坦克展开远距离精确射击，甚至有被"马加奇 3"从 2000 米以上的距离连续摧毁 4 ~ 5 辆的记录。也正因如此，虽然"马加奇"对中东战场的适应能力不及专门进行了针对性设计的国产"梅卡瓦"，但仍较以色列国防

上图 在 1973 年的全面战争到来之前，为了继续扩充和强化本已实力不俗的装甲部队，对于那批从联邦德国国防军手中接收的 90 毫米炮版本的二手 M48"巴顿"坦克，以色列国防军开始着手进行深度改进——新型的 AVDS-1790 柴油机与 L7 105mm 坦克炮的美国仿制品 M68 最终都出现在了这些二手车上，同时一些附加装甲组件也使坦克的防护性有所增强。改进后的 M48"巴顿"被以色列国防军称为"马加奇"（Magach）。但值得注意的是，Magach 实际上是一个希伯来词组的缩写（Ma-Ga-Ch），由希伯来字母 Mem 和 Chaf 衍生而来，其含义最直白地说就是数字 48

上图 1973 年 10 月 7 日，一辆以色列国防军预备役部队的"马加奇"正在前往西奈战场的路上

上图 1973 年 10 月 7 日，一辆正在驶过一处补给点的以色列国防军某后备装甲营"马加奇"主战坦克

上图 1973 年 10 月 10 日，西奈半岛苏伊士运河前线，一个隶属于沙龙装甲师第 401 装甲旅的"马加奇"后备坦克营，这些坦克此时正从一个前线军械库中接受弹药油料补给和维修

上图 1973 年 10 月 14 日，西奈半岛战场，两辆来自以色列国防军第 14 装甲旅的"马加奇"主战坦克

上图 1973 年 10 月 14 日，发生于西奈半岛上的那场史诗般的坦克大决战中，这两辆隶属于第 14 装甲旅的"马加奇"坦克最后的命运令人担忧

上图 1973年10月17日，苏伊士运河西岸附近的坦克战结束后，一辆以色列国防军第217装甲旅幸存的“马加奇”主战坦克

上图 随着重要城市苏伊士城几乎被攻陷，埃及第三集团军也在以军重兵围困下面临覆没，在百般无奈之下，埃及方面开始寻求和平。1974年2月，在联合国安理会的斡旋下，双方签署阶段性撤退协议，图中这辆以色列国防军的“马加奇”坦克正在撤出对埃及第三集团军的包围圈

军中其他未经过改装的英制或美制坦克显示出了优越性。而作为1973年10月战争损失的应急补充，美国在1973年10月～1974年10月的1年时间中，为以色列运来了150辆M48A3，这就成了进一步改装“马加奇”的新资源，不过有意思的是，之前的“马加奇3”实际上就是将早期M48A1/A2通过换装L7型105毫米炮（M68），“乌尔但”（Urdan）车长指挥塔，塔上外置1挺7.62毫米机枪；在105毫米炮炮管上方安装M2 12.7mm重机枪，换装AVDS -1790柴油发动机、CD-850-6型变速箱和现代化的通信系统，并配发M111曳光尾翼稳定脱壳穿甲弹等方法升级到M48A3的标准，所以这批M48A3起先直接被称为“马加奇5”。

不过，到1977年贝京上台要求进一步提高以色列国防军装备质量的情况下，这些所谓的“马加奇5”和之前幸存下来的少量“马加奇3”又开始准备进行进一步升级——这次的主要方向是为

上图 一辆“马加奇5”主战坦克的车长正向外置于炮塔的一门60毫米迫击炮装填弹药

上图 “马加奇”系列坦克对于严寒风雪天气的适应能力不足——而这是在以黎边境地区的战地作战中经常会遇到的一种天气环境

基于M48“巴顿”的“马加奇”加强“布拉泽”爆炸反应装甲（当时这种装甲和坦克原有装甲的整合工作并不是太好，就好像一个个的长方形铁盒子外挂在坦克车体和炮塔等被弹概率较大和防护较为薄弱的部位，但的确大幅度提升了坦克的防护能力，不过这种装甲当时属于绝对机密，在部队接到动员令开拔前线之前都不允许安装到坦克上），并将火控系统中的M13AID机械式弹道计算

机和 M17C 车长合像式光学测距仪，替换为更新型的 M16 机电模拟式弹道计算机和 AN/VVG-2 车长激光测距瞄准镜，在 2000 米距离对静止目标射击时的首发命中率由之前的 30% 提高到 75%（M16 弹道计算机采用有 10 个抽头的线性电位计来模拟不同弹种的弹道，可计算多个弹道参数产生的瞄准线高低修正和方位修正，而 AN/VVG-2 车长激光测距瞄准镜由激光测距望远式光学系统和潜望式车长瞄准镜组成，结合了车长瞄准和测距两个功能，测距也可由炮长完成。激光测距采用第一代红宝石激光测距仪，测距范围为 200 ～ 6000 米，测距精度为 ±10 米，距离分辨率为 20 米，发射波长为 0.6943μm 的可见红光，重复频率为 3 次 / 分或 6 次 / 分，对人眼的安全距离为 10 千米。该测距仪可同时测量和存储 3 个目标距离并用数字显示 1 个目标距离。激光测距望远光学系统有 2 个倍率，6× 倍率（视场为 10 度）用于搜索目标，12× 倍率（视场为 5 度）用于瞄准和测距）。

上图　一辆以色列国防军“马加奇 5”主战坦克正在以一辆战利品 T-34/85 为标靶，进行射击训练

上图　在内盖夫沙漠中进行训练的 M60“巴顿”改进型——马加奇 6

到了 1980 年 1 月，美国又开始向以色列提供一批总数为 300 辆的最新型 M60A3 主战坦克，这样以色列国防军装甲部队手中的 M60“巴顿”系列的总数将突破 800 辆（包括早期的 M60 和 M60A1），成为了比 M48“巴顿”更具改装价值的基础材料，“马加奇 6”因此出现。与“马加奇 3/5”的情况不同的是，虽然“马加奇 6”的改装套路大体类似，但改装范围不仅包括早期的 M60 和 M60A1，还包括新运到的 M60A3，而且改装的深度也要超过“马加奇 3/5”。具体来说，除了将 M60 和 M60A1 的火控全面升级到 M60A3 的标准（以 M21 求全解式数模混合弹道计算机为核心的分划扰动式坦克火控系统，在弹道计算中计算了多种弹道参数对弹道的修正，其中很多参数是用传感器精确测定的，具有在静止状态射击固定和运动目标的能力），并为之增加 AN/VSG-2 炮长热成像瞄准镜（AN/VSG-2 炮长热成像瞄准镜采用低速并行扫描、光学多路传输和发光二极管显示，能在昼夜和复杂气候条件下使用，并能穿透烟幕和简单伪装，最大作用距离可达 2000 米。

上图　20 世纪 80 年代黎巴嫩政府军第 8 装甲旅装备的 M48A5（黎巴嫩政府军装备的 M48A5 在配置上不如以色列军队经过升级的 M48A3“马加奇 5”先进，而且涂装风格也完全不同，暗绿与红褐色相间的迷彩使其在战场上能够很明显地与以色列坦克区别开来）

上图 在1982年入侵黎巴嫩的战斗中，以色列装甲部队装备的“马加奇6”（白色帆布标上的数字3说明它来自某坦克旅第3营，而一个醒目的橘黄色防空识别板则被置于炮塔顶部）

上图 一队以色列国防军的“马加奇6”坦克纵队正在穿越以黎边境多风而狭窄的小路

上图 这是一辆安装了扫雷犁的“马加奇6”

AN/VSG-2有1×昼间观察（水平视场为21度、高低视场为10度）、8×昼间瞄准（视场为8度）和8×热成像夜视（水平视场为5度、高低视场为2.58度）3个光学通道，并有1个光学肘管延伸至车长瞄准镜处，使车长也能看到炮长瞄准镜中的图像）。同时，为了提高射击精度，M68炮管上包裹隔热护套以防止炮管受热变形，对动力系统使用RISE套件进行可靠性和标准化升级（发动机的改进有发电机总成及传动装置、启动器的低电压保护、油压开关和温度传感器、排气管、进气管火焰加温装置、涡轮增压器、燃油滤清系统和自动排水装置、传动装置的机油散热器、发动机的机油散热器、油底壳和机油泵、减振器壳体和机油滤清系统、正面防护装置、顶侧电气快速拆卸装置，以及发动机内部的一些改进，如燃油喷射系统、气缸、活塞、活塞环和冷却活塞的喷油嘴等），除安装“布拉泽”爆炸反应装甲等之外，还安装了“梅卡瓦”的履带和新的第5号钢制负重轮（其余负重轮仍为铝制）（不过，装有“梅卡瓦”履带、负重轮的“M60马加奇6”被称为“马加奇6B”）。

如此深度改进的结果，实际上使“马加奇6”成为了以色列国防军装甲部队战斗序列中与“梅卡瓦”高度通用的一型主战坦克——从身管、弹药到火控系统和动力/传动乃至行动部分基本一致（而“梅卡瓦”在设计时也同样刻意注意了在火炮、火控和动力系统与现有的“马加奇-巴顿”系列尽量保持一致，其M68 105mm坦克炮及弹药与基于M48/M60系列的“马加奇”完全相同，火控系统实际上是M60A3的LTFCS坦克

上图 这是一辆被称为“风暴”的“马加奇6”

上图 训练中的“马加奇6B”

火控系统的以色列版，AVDS-1790-6A 柴油引擎和 CD-850-6B 传动装置也与 M48/M60 系列“马加奇”的 AVDS-1790-2D/CD-850-6 大部分零件通用（特别是经过 RISE 套件升级的 AVDS-1790-2D 与 AVDS-1790-6A 的通用性最高）），这一点对于战争中后勤上的好处是不言而喻的。更重要的是，虽然从“马加奇”的改进到“梅卡瓦”的腾跃，整个过程是以色列坦克工业这几十年来从囫囵吞枣到局部修改到全新设计再到大胆冲击坦克技术前沿的艰难过程的一个写照，“梅卡瓦”更是从必然王国走向自由王国的关键一步，但在“梅卡瓦”尚未成熟，并在可预见的时间内产量无法满足需求的情况下，改装出更多、更好的“马加奇”将是十分可行的明智之举——这将在短时间内显著强化以色列装甲部队的战斗效能，并满足了以色列对于高质量武器在数量上的要求。1982 年的战争结束后，“马加奇 6”进行了进一步升级，又出现了更新型的“马加奇 7”系列。今天，这个系列的“马加奇”仍然作为以色列装甲部队的主力装备活跃于中东战场上。

上图 一队令人印象深刻的“马加奇 7C”主战坦克正在以、黎边境巡逻（1982 年的战争结束后，“马加奇 6”进行了进一步升级）

上图 1982 年黎巴嫩战争后反思的产物之一——“马加奇 7”主战坦克

结语

如果说土地与人口是一个国家最为宝贵的资源，那么非常遗憾的是，以色列这两项资源都匮乏得可以，特别是相对于前者而言，兵源的短缺始终是以色列国防军最大的难题——“每一个士兵的生命都是至关重要的”。无论用军事术语怎样描述，以色列国防军的作战理念都可以浓缩成这样一句话——“最大限度地保存有生力量，最大限度地杀伤敌人”。在以色列式的“装甲文化”中体会到的正是这一点。

上图 在近一二十年的巴以冲突中，以色列军方常常出动“梅卡瓦”坦克或“马加奇”坦克，与直升机配合作战，搞一些“定点清除行动”，这种“杀鸡用牛刀”的战法，使巴勒斯坦的哈马斯组织损失惨重。不过，“梅卡瓦”坦克也并不是战无不胜。2003 年，在加沙地区就发生了两起“梅卡瓦 3”坦克被摧毁的事件。哈马斯组织巧妙地在“梅卡瓦”坦克必经之地布设了 100 千克以上的 de-tona-tor 地雷，将两辆“梅卡瓦”MK3 坦克炸毁。这说明，号称是世界上“防护性最好的坦克”也是可以被击毁的，2006 年“梅卡瓦”MK4 在黎巴嫩战场上的大量折损不过是再次重复了这一结果而已

适者生存的智慧——以色列坦克的设计理念

在当今世界的主要坦克生产国中，以色列坦克在设计理念上自成风格，甚至形成了别具一格的所谓“装甲文化”。然而这个“装甲文化”究竟有着怎样的内涵？以色列坦克设计理念中的“奥妙”又何在？

上图 艺术家笔下的M51“超级谢尔曼”

站在坦克手的角度去设计

在以色列坦克设计师看来，如果站在坦克手的角度，去设计一辆对于中东战场真正有实用价值的坦克，那么应该注意的地方有以下几点。首先，为了提高机动性，将坦克减重到 60 吨以下的想法不可取：在所有机动性中，战场机动性最重要，但防护力下降会造成坦克不敢实施机动，反而降低了机动性，而且坦克通过机动性规避反坦克导弹也是不现实的（很新颖的想法，有着最朴素的军事辩证哲学）；其次，空心装药破甲战斗部的射流在穿过多层装甲后，后效碎片扩散角会越来越小，无论是反坦克火箭筒、反坦克地雷还是炮射破甲弹，空心装药破甲战斗部击中坦克后，被射流直接击中的人会伤亡，但距离稍远的人会误以为是颠簸、自己坦克的主炮射击，甚至根本没有觉察，所以采用间隔装甲显然要比采用同等重量的单层装甲板更适应阿拉伯军队的反坦克武器。

再次，在尽可能的情况下，要为坦克安装一门能够获得最大威力的火炮，但因此采用无炮塔顶置火炮的方案则是不可取的——尽管这在获得火力性能优势的同时，还能够获得最小的正面投影面积。这其中的原因有三：炮塔位置最容易被攻击，而顶置火炮坦克一旦顶部火炮被打坏，就无法修理而失去战斗力；车长无法在坦克最高处观察和指挥；对空中威胁来说，顶置火炮坦克没有消减受弹面积。最后，对机动性来说，坦克的变速箱比发动机的贡献更大，而且虽然螺旋弹簧悬挂相比扭杆悬挂偏“软”，不利于高速机动，但前者更容易在野战条件下修理（注：若是液气悬挂，则在野战条件下无法修理），同时螺旋弹簧悬挂及其支架还可以提供一定的辅助装甲防护。简单来说，以色列坦克的设计思想其实可以归结为很简单的几个字——“防护为重，乘员生存力第一”。坦克的机动性和火力只有在防护性能的支持下才能得到充分发挥。如果没有可靠的防护作为保障，坦克就不敢最大限度地接近敌人，就会影响坦克炮的命中率和穿甲威力。所以最终出现在绘图板上的“梅卡瓦”，不再追求火力、防御和机动三者的平衡，而是防御第一、火力第二、机动第三这样优先次序思想下的产物，必须将装甲防护及坦克乘员的生存力作为其基本性能特征。

不过，虽然“梅卡瓦”MK1 主战坦克从一开始便号称是“把 75% 的车重都用于防护的坦克”，而一般的主战坦克用于防护的重量约占 50%，但这并不等于在坦克对坦克的装甲肉搏中“梅卡瓦”就不会遭遇厄运——1982 年的战争中 2 辆“梅卡瓦”和 5 辆“马加奇 6”因此“陈尸沙场”（以军在战争期间总共损失了 7 辆“梅卡瓦”）。然而，被击毁并不能否定“梅卡瓦”煞费苦心的防护性设计，毕竟在设计这种坦克时，以色列人认为他们面临的最大威胁只是 T-62 的 115 毫米炮。事实上，在同等情况下，即使其装甲被击穿，“梅卡瓦”单车伤亡人数仅是其他坦克伤亡人数的一半。同时，“梅卡瓦”对于山地战的适应能力也要比苏制坦克好，这是另一个值得肯定的地方。按说，动力 - 传动装置前置，会使火炮的俯角减小，而以色列的坦克设计师们采取了各种措施来增大火炮的射击俯角，以增大棱线射击的可能性。能达到 −8.5 度，超过了一般苏制主战坦克的射击俯角。显然，从第一代“梅卡瓦”的战场实践来看，这种由欧美二流部件装配而成的以色列国产坦克先进程度也许并不理想，但面向中东战场针对性极强的设计理念却很好地弥补了这一点。

上图 以色列国防军装备的“梅卡瓦”MK2D

上图 以军始终认为实战效能和技术先进性并不是一码事，针对性与革命性相结合的设计理念才是王道

不仅仅是“坦克”

作为二战结束后在装甲机械化战斗领域实战经验最为丰富的一支军队，以色列国防军1973年之后于坦克国产化方面所进行的卓越努力，实际是对“坦克”这种传统装甲战斗车辆进行了重新定义。“梅卡瓦”的设计思想不仅仅是一个老兵从战术角度思索的结果，同样也必须与当时以色列国防军乃至整个国家所持的军事思想密不可分。1973年10月战争以后，以色列由于政治上和军事上的原因保持防御的战略态势。企图主要靠政治手段来减少阿拉伯人发动突然进攻的机会，并且希望能减慢向全面战争的过渡。为了加强防御态势，以色列在指导思想和技术方面都有了变化。这就造成在“梅卡瓦”的设计意图中，必须把机动性的进攻武器系统和进攻战术同防御战略重新协调起来——换句话说，将“梅卡瓦”只看做是一辆传统意义上坦克的想法将是片面的，而是要令其承担起一座机动性防御堡垒的全部职责。为此，这辆坦克不仅仅要能够在一对一的坦克决斗中生存下来，还需要能够在孤立无援的情况下长期坚守阵地，并在必要时充当装甲人员输送车、弹药车、自行迫击炮……甚至重装甲救护车的角色也在考虑之中。

换句话说，“梅卡瓦”MK1这辆由以色列人自己设计的坦克不单单是对1973年10月那场战争的反思产物，也不仅仅是1956年苏伊士运河战争之后所有相关教训的结晶，而是一种特定军事环境下的特定产物。其最大特点是采用了动力-传动装置前置的总体布置方案，并在除此之外的所有细节上也都贯彻着强调防护-生存力和战斗持久性至上的设计理念，这种坦克的防护建立在全方位间隙式防护装甲之上，将坦克的系统设备布置在载员周围，这样就能为坦克载员和坦克携带的弹药提供基础化和系统化的防护（甚至将主炮的弹药放置在耐热容器内，并保存在位于坦克炮塔座圈下的车体前部）。动力-传动装置前置、楔形小炮塔、坦克“开后门”、炮塔后部加挂链、炮弹的弹药基数高达200发（标准基数62发）、载员室可载8名全副武装的步兵、坦克上配担架、有火炮行军固定器、辅助武器有3挺机枪和1门特别设计的内置60毫米迫击炮，但取消了车长指挥塔（按以色列传统，在实战中，车长大部分时间应开舱观察与指挥）……应该承认，从上到下、从里到外，这都是一个极为反传统的设计，但却是为以色列国防军的现实量身定做的，只凭这一点，就没有任何一辆或许更先进的外国坦克能够比得上。

对以色列国防军来说，第一代“梅卡瓦”更重要的现实意义在于对战场环境的高度适应性（与叙利亚 T-72M 的交战也只说明，第一代“梅卡瓦”的确有与之正面抗衡的本钱，但压倒性的优势却谈不上，因为尽管在交换比上占优，但也有“梅卡瓦”毁于 T-72M），而这种适应性在贝鲁特巷战中被表现得尤为充分。坦克可以运载士兵，疏散伤员，甚至可以放置担架、补给品和饮用水，这种离经叛道的设计思想在第一代“梅卡瓦”的早期设计阶段引起过很大争议，但黎巴嫩战争中后期的城市战却表明如此设计是极具前瞻性的。在以色列国防军一向不愿轻易涉足的巷战中，第一代“梅卡瓦”利用动力/传动装置带来的出色防护性和特有的尾舱所带来的便利，不光被用做机动火力点，还临时充当战场救护车，经常用于运送以军伤员，或是干脆扮演起了“步兵战车”的角色，如此的成功，以至于许多以色列士兵认为“梅卡瓦”的存在是上帝对以色列民族的恩赐（过去乘员在离弃坦克时常有伤亡，但“梅卡瓦”特有的尾门和尾舱却改变了这一切。在战斗中，不但车组乘员能够更轻松地出入坦克，不用再从炮塔上跳上跳下，还能够在敌火威胁下从容不迫地撤出伤员或是运送步兵，甚至作为重装甲机动运水车的价值也令人侧目——在黎巴嫩，经常可看到成群的以军士兵因为找不到饮用水源而在几辆塞满了几个大水箱的“梅卡瓦”坦克后面排成长队的情景）。

上图 1990 年，以色列国防军第 7 装甲旅第 3 营第 2 连装备的“梅卡瓦”MK2B 主战坦克

上图 初期型“梅卡瓦”MK2 与“梅卡瓦”MK1 差别不大，而作为 1982 年战争的一种迅速反馈，1983 年出现的“梅卡瓦”MK2B 仍然算不上是第二代“梅卡瓦”

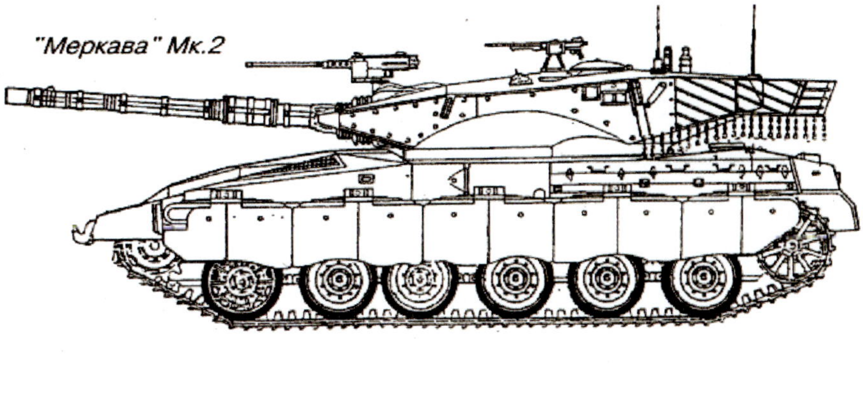

右图 “梅卡瓦”MK2B 侧视图

主次分明、注重经济性

应当强调指出的是，以军始终认为其在历次中东战争中取得的成就，主要在于优越的组织和训练，而不是由于技术上的全面先进性优势而致。所以以色列装甲部队重点不是发展武器系统本身，而致力于系统性的体系质量建设，并因此将主、次要武器系统的发展进行了科学的划分与区别对待。理论上来讲，每一次成功的军事变革都需要建立新的产业基础，只有充分认识军事变革的艰巨性，才能更好地理解区分重要武器和次要武器的意义。重要武器是军事变革成功的关键因素，需要倾注国力，不惜耗费巨资去获得。而在整个军队武器系统确定了重要武器和次要武器之后，每个分系统同样需要确定重要和次要。这就能够解释为什么以色列在研制坦克方面不遗余力，从1977年开始自主研制的“梅卡瓦”坦克已经搞了4代，但同时却依然对手中现有的旧式坦克进行现代化改装的原因所在——如果以色列拥有世界上最好的步兵战车，但坦克是陈旧的，那么其装甲部队的战斗力就会大大下降，而这却是以色列国防军无法容忍的。

上图 以色列国防军装备的“马加奇7C”主战坦克

上图 由战利品T-54/55主战坦克底盘改造而成的“阿奇扎里特”重型装甲人员输送车

于是从20世纪80年代中后期开始，以色列装甲部队的装备建设中，先进性与实用性被以一种特殊的方式调和着：人们即看到利用了先进技术的最新版本“梅卡瓦”在源源不断地走下生产线，也看到大批的旧坦克正被热火朝天地改装着（这些旧坦克型号繁多，即包括较老的百人队长、M47、M48系列，也包括相对较新的M60/马加奇系列，甚至是从战争中缴获的战利品也包括在内）——其中的一部分利用最新版本的“梅卡瓦”技术升级出了耳目一新的“马加奇7”。“马加奇7”主要是以一种充填有复合结构材料的装甲套件，用螺栓固定在M60的车体和炮塔上，此外还加强了车体侧面的侧裙，并以“梅卡瓦”MK3的标准升级了火控系统。但由于保密的原因，人们对这些复装甲组件的构成所

上图 在内格夫沙漠中进行训练的“美洲狮”装甲战斗工程车（车体后面的盒子中装的是反坦克雷）

知甚少，只在某些资料中很模糊地提到过，该车的前段围裙和炮塔复合装甲组件由橡胶、钢板及陶瓷构成了有间隔的箱式结构，能够有效抵挡 AT-3 反坦克导弹的聚能破甲战斗部，效果接近爆炸反应装甲模块，但又没有后者在巷战中的弊端，其整体防护能力与巷战适应性均超过了此前的“马加奇 6B”。

显然，以色列国防军看到了在发展最理想装备的同时，将一部分资源用于发展多样化的二流装备的可取之处，而这恰恰是深谋远虑所必需的。从 1948 年的“独立战争”到 1982 年的“加利利和平行动”，阿以之间每隔 10 年便有一次大规模战争，巨大的军费负担使以色列陆军只能将钱使在刀刃上。

硬币的另一面

尽管在特定战场上的适应性无出其右者，但“梅卡瓦”却并非是一部完美无缺的战争机器，坦克设计界对“梅卡瓦”系列一向存在着相当的争议。以“梅卡瓦”为代表的以色列坦克在设计上存在的问题其实在于，这本质上是一种为守卫以色列边界而设计的移动堡垒，尽管也强调与敌坦克作战是用途上的绝对重心，但其设计上所针对的目标却是战斗全重较轻、火控系统相对落后、火炮俯仰角度一向不大的苏制出口型坦克（1982 年在与叙利亚出口型 T-72M 的坦克战中，双方互有胜负也说明了这一点，T-72M 出口型只配备普通合金钢弹芯的 Б Р 11 尾翼稳定脱壳穿甲弹，1300 米距离上只能穿透 300 ~ 350 毫米的钢装甲，并且由于长径比不高，脱壳后弹体短粗，所以还存在着精度差的问题，不能与苏军自用的高密度弹芯长杆式尾翼稳定脱壳穿甲弹相比）。同级别的西方坦克从来就不是“梅卡瓦”系列考虑中的主要交战对象。事实上，“梅卡瓦”的研制不是盲目地追求新技术和高指标，而是针对当前和潜在的敌人拥有的武器而采取对策，利用成熟技术与预期能拿到的科研成果来设计，但这种设计人员自以为是的小聪明却往往被政治上的变幻莫测击得体无完肤——随着阿拉伯国家引进西方现代化主战坦克，情况显然发生了变化。“梅卡瓦”系列主战坦克是一种在设计上极有独到之处的

上图 艺术家笔下的“梅卡瓦”MK3D

上图 在 2006 年 7 月针对黎巴嫩真主党武装的地面战斗中，被击穿的“梅卡瓦”MK2D 主战坦克炮塔前装甲

作品，但这样一个事实终究无法回避——其反传统设计的优势更多体现在多用途性能上，而非与同技术级别的坦克交战能力上。

事实上，就像本文反复经强调过的那样，“梅卡瓦”是世界上唯一一种以防御而非进攻为设计重心的主战坦克，并为此才采用了动力/传动装置前置的奇特布局。然而“成也萧何败也萧何”，这反而可能造成“梅卡瓦”在1973年那样的高强度机械化战争中处境危险。所谓发动机前置，也就是说用坦克最重要的心脏部分替乘员挡炮弹，而发动机一旦中弹就意味着整辆坦克失去战斗力和机动能力，即便乘员没有伤亡也必须离开坦克，在高强度的战场上暴露在外的人员能有多大生存力？还有发动机前置不但造成前装甲面积加大，重量攀升，而且还必须得在坦克的最易中弹的前部开各种口子来对发动机进行检修更换，布置发动机的进、排气口和散热口，这些都会实际降低车体前部的防护——“梅卡瓦”前车体侧面那个格栅就是敌人坦克炮理想的射击目标，而这里是无法防护的（前置发动机的设计一般都被评价为提高了正面的人员防护。可是车体后部的防护反而比一般的设计还要差。按照一般的设计，乘员前面有倾斜的主装甲，后面有发动机。而现在乘员的战斗舱后面什么都没有。所以这是一款一旦被同级别的坦克咬住尾巴就很吃亏的坦克）。糟糕的是，动力/传动装置前置的弊端还不止于此，它的许多其他缺点同样是不可克服的：驾驶员的位置靠后，观察死角增大；在前置动力舱内，冷却系统部件（散热器、风扇等）布置较困难，动力系统的散热问题和易损率都会比其他坦克更容易丧失机动能力；火炮位置后移后，火炮的俯角小，火线高度增加；发动机和传动装置的高温、噪声和振动对乘员的影响较大；动力装置的拆卸不如后置方案方便；动力/传动装置前置也使得传动效率低于传统的后置方式；主动轮在前，使上支履带拉紧，履带的效率降低，行驶的滚动阻力加大等。

上图 从这张侧视图中可见，1982年战争结束后出现的新一代“马加奇7”在装甲防护上进行了重点强化，并且不再依赖于反应式装甲，从而对巷战适应性有所提升

上图 在近一二十年的巴以冲突中，以色列军方常常出动“梅卡瓦”坦克或“马加奇”坦克，与直升机配合作战，搞一些“定点清除行动”，这种“杀鸡用牛刀”的战法，使巴勒斯坦的哈马斯组织等损失惨重。不过，“梅卡瓦”坦克也并不是战无不胜、无坚不摧。2003年，在加沙地区就发生了两起“梅卡瓦3”坦克被摧毁的事件

“刻薄”地说，由于在装甲材料和

发动机技术层面的落后，按照西方的标准划分，哪怕是将“梅卡瓦”MK4作为一种第三代主战坦克都是十分勉强的，特别是在阿拉伯国家拥有的这些西方坦克120毫米高性能坦克炮的炮口下，“梅卡瓦”MK4的战场存活率相当可怜。客观地讲，在当年投产“梅卡瓦”MK1的那个年代，整个西方国家都没有合适的复合装甲，“乔巴姆”在当时英国人自己还没有用上，更不可能出售，美国人也还在摸索，而以军方又要求防护第一，保护成员的生存放在第一位，这让设计者绞尽脑汁也无法满足正面的防护要求，最后想了一个不是办法的办法，炮塔采用超级大斜面，通过倾斜钢板增加防护厚度，但是这个办法对车体正面的防护无能为力。万般无奈之下，只好一改常规，把硕大的发动机搬到正面充数，这样一来，整个动力舱都可以算做“正面装甲”了，同时还不停地对车体所采用的普通均质钢装甲增重，其间隙层数居然有5层之多，车体正面也由3层甲板构成，在车体甲板的间隙中还安装了燃料箱加以利用，结果在20世纪70年代就研制出一个重达58吨的怪物，“梅卡瓦”的神话也就此开始——58吨的结果就是当时以色列周边没有坦克能打穿MK1的车体正面。然而，当进入20世纪80年代中后期，西方在先进复合装甲领域相继取得重大突破，并且普遍换装120毫米高膛压滑膛或是线膛坦克炮的情况下，第二代的“梅卡瓦”MK3和第三代的“梅卡瓦”MK4继续采用动力传动装置前置及契形炮塔的设计来增强防护力，就只能说是一种无奈了。

上图 尽管以“梅卡瓦”MK4的列装为标志，以色列国防军地面部队在技术装备上得到了进一步改善，但在长期和平主义环境的侵蚀中，要应付这样的大规模军事行动，全面装甲机械化的以色列国防军地面部队自身的备战状况其实并不理想，即便是最新型的MK4也由于军费的削减而没有得到完全配置

事实上，以色列人不是不想用好的装甲，而是无从获得。不否认某些技术领先或者自主，但是对于整体完备的水平来说，以色列自身工业基础是受限的，先进的装甲材料就是一块短板，同时外购也是不现实的，或许一流的发动机、传动系统和火控系统部件能够买到，但一流的装甲材料技术对任何一个国家都是最高机密，即便能买到，也都是些拿不上台面的二流货——德国人当年为豹IIAV从英国人手中买“乔巴姆”时就吃过这样的暗亏。结果10年后的第二代“梅卡瓦”为什么会继续延用第一代“梅卡瓦”的老套路也就不难理解了——在没有好的装甲材料技术的前提下，唯一的办法只能是继续沿用增加侵彻通道的距离，加大对侵彻物消耗的

上图 由于拥有先进的复合装甲技术，M1A1这类美国第三代主战坦克不需要采用动力传动装置前置的极端设计，这使在更换战损的动力机组时，不必吊开厚厚的首上装甲板，从而使战场维修效率大为提高

上图 战斗中，一辆炮塔正面装甲被反坦克火箭弹撕裂的“梅卡瓦”MK4

上图 一辆被俄制短号反坦克导弹击穿侧车体的“梅卡瓦”MK4

上图 被真主党武装击毁后从战场回收的“梅卡瓦”MK2D

上图 从MK1到MK4，“梅卡瓦”系列坦克在行动部分上的变化是最小的

方法，所以1977年的MK1是如此，2000年左右出现的MK4也还是这个思路，基本的设计框架变不了也不可能变。但问题在于，这样的“梅卡瓦”MK4如果想凭借首上那块倾斜可观但厚度一般的钢板来弹开钢芯弹，可能没什么问题，但对于DM43/53这类穿深达550毫米以上的钨芯弹就是一种幻想了。当然，由于独特的动力/传动装置前置结构，侵彻通道的距离足够大，乘员在首上装甲板被击穿后的生存率相对还是有保证的，但失去了动力的坦克却必然瘫痪在战场上。如果在低烈度战场情况下，以军有充分的把握掌控战场局面，失去了战车的乘员能够安然脱离，战损车辆也能够被回收，但如果发生1973年式的全面高强度机械化战争，那上述假设将变得虚无缥缈起来……

结语

以色列制造的坦克大都是一些企图尽量利用廉价的、适合以色列自身技术生产情况的零部件装配出来的，为中东战场的特殊环境量身定制的，充满了鲜明地域特色的产物，以达到成本与效率、实用性与先进性的完美平衡。

摸索中前行——以色列装甲兵的作战理念

要点评战后作战经验最为丰富、战斗效能最高的一支武装力量，以色列国防军大概是有这个资格的。毫不夸张地说，其自 1948 年以来的建国史，就是一部以色国防军的浴血征战史。不过以色列地少人稀，国土面积仅 1.49 万平方千米，且多为沙漠荒滩，人口勉强超过 700 万，又身处四战之地，三面强邻环绕，一面临海，地缘形势糟糕得简直令人绝望。但也恰恰如此，为了让自己这个渺小而坚强的祖国存在下去，在历次以弱胜强的命运之战中，以色列国防军反倒逐渐形成了自己独树一帜的作战理念。

上图 艺术家笔下进行履带行军的以色列装甲部队机械化纵队

"凭借本能去战斗！"

正如以色列装甲力量的组建，经历了一个从无到有、从弱到强的过程。以色列装甲兵的作战理念也是从一片空白中开始酝酿的。对此，如果了解了以色列装甲兵组建之初的窘迫，便会有所感触。早在 1945 年夏天，当欧洲主要国家的军队渐渐丢盔卸甲的时候，本·古里安便留心获得武器的机会。他在巴黎设立了一个机构，秘密搜罗大炮、坦克和飞机。由于他的坚持，犹太人协会为此提供了大约 300 万美元。大体来讲，这一活动是成功的，困难主要不是来自经济拮据，而是来自英国在欧洲及在进入巴勒斯坦渠道方面的警觉。法国和捷克斯洛伐克是主要的武器来源。在英国撤出巴勒斯坦之前，大部分装备都被秘密储藏于欧洲。但总的来说，以色列人的重武器来源非常有限，真正到手的坦克、飞机和大炮也很难运到巴勒斯坦。

上图 这辆于 1948 年 10 月被以色列军队俘获的布伦机枪车还保留了埃及部队的标志，不过它的以色列车组已经在上面喷涂上由 3 个箭头构成的以色列南部军区识别标志

结果由于武器禁运条例，真正的制式战车无法得到，经过自行改进的装甲卡车在以色列人部队中扮演了极为重要的角色，利用 1945 年后获得的大众卡车（焊接有锅炉钢板）+MG34 机枪的简易装甲车成为了哈加纳机动部队的主要装备（但即便是这种寒酸的简易装甲车，以色列人手中也极为稀少）。此时，唯一能够被以色列国防军倚重的机械化部队只有一个战前匆匆组建的第 7 机械化旅（后来被改编为装甲旅）。该旅由"哈加纳"创始人什洛莫·沙米和海姆·拉斯克夫奉命组建，用不到一周的时间内编成了 3 个作战营：1 个为装甲步兵营，2 个是普通步兵营。不过，这个旅名为机械化部队，实际上仅有 10 余辆刚刚从欧洲买来的美军在二战期间使用的M3半履带装甲车，步兵甚至连沙漠地区作战必备的水壶也配不齐。官兵几乎没受过任何军事训练，大多数人都是在开战前两三天才领到武器。可想而知，这样一支仓促拼凑而成的装甲力量谈不上什么系统的作战理念，仅仅是凭借本能在战斗。

上图 由于缺少装甲车，以色列部队不得不大量利用其他车辆作为补充（这辆吉普车属于南部军团，可能隶属于第 88 装甲旅，车上安装的这对 MG.34 机枪可能是战后在捷克斯洛伐克组装的）

上图　以色列设法从欧洲获得了一些被解除了武装的M3A1半履带式装甲侦察车。这批车后来在耶路撒冷经过改装，加装了新的附加装甲板，并在车顶上安装了一个机枪炮塔。虽然从前面看改造的M3A1侦察车与原车很相似，但驾驶室内的间隔板都是重新制造的（图中的这辆车同样涂有以色列南部军区的识别标志）

上图　由于缺少坦克，以色列第82装甲营同样不得不利用其他车辆作为补充。图中的这辆M3半履带装甲人员输送车就在安装了一门缴获的6磅反坦克炮后，被作为坦克或是坦克歼击车使用（有意思的是，图中的这辆车很典型地展现了当时以色列改进半履带车的一贯特点——在驾驶室的右边加装一把机枪）

上图　由于缺少足够的装甲车，以色列部队甚至还临时拼凑了一些代用车辆，图中的这辆装甲车实际上是由一辆道奇两吨半卡车改装而来，此时它正跟着一辆改造过的M3A1侦察车进行战斗巡逻

摸索中前行

在以色列陆军的中高级军官中，可以说没有一个懂得装甲战术，当时也没有教官和顾问，更别谈什么作战条令。但正因为这样，以色列人在装甲部队训练时，凡事均要亲身体验，并且花费更多的精力与体力来练习操作、试验各种战术。如果在演习中战车抛锚，随之而来的就是一堂野战修理保养课程，所有成员必须学会各种故障的排除和修理。同样，在各种战术演习中，以色列人也是不断地讨论、修正和演练；若发现新的方法，经过讨论、修正后就成为以后的执行准则。因此，以色列的装甲兵可以就其本国的特殊环境发展出独立的准则，而不必生硬地套用其他国家的先例。这个时期的艰苦发展成为以色列装甲部队的宝贵财产，并指引其找到了具有自己特色的发展道路。

上图 以色列的第一批制式坦克是少量二战前法国制造的霍奇基斯 39.H 轻型坦克

右图 以色列军队中一辆装有2挺MG.34机枪，并带有一个独立机枪塔的道奇两吨半装甲卡车

左图 1948年间，以色列兵工厂利用英军留下的坦克部件组装出了至少2辆完整的“谢尔曼”坦克，照片中的这辆即属其中之一（车体上有明显的名字‘他玛’。有意思的是，虽然从底盘判断这是一辆M4A2（W）。但事实上在回收之前，英军拆掉了上面的坦克炮来解除武装，结果以色列兵工厂不得不利用从意大利购买的一门早期型M3 75mm坦克炮对其进行修复。这辆坦克和第82装甲营参加了拉法周边的战役）

右图 “谢尔曼”M4A2后边是一些从意大利购买的M4（105）火力支援型坦克

虚假的“进攻性”

在 1967 年 6 月 5 日爆发的第三次中东战争开始之前，以色列装甲兵已经发展到 9 个装甲旅和 2 个机械化旅的规模。而在战争中，尽管依靠突袭取得了绝对制空权，是以色列军队能够仅用 6 天就打得阿拉伯军队节节败退的关键因素，但以色列装甲部队的表现却似乎更加令人瞩目。要知道，6 天的战斗中，以军装甲部队共击毁了阿拉伯军队 1700 辆坦克中的 965 辆，而自身的损失仅为 394 辆，如此耀眼的战绩最终奠定了以色列装甲部队在整个以色列国防军中的核心地位——这就像提升了阿喀琉斯脚踝的防御一样，不仅仅是坦克部队，几乎以色列陆军的全部步兵和炮兵部队也都开始向装甲机械化方向发展。

不过，对以色列人来说，这场速战速决的战争结束后，他们也面临着一些新的问题——由于在第三次中东战争中占领了大片的土地，使得原本善于快速机动作战的以色列陆军必须据守在固定的防线上。事实上，以色列领导人的政治才能和它的军事力量很不相称。尽管在 1967 年 6 月的战争一经实现停火，很多同情以色列的有识之士便指出，只有从被占领

上图 在苏伊士运河战役结束后，英军派出皇家第 6 坦克团的“百人队长”MK.5 坦克支援前线

上图 一辆来自法国外籍兵团第 2 装甲营的 AMX-13 轻型坦克正准备离开塞得港（1956 年 12 月 22 日联合国部队撤离期间）

上图 1956 年苏伊士运河战争中，以色列坦克部队的“谢尔曼”主要是从法国购买的经过整修的 M4A1（w）。他们在以色列军队中被统称为“M1 谢尔曼”

上图 1956 年 10 月， 辆以色列第 7 装甲旅“M1 谢尔曼”坦克

上图 1956年10月，西奈半岛战场上以色列装甲部队的一队AMX-13轻型坦克

上图 1956年西奈半岛，弓箭手17磅自行反坦克炮装备了至少4个埃及步兵师的反坦克营。在埃及军队拥有的200辆弓箭手中，有44辆是20世纪50年代初由英国提供的。在这场战争中，总计有40辆被摧毁或是被俘获。它的后边是一辆捷克斯洛伐克制造的T-34/85

上图 1956年战争前，埃及装甲部队已经通过捷克斯洛伐克的援助焕然一新（这辆捷克斯洛伐克制造的T-34/85坦克被英、法联军俘获，成为了一件战利品。注意后边的布伦机枪运输车）

上图 1956年，火枪手行动期间，法国第8龙骑兵团装备的M47中型坦克

上图 1956年战争期间，埃及装甲部队的另一种主要装备是捷克斯洛伐克造的SU-100坦克歼击车（英国伞兵俘获了埃及第1装甲旅第53反坦克营的一辆SU-100）

土全面撤出，并且马上实现全面停火，才能使以色列获得其军事胜利带来的政治果实。

虽然到了1970年，以色列装甲兵首次从美国接收了全新的M60A1“巴顿”坦克，并将一部分之前获得的二手M48“巴顿”着手换装L7 105mm炮并加装附加装甲，制成第一代“马加奇”坦克，到这一年底，以色列装甲兵已经发展到7个装甲师、坦克约2000辆的规模。然而由于需要保卫的“国境线”也随之扩大了，这使纸面上膨胀起来的以色列装甲部队实际上带上了沉重的枷锁——精锐的第7和第188装甲旅在战争结束后被迫一直驻守在戈兰高地，或许就是一个很好的说明。事实上，以色列陷入了一种“马奇诺”心理，丧失了其军事力量所赋予它的主动性，而且事实上把决定其命运的责任交给了阿拉伯人。总参谋长哈伊姆·巴列夫中将交给阿弗拉罕·阿丹（其绰号为“布伦”）一项任务，率领一个三军联合小组，向总参谋部提出在西奈建立一个防御体系的建议。阿丹根据他曾在加沙地带附近的尼里姆集体农庄生活的经验，着手设计沿苏伊士运河建立的防御体系。他草拟的最初方案是沿运河构筑碉堡，并使其具有最好的观察视界，白天可进行良好的日视观察，夜间可进行电子观察，同时，又使己方部队尽量不暴露于敌人炮火之下。他设计了许

上图 埃及第6机械化师第125装甲旅装备的IS-3M斯大林坦克（在1965年开罗阅兵结束后，埃及坦克部队开始使用英式风格的彩色识别标志，以及秃鹫军徽）

多独立的支撑点，每个可配置15名士兵，支撑点之间相隔7英里，有流动坦克排进行巡逻，其后方部署有炮兵和装甲部队，随时准备向前开进，以粉碎任何渡河的企图。然而，阿丹少将的苏伊士运河防御计划，从一开始就遭到了以南部军区司令耶沙亚胡·加维什少将，以及总参谋部成员阿里尔·沙龙少将、以色列·塔尔少将等装甲兵军官的强烈反对。这些装甲兵军官凭着军人警惕的直觉，从1967年6月的战争一“结束”，就已经考虑到埃及人在可能的进攻中采用的作战原则了。

上图 1967年战争时，以色列军队最希望获得的装备是美制M48“巴顿”坦克

在1968年初，加维什指挥的一次军事演习中，“赎罪日”战争后被任命为以色列国防军总参谋长的莫德凯（莫他）·古尔少将扮演埃及的司令官。在这次演习中，古尔在运河前线全线渡河，沿所有主要进攻轴线前进，并在以色列前线后方纵深展开直升机机降部队。据此，这些前线装甲兵军官认为，阿丹少将那种仅沿运河一线配置兵力，并将宝贵的装甲部队分割成“碎块”部署于各支撑点的做法，虽然有利于以色列人的观察，并能对埃及人的任何渡河企图应付自如，但同样也能使埃及人经常对观察到的一系列固定目标实施周密突袭，从而使本应用于机动作战的坦克白白损失于固定碉堡的角色中，最终甚至可能导致无法聚集起足够分量的装甲力量对敌实施反冲击。对此，他们提出，虽然运河是一道天然屏障，除了在那里建立一道防线外，别无选择，这道防线在战时是所有可能的进攻轴线上的一系列观察哨和支撑点，但要在离运河的一定纵深距离上集中部署主力装甲部队，并通过机动装甲部队与火力支撑点的配合来控制运河（在敌人沿山隘一线（从南部的米特拉山隘到北部的巴卢扎）集中装甲部队向一系列担负防守任务

上图 1967年6日战争中，以色列第7装甲旅第79营第1连的M48A2C“巴顿”坦克正在攻克拉法枢纽的战斗中缓慢向前推进

的步兵旅驻地实施进攻前，这道防线将起到迟滞敌人的作用）。

此后，越来越多的装甲兵军官阐明了自己类似的观点，建立一种由炮火和防空支援的机动装甲部队负责各地段的防御体系，只在运河一线观察所内配置老式坦克，而将战斗力强大的新式坦克留在主力装甲部队的手中。以色列装甲军官们想法的本质在于，他们非常害怕阿拉伯人利用双方军队都配置在苏伊士运河一线所造成的军事上的胶着状态。因为这意味着以色列将无法利用其在装甲作战方面所拥有的不容置疑的机动性强、运动速度快的优势，因为苏伊士运河将阻碍进行大规模的运动，实际上也就是使以色列无法对埃及军队实施机动。由于沙隆将军赞同装甲兵军官们的想法，所以支持沿运河建立一种机动防御体系，因此最终的运河防御变成了如下一种形式。它不再是一条简单的固定边沿防线：每个碉堡控制两侧各 0.5 ~ 1 英里的地区，各支撑点之间约 5 ~ 6 英里的地域内设置有观察哨和巡逻队。在所有坚守困难和关系重大的支撑点内，如防线两端的阵地和一些孤立的支撑点内，都配置有坦克。营级坦克部队集中在支撑点后方，此外还有坦克排配置在支撑点内的坦克掩体内，从那里可以向运河进行纵向射击。

上图 艺术家笔下的“阿奇扎里特”重型装甲人员输送车

整个防线构筑有大批这样的阵地，这些阵地是坦克发射阵地的补充，坦克发射阵地修筑在支撑点后方 0.5 ~ 1 英里处，为碉堡提供火力掩护，并控制运河的接近路。此外，还修建了庞大的永久性防御设施，包括道路网、地下指挥部、水道系统、通信系统、修理所和仓库等。但值得注意的是，虽然在这些后来被统称为巴列夫防线的防御阵地中，坦克扮演了重要的机动火炮角色，但真正部署于其中的坦克却都是一些陈旧过时的型号，而且数量远没有想象中的多——只有大约 50 辆 M50“超级谢尔曼”被作为机动装甲碉堡，用于直接加强巴列夫防线的各火力支撑点（这些老式坦克通常由装甲部队中的预备役人员操作）。而在这条防线的后方，巴列夫则始终保持有两个装甲旅的兵力，并用第三个装甲旅当预备队，而且如果情况紧急，这支可观的装甲力量还能随时得到一个预备役装甲旅的支援（通常是在该地区进行训练的后备队）。不过，尽管以色列职业军人们竭尽所能，但他们所能改善的却只是战术方面的作为，而对于以色列军事态势的本质却无能为力——不管怎么说，从东线到西线，以色列有限的机动力量都被“绑架”到了这些新的边境地带却是无可回避的事实。这使以色列装甲部队在 1973 年的战争中付出了极为惨痛的代价。

上图 1967 年 6 日战争期间，拉法枢纽，以色列第 7 装甲旅，第 79 装甲营，M48A2C

1973 年战争的教训

第二次世界大战结束后，还没有哪场战争像 1973 年 10 月发生的这场战争那样，深刻地改变了全世界职业军人们对于现代军事技术乃至现代战争的看法，并由此引发了一场时间跨度漫长的大争论——“坦克无用论”。不过，这种看法之所以会如此深刻地被改变了，在很大程度上是由于交战双方在战争中都遭受了足够多的教训——而这些教训，没有一个不是血淋淋的。

事实上，这场战争之所以打得如此残酷，以至于使人们又一次怀疑起坦克的价值来，是因为从一开始，很多古老的军事原则就被忽略了。以色列人从未充分认识到，以色列国防军在 6 日战争中进攻的对象是一支仓促应战的埃及军队，因此，经历过 6 天战争的以色列指挥官们都认为，他们可以用坦克加飞机来解决一切问题，他们就是按照这种观点不顾比例失调地建设军队。以色列国防军的基本思想是，最好的进攻武器是坦克，而最好的反坦克武器也是坦克，这使以色列国防军在 6 日战争后将坦克放到了几乎“神”的位置。同时，由于在 6 日战争中发现所用的半履带车辆的沙漠作战能力和越野能力都不强，跟不上坦克，于是装甲部队在制订作战计划时，就打算不要步兵，而许多以军装甲部队指挥官确信，装甲部队无须步兵的近距离支援便可随意作战。事实证明，这是自 6 日战争以来渗入以色列军事思想的一个危险观点。结果，以色列国防军把大量资金用于建设空军和装甲兵时，其机械化步兵部队却不但数量稀少，而且火力不足，缺乏迫击炮、喷火器和夜战装备器材，并且机动能力也差。这样一来，当埃及把步兵作为其整个防御体系的一个组成部分时，以色列装甲部队却在没有步兵和迫击炮的情况下冲击敌军阵地，有些战斗在效果上可以说是徒劳的，但浪费的却是以色列士兵的生命。

而在另一方面，恰恰是埃及军队超密度、大量地使用了各种现代化反坦克武器，在令以色列坦克兵付出了巨大代价的同时，也在战后直接引起了对坦克存在价值的另一次质疑热潮。战后全世界的装甲兵军官都意识到，具有骑兵冲锋精神的装甲部队的进攻，在没有步兵支援和少量的炮兵支援下，去攻击大量集中的反坦克武器是毫无意义的。特别是如果事先不摧毁或不压制反坦克导弹，就无法确保任何进攻（不管是坦克还是装甲步兵的进攻）的成功。如果就此就悲观地得出坦克在现代便携式反坦克武器，特别是反坦克导弹这种新型武器面前，已经失去战场生存力乃至存在价值的结论也是草率和不负责任的。事实上，在这场战争中被大量使用的 AT-3“萨格尔”反坦克导弹并不是一种新武器。以色列在 6 日战争中就曾碰到过这种武器。值得注意的是，虽然同埃及军队一样，叙利亚的所有部队同样配备有大量反坦克武器，从排一级的 RPG 反坦克火箭筒到旅一级的 AT-3“萨格尔”反坦克导弹。但不同于南部军区的以军装甲部队，1972 年冬季的边界战斗使北部军区的装甲部队获得了一次汲取教训和总结经验的机会。

在这些规模有限但激烈程度十分惊人的坦克战中，叙军一开始曾经靠大量使用 AT-3“萨格尔”反坦克导弹成功地使许多以色列坦克失去战斗力（大部分是守备旅装甲营的

M50“超级谢尔曼”），但以军很快吸取了这次教训，给装甲部队配属了迫击炮，以对付操纵这些导弹的叙军步兵。这一措施及另外一些措施都已证明是成功的。实际上，在冬季的第三次和最后一次交战中，尽管叙军发射了大量导弹（在以军阵地周围可以看到一扎一扎的导弹导线），却很少发生坦克被导弹击中的情况了。也正因如此，在戈兰高地初期的战斗中，虽然第 7 和第 188 装甲旅打了一场几乎悲壮的坦克白刃战，但实际上被反坦克导弹毁伤的比例却远远低于西奈半岛，两个装甲旅损失的大部分坦克实际上还是毁于与叙利亚坦克的对射中。而在战争中后期，南部军区的装甲部队也在吸取了足够多的教训后，同样掌握了一些措施和战术来降低埃及反坦克导弹的命中率。结果，“萨格尔”反坦克导弹所取得的战果根本没有宣传报道的那么大。事实上，公布的调查结果表明，在整场战争中被这种导弹摧毁的以军坦克还不到 25%。

上图 艺术家笔下第三次中东战争中埃及的 T-34-100

此外，以色列军队过于强调飞机而忽视了炮兵的作用。一旦得不到空军的近距离空中支援，就不言而喻地要更多地依赖炮兵。但是，以色列军队缺乏足够的火炮，尤其是缺乏必需的牵引车辆，现有的火炮在仗打了三四天之后才抵达南部战场。另一点需要注意的是，多年来饱尝以色列夜战苦头的对手，利用了一切现代化的先进夜视技术器材来装备自己。而以色列的军事思想却放在坦克和飞机这两种不适合夜战的武器上，因此忽视了先前以色列所擅长的夜战这个课题，这也造成了为什么以色列装甲部队的损失超过了前三次中东战争中的总和。坦克仍不失为在战场上起支配作用的因素，但前提是把它作为计划周密的、能够应付现代化战争中出现的各种问题的合成战斗队的组成部分之一。总之，与以往的中东战争不同，1973 年的战争并不是以一场干净利落的胜利而告终的。埃及部队在苏伊士运河区的战略行动取得了成功，并最终终结了西奈半岛的僵局。在这场战争中，他们重振了埃及武装部队的形象，抹掉了 1956 年和 1967 年惨败的污点，特别是埃及步兵在这场战争过后获得了大量的声誉——他们凭借手中的轻型反坦克武器，就成功击退了以往强劲的以色列坦克的攻击。最终，1973 年的战争结局尽管对埃及而言并不完美，但仍然极大地提升了埃及在阿拉伯世界中的声誉。而以色列军队在这场战斗中所付出的代价，相当程度上是因为他们无视现实，仍然坚持依据他们那一套以上次战争经验为基础的僵死原则行事。以色列人在“赎罪日”战争中的基本错误，竟然来源于他们在 6 日战争中取得的胜利，这点看来似乎是很荒谬的，然而这却是事实。

反思与理念的重构

6 日战争中以色列引人注目的胜利制造了一个以色列的包袱。以色列人期望他们优势的军队在下一场战争中迅速、决定性并以相当小的伤亡取得胜利，结果以色列军队感到有必要（也许是无意中）重复这一表现。当下一场战争被证明是极度困难和损失惨重时，以色列的感情在战后变得更激动了。

显然，以色列有充分权利从自己在这次战争中的表现汲取勇气、信心和教训，但相较急于照原样重建在战争中遭到极大损失的以色列国防军，分析战争中这支军队所存在的不足，并在下场战争到来之前将它们全部修正过来可能更为重要。而作为以色列国防军（IDF）的核心力量，装甲部队在“赎罪日”战争中的表现可谓毁誉参半——即遭受了惨重的伤亡，并因此导致战后的质疑和指责，也因其英勇和牺牲精神，在战争的最后阶段力挽狂澜而重新赢回了自己的荣誉和尊重。但无论如何，这支力量在战争中遭受了重创（在历时 18 天的第四次中东战争中，阿方损失坦克 2554 辆，后修复 852 辆。以色列损失 840 辆，后修复 420 辆），而以色列国防军（IDF）又很清醒而坚决地将“坦克无用论”视为无稽之谈，所以对这支力量的重建势在必行。现在的问题在于，以色列地面部队不像其他军种，譬如空军那样发展均衡、组织严密，各部门的发展都相互协调，它是以各兵种为基础的，而各兵种都有各自的效忠对象和各自的后台集团，在制订发展计划的会议上有各自的立场。结果是，以色列总参谋部如果要通过几个兵种开展工作，就需要几家互相让步，以弥补由此必然带来的种种缺陷。不过无论如何，重建的方式其实是非常清楚的，即然战争中血淋淋的实践已经证明，令装甲部队遭受非议的根源在于其建制结构上的失调——除了坦克以外，装甲部队其他应有的组成部分（比如炮兵和机械化步兵）都被有意无意弱化了，那么令这种失调的结构回归正常，显然将为装甲部队的重建赋予一个正确的方向。显然，只有以这个大方向为前提，以色列国防军装甲部队才能开始它的凤凰涅槃。

从战术角度来讲，忽略对机械化步兵和炮兵的建设是导致以色列在这场战争中遭受失败和挫折的根本原因，所以了解并认识到这些不足后，以色列国防军决定在装甲部队的重建过程中用几年的时间进行修正。至于修正的内容虽然应该是多方面而全方位的，但首先这种修正必须从结构性的调整上着手。战争的经

上图 1973 年，苏伊士运河西岸，以色列某后备装甲营装备的美制 M60A1 主战坦克

验教训迫使以色列国防军把地面部队改编成由单一司令部控制的庞大的诸兵种合成战斗队。这种战斗队应分为两种类型：一是以装甲部队为主；一是以机械化步兵为主。尽管坦克依然被以色列国防军视为其地面力量的核心主力，但在装甲部队重建过程中，之前那种认为能够用坦克加飞机来解决一切问题的想法已经被抛弃。事实上，在 1973 年 10 月的战争中，埃及人深知他们要解决的问题是如何使以色列的坦克和飞机失去作用，并如何减缓以色列国防军动员后备力量的进程。他们的办法是利用导弹保护伞，集中大量反坦克武器，并采取战略突然袭击，迫使以色列国防军穷于应付。而战争中的以色列人却显然没能把它的军队建成一支能对付上述设想的力量。于是，以色列国防军开始把更多的资源用于加强机械化步兵和炮兵的建设。

一方面，在 1973 年 10 月的以色列突出的错误表现在，它的国防军在西奈作战中单纯使用坦克来对付（埃及的）5 个步兵师。他们在同一时刻即要担任守住防线的任务，又要担任实施反攻的任务。然而他们守住了防线，但代价却是惨重的，很多伤亡本来可以避免。而步兵部队的使用则同样不得章法，在“赎罪日”战争中，以色列步兵没有充分发挥其作用，步兵几乎没有被正确运用。即便是伞兵这样训练有素的步兵，都是临时应差、毫无准备地仓促投入战斗的。为此，从 1973 年 10 月战争结束后开始的 10 年中，作为老旧的 M3 系列半履带车的替代品（由于在 6 日战争中发现所用的半履带车辆的沙漠作战能力和越野能力都不强，跟不上坦克，于是以色列装甲部队在制订作战计划时，往往打算不要步兵。结果，当埃及把步兵作为其整个防御体系的一个组成部分时，以色列装甲部队却在没有步兵和迫击炮的情况下冲击敌军阵地，这使有些战斗不但是徒劳的，而且浪费了大量的生命和资源），以色列陆续购进了 6000 辆 M113 装甲人员输送车（其中包括美国生产的各种洐生型，它们在 IDF 装甲部队中被统称为“扎尔达”（Zelda）），用以扩大机械化步兵部队的规模，并对步坦配合能力进行强化。

上图 1973 年 10 月 6 日的战争爆发前，一支装备“马加奇”主战坦克的以色列装甲部队正在进行日常训练

另一方面，类似于对机械化步兵态度的转变，在装甲部队重建过程中，以色列国防军同样没有忘记对 1973 年 10 月的战争缺少机械化炮兵的问题进行反省。那场战争的深刻教训告诫以色列人，地面部队必须具有在毫不依赖空军的情况下应付各种问题的能力。用战场上的话来说，就是需要大量火炮才能使空军集中力量保持空中优势，并有选择地对战场进行支援。因为在制订计划的过程中，一个错误会引起另一个错误。然而，以色列军队过于强调飞机而忽视了炮兵的作用。一旦得不到空军的近距离空中支援，就不言而喻地要更

多地依赖炮兵。

上图 在1973年的全面战争到来之前，为了继续扩充和强化本已实力不俗的装甲部队，对于那批从联邦德国国防军手中接收的90毫米炮版本的二手M48“巴顿”坦克，以色列国防军开始着手进行深度改进——新型的AVDS-1790柴油机与L7 105mm坦克炮的美国仿制品M68最终都出现在了这些二手车上，同时一些附加装甲组件也使坦克的防护性有所增强。改进后的M48“巴顿”被以色列国防军称为“马加奇”（Magach）。但值得注意的是，Magach实际上是一个希伯来词组的缩写（Ma-Ga-Ch），由希伯来字母Mem和Chaf衍生而来，其含义最直白地说就是数字48

值得注意的是，大幅增加机械化步兵和炮兵在地面部队中的比例，并非完全出于改善装甲部队结构的战术性意图，还与以色列当时奉行的整体国防战略息息相关。造成以色列思想松懈的一个重大错误是在国防和军事机构中有一种武断设想，认为在边境线上虽然敌众我寡，不过足以抵御埃及或叙利亚的任何进攻。换句话说，以色列参与制定决策的人曾有这样一种安全感，认为前线的正规军加上数量充足的坦克，就具有对付任何意外事件的能力，空军也具有给敌人以沉重打击的能力。然而，虽然以色列统帅部从数字上是了解敌方的人力和装备的，但没有从作战的角度理解它们。结果战争结束后，以色列军方痛苦地改变了这种观点，他们开始意识到，以色列的军队并不是天兵天将、神勇无敌，他们不但在数量上大大少于敌人，而且照样犯错误甚至是致命的错误。因此，事关紧要的不是军事潜力，而是马上能用的军事实力。这样一来，事情就很清楚了，在这种防御战中，装备良好的机械化步兵和炮兵能够发挥比纯坦克部队更大的防御作战价值（而在进攻作战中，则能够成为坦克部队的力量倍增器），在经济角度上也是一个相当划算的主意（购买一辆M60A1的资金，能够购买3辆M113或是2辆M109）。所以这就是为什么以色列决定尽快建立一支比1973年以前大得多的军队，并为此向美国提出了一份大的购货单，但在这份清单中却将机械化步兵和炮兵装备而不是坦克作为重头的原因所在。

上图 1973年10月6日战前，两辆于训练间隙进行休整的M60A1“巴顿”主战坦克

以“巧”补“拙”——以色列坦克的制造技术

很少有人意识到，在中东这块不平静的土地上，以色列人拥有的坦克是凭借设计而非技术来获得所谓的质量优势的，然而为了贯彻设计上的这种针对性，以色列坦克在技术上却又不得不进行谨慎的取舍，这就使“希伯来战车”呈现出了某些不一般的技术特点。

上图 先进的西方第三代主战坦克在中东地区的大量扩散，为以色列装甲部队带来了沉沉甸甸的技术压力。在这种压力下，希伯来战车的技术特点显得越发分明

前述

仅就装甲力量的对比而言，自 20 世纪 80 年代中后期以色列国防军面临的压力日渐加大——一方面，出于政治和经济的双重目的，西方先进坦克大量涌入当时经济上较为富裕的阿拉伯国家，比如埃及和沙特开始与美国谈判增购 M1A1 主战坦克（分别是 322 辆和 315 辆），科威特不但下了 218 辆 M1A1 的大订单，还从南斯拉夫购买了 200 辆二手 M84 作为补充，阿联酋则作为一个敢吃螃蟹者，购买了 436 辆高度电子化的法制勒克莱尔，阿曼皇家陆军订购了 38 辆英国最现代化的挑战者 2，甚至就连约旦也购买了 392 辆英军退役的挑战者 1；另一方面原苏联各共和国向国际市场以白菜价甩卖的大量二手 T-72 也涌入了那些经济上并不那么富裕的阿拉伯国家，比如叙利亚、苏丹这类经济条件有限又无法获得美国军援的国家，就利用原苏联各共和国倾销剩余军火的机会同样获得了大量的 T-72M/M1，数量大概在 800 ~ 1400 辆之间（这些 T-72 的 2A46 坦克炮毕竟有 125 毫米的口径、1700 米 / 秒的初速摆在那里，只要配用更新型的弹药，任谁也不可小觑——与“走私”整辆坦克相比，从前苏联获得一些新型弹药显然更容易一些。

事实上，两个型号的 125 毫米新型尾翼稳定脱壳穿甲弹也的确大量流入了中东，分别是 3BM9 与 3BM17，初速度均为 1800 米 / 秒。其中 3BM9 在 1000 米距离可以贯穿 450 毫米厚度的标准匀质装甲板，3BM17 在 1000 米距离可以贯穿 500 毫米厚度的匀质装甲板。这两方面综合起来的结果便是，海湾战争结束后的 10 年间，第三代主战坦克在中东开始“大泛滥”。截止到 1999 年，阿拉伯世界拥有 8700 辆主战坦克，以色列方面的数字是 3700 辆，数量的对比接近 2.4:1，而更重要的则在以数量为后盾的质量方面。即便抛开涉嫌掺水的出口型 T-72M 不算，阿拉伯国家拥有的西方第三代主战坦克在数量上也已经超过了以色列——埃及拥有 555 辆 M1A1，沙特拥有大约拥有 373 辆 M1A1，如果加上科威特的 218 辆 M1A1，阿联酋的 436 辆勒克莱尔，以及阿曼的 38 辆挑战者 2 和约旦的 392 辆挑战者 1，那么阿拉伯国家在西方第三代主战坦克的保有量上也大幅度超过了以色列。均衡强悍的 M1A1，皮糙肉厚又讲究稳准狠的挑战者 1/2，再加上一个技术上时髦得“过分”的勒克莱尔，显然，抛开数量层面，先进的西方第三代主战坦克在中东地区的大扩散，为以色列装甲部队带来了沉甸的技术压力。在这种压力下，希伯来战车的技术特点显得越发分明。

上图 在中东这块不平静的土地上，以色列人拥有的坦克是凭借设计而非技术来获得所谓的质量优势

上图 仅就装甲力量的对比而言，自 20 世纪 80 年代中后期以色列国防军面临的压力日渐加大，最终导致了“梅卡瓦 4”的出现

防护性能

首先需要明确的是，受制于薄弱的基础工业水平限制，“梅卡瓦”系列在装甲技术上与传统工业化强国无法相提并论，最初版本的“梅卡瓦”车体首上装甲板只是分为两个间隔层，内层使用较软的钢材组成基甲，从而确保外层装甲不会因为破裂而剥落，而外层则

上图 “梅卡瓦”的正面装甲间隙中安装了夹层邮箱，内置的燃油对聚能战斗部的防护系数为 0.58（这个系数也将邮箱自封层和阻燃丝网计算在内）

采用冷轧均质钢制成的外壳，用于对抗当时风头正盛的聚能装药战斗部，尽管这种简单的双硬度装甲工艺水平符合以色列的实际生产情况，但在技术含量上甚至还不如苏制出口型 T-72M，只能靠增大厚度来解决性能上的缺陷，结果又造成了超重的严重问题。不过，塔尔将军在这种坦克研制过程中一再反复强调，宁可牺牲灵活性和机动能力，也要增强坦克的防护和乘员生存能力，所以它的防护性虽然并未来自于复合装甲这样的高技术，但也绝不是仅仅依靠更厚的均质钢装甲板这么简单。

除了环绕车体 360 度的间隔式夹层装甲外，车体内部结构设计上大大的与众不同是关键，所有的一切目的都在于使大多数部件成为防护系统的一个组成部分。比如全体乘员中的 3 人被刻意安排在炮塔座圈的中央，前面更有发动机和变速器提供防护，甚至燃料箱也被当做防护系统的一部分。同时，坦克内部所有易燃易爆的部件均被分段隔离。弹药储存在由特殊材料制成的隔离仓内，以最大限度地防止坦克着火时发生爆炸。黎巴嫩战场上的实践表明，如此煞费苦心的一切都是值得的。事实上， 在战斗中，第一代“梅卡瓦”曾在不同的距离上被各种反坦克武器击中，其中即包括 T-72M 的 2A46 125mm 滑膛炮，也包括反坦克炮，以及诸如苏联的“萨格尔”式、欧洲的“米兰”式和直升机发射的“霍特”式反坦克导弹等，尽管第一代“梅卡瓦”被击中后的细节至今仍然无从知晓，但大部分击穿车体的炮弹和导弹都没能成功侵彻到乘员舱，也没有乘员在弹药殉爆中死亡或是严重受伤，这些情况却大多能够得到证实（战后以色列国防军宣称，只有 4 辆““梅卡瓦”I”是不可修复的，这种说法的可信度还是比较高的）。

作为一种刻意强调的设计特色，防护性的进一步提升一向是“梅卡瓦”系列的重中之重——无论是面对阿拉伯人的坦克，还是可能从四面八方进行袭击的真主党游击队，战场生存性都是打击对手的一个大前提。举例来说，与前两种型号相比，“梅卡瓦”MK3 开始大量使用某种形式的模块化复合装甲结构，尤其是在炮塔设计中采用了可更换的模块式复合装甲，这种装甲模块还可以被更先进的复合装甲模块所代替。炮塔基体不再是双层间隙钢板装甲，而是单层壳体结构。这种单层壳体即是基体钢装甲，又是炮塔正面和两侧安装复合装甲模块的基体。复合装甲模块是一个个钢装甲盒子，盒内装有复合装甲板组件，与炮塔基体相连接，用螺栓固定。突出炮塔座圈的车体外壁上也采用这种模块装甲。在驾驶员前的前上装甲板上也用螺栓固定有模块装甲，以增强对付来自左侧的攻击。侧裙板也采用以弹性连接方式连接的复合装甲裙板。为尽量减小燃料着火的危险性，在两个后部燃料箱遭到攻击小面积破损时可迅速将燃料排掉，万一碰到大面积破损时可从顶部把燃料排掉。车体底板的夹层中不再储存燃油，但两层板的间隙对衰减地雷爆炸冲击波极为有利。

底甲板的加厚也提高了防地雷能力。三防装置位置移向炮塔尾舱，蓄电池位于炮塔座圈以外，从而达到易维修和增强侧面防护的双重目的。

上述防护系统的改进实际上还只是“硬”的方面，而为了提高坦克在各种战场环境下的生存能力，“梅卡瓦”MK3在设计和细节上还采用了很多“软”手段来进行增强，比如以全电式炮塔旋转驱动和火炮俯仰驱动装置取代了原先的液压系统，以降低中弹引起火灾的可能性；装有由阿姆科拉姆（Amcoram）公司研发的先进的威胁报警系统，3个广角探测器分别装在炮塔后部两侧和火炮防盾上，可全方位探测并将威胁预警显示在车长屏幕上，从而能够对威胁来源的探测有更敏锐的感知能力等。“梅卡瓦”MK3在防护性上的升级思路却显示着这种坦克至少在设计上为执行低烈度军事任务做了一些准备。强大的防御力一直是主战坦克立足于战场的基础，通常情况下，坦克生存能力的提高可以通过升级装甲来实现。坦克防护能力最强的部分是正面大约60度的圆弧区域，这也是在坦克战中最有可能中弹的区域。可对反游击战环境下的坦克而言，游击队员的打击可能来自四面八方，这就要求整车的防护理念由“重点防护”向“全面防护”过渡——从“梅卡瓦”MK3的防护性改进中多少能够体会到这一点。

上图 2006年黎巴嫩南部地面战斗中被击穿后发生殉爆的“梅卡瓦”MK3（梅卡瓦的车体后部作战的时候塞得满满的，光弹药就占了一半多，契形大倾角炮塔空间小得可怜，而且“梅卡瓦”为了防止殉爆，每发弹都用水套包裹，炮塔里实际上根本储备不了几发。如果“梅卡瓦”还要携带步兵或者基数以外的弹药，就必须把包装水套去掉，这样一来，一旦被击穿侧后，殉爆就是正常的事情了）

需要说明的是，有些自以为是的设计却在实战中被证明并不适合反游击战争——比如为装甲战斗车辆的车体遍布安装反应式装甲就是一个不明智的败笔：在巷战中爆炸反应装甲殉爆产生的碎块，往往会对下车作战的步兵造成不亚于敌方火力的伤杀，况且这种装甲模块是只能用一次的耗材，被敌方火力引爆后必须及时更换，否则就会留下防护缺口。更何况，无论以色列人在这方面花的心思有多细腻，这些装甲机械化战斗车辆在设计上的本质却是无法抹煞的——它们都是一些用于在开阔地带进行高速机动作战，其机动性、强大的火力和生存能力使其成为高烈度战斗的理想武器平台，而在城市中与游击队员的近距肉搏却降低了这些战斗品质的价值。如果一辆坦克无法在城市环境下像通常那样正常运行，那么对于其车组乘员来说，它就无异于一个钢铁陷阱，对于装备使用它的部队来说，就是一种负担。结果一辆战车的损失往往比全歼一支对手的小分队更令以色列士气低落而不是高涨——在以色列士兵的心中，这种情况实际上意味着战斗的失利（尽管以色列国防军于战术上已经开始强调巷战中多部队协同作战，但还是时常可以发现由于缺乏步兵的支持，装甲机械化作战速度和打击能力大大下降）。当然，作为与战术思想提高相应的同步动作，以色列装甲部队也对现有的技术装备进行了一些细微但却卓有成效的改进。目前，以色列坦克/装甲战斗车辆车身上安装的那些块式附加装甲已经并非全部是爆炸反应装甲了。根据对这种车辆在几年间的使用经验，吸取了诸多血淋淋的教训，为了避免反应装甲殉爆产生的碎块伤及步兵，以色列坦克只在重要部位选择性地安装了一些反应装甲模块，而在其他地方则以类似于 TOGA 的被动式附加装甲模块取而代之。

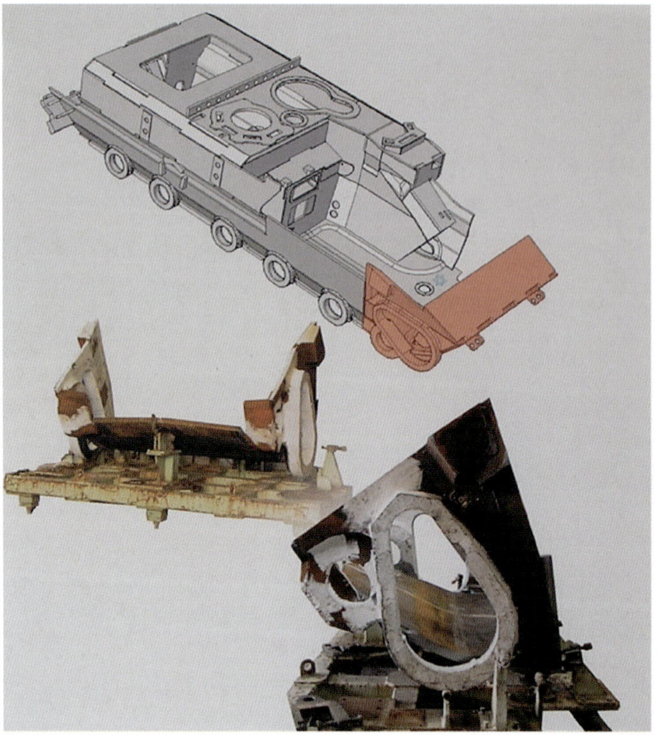

上图 动力传动装置前置对坦克提供的防护性好处并没有想象中那么高，但人员躲在三四米的钢铁后面，与人员躲在几十厘米后面的心理感觉还是不同的，哪怕是几十厘米厚的复合装甲防御能力比三四米厚的钢铁还要高

值得一提的是，以军还在第四代“梅卡瓦”（即“梅卡瓦”MK4）上提出了综合利用各类手段，在单车上实现协同防御的概念，这一概念又被称为“立体防御”。采取新的装甲防护措施，其外形与前几型相比有明显变化，整个炮塔外形如飞碟，形状扁平，四周带有复合装甲，正面装甲呈楔形。这种独特外形有效地减少了正、侧方的暴露面积，极易导致敌方武器在命中时产生滑弹，对于防御从屋顶等高处射来的轻型武器尤为有效。炮塔的顶部也装有瓦片状的模块装甲，仅 20 ~ 30 毫米厚的炮塔装甲就能抵御反坦克导弹等重型武器从正前方以 70 度角的袭击，而且只要不被敌弹瞬间击穿，炮塔的伞状结构便可迅速将来弹的能量分散。除了炮塔设计独特外，整体式火炮防盾设计也让人称赞。防盾盖板可随着火炮的俯仰而滑动。无论俯仰到什么角度，都能对炮塔内电子系统和火炮俯仰装置进行滑动保护。然而，当把炮塔和车身最大限度地“压扁”，又在车顶加装了坚实的装甲之后，坦克乘员和装备如何出入车舱便成了一个难题。对此，MK4 的设计师又另辟蹊径，4 名乘员均经由车长室旁一个小舱门进出车舱，而弹药等装备则通过车身后部的舱盖安放到车内。这样即保证了人员出入和弹药装卸的方便，又可不牺牲坦克的安全性能。像“梅卡瓦”MK3 一样，MK4 的车身四周也挂有相同的模块化复合装甲，后者的模块化复合装甲更先进，主要是它的复合装甲组件用了新材料，装甲结构样式也有新变化。为了加强驾驶员的防护，以色列的设计师甚至还在驾驶舱的内壁上也铺设了一层轻型装甲。

机动性

由于设计理念所致，以色列的“梅卡瓦”系列坦克对机动性的要求是相对滞后的，与性能相比，其动力/传动系统更强调与其他现役战斗车辆的通用性。以“梅卡瓦”MK3为例，为了与“百人队长-肖特”和M60/“马加奇6B”系列坦克实现完全的通用性，“梅卡瓦”MK1/2曾经采用的AVDS-1790-6A柴油引擎最大功率只有662千瓦（900马力），驱动60吨重的车体已经较为吃力（相比之下，叙利亚人手中的T-72M只有40吨的战斗全重，但发动机功率却达840马力，尽管传动系统的落后造成了一定的负面影响，但单位功率仍然较大幅度地超过了“梅卡瓦”MK1/2），而“梅卡瓦”MK3由于火力和防护性的大幅度升级，战斗全重水涨船高达到了65吨，为了适应增加了的战斗全重，并改善战术机动性，这使继续延用AVDS-1790-6A已经不可能。然而，由于强调通用性的原则，“梅卡瓦”MK3还是采用了与AVDS-1790-6A同属一个系列的AVDS-1790-9AR。

不过在911事件之后，“梅卡瓦”系列在动力/传动系统的技术升级“套路”上开始有了变化。911事件之后，以色列国防军装甲力量的主要作战用途与20世纪80年代中后期有所变化，但面临的作战环境却有相似之处。一方面，虽然作为地区性大国的伊拉克已经衰落了，但周边的阿拉伯国家却由于海湾战争的影响开始了新一轮的军备热潮，在技术装备的数量和质量上都有了长足进步，同时失去了伊拉克牵制的伊朗也在休养生息中逐渐恢复了元气，这使在常规力量的对比上，发生了不利于以色列的倾斜。当然由于拥有本地区独一无二的核力量威慑，再加上美国在中东军控中对以色列的偏袒态度，以色列的总体安全环境在冷战结束后还是大大改观了，但地面装甲力量却不再像20世纪80年代中后期到20世纪90年代中期之间那样“非正规化”一度呈抬头趋势，而是作为增强常规威慑能力最重要的一环，在作战用途的重心上重新调整到应付可能的大规模机械化战争，在技术装备的研发上向欧美一流标准看齐，同时也保持自己的特色和风格，以适应中东特有的战场环境。

对此，2002年前后以色列装甲部列装的“梅卡瓦”MK4型主战坦克，在动力/传动系统上的升级显然能够很好地说明问题。“梅卡瓦”MK4主战坦克战斗全重65吨，与MK3型相差无几，但动力系统却升级为MTU833的1500马力（MK4采用德国MTU833内燃发动机，该发动机由美国通用动力公司地面系统分部授权制造，最大输出功率可达1103千瓦，远远超过MK3上安装的美制AVDS-1790发动机，且成本更为低廉。更为难得的是，MTU833的体积较小，这使得MK4车身前方的发动机罩外观平整，不像MK3一样高高隆起，对改善坦克乘

上图 在911事件之后，“梅卡瓦”系列在动力/传动系统的技术升级“套路”上开始有了变化

上图 “梅卡瓦”MK4主战坦克战斗全重65吨，与MK3型相差无几，但动力系统却升级为MTU833的1500马力

员的视野十分有利。与MTU833发动机匹配的是德国伦克公司的RK325自动变速箱。这种自动变速箱体积虽很小，传动效率却很高，它有5个前进挡和2个倒挡，而不像前几代的变速箱仅有2个前进挡和1个倒挡。车身悬挂系统变化不大，仍采用弹簧减震器，其减震冲程长达600毫米，足矣应付戈兰高地的丘陵地貌，即使是在布满岩石的河滩上，MK4仍能以60千米的时速行进。此外，MK4还装有辅助动力系统，在主引擎停止工作的情况下，该系统可以为车载电池充电和向射击系统提供电力保障）。显然，如果单纯地用于应付低烈度战争，这种不惜血本的动力系统彻底更新换代毫无必要，之前的AVDS-1790系列已经足够了。

火力性能

以“梅卡瓦”MK3为例，“梅卡瓦III”以一门基于德国技术的120毫米滑膛炮取代了此前作为以色列装甲部队标准火力的L7/M68 105mm线膛炮（该炮由以色列军事工业公司研制，不但可以发射为M256/RH120研制的所有弹药，而且后坐装置设计经过了重新设计，用氮气做弹性介质的同心式结构要比其参照设计原型更为紧凑），这使“梅卡瓦III”的反装甲性能达到了欧洲标准——如果配用合适的钨芯穿甲弹（如容易获得的DM33或是以色列的相应仿制品），非常有把握对付苏联最新型的T-80U（阿拉伯国家获得这种坦克的可能性是存在的）；与火力系统的提升相辅相成的是，火控系统也进行了配套升级：主要改进是新型炮长瞄准镜有12×放大倍率，能进行独立双向稳定，装有石榴石激光测距仪，备有昼夜观察通道。该镜连同弹道计算机和一套传感器构成指挥仪式火控系统，可简化目标捕捉进程，大大提高行进间命中率；微处理机外接了1个乘法器，使中央处理机可节省50%的计算时间，输入/输出接口共有160个连接脚，其中60个连接脚留给附加的输入/输出装置使用，并专门留出了1块电路板供火控系统改进和增加部件时使用。与“梅卡瓦”MK2B所装用的斗牛士MK2型火控系统相比，这种被称为斗牛士MK3型火控系统由于引入的修正量比较多，已采用的修

上图 对阿拉伯国家装甲优势的担忧反射到以色列对其坦克的技术改进上，火力和火控自然成为了重中之重

正量有倾斜角、距离、视差、弹丸偏流、定起角和运动目标角速度，根据需要还可选用横风、气压、药温和炮管弯曲等修正量，因此首发命中率比较高，而且可靠性较高，维护简便。火控系统配有自动自检逻辑装置，能及时检测出系统各部件的故障并更换有故障的部件，平均无故障间隔时间超过 2000 小时。

上图 “梅卡瓦”MK3/4 以一门基于德国技术的 120 毫米滑膛炮取代了此前作为以色列装甲部队标准火力的 L7/M68 105mm 线膛炮

进一步需要指出的是，应用了部分“梅卡瓦”MK4 技术的 MK3“猎鹰”，在火控系统中融合了先进的自动跟踪技术。曾有观点认为这种自动跟踪技术即适用于攻击地面目标，又适用于攻击直升机。但事实上，该技术在跟踪地面目标时不太适用。当火控系统捕捉住地面目标以后，目标如驶入烟尘之中或被建筑物阻挡，火控系统能记忆目标形状继续跟踪到目标再次出现。此记忆时间实际上只能有 4 ～ 5 秒，超过 5 ～ 6 秒，自动跟踪记忆功能就会丧失，如果活动目标在遮蔽物后转向行驶，自动跟踪记忆功能立即丧失殆尽。实际上，自动跟踪记忆功能是为攻击低空武装直升机用的（塔尔将军早在 20 世纪 80 年代初即预言到对坦克威胁最大的当属武装直升机，怎样利用坦克炮攻击直升机是他长期考虑的问题）。毕竟直升机速度快，被遮挡物遮蔽的时间短，空中的背景噪音低，容易被捕捉和跟踪。具有自动跟踪功能的火控系统在炮手高放大倍率（12× 以上）瞄准镜观瞄之下，对直升机的攻击准确度大大提高——非正规游击队或许还能拥有一些简陋的地面车辆（以民用车辆居多），但直升机却根本是一个超出想象的奢侈品，所以安装昂贵而先进的自动跟踪系统用意何在也就不言而喻了。

值得一提的是，面对埃及、沙特等国开始接收 M1A1，以及 T-72M 在阿拉伯国家更广泛扩散的现实威胁，为在短时间内提高装甲部队的应对能力，以色列国防军所采取的最行之有效的举措则是增强自主先进坦克弹药的生产能力——以色列在 1973 年战争中获得的一个重要教训即是如此，在这场战争最危险的阶段，以色列装甲部队对于坦克弹药补充的需求甚至超过了坦克本身，并因此几乎酿成大错。于是为了吸取教训，以色列军工系统在海湾战争打响前进行的战备升级和临战戒备过程中，一方面扩大 105 毫米口径 M111 钨合金尾翼稳定脱壳穿甲弹的产量（这种穿甲弹在性能上比当时美军装备的同类型 M735 穿甲弹高很多，并在 1982 年的黎巴嫩

上图 以色列在 1973 年战争中获得的一个重要教训即是如此，在这场战争最危险的阶段，以色列装甲部队对于坦克弹药补充的需求甚至超过了坦克本身，并因此几乎酿成大错

战场上得到了实战证实），另一方面将在 M111 的生产中成熟起来的高频旋锻工艺应用于“梅卡瓦”MK3 的 120 毫米口径弹药生产（“梅卡瓦”MK3 是当时以色列装甲部队唯一使用 120 毫米口径弹药的坦克，其使用的尾翼稳定脱壳穿甲弹实质上是以色列仿制的德国 DM33），提高成品率，以满足战时“梅卡瓦”MK3 对弹药补充的需求（经过以色列改造的美国旋锻设备，使锤头围绕毛坯对打，其对打速度高达 2250 次 / 分，这种特有的高频旋锻工艺不仅使锻造的弹头机械性能好，给增大长径比创造了条件，而且成品率高达 98%）。

巷战能力

911 事件之后，以色列面临的主要现实威胁并非阿拉伯国家或是伊朗日渐提升的正规军事力量，而是各种武装激进组织。于是以色列国防军装甲力量不得不开始“两条腿走路”——按照打一场核威慑背景下的大规模机械化战争的设想去建设部队（而不再像是 20 世纪 80 年代中期以来在大方向上向非常规作战倾斜），但在现实中却又必须按照“反间接战略”的原则，将这支部队用于连绵不断的非常规低烈度战争（毕竟以色列仍是处在四面楚歌的包围中，中东的一些国家对以色列仍是虎视眈眈，当地的恐怖主义势力又是以色列的心头刺）。在这种情况下，以色列装甲部队的技术装备，为了提高巷战能力，采用了一些极富特色的技术措施。比如后期型的“纳格玛科恩”（Nagmachon）对地雷的威胁更为重视，不但车体底盘的防雷装甲板增厚了 5 毫米，而且还完全焊死了原先的地板逃生舱口，在一定程度上提高了防雷能力。此外，后期型“纳格玛科恩”（Nagmachon）的动力舱后甲板上装有一根主要用来对付路边炸弹的粗大天线，其原理是发出无线电信号，提前引爆路边炸弹或者阻断敌方发出的用以触发炸弹的无线电信号。值得一提的是，作为城市巷战必不可少的重要装备，大部分以色列装甲战斗车辆还安装有 4 具 TAAS CL-3030 近战多用途榴弹发射器，这种发射器的特别

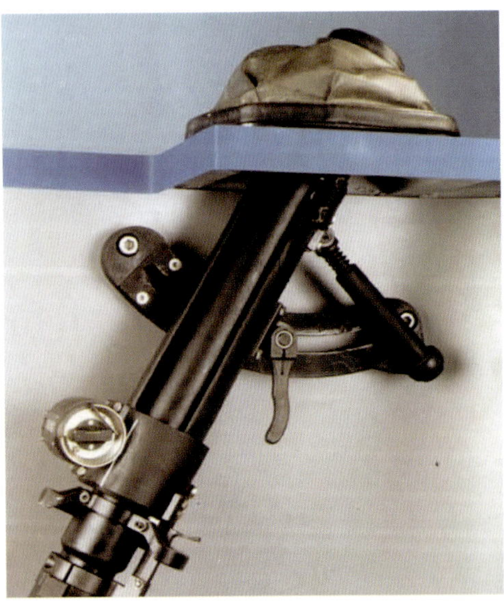

上图　“梅卡瓦”MK4 的车载迫击炮结构

上图　“梅卡瓦”系列的后视摄像机（MK3/MK4 型的标配）

之处在于，采用了独特的箱形结构，每个箱体内可容纳10枚烟雾榴弹（里面的装药是发烟剂和铝热剂，可以防可见光和红外光）或是人员杀伤榴弹。主要是由车长控制在紧急情况下为了迷惑敌人手动投放的，一般在敌方反坦克导弹飞来的时候和被敌激光测距仪照射的时候使用，可以形成长100米、高10米左右的烟雾墙。

结语

以色列的坦克科研是连续进行的，以色列坦克从不以“代”分界进行间歇性研制，塔尔将军称之为“望远镜式”，即一环扣一环地连续进行，“梅卡瓦”MK4即为这种策略下的最新产物。然而应当看到，由于装甲材料的技术瓶颈限制了“梅卡瓦”MK4在设计上无法突破自MK1/2以来的基本框架，所以即便是经过子系统的升级换代，这也仍然是一种立足于不采用高新技术装甲，利用最平实的技术，采用合理的设计达到目的的折中产物——与西方第一流主战坦克进行高强度对抗并非是其所长。这也从一个侧面反映出，单纯的技术手段对于改善以色列在中东地区新一轮军备竞赛中的相对劣势只能是一种辅助手段，政治层面对于以色列的安全环境才是决定性的。以色列在长久保持其地区军事优势、谋求增强安全保障及发展经济等方面，永远都需要美国这一强大后盾。

上图　单纯的技术手段对于改善以色列在中东地区新一轮军备竞赛中的相对劣势只能是一种辅助，政治层面对于以色列的安全环境才是决定性的

上图　在如此的战场条件下，地面战实际上更接近于一种贴身“肉搏”——在这里，单件武器装备性能上的些许差距并不具有完全意义，相反，战术运用、训练水平乃至战斗意志的意义可能更为重要一些

瑞 典 篇

瑞典坦克的百年发展

瑞典坦克发展史（1）

瑞典是一个地广人稀的北欧国家，人口只有870万，但是国土面积为45万平方千米，不仅比北欧的芬兰和挪威大，也比英国和德国大，算得上是“北欧大国”。由于瑞典地广人稀，自战争进入机械化时代，瑞典人并没有成为一个局外人和旁观者。在“别人的战争”中非常善于观察的瑞典人很快发现，拥有装甲防护和良好地形适应性的全履带式机械化装备，对于规模不大、防务压力却并不轻松的瑞典军队是非常划算的。于是瑞典坦克工业不但起步早，而且在风格上逐渐自成流派。

前述

瑞典将其国防战略形象地称为“刺猬战略”：刺猬无力犯人，但遭到侵犯时会立即缩成一团，浑身是刺，一旦有外来攻击，它就射出无数的利箭，保护自己，令外敌无从入手。瑞典人民与政府都很清楚，和平不能依靠大国恩赐，必须依靠自己的努力，以强悍的武装力量保卫自己。为了求得生存，它把“武装自己”确定为自己的国策，认为中立意味着不向别国发动侵略，不参加任何军事集团，但必须以武装作为中立的后盾，必须努力加强国防。也正因如此，中立的瑞典实际上从来都是欧洲最关心防御的国家之一。在如何确保武装中立的问题上，瑞典人是从两个方面着手的。一方面，把军事生活和日常生活交织在一起——高效的军事动员机制，一旦爆发战争，可以在48小时内动员1/10的人口投入战斗；另一方面，瑞典人对于武器装备的研究也是不遗余力、不计成本的。事实上，瑞典人不仅在制造家具方面有天赋（宜家开遍了全世界），制造起坦克来同样是行家里手。

不寻常的兴趣

喷吐火焰的钢铁长龙在炮兵和步兵心目中所产生的可怕印象影响了一切……

1918年德军某营战斗日志

1916年9月15日，在索姆（Somme）河进行的首次战斗中，在人类整个冲突史上，坦克破天荒地第一次在战场上占据了主宰地位。

遗憾的是，虽然瑞典人从西欧国家的报纸上得知，有一种“革命性陆战武器”出现了，但作为一个非交战国，“坦克”的真面目却始终笼罩在一片迷雾中，这令瑞典人的好奇心与日俱增。不过，机会总是有的。德军非常善于在战争中学习战争。后来的几次坦克进攻，一直到1917年春天才得以发生，但在这些进攻中，英军的坦克都只是部分地取得了成功，究其原因，一方面是坦克乘员缺乏适当训练，另一方面是由于道路泥泞，还有就是步、坦之间缺乏有效协同。结果，数量可观的英军坦克因为这样或那样的原因落入了德军手中，这就为与德国关系良好的瑞典满足好奇心创造了条件。1918年，瑞典驻柏林武官被英国的马克IV坦克所深深震撼，瑞典对坦克的兴趣也由此生根发芽。事实上，瑞典人对英国坦克“一见钟情”是有道理的——瑞典人接触到的马克VI型坦克装甲防护能力有很大增强，足以抵御K型子弹的攻击，已经是一种相对成熟的设计。也正因如此，一战一结束，瑞典人就迫不及待地向英国发出了订单——这次瑞典人盯上了英国人最新型的“赛犬”。

应该说，瑞典人的眼力不错，相比于笨重不堪的过顶履带坦克，“赛犬”是一种造价更低、重量更轻、速度更快且行动更加灵活的坦克，而且因亚眠战役中的传奇表现而一战成名。1918年8月8日，英军第3和第6坦克营的96辆“赛犬”与众多IV号和V号坦克共同参与了导致德军惨败的亚眠战役。当时两个旅分别归两个骑兵师指挥，计划是坦克在前为其后的骑兵开路。但战斗一打响，这个阵形就全乱套，先是慢吞吞的坦克被骑兵甩在后面，而当德军子弹炮弹飞来时，骑兵却自顾不暇地丢下坦克四处东躲西藏。尽管如此，此次骑、坦协同作战的结果是突破德军防线，摧毁防线前部的炮兵阵地，将德军防御打残。这其中，一辆战术编号344被称为“音乐盒（Music

Box）”的“赛犬”发现几辆V号坦克和澳大利亚军地60步兵旅受到德军炮击时，就高速冲向德军炮兵阵地，先是从其前面驶过，接着又绕到其后，打死了30名德国兵，摧毁了炮兵阵地，但也导致自己和其他坦克走失。在接下来的长达9个小时的时间里，“音乐盒”孤军深入德军后方横冲直撞，摧毁了一个侦查气球，把正在宿营的整整一个营的德军步兵打垮，重创了德第225师的一支马车运输队，还多次营救了英军骑兵……最终，“音乐盒”的传奇令“赛犬”名声大噪，可谓一战成名，也令瑞典官方下决心要引进该型坦克，而不是更大、更重的过顶履带式坦克。然而，由于英国方面要价太高，在经过近6个月时间的谈判无果后，军费不足的瑞典军方最终没能如愿。

上图 博物馆馆藏的Strv fm/21轻型坦克

钻《凡尔赛合约》的空子

瑞典人在自身防务建设上的一大特点是“精明”——即要达到目的，又要管好钱袋子，“赔本”或是“不划算”的生意断然不做。也正因如此，虽然与英国人的买卖没谈成，但瑞典人决心用一种匪夷所思的方式引进“赛犬”——由德国人负责“逆向工程”，然后瑞典人再以低廉的价格购入。从表面上看，这样的方式几乎荒唐，但稍加分析就会发现其内在的合理性“空前强大”，瑞典人的算盘打得十分精明。首先，除了英国人外，德国人大概是对“赛犬”最熟悉的了——一战中落入德军手中的“赛犬”差不多有15辆，其中2辆完好无损。德军将其命名为“抢来的坦克”A，大部分送回后方进行拆解研究和测试，而且在1918年到1919年德国内部革命中，还有一辆“赛犬”被德国军方投入对“斯巴达克团”的战斗。这从一个侧面表明，德国人对“赛犬”的设计很是欣赏，瑞典人对这一点心知肚明。其次，虽然德国在第一次世界大战中战败，但工业基础根基并未动摇，要对“赛犬”进行“逆向工程”可谓“小菜一碟”。更何况，《凡尔赛合约》不过是企图为强大的条顿军事机器套上一个自欺欺人的“勒口”而已，德国人无时无刻不在盘算着如何去钻个空子，以便为有朝一日恢复大国尊严而积聚力量。瑞典人正是看到了这一点，才去怂恿德国人为自己“山寨‘赛犬’”，而德国人从自身角度出发，对瑞典人的建议也是态度暧昧。

精明的瑞典人最终得偿所愿。经过与德国方面长达两年的秘密磋商，1921年瑞典以“拖拉机”和“锅炉钢板”的名义，采购了德国制造的10辆LK II轻型坦克散件。这些所谓的LK II轻型坦克正是对“赛犬”进行测绘和参照设计后的产物——除了车首形状略有不同外，基本布局抄袭自“赛犬”，发动机前置而炮塔后置，另有一些部件来自戴姆勒的一种汽车底盘，并由一台戴姆勒55马力汽油发动机驱动。其战斗全重9吨，军械系统

上图 LK II轻型坦克正是对“赛犬”进行测绘和参照设计后的产物，瑞典人称之为Strv m/21轻型坦克

仅仅是一挺8毫米机枪。德国制造的零部件全部运达后，组装工作马上在瑞典展开。在1922年，所有瑞典定购的LK II坦克制造完成——这种山寨“赛犬”先是被瑞典军方称为“1922型坦克样车”，随后又被正式命名为Strv fm/21轻型坦克。瑞典国产坦克制造由此拉开了序幕。经过一个月的基本测试后，由于不明的原因，10辆Strv fm/21轻型坦克被暂时封存。到1923年秋，5辆机械性能最佳的Strv fm/21轻型坦克被装上船，穿过整个瑞典出现在了瑞典南部的一次军事演习中，并且大获成功。同时，作为瑞典坦克的首次公开亮相，Strv fm/21的存在引起了全世界的广泛关注。不过，在1923年末至1924年间的这段时间里，由于对外宣称的所谓装甲材料老化问题，几辆品相不佳的Strv fm/21轻型坦克被拆解于斯德哥尔摩海军造船厂。

从1924～1927年间，剩余的坦克Strv fm/21参与了一系列内容庞杂的测试与实验。比如，一项实验是为5号坦克安装无线电接收装置，为10号、6号坦克安装无线电发射装置。此外，在1923年，瑞典从波兰进口过一辆二手FT-17，由于这辆车曾在战争中被高强度使用，因而车况极差，所以很快被废弃，但它那安装37毫米“皮托炮”的炮塔却被瑞典人留存了下来，并被用于对一辆Strv m/21的改装。值得一提的是，瑞典人还利用这些Strv fm/21进行了一些有趣的涂装实验。Strv m/21坦克的原始涂装是土灰色，但是后来不仅测试了两个冬季涂装的变种，而且还有三色夏季涂装：颜色有绿色、褐色和黄色，各色块以黑色线条分隔。不过，随着各种测试的陆续展开，Strv m/21的使用强度加大，这使零部件缺乏的问题开始凸显，结果在随后的几年间，1号、3号、4号和9号坦克由于机械磨损严重，也不得不被拆解成零件。

由于Strv m/21带有浓厚的试验性质，而且其性能随着时间的推移开始逐渐过时，于是在1928年，瑞典开始了一项新型坦克的替代计划。该计划最初打算从法国采购最新型的雷诺NC-27，然而瑞典国内的很多声音认为，用要价甚高的法国坦克来武装瑞典军队的做法与国情不符。结果，在采购了一辆NC-27样车后，计划被强行中止，不得不又回到对Strv fm/21进行现代化升级的老路上。1929年，被称为Strv m/21-29的升级方案基本确定，其改进主要围绕发动机进行——即将戴姆勒的55马力汽油机替换为瑞典生产的斯堪尼亚-瓦比斯1544型85马力发动机，同时坦克还采用了全新的电气照明线路。瑞典军方订购了两辆由兰茨沃德公司全新制造的Strv m/21-29，另将两辆Strv fm/21改装成了37毫米斯柯达步兵炮。在1931～1934年间，瑞典军方共拥有4辆“不同状态”的Strv m/21-29，作为捷克KD AH-IV轻型坦克服役前的训练用车使用，直到1938年全部退出现役。

上图 测试中的Strv m/21轻型坦克

上图 早期的瑞典坦克手与Strv fm/21轻型坦克

小有名气的L-60轻型坦克

Strv m/21拉开了瑞典坦克制造业的序幕，其后出现的L10轻型坦克与L-30型轮履合一式坦克虽然并不成功，但已经显示出瑞典人在坦克制造上的进取心和创造力。从20世纪30年代初开始，拥有雄厚军工能力的捷克斯洛伐克共和国向国际

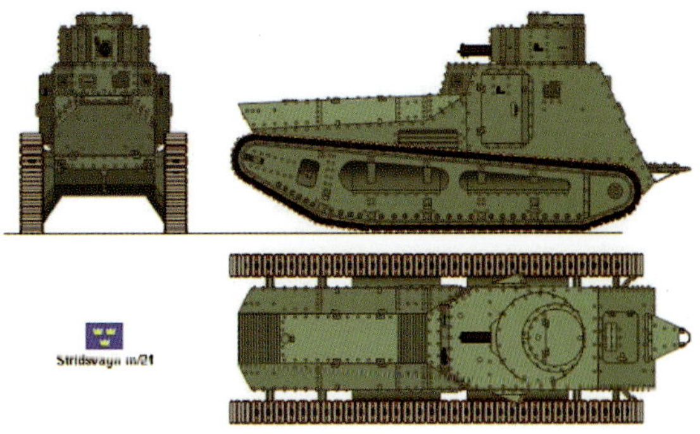

上图 Strv m/21轻型坦克三面图

市场投放了几款相当不错的轻型坦克方案，由于物美价廉，性价比高，很快吸引了包括瑞典在内的众多买家的青睐。这其中作为一个“有心人”，在购买了少量捷克斯洛伐克坦克样车及大量技术资料后，瑞典兰茨沃德公司开始在其基础上进行放大设计，其最终产物便是L-60轻型坦克。

在技术渊源上，L-60轻型坦克与CKD AH-IV超轻型坦克有着密切的血缘关系，又由于放大设计的缘故，借鉴了部分CKD P-II AJ和TNH的技术，这使L-60轻型坦克更接近于后来的LT-38轻型坦克。在时代背景条件下，这种战斗全重7.5吨左右，采用扭杆悬挂、大型单人旋转式炮塔、20毫米机炮和铆接、焊接混合车体的轻型坦克，在技术上占据了一定的优势，再加上瑞典人精明的商业头脑，这使“山寨”的L-60居然成了两次世界大战间，国际市场上与博福斯高炮齐名的“瑞典造”。事实上，L-60的成功正是体现在其“国际性”上。比如，匈牙利就从瑞典引进了L-60的全套技术资料和生产许可证，其国产化版本被称为“托尔迪”，共分为I、II、III几种型号。“托尔迪I”战斗全重8.5吨，外廓尺寸略有增加，全长4.75米，全宽2.14米，全高1.872米。主要武器换装成瑞士研制、匈牙利特许生产的20毫米反坦克炮和8毫米机枪。动力装置和装甲厚度未变。尽管战斗全重有所增加，但“托尔迪I”的最大速度仍保持在50千米/小时左右，最大行程为200千米。“托尔迪II”则是在“托尔迪I”的基础上，换装R-5/a无线电装置的版本，除了前装甲厚度稍有差别外，两者实际区别不大。

上图　L60试验型轻型坦克

“托尔迪I”生产了80辆，“托尔迪II”生产了110辆，是匈牙利装甲部队在二战初期的主要武器装备。因为东线战场的实践表明，“托尔迪I/II”无论是装甲防护还是火力，都与苏军坦克存在差距，所以从1941年底开始，匈牙利着手将部分“托尔迪I/II”换装40毫米反坦克炮，并将最大装甲厚度提高到35毫米，如此改造后的坦克被称为“托尔迪IIA”。不过，由于战斗全重增加到9.35吨，但发动机未变，这使“托尔迪IIA”的最大速度降低到47千米/小时，最大行程降为190千米。在改造了约80辆“托尔迪IIA”后，匈牙利人又开始制造装甲更厚，同时动力也更为强劲一些的“托尔迪III”，可惜由于产能不足，在从1943年底到1944年初的一段时间里，勉强生产了12辆后，“托尔迪”的生产线还是停止了运转。

上图　基本型L60轻型坦克侧视图

“托尔迪”的故事告一段落，但L-60的传奇仍在继续。除了出口匈牙利外，在1938～1939年间和战后的1956年，L-60还分别出口爱尔兰和多米尼加共和国（爱尔兰为12辆，多米尼加为20辆）。这其中，出口爱尔兰的L-60一直服役到1960年，而出口多米尼加的L-60则卷入了1965年的该国内战。在内战中，多米尼加军队的L-60被前来干涉的美军摧毁了3辆——一辆毁于第82空降师的M40 106mm无后坐力炮，一辆毁于M50“奥图斯”自行反坦克炮，另有一辆毁于美国海军陆战队M48“巴顿”主战坦克90毫米炮口下——作为拉丁美洲罕有的“坦克战”的参与者，“瑞典造”L-60就这样“青史留名”了。值得一提的是，内战中幸存的L-60，后来在多米尼加军队中，一直服役到2002年才解甲归田，用“奇迹”来形容并不算是过分。

上图　L60SI轻型坦克侧视图

物尽其用的 Strv m/42 中型坦克

相对于小有名气的 L-60 轻型坦克，同样由兰茨沃德公司研制的 Strv m/42 中型坦克就显得默默无闻了，然而两者间浓烈的血缘关系却无法割舍——后者正是前者的放大版本。Strv m/42 的研制动因并不难以理解。到 20 世纪 30 年代中后期，欧洲又一次阴云密布，即便是瑞典也感到了战争的威胁，在这种情况下，瑞典军方提出需要装备一种吨位较重、火力和装甲防护都有明显提高的中型坦克来满足防务需求。不过在当时的环境中，没有哪个国家在国际市场上出售这一级别的中型坦克。无奈之下，瑞典军方只得求助于已在坦克研制上小有成就的兰茨沃德公司。面对瑞典军方的要求，兰茨沃德公司感到时间紧、任务重，于是决心不走寻常路——打算通过对 L-60 进行放大设计来解决问题。瑞典人是这样想的，也是这样做的，于是 Strv m/42 中型坦克出现了。

上图 L60SII 轻型坦克侧视图

作为 L-60 轻型坦克的放大版本，Strv m/42 中型坦克在设计上延续了 L-60 的基本布局。其战斗全重为 22.5 吨，乘员为 4 人。车体和炮塔为钢装甲全焊接结构，装甲厚度为 9 ~ 50 毫米（有的资料称最大装甲厚度为 80 毫米）。车体前部左侧是驾驶室，有驾驶员舱门，其右侧为变速箱。中部为战斗室，后部是动力舱。同 L-60 一样，其悬挂装置为扭杆式，行动装置每侧有 6 个中等直径的负重轮和 3 个托带轮，主动轮在前，诱导轮在后。发动机的动力通过一根很长的传动轴传至前部的变速箱。这其中，炮塔的设计非常“内行”，除了能 360 度旋转外，炮塔上部右侧还安装有能全向旋转的车长指挥塔，四周有潜望式观察镜。炮塔的左右两侧各开了一个小门，便于向车内补充弹药，也便于炮塔内乘员用手枪向外射击，门上还有观察孔。炮塔后部两侧还各装有一个备用负重轮。Strv m/42 的主要武器为一门 38 倍径的博福斯 M41 型 75 毫米加农炮，辅助武器为双管 8 毫米口径 /39 型并列机枪。其动力装置有两种型号。早期型采用了 2 台 160 马力的斯堪尼亚•巴比斯公司 L603 型汽油机，后期型则选用了波尔博公司的 A8B 型汽油机，最大功率提高到 380 马力。装载这两种不同型号发动机的 Strv m/42 分别被称为 T 型和 E 型。其传动装置也很有特色，分为液压式和电动式两种，分别以 H 型和 M 型相区分。这样，依据发动机和变速箱的不同情况，m/42 坦克分为 TM、TH、EH 共 3 种型号。

上图 Strv m/42 中型坦克侧视图

瑞典军方的第一批订货为 100 辆，1942 年又先后分 3 批追加订货数量，最终达到 282 辆。第一批生产型 Strv m/42 于 1941 年 11 月开始生产，并定名为中型坦克，42 代表研制定型的年份。由于种种原因，Strv m/42 的生产过程相当缓慢。第一辆 Strv m/42 中型坦克于 1943 年 4 月才交付瑞典军队。全部订货直到 1945 年 1 月二战快结束时才全部交付。由于“严守中立”，二战中的瑞典没有卷入战火，瑞典军队装备的 Strv m/42 平安无事地渡过了人类历史上的这一艰难时期。单从性能指标来看，诞生于二战初期的 Strv m/42 中型坦克性能相当不错，可惜由于没有参加过实战，其在世界坦克发展史上的地位不高。不过，尽管 Strv m/42 坦克在二战中没有大显身手，但战争结束后，瑞典军方还是将性能已经有些过时的 Strv m/42 坦克编入陆军坦克旅的重型坦克连继续在第一线服役。到了 20 世纪 50 年代，随着瑞典军方引进了英国的“百人队长”主战坦克，Strv m/42 才从第一线退下来，编入二线部队。

上图 向公众展示的 Strv m/42 中型坦克

有意思的是，在退入二线不久，瑞典军方又重新燃起了对 Strv m/42 进行现代化改装的热情。利用引进的部分 AMX-13 轻型坦克技术，对车况良好的 Strv m/42 车队进行了彻底的翻新和改造——炮塔为重新设计的“卵形”铸造结构，其中移植了完整的法国 AMX-13 75mm 坦克炮及其观瞄系统。同时动力装置也换装为斯堪尼亚•巴比斯公司的 2 台新型 L607 型汽油机，最大功率提高到 2×170 马力。另有辅助发动机 1 台，用于发电。侧减速器也做了改进。履带也换为加宽的新型履带。最大速度达到 45 千米 / 小时。经过一番折腾后，Strv m/42 可谓旧貌换新颜，随即在 1958 年以 Strv 74 的编号再次作为一线装备出现在瑞典陆军战斗序列中，作为坦克旅的主力与“百人队长”并肩“战斗”。当其于 1981 年从部队全部退役后，其服役时间已经高达 40 多年。不过即便退役以后，瑞典军方仍然没舍得将 Strv 74 拿去炼钢铁，225 辆 Strv 74 中的相当一部分被作为岸防炮继续发挥余热——瑞典人性格中的“精明”和“吝啬”可见一斑。

上图 今天保留下来的部分 Strv m/42 坦克机械状况仍然良好，这着实令人吃惊

上图 演习中的 Strv m/42 中型坦克

结语

无论世界各地如何战火纷飞，危机四伏，瑞典却总能够歌舞升平，鸟语花香，人民无衣食之虑，政府无隔日之忧。富足而安宁是长期以来人们对这个国家的整体印象。然而，历史上的瑞典人又是一个尚武且善战的民族。这或许能够解释为什么瑞典人在装甲车辆的研制上起步甚早——早在二战之前就能独立研制坦克，成为为数不多的坦克生产国之一，这是足以令人骄傲的。更何况，作为瑞典国防工业的杰作，除了设计精巧、制造精良的博福斯高炮外，两次世界大战期间瑞典在坦克制造方面的成就，无疑向人们揭示了更多的信息。瑞典人清楚地知道：“中立的和平”从来不是别人的恩赐，防御这种作战形式也绝不是单纯的“盾”，而是由巧妙打击构成的“牌”，至于实施这些打击所用的利剑，恐怕只有自己制造的那把才是最可靠的。

上图 进行现代化改装后，Strv m/42 在 1958 年以 Strv 74 的编号再次作为一线装备出现于瑞典陆军战斗序列

瑞典坦克发展史（2）

几百年间，瑞典远离战火，以和平中立著称于世，成为了人类社会不可思议的一块“神奇而富裕的乌托邦”。不过，瑞典之所以能够成功地做到永久中立，绝不是因为强邻恩赐的一纸声明这么简单。冷战中瑞典在坦克工业上取得的成就，多少从一个侧面解释了这一点。

不算成功的 SKPF m/42 轮式装甲人员输送车

尽管自身没有卷入战事，但二战中的经验表明，装甲机械化部队的合成程度越高，其战场价值也就越大，这一点被精明的瑞典人看在了眼中、记在了心里。于是，早在二战进行中的 1943 年，瑞典就开始尝试着为其装甲部队提供一种可伴随于坦克左右运送步兵的装甲车辆，其最终的产物即为 SKPF m/42 轮式装甲人员输送车。

上图 参加联合国维和行动的 SKPF m/42 轮式装甲人员输送车。SKPF m/42 曾在刚果、塞浦路斯等国和加沙地带境内在以联合国部队名义执勤的瑞典军队中使用

SKPF m/42 共有 SKPF 和 VKPF 两种型号，外观完全相同，但 SKPF 采用了斯堪尼亚 - 瓦比斯公司的底盘和发动机，VKPF 则采用的是沃尔沃（Volvo）公司的底盘和发动机。瑞典于 1943 ～ 1946 年间生产了两种 m/42 约 200 辆，以 SKPF m/42 为主。具体来说，4×4 的 SKPF m/42（4×4）车体呈菱形，用钢板焊接制成。动力舱在前，车长和驾驶员居中，载员舱在后。车长和驾驶员前面有挡风玻璃，挡风玻璃可用顶部铰接的装甲板防护。它们各有 1 侧门并有 2 个能用盖板防护的观察孔。2 个顶部上方装有环形支架，支架上安装双联 8 毫米机枪。载员舱为敞开式，并可用车载的防水帆布覆盖。步兵坐在沿车辆中心线的条椅上，他们通过车后大门上下车辆。该车左侧装 1 个绞盘，无三防装置和夜间观察仪器，不能水上行驶。服役之后，瑞典对 SKPF m/42 不断进行改进。1971 年为该车换装了新型制动器和大灯等设备。1983 年瑞典驻戈德兰（Gotland）岛部队对该车做了进一步改造，如载员舱附加了装甲防护，将原后轴上的 1 对双轮轮胎换装成 1 对低断面的单轮轮胎，并在载员舱后顶部安装指挥塔，指挥塔上装 1 挺 7.62 毫米机枪。这样该车前后装有两挺 7.62 毫米机枪，并能用打开的舱盖保护射手射击。虽然在服役期间，SKPF m/42 曾在刚果、塞浦路斯等国和加沙地带境内以联合国部队名义执勤的瑞典军队中使用，然而从严格意义来讲，作为一种设计用来与坦克配合作战的机械化步兵车辆，SKPF m/42 并不算是成功的。

上图 早在二战进行中的 1943 年，瑞典就开始尝试着为其装甲部队提供一种可伴随于坦克左右运送步兵的装甲车辆，其最终的产物即为 SKPF m/42 轮式装甲人员输送车

开枝散叶的PBV 302履带式装甲人员输送车

尽管二战以反法西斯同盟国的胜利而宣告结束，但欧洲的局势却仍然暗流涌动，以至于美、苏冷战的阴霾又开始隐隐升起，瑞典人甚至要比战前更为关心自身的防务问题。事实上，虽然有惊无险地度过了两次世界大战，二战后的瑞典也继续在大国的夹缝中获得着一份尊重和安宁（瑞典由于它特殊的地位，起到了两大阵营之间的避风港作用。瑞典与东、西方国家普遍建立起外交关系，而不管这些国家的政治体制、意识形态和经济模式如何），但瑞典人却越来越深感中立仅仅是一个抽象的概念，要将它变成现实，需要强大的军事力量做后盾，而通过自己的国防工业来建设一支精干但作战程度高的装甲机械化部队，显然是其中的重中之重。于是作为一系列反思的结果，在引进“百人队长”主战坦克的同时，利用自身坦克工业的现有条件，为坦克部队研制生产配套的机械化步兵车辆的问题，也被细心的瑞典军方提上了日程。

上图 演习中的PBV 302履带式装甲人员输送车

经历了SKPF m/42的初步尝试之后，瑞典军方意识到履带式车辆更适合与坦克配合使用。于是1958年瑞典军方首先获得了试验性的PBV 301装甲人员输送车，这使其装甲机械化部队的结构在真正意义上开始变得完善起来。不过，由于PBV 301装甲人员输送车的性能并不完全令人满意，到1961年初，瑞典赫格隆和索纳公司又根据陆军要求研制了性能更为完善的PBV 302装甲人员输送车。该车车体用滚压钢板焊接，前甲板可防20毫米炮弹。履带上方的两侧车体为双层钢板，两层钢板之间装有蓄电池及其他附件，这不仅增加了浮力，而且也提高了防破甲弹能力。驾驶员位于车前中央，并有1扇向后打开的舱盖，前面装有3个潜望镜。车长位于驾驶员之后的车体右侧，他也有1扇向后打开的舱盖，有5个潜望镜能进行360度观察。炮塔位于驾驶员之后的车体左侧，装有3个前视潜望镜和1个后视观察镜，安装1门伊斯帕诺-絮扎（Hispano-Suiza）公司的20毫米机关炮。炮塔手动360度旋转，火炮俯仰范围为-10度～+50度，射速为500发/分，可发射榴弹和穿甲弹。榴弹为405发，穿甲弹为100发，装有3个弹带和10个弹匣，每个弹带有榴弹135发，每个弹匣有穿甲弹10发。对付地面目标时，炮手使用单目镜瞄准，放大倍率为8×；对付空中目标时，将炮塔舱盖打开，炮手使用武器本身的概略瞄准镜射击。

上图 PBV 302履带式装甲人员输送车侧视图

载员舱位于车体后部，9名步兵坐在车内，每侧3名面朝里，1名在前面，面朝前，另外2名在后面，背靠背坐着。步兵通过车体后部两扇大门上下车辆。载员舱顶部有两扇由车长液压操纵的顶舱盖，开启时步兵可在车内使用轻武器射击。这种在底部边缘装有压敏元件的顶舱盖使用安全，一旦步兵的枪管或手臂接触压敏元件，液压就立即消失，则顶舱盖保持打开状态，防止压坏步兵的武器或手指。动力装置前置，发动机、离合器与变速箱构成一体。转向采用离合器-制动器，转向离合器为片式。有5对双负重轮，主动轮在前，诱导轮在后。悬挂系统由扭杆和第1、第5负重轮的液压减振器组成。履带板为M70型，有橡胶衬垫，宽度为450毫米，节距为110毫米，寿命可达10000千米，同早期履带相比，在松软地面行驶可提高牵引力20%。值得一提的是，该车能水陆行驶，水上靠履带板划水推进。入水前竖起车前两块防浪板，启动车底的排水泵。不过，由于成本考虑，

上图 PBV 302 履带式装甲人员输送车十分适合瑞典的寒带地理环境

该车未装三防装置，只保留了相应的接口位置。

1962 年 12 月，赫格隆和索纳公司完成了第一辆 PBV 302 样车的装配，并于 1963 年 10 月与瑞典军方签订了 700 辆的初始生产合同，1966 年 2 月完成了第一批生产任务，整个生产线一直运行到了 1971 年，并在这一过程中产生了一个庞大的车族，最著名的即为 IKV 91 轻型坦克。IKV 91 为传统的炮塔式战斗车辆，车内由前至后分别为驾驶室、战斗室和动力舱，炮塔的位置明显靠前。因为它的战斗全重较轻，只有 16.3 吨，所以说它是轻型坦克也很合适。乘员 4 人（车长、炮长、驾驶员和装填手），和一般的轻型坦克别无二致。驾驶员位于车体前部左侧，车长和炮长位于火炮的右侧，车长在后，炮长在前；装填手位于火炮的左侧。动力舱的布置很有特点，为缩短车体长度，发动机的纵轴线和车体的纵轴线成 58 度的夹角。发动机曲轴的输出端通过锥齿轮和横置的变速箱连接，也算一绝。这种布置方式在其他战斗车辆上十分罕见。

上图 训练中的 PBV 302 履带式装甲人员输送车

具体来说，PBV 302 采用沃尔沃 - 潘塔（Volvo-Penta）公司的 TD120A 型 6 缸涡轮增压柴油机，因在车内斜置，故比一般纵置发动机要短些，但又不像横置发动机需要那么多的齿轮联接，仅用一对成 58 度角的锥形齿轮即可。发动机废气不仅用以带动涡轮增压器，而且还可通过引射器将冷却空气引向转向机构的制动器。传动装置为美国阿里逊（Allison）公司的有 4 个前进挡和 1 个倒挡的 HT740D 型同步变速箱。在动力传动装置顶部有 1 块以铰链与开启窗边的盖板，用 1 个手摇泵和 1 个液压械杆即可掀起，便于维修与保养发动机。动力舱和战斗室之间用隔板隔开。行动部分每侧有 6 个负重轮，独立式扭杆悬挂，并在第 1、6 负重轮位置安装液压减振器。采用 M70 型单销式、销耳挂胶并带有橡胶衬垫的钢制履带板，其张紧度由液压系统控制。履带板具有节距小、噪声小、使用寿命长和水中推进性能较好的特点。

上图 服役经历表明 PBV 302 在设计上是相当成功的

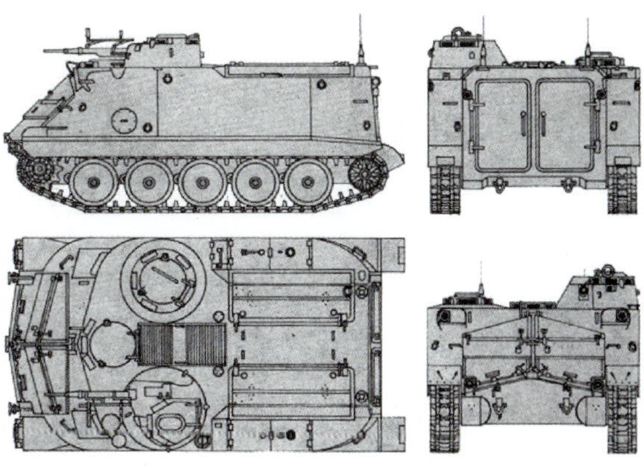

上图 PBV 302 履带式装甲人员输送车四面图

行动部分每侧有 6 个较大直径的负重轮，主动轮在后，诱导轮在前，履带两侧有侧裙板。底装甲板有浅凹型结构，中间处的车底距地高为 400 毫米，而两边只有 370 毫米。

不太寻常的 IKV-91 轻型坦克

虽然除了“个头”较小外，IKV-91 和一般的轻型坦克没什么两样，但在设计理念上却有很大差别，这一点从名称上就可以反映出来——IKV 实际上是瑞典文“步兵加农炮车”几个单词的首字母缩写。换句话说，瑞典军方从自身实际作战环境考虑，从一开始就打算让 IKV 91 同时负担反坦克作战和步兵火力支援两个互有重叠却又不完全一样的双重任务，这就使 IKV 91 与同时代的轻型坦克区别开来。也正因如此，IKV 91 采用了 1 门博福斯公司的 KV90S73 型 90 毫米低膛压滑膛炮，身管长 4.86 米（54 倍口径），炮全重 692 千克。其特点是重量轻、后坐力小和炮口火焰小，算是世界上第一批采用滑膛炮的量产型坦克，很具有创新性。值得一提的是，这门低压滑膛炮身管中部有炮膛抽烟装置，后来又在身管外部加装了热护套。采用半自动横向滑动炮闩、电击发方式，配用尾翼稳定破甲弹和尾翼稳定榴弹。尾翼稳定破甲弹的弹头重为 4.5 千克，全弹重为 10.7 千克，

上图 服役经历表明 PBV 302 在设计上是相当成功的

采用压电引信，初速度为 825 米 / 秒，有效射程为 1 100 米；尾翼稳定榴弹的弹头重 6.7 千克，全弹重为 12.3 千克，采用机械引信，初速度为 600 米 / 秒。炮弹基数为 59 发，其中的 16 发在炮塔内，18 发在车体右前方的驾驶员一侧，其余 25 发存放在炮塔后面车体的左侧。火炮的高低射界为 -10 度～ +15 度，最大射速为 8 发 / 分。

除了别出心裁的 90 毫米低压滑膛炮外，先进的火控系统是 IKV 91 的另一特色。其 AGA 综合式火控系统包括 1 个激光测距仪、数个传感器和 1 个弹道计算机。TP-1050L 型激光测距仪装在炮手的潜望式瞄准镜上，激光波长为 1.06 微米，测距准确，对炮手眼睛危害较小。样车曾在车长指挥塔内安装一个基线长为 650 毫米的合像式光学测距仪。有两个速度计，一个用来测量炮塔回转速度和目标方位角速度，能校正射击时的方位，另一个测量目标相对于火炮俯仰运动的角速度。装有测量横风、气温和气压等数据的传感器，以及

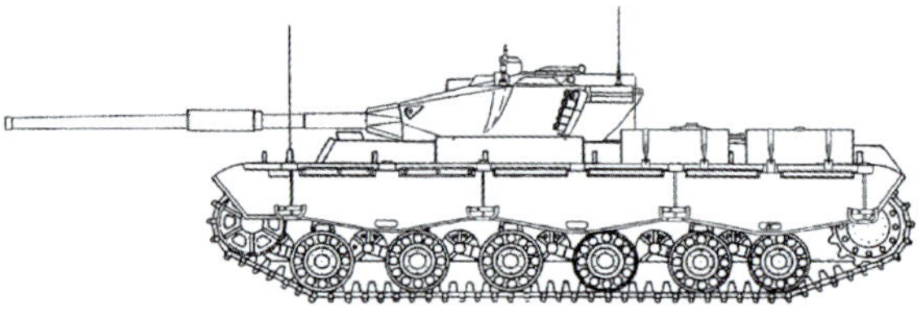

上图 IKV 91 轻型坦克侧视图

一个自动漂移校验器等。计算机用来计算方位角、高低角和提前角并装定瞄准距离，根据由激光测距仪测出的人工装定距离、不同弹种、初速偏差、耳轴倾斜度、气温、气压及横风等数据来进行射角的计算。当炮手跟踪活动目标时，计算机从两个速度计中接收炮塔回转和火炮俯仰速度的信号，从而计算出提前角，并输入到伺服机构，由伺服机构把计算机传出的信号转换到炮手瞄准镜的分划板上，自动调节分划。在目标运动时，虽然提前角在不断变化，但炮手也不会失去目标，因为此时火炮相对于瞄准镜瞄准线移动的方向自动反转。车长具有超越炮手的控制装置。车长指挥塔内除装有一套 M17 潜望镜外，还有一个放大倍率为 10× 的双目潜望式瞄准镜。指挥塔上有一个向后打开的单舱盖，能旋转 240 度，使用时或锁住舱盖或使其反转。炮手使用一个放大倍率 10× 的单目潜望式瞄准镜，装填手使用一个潜望镜。该坦克未装夜间观察仪器。

上图 浮渡测试中的IKV-91轻型坦克

IKV-91车体和炮塔均用钢板焊接，车体前部能防20毫米穿甲弹。车体两侧为双层装甲板结构，中空部分用来存放附件和部分燃料。该结构对于破甲弹和榴弹有较好的防护性能。该坦克炮塔低矮，从地面至指挥塔的高度只有2.32米。炮塔前部有较好的流线型，后部不突出，这一点与苏联坦克很相似。车体分成3部分，驾驶舱在前，战斗舱居中，传动舱在后。从1975年正式定型并批量生产，到1978年底，赫格隆和索纳公司共生产出了200辆IKV-91轻型坦克，装备瑞典陆军。1984年，赫格隆公司又将联邦德国的RH105-20型105毫米超低后坐力线膛炮搬上PBV 302装甲人员输送车的底盘，用于改装IKV 91，定名为IKV91-105轻型坦克。

经典的CV90车族

尽管PBV 302履带式装甲人员输送车是非常成功的设计，但随着时间的推移，乘车作战的战术理念逐渐深入人心，在这种情况下，PBV 302车族的局限性不免开始凸显。于是从1978年开始，瑞典军方开始研究一种拟在2000年左右使用的步兵战车，用于替代PBV 302，并在此基础上发展自行高炮、装甲人员输送车、装甲指挥车、装甲观察指挥车、自行迫击炮和装甲抢救车等若干变形车。由于此时的瑞典军方对装甲战斗车辆的研制使用已经积累了丰富的经验，因此当时提出的要求十分具有针对性：如战斗全重不超过20吨，具有良好的战术机动性，适合在瑞典北部严寒、深雪、薄冰和沼泽地带作战；能较好地对付装甲目标；具有防空能力；在规定的战斗全重与成本的前提下增强防护力，车体前部能防30毫米炮弹，车体底部能防地雷；具有一定的战略机动性，能用铁路和民用平板卡车运输，能否空运则暂未定；易于保养维修和具有发展潜力等。为了缩短研制时间，降低研制费用，瑞典军方还决定尽可能使发动机、传动装置和转向装置采用民用件，而且瞄准镜、武器控制装置和其他关键性的部件也要采用标准件，而无须为该车族专门研制。另外，该车族必须严格按限定的研制费用设计与试制，并要求有进一步发展的潜力，即车族内的各种车辆无须重新改造就可进一步提高性能。这一计划最终的成果便是经典的CV90车族。

CV90的基本型号为步兵战车。该车乘员为3人。载员舱可容纳步兵8人，两侧各4人，面对面坐着。车体采用钢装甲结构，有附加装甲和芳纶衬层。双人炮塔采用电液驱动，经过40/70B式40毫米机关炮与以色列工业公司和意大利奥托•梅拉拉（OTO Melara）公司的60毫米超速炮对比试验后，决定先用40/70B式机关炮。该炮重为615千克，是以博福斯公司的牵引式高炮为基础研制的。两者的不同之处是，牵引式高炮用4发弹匣从顶部装弹，废弹壳从炮前的斜槽抛出；40/70B机关炮则从炮闩下面的弹仓装弹，废弹壳通过炮塔顶

上图 用于联合国维和行动的CV90-40步兵战车

部抛壳窗抛出。炮闩下面一共有 3 个弹匣，每个弹匣分 3 节，每节可装 8 发，能装不同弹种并通过液压装置能变换弹种。每个弹匣均用人工装弹，每装完 8 发的时间为 20 秒。其余备份弹均在炮塔底部存放。弹药基数为 240 发，可单发、点射或连发。配用的弹种有对付飞机和直升机的近炸引信预制破片榴弹，以及对付地面目标的曳光榴弹和曳光穿甲弹，初速度均为 1025 米 / 秒。为对付 1500 ～ 2000 米距离上的战斗车辆，博福斯公司还为其研制了长径比为 15:1 的钨合金弹芯尾翼稳定脱壳穿甲弹。

40/70B 机关炮曾装在 IKV-91 轻型坦克上试验过，并于 1985 年进行过实弹试验。该炮可由炮手和车长控制和射击。车长的位置在炮塔左侧。该车装有指挥塔，塔上配有便于环形观察的潜望镜和索佩朗（SOPELEM）公司的 M371 瞄准镜。炮手的位置在炮塔右侧，在前部与右侧有潜望镜，此外还有博福斯航空电子（Bofors Aertronics）公司的 UTAAS 瞄准镜、西姆拉德（Simrad）公司的 LV401 火控计算机。炮塔驱动和武器俯仰均采用电液操纵，紧急情况下也可手动操纵。除主炮外，还有一挺 7.62 毫米并列机枪。炮塔顶部有两具博

上图 CV90 重要衍生型之一——CV90-30 步兵战车

福斯公司的莱兰 71 毫米照明弹发射器，炮塔两侧各有一组烟幕弹发射器，每组 6 具。这些都是瑞典坦克装甲车辆上的标准设备。动力舱在车体前部右侧，在前上装甲板上有检查窗。驾驶舱在左侧，驾驶员的前面有 3 个潜望镜，中间 1 个可换成被动式夜间驾驶仪。参与发动机选型竞争的有瑞典萨伯•斯堪尼亚（Saab Scania）公司和沃尔沃（Volvo）公司。发动机功率为 368 千瓦（500 马力），与其匹配的是沃尔沃公司的自动传动装置，但也有可能采用英国珀金斯发动机（Perkins Engines）公司根据美国底特律柴油机阿里逊（Detriot Diesel Allison）分部特许生产的 X-300-5 液力机械传动。为使车体低矮，散热器的位置与德国黄鼠狼步兵战车相似，在车体后部右侧。行动部分采用扭杆悬挂。有 7 对负重轮，无托带轮。其他标准设备还有三防装置和灭火装置。

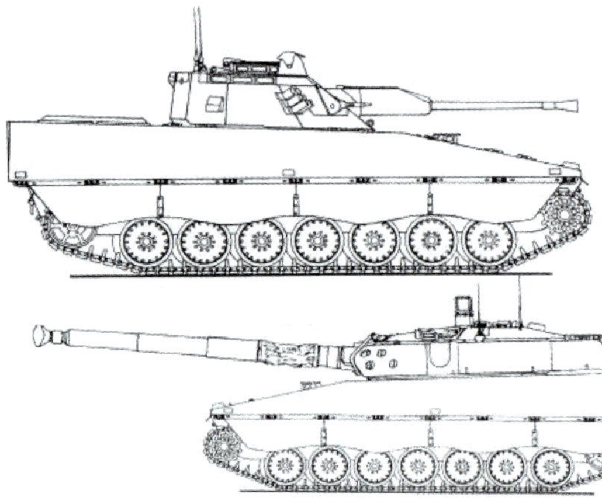

上图 CV90-40 步兵战车与 CV90-105 轻型坦克

同 PBV 302 履带式装甲人员输送车车族的情况一样，CV90 同样是一个种类繁多的大家族，不过其中最有影响力的还要算 CV90-120T 轻型坦克。CV90-120T 的代号很有意思，非常好记，CV90 是指 CV90 步兵战车的底盘，120 是主炮口径，T 当然就是指坦克。CV90-120T 轻型坦克的战斗全重达 27 吨，比基型车 CV90 步兵战车重了 4 吨多。这是因为其“小车扛大炮”的缘故。以 20 多吨的战斗全重能装上 120 毫米的坦克炮，堪称是“小车扛大炮的巅峰之作”。车长为 8.95 米，车宽 3.19 米，车高 2.30 米，其外形轮廓比起基型车要稍大些，但比起一般的主战坦克则稍显“苗条”。乘员为 4 人（炮长、车长、装填手和驾驶员）。此外，必要时车体后部可搭载 4 名载员或装更多的弹药。这可以理解为它具有 CV90 步兵战车的总布置的结果。动力 - 传动装置前置的总体布置，使它的战斗室及后部有较大的空间，有别于主流的动力 - 传动装置后置的总体布置。

炮塔是全新研制的，位于车体的中后部。车

长和炮长位于炮塔内右侧。主要武器是一门瑞士军械公司研制的120mmCTG紧凑型滑膛坦克炮，身管长为50倍口径。CTG型坦克炮采用立式炮闩，身管上有热护套、炮膛抽烟装置和“胡椒瓶”式炮口制退器。炮弹的装填采用半自动装弹机。这种半自动装弹机有两个旋转弹舱，位于炮塔尾舱内，每个弹舱装5发炮弹。估计装填手要完成选弹的工作，然后按动按钮，半自动装弹机完成炮弹入位→推弹入膛→关闩等一系列动作。由炮长或车长完成最后的瞄准和击发任务。厂家资料表明，120mmCTG紧凑型滑膛坦克炮采用了“降低后坐力系统”，但是厂家和瑞典军方都没有公布细节。根据原有资料分析，CTG型120毫米坦克炮采用的降低后坐力的措施有两种：一种是装上了“胡椒瓶”式炮口制退器，可使后坐力降低

上图 测试中的CV90-105轻型坦克

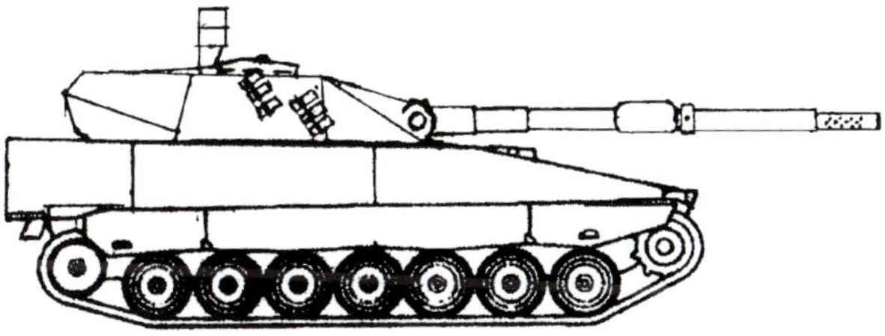

上图 早期型CV90-120轻型坦克

30%左右，其代价是部分损失了火药的爆发能量；另一种是通过增加后坐距离来降低后坐力。火控系统为UTASS型稳像式坦克和防空通用观瞄系统，装在炮塔顶部，带有昼间通道、热成像通道和激光测距仪。观瞄系统的俯仰角为-10度～+25度，左右转角为±18度。UTASS系统昼间观察和瞄准有3个倍率：24倍、6倍和1.5倍；热成像通道有观察和瞄准两个倍率。此外，车长还有一套显示器。车长席还可以选装Lemur型稳像式三合一瞄准镜，从而使CV90-120坦克的火控系统具有“猎-歼”能力。

值得一提的是，CV90-120T的设计师们对CV90底盘进行了部分调整，目的是为了能够安装更大、更重的三人炮塔。驾驶员位于车体内前左侧，并且在其顶部有1个顶舱盖。在车体前部外面安装了驾驶员用的3具潜望镜，其中中间的那具可以替换为AN/VVS－CV90被动式夜视仪，以便驾驶员在夜间使用。发动机布置在车体的右前侧，是最新型的“斯勘尼亚”（SCANIA）V8四冲程柴油机，最大功率为670马力（2200转/分钟），与之匹配的是阿里逊公司的X-300系列自动变速箱，有4个前进挡和2个倒挡。由于CV90-120T坦克的战斗全重（未披挂附加装甲时）仅为27吨，因此，单位功率高达25.76马力/吨，使坦克的最大速度达到70千米/小时，最大行程为600千米。

结语

瑞典之所以能够成功地做到永久中立，绝不仅仅是因为强邻恩赐的一纸声明这么简单。概括地来说，瑞典的中立政策有三大特征：自愿性、永久性和武装性。自愿性表现为瑞典已经奉行了几百年的中立政策，政府和绝大多数国民都拥护中立政策。永久性是指瑞典不只是在周边发生某一场战争而临时宣称中立，而是在任何外交事务中都坚持中立政策。至于武装性则表现为“总体防御”的国家战略，即实施全民防御，以武装保卫中立。事实上，瑞典的中立政策用“武装中立”4个字加以概括是非常适当的——永久中立的大前提是以全面武装为后盾的。

上图 CV90-120T轻型坦克与CV90-30步兵战车

瑞典坦克发展史（3）

虽然避身于战祸，但两次世界大战期间的瑞典还是建立起了自己的坦克工业体系。不过随着使用经验的积累，瑞典军方开始意识到，由于本国地形的特殊性，瑞典坦克必须具有一些独特的性能才能满足部队需求——瑞典位于斯堪的纳维亚半岛，其地形十分明显，森林深邃，岩盘坚硬，冰川形成的湖泊很多。可以说，像俄罗斯平原和东欧波兰那样适合坦克战的开阔地基本不存在。也正因如此，冷战中的瑞典坦克开始摆脱了模仿的影子，逐步形成了自己的“流派”。

上图 冷战中的瑞典坦克开始摆脱模仿的影子，逐步形成了自己的“流派”

独具匠心的S

由于缺少实战经验，也无缘分享战争中的相关成果，当第二次世界大战结束时，一度领先的瑞典坦克技术又一次落后。然而，“北方强邻”的威胁却是切实存在的。在这种情况下，瑞典军方一边从英国引进“百人队长”主战坦克作为应急，一边着手研制“量身定制”的新一代国产主战坦克。由于瑞典的军事战略是防御性的，战术也偏向于防御，再加上国情和地形因素的限制，这使最终于1961年出现的Strv.103（简称S型主战坦克）成为了战后最具个性的坦克方案之一。该坦克研制始于1957年，主承包商是博福斯公司，子承包商主要是拉茨维克（Leansverk）公司（负责悬挂装置）和沃尔沃（Volvo）公司（负责发动机）等。研制时充分考虑了瑞典的河流与湖泊较多、北部地区沼泽遍布、长期严寒、冰雪覆盖和国内重型桥梁极少等地理和气候条件，并考虑了两次世界大战中各国坦克的使用和中弹情况，以及装甲部队的战术使用要求等因素，从而把车高、车重及火力作为主要性能指标，要求车重不超过37吨，决定放弃旋转式炮塔，研制一种采用固定的105毫米火炮、液气悬挂和自动装填的无炮塔型坦克。

首先要解决的主要问题之一是必须依靠车体转向进行火炮的方位精确瞄准。为此，在1957/1958年冬季把克鲁巴（Growbar）公司为S坦克研制的变速转向机构装在1KV103自行火炮上进行技术试验，1959年又把改进的变速转向机构与火控伺服装置组合成转向瞄准装置，并安装在M4A3“谢尔曼”中型坦克上进行最后阶段的技术试验。试验证实，该装置可以解决固定式火炮坦克的方向射界和瞄准问题。为解决火炮高低瞄准及车况控制等问题，瑞典引进了当时美国为25吨级车辆研制的液气悬挂技术。1958年中，博福斯公司开始新坦克样车设计，1961年底完成两辆样车。1960年中，陆军订购了10辆预生产型车，此即后来定型的Strv.103型坦克。车右侧的两挺机枪换成了12.7毫米机枪，车体两侧各安装两个单轮缘托带轮，安装了炮管固定装置。汽油机改换成176千瓦（240马力）的K60型二冲程多种燃料发动机。1965年对该坦克进行了进一步改进，定型为Strv.103A型坦克。其辅助武器为3挺7.62毫米机枪，安装了激光测距仪和车长瞄准镜稳定装置，并把燃气轮机改为波音公司的553型燃气轮机，输出功率是360千瓦（490马力）。该车于1966

上图　重装甲化的 Strv.103C

年开始批量生产，1967 年开始交付部队，一直持续到 1971 年 6 月，共制造了 300 辆。但后期生产的该坦克安装了浮渡围帐和两个炮管固定架，在车首安装了可伸展的推土铲，并定型为 Strv.103B 型坦克，随后把早期生产的所有 A 型车均改进成 B 型，于 1972 年装备部队。

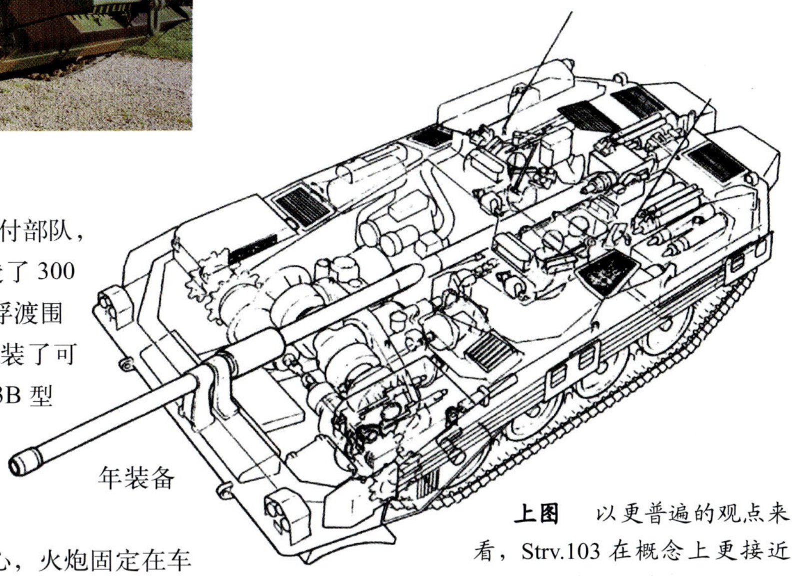

上图　以更普遍的观点来看，Strv.103 在概念上更接近无炮塔坦克歼击车

Strv.103 坦克的设计独具匠心，火炮固定在车体上，火炮的高低射击和瞄准依靠车体的俯仰来实现；火炮的方向射击和瞄准则依靠坦克的转动来完成。因此，战斗室被布置在车尾。战斗舱内的 3 名乘员基本上位于同一高度，车长在战斗舱的右侧，居坦克最高点，驾驶员兼炮长在左侧，其后面是机电员，两人背靠背就座。战斗舱内车底板上开有安全门，车内无通话装置。该坦克高度最低，车顶的高度仅为 1.9 米。在车体前部装甲板下方固定安装有升降式推土铲，依靠车体的俯仰进行推土等作业。至于动力舱，则被布置在车体前部，火炮炮管超出车体前部很短。出现这种无炮塔式坦克的主要原因是无炮塔自行火炮、突击炮和坦克歼击车在第二次世界大战期间的成功使用（二战期间，战车 90%的射击是在行驶方向左右 45 度的扇形区内进行的），以及为了最大限度地降低车高和车重。具体来说，Strv.103 坦克无炮塔布置的主要原因在于以下几点：①外形低矮；②由于车体首上装甲板的倾角大，因而具有高水平的防护能力（该坦克的战场生存力较高，车体高度仅为 1.9 米，减少了中弹面积；发动机和传动装置前置也增大了乘员防护力；此外，车体前上装甲板倾角小，约 30 度（与水平面夹角），水平厚度增加两倍以上。前上斜装甲板上有许多水平的加强筋和备用履带板，可提高抗穿甲弹能力。车内弹药存放在车尾部，不易被直接击中）；③车体结构简单；④无须安装重而复杂的炮塔和炮架；⑤自动装弹机结构简单；⑥拥有良好的乘员生存环境。由于火炮固定安装，因此坦克不具有行进间射击的能力，只能短停射击。由于火炮固定，可较容易地实现自动装填，因此火炮射速高，还可减少 1 名乘员。1967 年与德国豹 I 坦克的对比试验表明，该坦克射击平均需要 13 秒，命中率为 70%，而豹 I 坦克需要 23 秒，命中率为 65%，因此，它的短停射击效果还是比较好的。

值得一提的是，除了在设计理念上有创新外，瑞典人在其 Strv.103 无炮塔主战坦克的技术应用上同样有特别之处。比如超长身管的坦克炮。Strv.103 的主要武器是 1 门博福斯公司 62 倍径的 105mm L74 式坦克炮，比英国 L7A1 炮的炮管长 1.2 米。火炮与坦克车体刚性固定，炮管不会发生颤动。炮管中央装有圆筒形抽气装置，无炮口制退器，炮管尾部有两个带中央曲柄的立楔式炮闩。火炮瞄准是依靠车体的旋转和俯仰实现的。再比如，使用由两台发动机——柴油机和燃气轮机组成的动力机组，更是很“另类”之举。独特的传动机构即能够让两台发动机同时工作，也能让它们单独工作。这一工作方式提高了车辆的可靠性和寿命（在其中一台发动机损毁的情况下，坦克还能行驶）。此外，在不要求动力装置的全功率时，如在路况好的公路上行驶及在防守时，可以只使用功率不大的柴油机（300 马力），因而能够节省燃油。再有，率先采用的自动装填技术，也为S 坦克增色不少。炮弹装填采用液压操纵自动装弹机。驾驶员或车长按一下驾驶 - 射击操纵装置的装填钮，炮弹的固定卡爪自动松开，炮弹靠自重落到最下一层托弹槽上，送弹挺杆将其推到弹药架中间的装弹机上，然后装弹机将弹药举到炮尾，由后边的装填滑块推入炮膛。发射后的空药筒由抛壳机从车体后部中央的排出口抛出车外。装填结束，信号灯即亮。由于坦克采用固定式火炮，炮尾和弹药间无相对运动，因此在任何情况下均

上图　Strv.103 无炮塔主战坦克侧视图

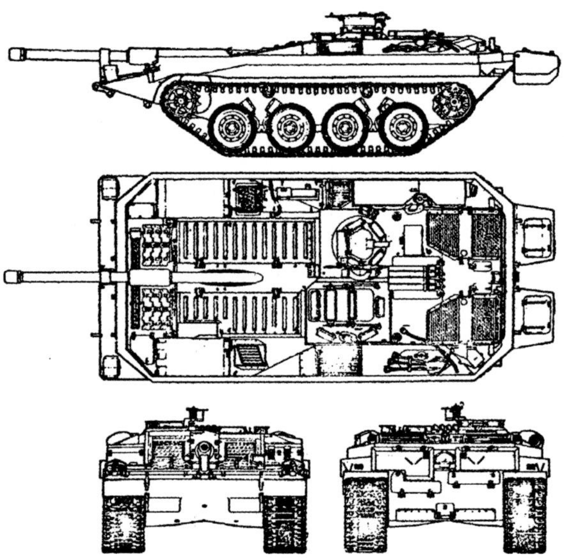

上图　Strv.103 无炮塔主战坦克四面图

可迅速而准确地完成装弹。整个装置非常简单，不易发生故障。装弹机失灵时，由机电员人工装弹。由于自动装弹机的使用，S 坦克省去了一名装填手，且可增加火炮射速。烟幕弹不能自动装填，必须由机电员人工装填。

另外，率先在 S 坦克上尝试的栅栏屏蔽装甲同样是一种开创性的技术。这种栅栏屏蔽装甲自出现以来，就一直处于严格的保密状态，外人一直知之甚少。直到 1992 年 10 月 1 日，在瑞典首都斯德哥尔摩举行的瑞典装甲部队成立 50 周年庆祝会上，这种栅栏装甲才在 S 坦克上真正公开。它实际上就是用坚硬而有一定韧性的钢材制成圆棒，然后将它们连接成类似炉篦子的外形模样，再将圆棒的锥形端插入坦克装甲的锥形孔内，形成阻拦敌方来袭弹药的“栅栏墙”。破甲弹碰到这种栅栏屏蔽装甲将被提前引爆，大大减弱了对坦克的毁伤效果，从而对坦克车体的基本装甲起到一定的屏蔽保护作用。正因为这种栅栏屏蔽具有结构简单、更换方便、实用可靠和易于仿制等特点，所以才导致瑞典军方对其进行了长达 30 多年的严格保密。遗憾的是，S 坦克即有着突出的优点，也有着突出的缺点。无炮塔布局的主要缺陷在于：不能在行进间，也不能在动力装置，行动部分或传动系统出现故障时进行瞄准射击；在受道路约束的情况下，以及在难以通行的地区，射击能力受到限制。火力转移速度慢和精确瞄准困难成为了 S 坦克的致命弱点，这使 S 坦克成为了一位“孤家寡人”。

UDES 系列试验型坦克

坦克是一种进攻性技术装备，然而瑞典奉行的却是一种防御性的国家军事战略，这也就意味着这是一种带有消极目的的作战形式（防御具有消极的目的，即据守；进攻则具有积极的目的，即占领。占领可以增加自己的作战手段，而据守却不能）。如果消极意图（即集中一切力量进行

上图　各种不同的 UDES 系列试验型坦克样车展示

单纯抵抗）要带来有利的斗争条件，而且要将这种优越性大到足以抵消敌人占有的优势（进攻者只能通过军队感到自己是进攻者和前进者而产生的一种微小的优越感来保持优势），那么就必须通过持久的作战，以使敌人力量的消耗逐渐增加，以致即使达到了其政治目的，也抵不上付出的代价，因而不得不放弃这个政治目的。所以从这个角度来讲，冷战中的瑞典坦克设计偏向于“防御性用途”并不令人意外，再考虑到地形因素的限制，“反传统”屡屡出现在瑞典坦克设计师的绘图板上似乎是理所当然的。

Strv.103 开启了瑞典工程师思维上的“潘多拉魔盒”，此后的“反传统设计”一发不可收拾，UDES 系列试验型坦克方案便是非常著名的例子。作为瑞典在 20 世纪 70 年代开发的一系列坦克及火力支援车辆的研究项目统称，UDES 其实是地面火力支援战斗部队（Underlag Grupp Direkt Eld Stridsfordon）的缩写，整个计划即包括坦克，也包括反坦克歼击车和装甲运兵车。当然，无论用途和功能，由于 Strv.103 的“启发”，不走寻常路的“反传统设计”成为了大多数 UDES 系列的共性，

上图　UDES 系列中的顶置火炮方案全尺寸木制模型

是一个不折不扣的“怪物家族”。不过由于计划摊得太大，瑞典的国力又毕竟有限，大部分 UDES 只停留在图纸和模型阶段，只有少数走出车间，成为了现实。由于篇幅所限，本文只列举有代表性的机型，供读者参考。

UDES-1 实际上属于 Strv.103 的改进设计。主要是放大了 STRV-103 的车体，使之可以安装 120 毫米主炮，战斗全重大约为 40 吨；UDES-2 在某种程度上可以视为瑞典版的“百人队长”，但在技术和设计上又吸收了大量来自“酋长”的因素；UDES-2 仍然是 Strv.103 的改进设计，实际上可视为 S 坦克的轻型化双人版本，战斗全重仅为 20 ～ 25 吨；UDES-5 则是一个轻型高速反坦克歼击车方案，采用有炮塔式布局，底盘部分利用了部分 S 坦克和 PBV 302 的部件，90 毫米低压滑膛炮则取自 IKV 91 轻型坦克，值得注意的是，UDES-5 的不寻常之处在于，车体后部嵌入了一个可容纳 4 名侦察兵的装甲载员舱，这使人们对 UDES-5 如何归类制造了一个麻烦；UDES-8 则是一种“复古风格”浓烈的交错布局试验车……不过，在整个 UDES 家族中，最值得一提的还要属大名鼎鼎的 UDES-19 铰接式主战坦克。人们对铰接式车辆并不陌生，如公共汽车中的“大通套”，

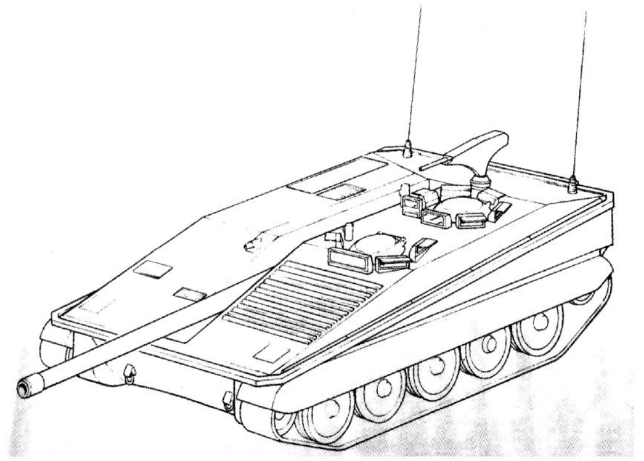

上图　UDES-1——放大了 STRV-103 的车体，使之可以安装 120 毫米主炮

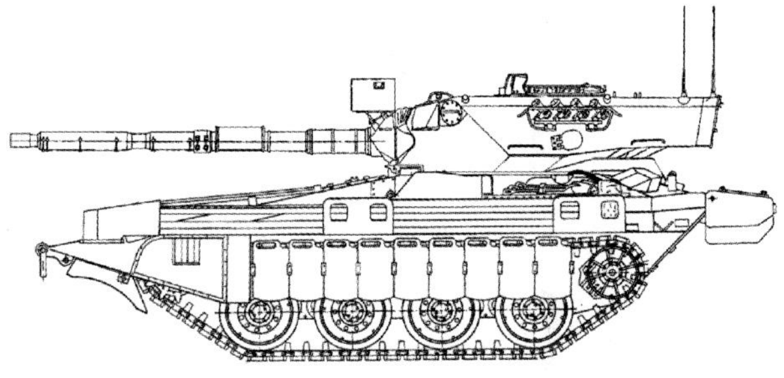

上图　UDES 系列中将 Strv.103 车体与豹 IA4 炮塔进行组合的方案

就是最常见的铰接式车辆。铰接式车辆将两个车体用铰接的方式连接在一起，极大地提高了整车的转向灵活性和克服障碍的能力。也正因如此，瑞典人十分痴迷于在军用车辆中采用铰接式设计，首先是成功研制出了 BV 206 多用途履带式车族。

BV 206 全地形运输车的前车自重为 2670 千克，载重为 600 千克；后车自重为 1670 千克，载

重为 1400 千克，整车的战斗全重为 6340 千克。乘载员数为：前部为 6 人，后部为 11 人，共 17 人。车全长为 6.86 米，车宽为 1.85 米，车高为 1.85 米，车底距地高为 350 毫米。该车满载时还可以另外加挂一辆总重 2.5 吨的拖车在任何道路上行驶。发动机和变速箱位于前车的后部。动力装置为德国梅赛德斯 - 奔驰公司制造的涡轮增压柴油机，气缸排量为 2.996 升，最大功率为 100 千瓦（135 马力）。配用梅赛德斯 - 奔驰公司制造的全自动变速箱，有 4 个前进挡和 1 个倒挡。发动机的动力经变速箱后，由中央梁（传动轴）传递到车体前部两侧的侧传动器，带动位于车体前部的主动轮旋转，推动履带前进。每侧有 5 个负重轮和 1 个托带轮，最后

上图 铰接式履带车辆与非铰接式履带车辆通过性能对比

一个负重轮（着地）兼做诱导轮。车辆的转向是借助两个液压油缸改变前后车体间的方向夹角来实现的，驾驶员通过一个普通的方向盘来进行伺服控制，非常方便。按瑞典人的说法，一个 12 岁的少年，只要会开汽车，就可以轻而易举地驾驶 BV 206 全地形输送车。

BV 206 全地形运输车是一种大获成功的车型，瑞典人自然希望将类似的设计应用到更大、更重的主战坦克上，于是 UDES-19 铰接式主战坦克方案出现了。该坦克有前后两个履带式车体，乘员和武器居于前车，动力装置、燃料和部分弹药居于后车。前后车体通过液压连杆连接，必要时能快速分离。液压系统可使前车向后翘起，后车向前翘起，缩短履带接地长度，从而可临时缩短转弯半径，这样就解决了铰接式结构转弯半径较大的缺陷。试验结果表明，铰接式坦克的越野能力远超普通履带式车辆。具体来说，UDES-19 铰接式主战坦克战斗全重约为 24 ~ 25 吨，前车约为 15 吨，后车约为 10 吨，乘员 3 人，装有 120 毫米滑膛炮，火力相当强大；发动机和炮弹等布置在后车厢；前后车体分离和连接只需要几分钟的时间，相当方便。UDES-19 除了火力强大外，还有其他优点，如单位压力只有 0.4 千克 / 平方厘米，仅相当于一般主战坦克的一半，在积雪地和沼泽地上行驶“如履平地”；有自动装弹机，前车仅

上图 UDES-19 铰接式主战坦克样车

有一发待发弹，安全性极佳；通过障碍能力极强；由于两节车体可以分开，有利于空运和铁路运输，通过桥梁的能力增强。可惜的是，由于冷战结束，UDES-19 及其后继型号 UDES-XX20 的研制计划被取消。

Strv. 122——并非只是引进

为了在 20 世纪 90 年代继续保持 S 坦克的战斗力，20 世纪 80 年代初瑞典军队曾决定对已装

上图　瑞典与联邦德国合作的UDES-20外置火炮试验车

备的Strv.103B型坦克进行现代化改进，定型名称为Strv.103C型主战坦克。与Strv.103B相比，Strv.103C的改进项目相当“深度化”。比如驾驶员瞄准镜内安装西姆拉德公司的Nd:YAG激光测距仪，从而提高坦克火炮的首发命中率；K60型发动机改成底特律（Detroit）柴油机公司的6V-53T型柴油机，输出功率达202千瓦（275马力）；安装新型操纵装置、散热器、发电机和消声器等；原沃尔沃传动装置改成博福斯公司新的全自动传动装置，有3个挡，并有正倒车机构和电子控制装置；坦克正面安装附加装甲，侧面安装侧裙板，

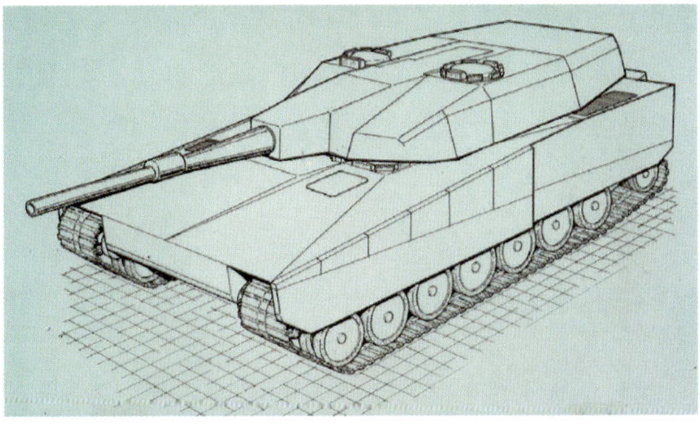

上图　瑞典本国的MBT 2000方案（之一）艺术设想图

上图　瑞典本国的MBT 2000方案（之一）艺术设想图

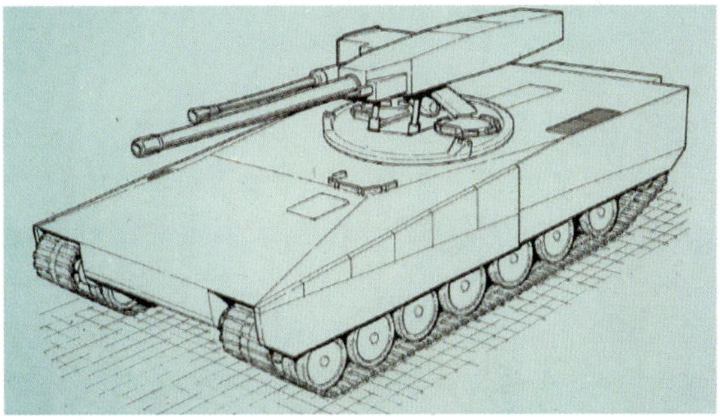

上图　另一种瑞典本国MBT 2000方案

以增强坦克防破甲弹的能力；将2个新的燃油箱由翼子板下安置到车体尾部，在车体两侧上面安装了9个附加油箱，其容积均为22升，燃料储备增大，战斗行程提高。此外，这些外置燃油箱的安装也提高了坦克防破甲弹的能力；安装新型数字式火控计算机；在车体顶部指挥塔左侧安装莱兰双管71毫米照明弹发射器，并安装推土铲。

不过虽然1983年博福斯公司签订了价值4亿瑞典克朗的坦克改进合同，大约是200辆车，每月完成7辆，至1989年完成了大约200辆Strv.103C的改装。然而Strv.103C本质上只是瑞典新一代主战坦克迟迟难产的背景下，一个不得已的权宜之计。结果在Strv.103C性能无法满足2000年以后的作战需求、UDES-19坦克方案又被放弃的情况下，考虑到高昂的研制成本和防务需求之间的矛盾越来越尖锐，瑞典军方决定从国外引进现代化坦克技术，并因此制定了面向21世纪的MBT2000下一代坦克招标计划。对瑞典人来说，从国外引进坦克要考虑的问题有很多，不仅仅是军事和经验的合理性，还要包括众多的政治因素。比如瑞

典属于中立国，在采购现代化坦克时必须考虑到是否有损这一根本国策。虽然后来随着冷战的结束，这个问题的重要性明显降低。另外，瑞典如果采购国外坦克，必须由本国企业参与生产并进行技术吸收，最终转化为其他方面的收益，否则单纯将昂贵的引进费用分摊到每个瑞典国民身上，在政治上是完全不可想象的。也正因如此，作为MBT2000的最终结果，Strv.122 -“豹 IIS”并非只是一个单纯的“引进”。

上图　瑞典本国的 MBT 2000 方案木制坦克样车

按照技术标准，Strv.122 大致相当于德军“豹IIA5”的水平。不过，两者并不是完全相同的，Strv.122 按照瑞典武装部队的要求进行了特别改装，装甲防护及部分车内设备进行了“瑞典化”的升级。Strv.122 在车体首上和炮塔前部加装了箱形结构的模块式附加装甲，在驾驶舱内部装有防剥落衬层。炮塔后部安装了巨大的兼有附加装甲作用的储物箱，但其结构与“豹 IIA5”有区别，突出了瑞典特色，上面装有附加装甲模块，炮长和装填手舱门也进行了加强。事实上，为了防备过顶式反坦克导弹，Strv.122 特别对炮塔顶部进行了强化，顶部舱口厚度达到了空前的 140 毫米，这使舱口打开的难度加大。为此，对其结构进行了改动，变为电动的滑动式。负重轮也采用了装甲轮毂，对车体防护性的增强有一定的作用。由于对装甲进行了大幅度强化，Strv.122 的车重增至 62 吨。虽然动力性能并没有受到太大影响，最大公路速度仍然保持在 70 千米/小时的水平上，但为了适应增加的车重，Strv.122 还是换装了与 PZH 2000 自行榴弹炮相同的扭杆。Strv.122 的火控系统与“豹 IIA5”基本相同，但却加装了后者所不具备的坦克指挥控制系统（TCCS）。这是一种与导航系统、通信系统相连的数据总线系统，本车位置、敌人位置、汇合点和前进方向等重要情况，以及所需情报都可显示在车长位置前面的数字地图上。

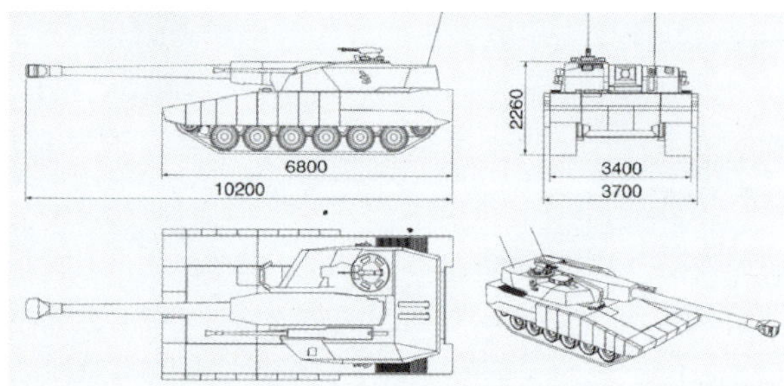

上图　瑞典本国的 MBT 2000 方案（之一）四面图

上图　被送到瑞典参加 MBT 2000 竞标的 M1A1 样车

上图　被送到瑞典参加 MBT 2000 竞标的豹 IIA4 样车

上图　MBT 2000 项目竞标样车（从左至右，瑞典本国方案，美国 M1A1，德国豹 IIA4）

上图　维护保养中的 Strv.122 主战坦克

这种系统不仅可以提高坦克本身的战斗效能，使每一辆 Strv.122 都承担起“指挥坦克”的职能也成为可能。如果使用坦克指挥控制系统（TCCS），也可对炮兵目标进行指示，通过激光测距仪来测定发现的目标，标定出相应的射击诸元。事实上，由于坦克指挥控制系统（TCCS）Strv.122 已经超越了“豹 IIA5”，成为了先行一步的“数字化坦克”。

此外，作为瑞典的特殊要求之一，Strv.122 炮塔后部两侧的烟雾弹发射器也发生了变化，由“豹 IIA5”的暴露式结构换成了法国地面武器工业集团生产的“加利克斯”车辆防护系统。这种所谓的“加利克斯”车辆防护系统与“勒克莱尔”的相同，设置在壳体内，不仅可以发射烟雾弹，还可以发射诱饵弹、照明弹和破片杀伤榴弹。更有意思的是，Strv.122 的驾驶员所用的夜视仪也与“豹 IIA5”有所区别，前者以 CV 90 车族的同类设备代替了后者的“标配”。最后值得提及的是，还有一些小细节也在或明或暗地标示着 Strv.122 与“豹 IIA5”之间的差异，如在燃料箱中充入惰性气体，以及可防“莫洛托夫鸡尾酒”（土制燃烧弹）攻击的可关闭式冷却风扇、切断外部空气的传感器等。总之，Strv.122 的一个突出特点是“引进与独立研制并重”。整车及一些重要部件是从国外引进的，但在细节和某些性能指标上又体现了浓郁的瑞典特色。

上图　基于豹 2A5 的 Strv.122 主战坦克

结语

瑞典人之所以不惜耗费经费，坚持自己生产坦克、自行火炮乃至其他配套车辆这些重型装备，并不是没有原因的——瑞典人深知，在现代战争中，武器装备是作战的重要物质基础，军事力量的作战能力源于优良的武器与高素质的人的统一，而武器装备的自主性则是实现“武装中立”的重要环节。没有一个独立的军事工业，武装部队所需的作战装备全部依赖进口，政治上就可能受制于人，“武装中立”也就无从谈起。此外，自产武器造价低，可节省外汇，甚至还可赚取外汇，经济上的利益对瑞典来说也是不可低估的。也正因如此，虽然要真正做到这一点，对瑞典这样的北欧大国来说也并不容易，但奉行武装中立政策的瑞典还是建立起了一个大而全的坦克工业。

瑞典坦克的设计理念

各国坦克的设计理念无不取决于自身的内外条件，因而打上鲜明的本国烙印是必然的，瑞典在设计自己的坦克时同样如此。从政治上来讲，瑞典虽是一个中立国，但也有着旺盛的防务需求，“武装中立”是其立国之本。从国力上讲，瑞典属于发达国家，是西方世界的一员，拥有强大的工业实力和良好的技术交流环境。这使其即有条件也有理由根据自己的防务政策和军事战略，驱动本国军事工业来满足装甲部队在物质上的需求——“打什么样的仗就造什么样的装备，而不是有什么装备就打什么样的仗”。不过这样一来，瑞典坦克的设计理念也就注定是特立独行的。

上图 瑞典坦克的设计理念注定是特立独行的

强调设计的紧凑性

总体布置是坦克设计过程中最为重要的一个环节，它在很大程度上决定了坦克设计的成功与否。这是因为装备大威力火炮和大功率动力装置的主战坦克，其总体布置要比轻型车辆复杂得多。坦克布置是将武器系统、动力-传动系统、装甲防护系统、火力控制系统，以及行动部分和乘员等，合理地布置到车上有限的空间内，以便最大限度地发挥各系统的战斗效能。总体布置原则上决定坦克部件的数量及其相互位置、车体和炮塔的结构，进而最终确定坦克的外形。设计师要把一大堆部件，如大口径火炮与弹药，以及复杂的火控系统、电气系统、冷却系统、发动机、变速箱、燃油箱、三防装置和全员座椅等，统统装到容积有限的坦克装甲壳体内，是一件很复杂、很困难的事。然而在冷战中，瑞典坦克那浓郁的“歼击车风格”首先就要体现在设计的紧凑性上——这是保证坦克歼击车能够体现突出“技术效率”的前提，但也导致了设计的难度进一步提高。

一般而言，要实现设计的紧凑性，可以通过采用以下各项措施来部分达到目的：比如整体式动力-传动机组（将发动机和传动系统主要机件组合在一起）；使用发动机废气引射冷却系统，利用发动机废气剩余能量的引射作用，将发动机冷却水的热量带走，从而可以减小或取消水散热器；将机械式传动装置改为液压传动或电传动装置；使用兼具双重功能的液气悬挂装置；尽量缩小乘员工作空间（在保证其正常工作的情况下）、所有系统以最小间隙布置和缩减传动系统机件……然而，冷战中的瑞典工程师在进行了大量的研究后发现，其他国家的工程师们已经为此进行了大量卓有成效的工作，如果再在这类细枝末节上打主意，他们能做的虽不会比其他人差，但也不会比其他人更好。唯一的出路只能是打破传统思维的框架，以反传统的思维来实现设计的紧凑性。

上图 在传统框架下，进行紧凑设计的施展空间有限

在仔细研究了当时瑞典军方对主战坦克的需求后，瑞典工程师们意识到，瑞典军队需要的是一种外形轮廓足够低矮，重量较轻，在寒带地区通行性能良好，但火力和战场生存力又足以与主流苏联坦克相抗衡的设计——即在规定的重量和外廓尺寸范围内，使坦克获得预定战场环境中最高的战斗性能指标。要实现这一目标，根本的设计思路在于，在满足总体布置指标要求的情况下，尽可能减少装甲壳体包裹的车内容积。这样节余出来的重量储备就可以用于提高坦克主要战斗性能的水平，尤其是提高坦克的防护能力。随着思维的进一步深入，瑞典工程师们又发现，车体长、宽、高的变化对坦克战斗全重的影响为1:3:7，也就是说，降低车高对降低战斗全重的影响最大，也对减少车内容积影响最大。这样一来，对于即定的车内容积来说，矮而窄的车体重量最轻。然而，坦克车体高度的降低

受一系列因素的制约，其中主要的制约因素是战斗室的高度。在现代坦克内，各乘员所占体积大约分别为：车长 0.35 平方米，炮长 0.5 平方米，驾驶员 0.8 平方米，装填手 1 平方米以下（装填手身高为 1.6 ～ 1.7 米的情况下）。

基于这种思路，瑞典工程师们干脆大胆开拓想象的空间，如果能够取消炮塔，再以自动装弹机取代装填手，那么对降低战斗室的高度极为有利，也就从根本上解决了坦克设计紧凑性的大问题。结果最终出现的 S 型坦克成为了一个紧凑设计的典型，甚至是最为极端的例子。由于取消了复杂的旋转炮塔，车辆结构基本上是比较简单的。又因为采用了适当的自动装填，完全可以编 3 名乘员。这样就可缩小内部容积，从而产生了这样一种质量较轻、轮廓较小的“坦克”。其结构和设计很好地满足了特定环境下瑞典军方对紧凑性和战术技术性能的苛刻要求。车长和炮手两人都可用控制装置在行驶中驾驶坦克，在射击时使火炮转动和俯仰。这些控制装置是相同的。必要时，车长或炮手都可单独用坦克作战，而不必改变乘员位置。这样在紧急情况下，坦克内只有一个人也可以作战。无线电员的控制装置只供坦克倒车时使用，它是和炮手的转向控制装置机械地连接在一起的。因为火炮是固定在车体上的，火炮的方向瞄准要靠转动整个车辆来实现。所使用的转向系统可不断改变转向速度，从而精确控制火炮的旋转速度（转向机构则有两套：一套是液压差速转向机构，包括液压泵和液压马达，用于缓转向和火炮精瞄，机构中采用了自动闭锁器，从而解决了车辆直线行驶的稳定性问题；另一套是离合制动式转向机构，由离合器和制动器等组成，用于急转向、停车和火炮粗瞄。两套机构相互独立，可同时工作。液压转向无摩擦损失，功率可再生，可实现车辆的原位转向；制动转向使某侧履带减速式制动，能完成原地转向）。火炮的俯仰靠改变前、后负重轮的相对位置来实现。这个过程由车长或炮手用电力液压装置来控制。来自角度传感器的信号可以起动液压泵，该泵和负重轮的工作油缸相连接。液压泵一直工作到坦克达到正确的仰角或俯角为止。装有固定式火炮的坦克具有车身低矮的优点，因为火炮可以紧靠炮塔顶部安装。这种设计通常可使炮塔周围的斜装甲具有很理想的倾斜度，从而提高了防护水平。

上图　S 型坦克成为了一个紧凑设计的典型，甚至是最为极端的例子

上图　L74 坦克炮身管的大部分被置于车体内部，只有少部分露出车外，这使其所面临的初挠度问题远没有那么尖锐

将火力放在首位

俗话说，“工欲善其事，必先利其器”。那么对一辆动辄五六十吨，由上万个零件组成的坦克来讲，尽管集火力、机动和防护于一身，但最后真正用来“干活儿”的，还是那门“纤细”的坦克炮。事实上，翻开一部坦克发展史，任何一部最终能够扬威沙场的“名战车”，抛开那幅或粗糙或精细的“皮囊”就会发现，其赖以成名的根本无不在于一门犀利的火器，比如，T-34/76 的 F-34 76.2mm 炮、T-34/85 的 D-5T/ZIS-S-53 85mm 炮、PzKpfw VI“虎”的 KwK 36 L/56 88mm 炮、PzKpfw V“黑豹”的 KwK42 L/70 75mm 炮……莫不是如此。完全可以想象，这些大名鼎鼎的型号如果被拔除了犀利的“牙齿”，它们是否还能配得上充斥着滥美之辞的赞誉？至于换装了“17 磅炮”后，平庸的 M4A4 摇身一变成为“猎虎者”的故事，更是很清晰地点透了炮对于坦克的“灵魂性”。也正因如此，突出火力性能则是瑞典坦克设计理念中“歼击车风格”的另外一种体现。

每当论及坦克时，通常认为它是一种装有火炮的履带车辆。实际上常常并非如此。它是一种什么样的车辆，要看是选择能对付多种目标的多用途系统还是一种专用系统。如果是后一种情况，只要生产一种很轻的车辆，能摧毁较重型的车辆即可，但不担任其他任务——无炮塔固定安装火炮的 S 型坦克便是如此。它在本质上是一门设计精巧的自行反坦克炮，突出的是一个“炮”字。事实上，瑞典人之所以为 S 型坦克选择了这种反传统的构型，很大一部分原因正是因为如此设计保证了在满足额定重量和车内容积的前提下，能够安装比同吨位战斗车辆身管更长的坦克炮——相比于标准版本的 L7 105mm 坦克炮，S 型坦克安装的那门博福斯 L74 式 105mm 线膛坦克炮身管要长 1.2 米，长径比高达 62 倍径，是冷战中长径比最大的主战坦克炮（没有之一）。然而这多出的 1.2 米身管又意味着什么呢？

一般来说，身管长度越大，对提高炮弹的初速越有利，二战中德国黑豹坦克装备的 75mm KwK L/70 坦克炮倍径比高达 70。但更长的身管，也就意味着更大的初挠度，不利于提高火炮精度。事实上，如何在增大身管长度的同时，保持提高威力和保持精度两方面的平衡始终是一个比较难解决的问题。如果是传统的炮塔式坦克，安装这么一门身管长度达到 62 倍径左右的大口径坦克炮，即便不考虑制造工艺上的问题，最终也会因为炮管振动过大（即使身管更易于弯曲，并增大发射时的横向振动，使弹丸散布增大，平均弹着点偏离预期命中点），从而抹杀掉“精度”这个瑞典军方最为看重的性能优势。然而，这个棘手的问题在 S 型坦克上却被轻而易举地解决了——L74 坦克炮身管的大部分被置于车体内部，只有少部分露出车外，这使其所面临的初挠度问题远没有那么尖锐。

上图 瑞典人之所以为 S 型坦克选择了这种反传统的构型，很大一部分原因正是因为如此设计保证了在满足额定重量和车内容积的前提下，能够安装比同吨位战斗车辆身管更长的坦克炮

注重极端通行能力

军事活动是人类诸多活动中的一种，必然离不开地理环境这个舞台。它一方面改造着地理环境，另一方面又受地理环境及其诸多要素的制约和影响。人类自有战争以来，就在地理环境这个舞台上导演了许许多多可歌可泣的战争故事。纵观战争历史就会发现，地理环境作为战争的客观基础，既可以让你一夜之间成为英雄，也可以使你瞬间一败涂地。所以地理环境历来就受到中外军事家的重视。

《战争论》一书的作者，世界著名的普鲁士战略学家克劳塞维茨曾经说过："地理环境同军事行动本身有着十分密切而永远存在的关系，它不论对战争过程本身，还是对战斗的准备和运用，都有决定性的影响。"即便是现代战争，地理环境同样是战争决策者不容忽视的重要因素。战区的区域特征影响着这些战区的部队编成、装备、训练和后勤保障方面的需求，并进而影响各种不同军事战略的可行性。特定的战场条件对所运用的战术有影响。战区内出现的不同的战场条件会影响军队的编制、装备和训练。换句话说，这就意味着军事装备的有效性同各地区特有的地形和天气条件密切相关。可以设想，在马里，人们很少会穿海豹皮靴，而在叙利亚，人们也不需要穿雪地靴。山地作战装备在阿尔巴尼亚可能比在比利时更有用，而两栖作战装备在葡萄牙则比在匈牙利更为适用。像匈牙利这样的内陆国家，则不大会需要登陆艇，或经过登陆作战专门训练的人员。这也能够解释了为什么在冰天雪地的瑞典，那里的军人们对于装甲战斗车辆的极端通行性能异常重视——要在瑞典北部情况复杂的寒冷环境中作战这是必需的。

上图 在冰天雪地的瑞典，军人们对装甲战斗车辆的极端通行性能异常重视

所谓寒冷环境，是指一种满目荒凉、冰天雪地的地形，或者是一种苔原植被覆盖或者是北方针叶林（特别是泰加群落中的落叶林）覆盖的地形。瑞典东北部地区的很多地方，不是常年冰冻，就是结冰和解冻交替进行，最冷月份的平均气温为华氏 -50° ~ 0°，最热月份的平均气温为华氏 1° ~ 65°。温暖的季节通常是雨季，每月平均降雨量为 1 ~ 3 英寸。这些地区经常是满天阴云。北极和寒冷地区大部分是丘陵地和起伏地，每平方英里范围内的高差为 80 ~ 320 英尺，平均坡度为 2° ~ 8°。每英里通常有 1 ~ 2 条排水沟渠。水系不规则是该地区显著的特点，湖泊、酸沼、草本沼泽和森林沼泽到处可见。在这种环

境中，即便是以通行能力强而著称的履带式车辆往往也会束手无策——换句话说，作为重型履带式军用车辆，坦克的战场价值在这里被贬低了（在这种环境中，就算不考虑雨雪和泥泞，在不结冰的苔原地带进行越野运动，履带也会被苔原上的砾石磨损，致使运动受阻，行进将会异常缓慢而艰难）。然而，苏联军队的主要作战力量却正是由坦克部队组成的。这也就意味着，瑞典与苏联间可能发生的军事斗争将主要围绕着坦克与反坦克作战进行。事实上，战争的本质之一就是在不同的地形上对兵力兵器的运用。这其中，地形即会成为兵器的倍增器，也会成为兵器的衰减器，但地形并不能决定胜负本身。于是，如何利用特殊的地理环境，扬长避短也就成了瑞典坦克设计师考虑的重点之一——世界坦克发展史上绝无仅有的UDES XX20铰接式全地形坦克出现在他们手中并不是偶然的，其着眼点正在于极端条件下的通行性。

坦克依靠强大的火力、高度的越野机动性和坚强的装甲防护力，一经出现就将人类带入了机械化战争的新时代。然而，坦克的火力、机动性和防护能力三大性能之间，以及三大性能与战斗全重、寿命周期、费用之间都是互相矛盾的。按照传统的坦克设计思想，为防御敌人的反坦克武器攻击，不得不逐渐加厚坦克的装甲；为击穿敌方坦克的装甲，不得不逐渐加大坦克的火炮口径。这种设计思想导致的直接结果是，虽然坦克的性能提高了，但坦克的战斗全重变得越来越重，严重妨碍着坦克的发展。由于坦克体积的膨胀和重量的增加，仅仅依靠提高发动机功率来解决坦克机动性问题，名义上的单位功率就会被重量增加吃掉一部分，不仅影响了战术机动性的改善幅度，并且还会给坦克的战略机动性带来更大的问题，使坦克的设计陷入难以摆脱困境的恶性循环之

上图 如何利用特殊的地理环境，扬长避短也就成了瑞典坦克设计师考虑的重点之一

上图 UDES XX20铰接式全地形坦克着眼点正在于极端条件下的通行性

中。如何突破这种桎梏，将坦克的通行性发挥到极致？要强化车辆在寒冷环境地区的通行性能，就必须摆脱原有履带式或是轮式车辆的羁绊，寻找全新的理论突破并将之在工程上实现出来。瑞典军方和工业界将一切的解决办法全都集中到了“铰接”上，希望通过“铰接”式结构来突破硬性连接的瓶颈，使车辆尺寸在充分满足通过性需求的前提下可以做到最大。由于车体结构的特殊性，采用“铰接”式技术的坦克能适应恶劣的气候、极差的地形并具有较高的可用性，而这种技术与瑞典军方对坦克通行性能需求相结合，最终造就了 UDES XX20 铰接式全地形坦克这种“神奇”的技术现实。地形、地貌和天气环境同军事行动本身是密切相关的，它对战斗过程本身，以及对战斗的准备和运用，都有决定性的影响，而瑞典人在其坦克设计理念中表现出的一些东西，正显示了他们深谙此中奥妙。

上图 地形、地貌和天气环境同军事行动本身是密切相关的，它对战斗过程本身，以及对战斗的准备和运用，都有决定性的影响

结语

必须承认，冷战中的瑞典坦克在其设计理念中都或多或少地体现出了一种所谓的“极端性”。这使得人们对瑞典坦克欣赏有余，但认可度却严重不足。然而必须指出的是，大多数坦克装甲车辆爱好者甚至是业内人士都有一个通病，他们总是在相互争论这种或那种坦克设计理念的优点和缺点，并试图提出各自的建议和要求。但问题的关键在于，坦克和任何其他类型的装甲车辆一样，并不是一种万能武器。所以在探讨瑞典坦克的设计理念时，应更多地去想一想这些瑞典战车是用来干什么的——不同的任务，需要用不同的专用车辆来完成。万能的武器毕竟是不存在的。事实上，对于瑞典装甲战斗车辆的研发而言，如何确定技术的方向性是最为“关键”的一个问题，这直接决定了对其成功与否的判断标准。要知道，技术方向当然是战术和技术的有机结合，但对于瑞典这样一个奉行“武装中立的永久中立国”来说，“技术引导战术，技术发展作为战术方向”才是贯穿其坦克设计理念的“生命线”。

瑞典坦克的作战理念

坦克的出现深刻改变了战争形态——防御者发现自己不再那么高高在上，进攻者则一扫裹足不前、伤亡惨重的阴霾，轻松上阵。然而，这对于在军事上奉行防御政策的“中立国”而言又意味着什么？唯有以变制变才是出路。也正因如此，瑞典并非装甲机械化战争的亲历者，却称得上是这种战争形态的“弄潮儿”。事实上，地处北欧一隅的瑞典不但拥有一流的坦克工业和规模可观的装甲力量，而且其作战理念也自成体系。

下图 地处北欧一隅的瑞典不但拥有一流的坦克工业和规模可观的装甲力量，而且其作战理念也自成体系

前述

瑞典自拿破仑战争后，一直奉行武装中立政策。在一个多世纪里，武装中立政策让瑞典远离战火，二战之后，瑞典对自己的军事、工业力量与科技水平比较自信，相信仍可经由奉行武装中立政策维护自身安全。瑞典前首相帕尔梅曾经清晰地阐述了瑞典中立外交与加强军事力量的关系。他说：“如果这个世界开始怀疑我们的不结盟政策，我们执行中立政策的能力无论如何要受影响，不管我们军事力量如何强大。正因如此，我们的外交政策是我们的第一条防线……与此同时，如果我们用军事手段保卫自己的能力受到他人怀疑，我们也不能推行我们的中立政策。和平时期我们要借助我们的军事力量保卫我们的领土。我们一定要具备能把侵犯我国领海和领空的人击退的能力。我们必须要有强大的军事力量，战时谁想进攻我们，就该再三考虑他们这样做所包含的危险。”也正因如此，作为瑞典强大军事力量的一个组成部分，瑞典拥有一支实力居北欧之冠、在整个欧洲都“排位靠前”的装甲力量。

装甲集群以苏联为主要对手

然而这支装甲力量的矛头又指向哪里？答案是“北方威胁”，更准确地说是苏联。在20世纪早期以前，斯堪的纳维亚地理位置偏僻，国家力量薄弱，一直被排斥在欧洲的主流之外。经过了两次世界大战之后，由于国际关系格局的变化，斯堪的纳维亚的地位发生了显著变化。从纯军事角度来讲，斯堪的纳维亚位于莫斯科与伦敦空中通道的中间点上，挪威通过它的北部岛屿控制着苏联从巴伦支海的出口；丹麦和瑞典控制着苏联从波罗的海的出口；冰岛接近大西洋；芬兰濒临波罗的海，扼守通向苏联列宁格勒的海路；同时，苏联进入英国的最近通道是从挪威西南部跨过北海；苏联进入美国的最短距离是经由斯堪的纳维亚北极地区的通道。在冷战的大背景下，虽然中立的瑞典本不应有敌人，瑞典加入北大西洋防务联盟的机会很小，而瑞典是否加入北大西洋防务联盟对于美国而言并不重要。瑞典自己也明确宣布，“加入西欧军事联盟最不利的因素是瑞典将卷入西欧国家一边。在和平时期，它将严重损害同苏联的关系。”但瑞典与苏联的关系其实一直很僵，尽管瑞典与苏联并不直接接壤，但苏、芬的特殊关系对瑞典而言意义特殊，早在苏、芬战争中便有大量瑞典志愿军加入芬军对苏作战，战

上图 撇开历史宿怨与意识形态不谈，仅仅是因为地理位置的重要性，前苏联也一直对瑞典虎视眈眈

上图 瑞典装甲力量存在的目的，正是为了抵御可能铺天盖地自北方而来的红色铁流

后的瑞典军队及其战略部署更是一直以苏联为假想敌。而撇开历史宿怨与意识形态不谈，仅仅是因为地理位置的重要性，苏联也一直对瑞典虎视眈眈，时常侵犯其领海和领空，两国之间的不愉快事件时有发生。

数量差距十分悬殊

即便不考虑技术装备的质量优劣，在双方装甲力量的规模对比上，瑞典面临的压力便已经十分悬殊。以苏联主要针对北欧方向的列宁格勒军区为例。在 20 世纪 60 年代至 80 年代的冷战高峰时期，列宁格勒军区的战斗序列中虽然没有编入坦克师，但却通常保有 8 个左右的摩托化步兵师。这些所谓的摩托化步兵师，在装备水平上与西方国家的装甲师其实并无本质区别，而且其实力随着时间的变化在不断增强。20 世纪 60 年代后期的苏军摩步师实力为：内编有 3 个摩步团，1 个坦克团，以及炮兵团、高炮团、独立坦克营、独立火箭营、独立火箭炮营、独立侦察营、工兵营、通信营、卫生营、运输营、防化连、交通指挥连和直升机中队。全师编有坦克 259 辆，装甲输送车 470 辆，40 火箭筒 252 个，57 反坦克炮 36 个，85/100 反坦克炮 18 个，无后坐力炮 36 个，CY-100 自行炮 30 个，反坦克导弹发射车 36 个，各型迫击炮 63 个，122 炮 36 个，152 炮 18 个，火箭炮 24 个，高炮 / 高机 96 个，“蛙”式火箭 3 个。

上图 即便在最有利的情况下，瑞典与苏联列宁格勒军区的坦克数量对比也存在 1:1.9 的差距

20 世纪 70 年代后期的苏军摩步师实力则为：全师约有 13294 名官兵。师部：245 名官兵，3 辆 BTR 系列轮式装甲车，6 部 SA-7/14/16（北约代号）近距防空导弹。2× 摩步团：2×2523 名官兵，2×156 辆 BTR 系列轮式装甲车。摩步团：2424 官兵，147 辆 BMP 系列步兵战车。坦克团：1143 名官兵，94 辆主战坦克。炮兵团：1062 名官兵，48 门 2S3 自行加榴炮，18 部 BM21 火箭炮。地空导弹团：504 名官兵，20 部 SA-6/8/11/15（北约代号）机动中近距防空导弹，21 部 SA-7/14/16（北约代号）近距防空导弹。地地导弹团：170 名官兵，4 部 FROG-7 或 SS-21（北约代号）战术弹道导弹。反坦克营：195 名官兵，12 门 T12 反坦克炮，9 辆 BRDM 系列侦察车。侦察营：340 名官兵，3 辆 BRM 侦察车，16 辆 BRDM 系列侦察车（包括 4 辆 BRDM-2rkh 核生化侦察车），12 辆 BMP 步兵战车，6 辆主战坦克。直升机中队：200 名官兵，6 架 MI-24 突击直升机，6 架 MI-8 运输直升机，6 架 MI-2 侦察直升机。独立坦克营：51 辆主战坦克。工兵营：395 名官兵。

纸面上看，令人“沮丧”的是，即便在最有利的情况下，瑞典与苏联列宁格勒军区的坦克数量对比也存在 1:1.9 的差距（这还仅仅是一个列宁格勒军区而已）——瑞典武装力量在冷战最高峰的 20 世纪 80 年代中期，不过保有 29 个旅的地面兵力，其中真正意义上的现役坦克旅和机械化步兵旅仅有 6 个。然而，兵力的劣势并没有使瑞典人灰心——瑞典是一个国土面积近 45 万平方千米的北欧大国（德国只有 35 万平方千米），相比于其他欧洲国家，拥有战略纵深的天然优势，其装甲部队技术装备性能优良，又针对瑞典的地形地貌和气候条件，在设计和技术上进行了优化，再加上一旦遭受入侵，瑞典国民同仇敌忾的抵抗意志十分强烈，这一切都使得瑞典有信心凭借其苦心打造的装甲力量，以装甲机械化部队为核心，打一场针锋相对的纵深机动防御作战，以保卫自己的祖国。

上图 瑞典有信心凭借其苦心打造的装甲力量，以装甲机械化部队为核心，打一场针锋相对的纵深机动防御作战，以保卫自己的祖国

与纵深进攻针锋相对

瑞典装甲力量的存在是非常有针对性的，其作战理念同样如此。不过正因为这种针对性，在谈论瑞典装甲力量作战理念之前，必须对其假想敌的作战理念有一番了解——毕竟在经过第二次世界大战那场血与火的残酷考验之后，苏军的力量源泉与其说来自其装甲集群的庞大规模，倒不如说来自于支配其行动的战役法理论更为贴切。苏联能够取得苏德战争的最后胜利，除了政治和经济原因外，正确的战略战役方法无疑是重要原因。苏军适时地转变，重新恢复 20 世纪 30 年代被废弃的大纵深战役理论基本原则，特别是从 1942 年起，苏军重新修正并按照大纵深战役理论基本原则展开了一系列具有空前战略规模的大纵深战役，使这一理论得到进一步发展。第二次世界大战后，大纵深战役理论进一步发展，虽然 20 世纪 60 年代开始“大纵深战斗（战役）这一术语在苏军的正式文件中不再使用。但是苏军内部对这一理论的研究却并没有终止。苏军总参谋长奥加尔科夫等军事领导人和权威学者相继发表论著，认为“未来战争的基本战役形式是各兵种联合进行的大规模战区战略性战役”“传统的大纵深战役越来越具有大纵深、立体的性质”“现代战役的规模不仅要以正面和纵深来计算，而且要以高度来衡量”。对大纵深战役理论的研究更加深入，更加

符合时代背景。

先进的理论代替旧理论是历史的必然，但是大纵深战役理论却并没有失去它的重要性。另一位苏军前总参谋长扎哈罗夫在1970年提到："大纵深战役理论在今天没有失去它的重要性，当解决复杂多面的问题时，它可以被指挥人员当做创造的基础。""即使是当今这个科技飞速发展的社会，我相信大纵深战役理论还有它自己的价值。""未来战争主要是局部战争，但不一定都是高技术战争，由于各国实力不同，常规战争仍然是常见的基本样式；高技术武器将大显身手，空中部队等将占据未来战场的主导地位，但一些传统战法和现代军队最基本的军种——陆军绝非可有可无。"这些苏军高级将领对大纵深的评价，很能说明20世纪30年代苏联所创立的大纵深战役理论，在冷战中仍然是苏联装甲力量的灵魂，而且随着军事技术的不断提高，大纵深战役理论继续发展，苏军同时打击敌人配置全纵深，高速突破敌人防御，将战术胜利发展为战役胜利的能力大大提高。

上图 1940年冬季战争中的苏联T-37水陆两栖坦克

事实上，不对纵深作战理论进行深刻的理解，同样不会对纵深防御进行深刻的理解。虽然人与人之间，以及各民族文化之间存在着差异，军队的规模也有差异，但构成一国军事力量核心的都应该是勤奋的有才华的职业军人——哪怕在瑞典这样的中立国度中，服役于此的职业军人们也是如此。他们在努力掌握军事这门半是技艺半是科学的极难掌握的学科方面竭尽了全力。训练有素的瑞典职业军人很清醒地意识到，未来的战争将是一场面对强敌的残酷国土防御战争，再考虑到敌我情况，只有以"纵深对纵深"才是取胜之道。

事实上如果使用得当，将装甲机械化部队作为实施纵深防御机动作战的主要力量，是非常符合瑞典国情的。仅仅从军事逻辑上来讲便是如此。要知道，持续保护的地区越少，最终保全整体的可能就越大，因为处处保全必然消耗战胜敌方进攻所需的力量，而装甲机械化部队的使用又在最大程度上节省了人力资源的同时，提高了纵深防御效能（对地广人稀的瑞典来讲，这一点具有特别重要的意义）。这种逻辑终将引起一种自我否定式的演进，这种演进有可能达到整个转化的极端，从而使战争与和平、胜利与失败连同它们所包含的一切都不复存在。在动态背景下，胜利和失败的交汇可能会发展到超过二者的汇合点，达到完全转化的极端。假如胜利之师能够在短期内实现彻底征服或者迫使对方投降，即使它的力量稍有减弱也不会产生重大影响，最多是败军有开始得到加强的趋势。但在另一种情况下，如果败军领土的纵深和他们本身所具有的坚韧不拔的精神足以延长冲突的进程，那么败军将能从动态的反常发展中得到好处，甚至可能反败为胜，假如此时仍处于有利态势的胜利之师硬是坚持前进，将因其超过"胜利的顶点"继续远征而自我毁灭。换句话说，在机械化战争时代，至少从军事逻辑上，凭借装甲机械化部队实施纵深防御的优点对瑞典来说便是显而易见的。

战术与现实紧密结合

当时光推移到冷战高峰的20世纪80年代中后期，虽然军事技术发生了翻天覆地的变化，但在北欧冰天雪地的环境中打一场非常情况下的“纵深防御”作战，在瑞典看来是理所当然的——也许装备有了很大变化，但苏军仍是那个苏军，基本的打法和战术套路不会有实质性的改变。虽然苏军以装甲力量见长，但瑞典人也是使用坦克的行家，无论是装甲部队组建的时间还是坦克工业的起步时间，都不比苏联人晚太多，对坦克的了解可以说相当深刻。正是基于这种了解，瑞典军方深知，坦克的一次纵深进攻会耗费大量的燃油，也就是说，坦克不是有无限动力的，每一次经过周密的作战准备之后，进攻距离是有限度的，将防御纵深扩大，那么敌人的进攻就难以突破防御，战役就会陷入持久化之中，苏军将超过“胜利的顶点”，优势将随着时间向防御者转化。

上图 在大纵深的“灵魂”支配下，苏联装甲集群马踏北欧并非是不可想象的

更何况，从军事地理学角度来讲，瑞典的幅员和地理情况也是一个以机械化部队实施纵深防御作战的绝佳区域。瑞典全境依自然环境不同，可分为3个地区：北部、中部和南部。其中与芬兰接壤的地区在北部，也是苏联装甲力量最可能出现的方向。这里虽然面积广阔，但森林众多，人口密度小，不适合大规模装甲部队展开，却适合小规模装甲部队设伏和实施迟滞作战，而且对己方国土破坏效果小。至于瑞典的主要大城市，如斯德哥尔摩（首都）、哥德堡，以及工业资源、人口资源等都集中在远离北方的中南部地区（北纬60度以北的瑞典北部地区，瑞典人称之为诺尔兰。北部地区的面积为2441461平方千米，占全国面积的60%，人口只占全国人口总数的15%。这里是瑞典的主要森林区，森林面积占全国森林面积的57%。这一地区包括耶夫勒堡、西诺尔兰、西博滕、北博滕和耶姆特兰等省。整个北部地区人口密度很小，每平方千米只有4人，多集中在沿海及河谷地带。这一地区还居住着瑞典拉普人，以农业和放牧驯鹿为生）。从纵深防御角度而言，这样的地理和人口、工业分布显然颇为理想。

上图 虽然苏军以装甲力量见长，但瑞典人也是使用坦克的行家

要知道，所有现代化的陆军部队都极度依赖大量的后勤补给（给养、油料和弹

药等）。这些物资通常都通过卡车经公路运输到达前线。但是在瑞典北部地区，森林、沼泽和山脉密布，自然环境相对恶劣，再加上瑞典北部的交通并不发达，道路网的建设根本无法同欧洲大陆相比。这些问题在和平时期会阻碍经济发展，但在战时对于瑞典这样的弱势国家却是利好。欠发达的交通会给入侵者带来很大麻烦，使他们的补给线极其脆弱。一旦摧毁部分道路，入侵者的补给网络几乎会立即陷入瘫痪状态。这就为装甲精良、训练有素的瑞典装甲部队提供了广阔的舞台。要知道，破袭正是瑞典装甲部队编成和训练的拿手好戏。为了抓住敌人的弱点，打击其交通线，瑞典装甲部队必须进行渗透作战。一旦遭遇大规模入侵，瑞典装甲旅（机步旅）将以营的规模行动，每个营下辖几个坦克连或是机械化步兵连，并配属各种加强分队，编为 2 ～ 3 个小型装甲战斗群。这些小型装甲战斗群将从敌人战线的薄弱地带渗透至其深远后方（50 ～ 300 千米）。渗透作战与任务时间、季节和渗透距离密切相关。一旦到达目标区域，就立即展开并执行作战任务。

上图 所有现代化的陆军部队都极度依赖大量的后勤补给（给养、油料和弹药等）

完全可以想象这样一个场景：当各个小型装甲战斗群都到达各自行动地域后，渗透作战进入了战斗准备工作阶段。第一步工作是建立小型装甲战斗群行动基地。这项工作包括架设帐篷、帐篷和车辆的伪装、挖掘防御阵地，以及要点布雷等。在冬季，战斗准备的工作会耗时较长，一昼夜通常不够，因为在架设帐篷时不得不清除掉大量积雪，同时又要在雪地里隐蔽行踪。行动基地建设工作完成后，小型装甲战斗群指挥官将会率领分队开始进行目标周边地区的侦搜工作。目的是勘察地形，选择最容易达成破坏效果的路段，选择设伏点以打击可能出现的敌军等。准备阶段完成后，小型装甲战斗群将开始攻击。优先目标是敌人的补给车队和工程车，尽量不与敌主力部队正面遭遇。为了摧毁这些目标，几个小型装甲战斗群通常会沿公路设伏。为了达到最佳杀伤效果，关键路段——桥梁、隧道及公路涵洞将被先行炸毁，也可用预先布雷和布设反坦克雷

上图 瑞典人在“别人的战争”中观察战争，学习战争，并形成了自己独特的装甲兵作战理念

封锁道路。这样的战术可以摧毁大量的敌方物资，并使整个道路处于瘫痪状态。在经过紧张而精心的准备后，一场短促而猛烈的装甲突击便开始了——瑞典装甲部队技术装备的性能优势、人员训练的优势及战术运用的优势将在这种战斗中得到充分展现，而且能在得手后，凭借机动性优势，利用地形和地理环境的掩护，迅速全身而退，留下的只有苏联坦克熊熊燃烧的遍地残骸。

上图 1939 ~ 1940 年瑞典人曾经组织志愿军，在芬兰与苏联坦克进行过面对面的交锋

结语

瑞典握有一支世界上相当强大的装甲力量，并在如何使用这支装甲力量的问题上煞费苦心。“蠢人常说他们是从自己的经验中进行学习。我却认为利用别人的经验更加好些。”这是俾斯麦说的一句名言，但是最理解这个真理的却不一定是他。事实上，对于奉行武装中立政策的瑞典人来说，这个格言具有特殊意义。他们在“别人的战争”中观察战争，学习战争，并形成了自己独特的装甲兵作战理念。

瑞典坦克的技术特点

“技术决定战术”的论断是正确的，它反映了物质决定精神这一辩证唯物主义的基本规律。人类战争的全部实践也表明，先进的技术物化到武器装备之中，为战术的渐变或突变提供了不可缺少的物质基础。它是战术发展的最直接、最强大的推动力。然而，同时应该认识到，当技术作为物质层面的装备来讲时，那么有什么装备就打什么仗，但战术的发展也对武器装备的发展提出了需求，决定着武器装备的性能——瑞典坦克/装甲战斗车辆在技术运用上的某些特点，就非常深刻地体现了这一规律。毕竟一种装备是否好用，在很大程度上是由其战术环境所决定的，并体现在其技术运用的特点中。

左图 瑞典坦克的设计理念注定是特立独行的

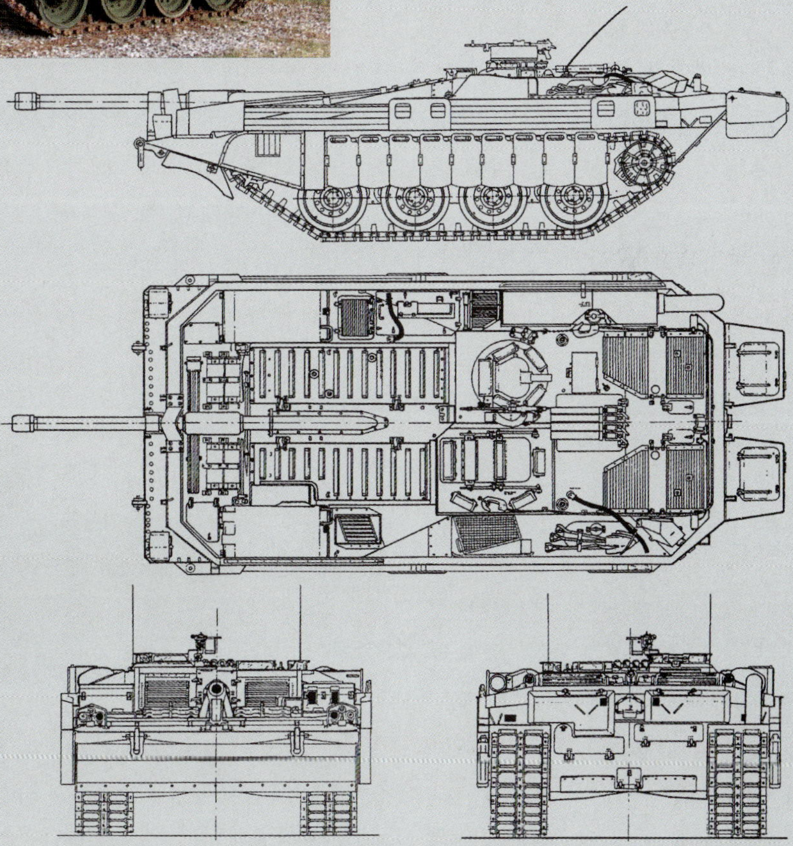

右图 Strv.103 坦克四面图

率先使用液气悬挂

瑞典人之所以率先在其S型坦克上使用液气悬挂，既有技术上的考虑，也有战术引导的因素在起作用。当时普遍使用的扭杆悬挂系统虽然被证明成熟可靠，但需要占用一部分宝贵的车内空间（车体底甲板的平衡轴和扭力轴之间的空间完全无法利用），而S型坦克所遵循的设计原则之一，则是在战斗全重限额内，最大限度地追求结构紧凑、外形低矮，使车辆获得最高的战斗性能指标。另外，虽然扭杆悬挂系统柔性较好，保证了良好的行驶平稳性和较高的动态特性，但这对一个大口径高初速度火炮的稳定射击平台来说，却并非有利，特别是在作为需要将大口径高初速度火炮刚性安装于车体前部战斗室的无炮塔坦克歼击车来说，就更是如此——每次火炮射击车体都会晃动一阵，在没有伺服系统自动修正的情况下，对射速和精度都有一定影响。也正因如此，S型坦克为什么要采用独特的液气悬挂系统也就不难理解了。

上图 瑞典人之所以率先在其S型坦克上使用液气悬挂，即有技术上的考虑，也有战术引导的因素在起作用

在S型坦克的行动部分设计中，其每侧交错布置的4个负重轮，首尾两个以安装于车体外的独立液气式弹簧作为悬挂装置（这种液气弹簧由贮能器、动力缸和减震阀3部分组成。贮能器中含有一个高压惰性气体的弹性密闭气室，贮能器的其余容积内充满液体，减震阀与动力缸通过管道相连接。液体进出贮能器，改变气室占有的容积，气体压力随之变化，起到贮存与释放能量的作用，液体是气体的密封和传力介质。动力缸是一个液压执行机构，既能把外力所做的功变为贮能器内气体的压能，也能用贮能器内气体的压能对外做功）。由于利用了气体的可压缩性和液体的不可压缩性，同时起到弹簧和阻尼器的作用，这种液气式弹簧的悬挂特性是“非线性”的，即越压到最后，吸收的能量越大，呈非线性增加，行程要比扭杆弹簧大，这使得坦克的越野行驶平稳性和平均速度大大提高。更重要的是，由于自身结构的特点所致，车体每侧首尾的两个使用独立液气式弹簧的负重轮，可以自由调节负重轮轴线与底盘底板的位置关系。这使得车体高度和俯仰角度都能够随时根据战场情况进行调节，拥有极佳的地形适应性，这对于将设计重心放在如何减小坦克外形尺寸，特别是降低其高度及减少其正面面积，使得车辆在战场上难以被发现，大大降低被

上图 由于自身结构的特点所致，使用独立液气式弹簧的负重轮可以自由调节负重轮轴线与底盘底板的位置关系

命中概率的 S 型坦克而言，其战术上的潜在价值是显而易见的，而且也被作为火炮俯仰的唯一方式使用。

值得提及的是，由于 S 型坦克所采用的液气 / 扭杆混合式悬挂系统可以在 0 ～ 37 毫米这样一个范围内调节车体距地面的高度（使用了液气悬挂的装甲战斗车辆，每个负重轮都可以单独控制，可以调节每个负重轮的上下高度），自然使得履带的松紧程度也会随之发生变化，而这样一来不但有可能对功率造成损失（履带式车辆行驶时，损失在行动部分的功率主要取决于履带板销孔与履带销之间的摩擦损失，以及履带对各轮缘的冲击损失。这些损失一部分取决于运动速度的大小，另一部分便取决于履带的松紧程度。在速度一定的条件下，履带过紧时，摩擦损失的增大是造成功率损失的主要原因；而履带过松时，功率损失主要是由于履带冲击各轮缘造成的），还有可能加大行动部分的机械磨损程度（履带过紧时，履带板上的预加张力（未工作时履带板所受的拉力）就比较大，履带和主动轮的磨损就会加剧，严重时可使履带的工作期限缩短 50%。同时，履带过紧还会增大侧减速器和诱导轮轴承上的负荷，加速轴承的磨损和损坏。此外，转向时还可能使履带崩断，曲臂轴弯曲。履带过松时，虽然预加张力减小，但车辆在高速行驶时，履带就会上下剧烈跳动，加大履带绕履带销的转角，使磨损增大。在转向和侧倾坡及沙漠地驾驶时，履带容易脱齿，损坏负重轮的胶带），因此在 S 型坦克的设计中似乎并不起眼的履带调整器的作用同样不容小觑，而这种装置也很少能在传统的德式坦克装甲斗车辆中见到（S 型坦克的履带调整器使用方法颇为复杂。首先要使调整器的锁紧装置分离，然后转动调整器的蜗杆蜗轮，通过曲臂和诱导轮使履带松紧程度发生变化。当履带调整器调至最大极限，而履带的松紧程度仍不能满足要求或车辆未安装履带调整器时，也可用改变履带板数目的方法进行调整。履带松时拆掉一定数目的履带板，反之则可以增加一定数目的履带板。不过采用此种方法对履带进行调整时，最好使车辆两侧的履带板的数目仍然保持相等）。

上图 车体高度和俯仰角度都能够随时根据战场情况进行调节，拥有极佳的地形适应性

不过同时应该看到，瑞典人在其 S 型坦克中率先采用的液气悬挂，虽然满足了特定战术环境下对技术的需求，但也付出了代价。如果完全采用液气悬挂，底盘同样会存在“偏软”的问题，再加上液气弹簧的减震能力受液体介质的粘温特性影响较大，而且对元件的密封性和加工精度要求高，造价昂贵，使用中需定期充油、充气等问题也是客观存在的。液气悬挂装置的一个缺点

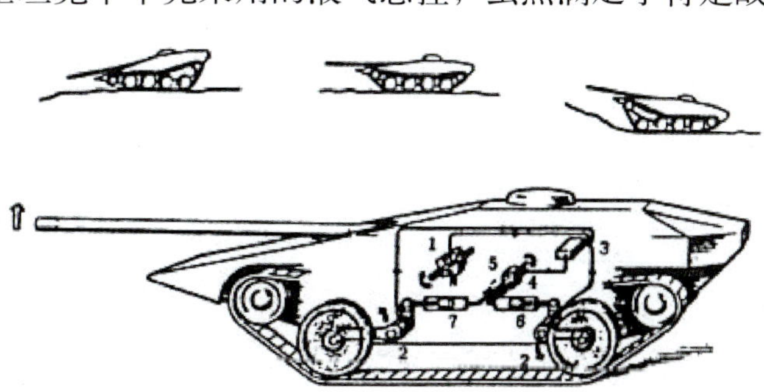

上图 瑞典人在其 S 型坦克中率先采用的液气悬挂，虽然满足了特定战术环境下对技术的需求，但也付出了代价

是成本较高，它的成本可能比其他悬挂装置高一半。气体的体积会随温度而发生变化，这会导致乘坐高度的波动。这一现象十分明显，不仅是因为温差的变化，而且是因为在起伏地形上行驶时温度会升高。在起伏地形上行驶时，油温可高达 130℃或以上。另外，液气悬挂装置的保养更加复杂，因为液压油和氮气都需要专用加注设备。

结构新颖的自动装弹机

在战后的西方坦克设计领域，掀起了一阵采用自动装弹机技术的热潮——瑞典人就是这样的一位“弄潮儿”，在其反传统的 S 型坦克中，“自动装弹技术”成为了一大亮点。自动装弹机的优点总结起来大致可归为以下几点：①便于实现隔舱化，提高乘员的生存能力；②采用自动装弹机后，易使乘员和弹药分开，减少殉爆的危险；③便于装填大口径弹药；④可以有效提高射速：所谓射速，在很大程度上取决于坦克捕获目标的速度，所以说，较高的射速可以为第二目标的捕捉提供更多的机会。目前在人工装填状态下一般射速只有 4 ~ 6 发 / 分，而采用了自动装填后射速可以达到 8 发 /分甚至更高；在颠簸状况下人工装填颇为困难，采用自动装弹机可以解决这一问题。不过瑞典人之所以在其 S 型坦克中采用自动装弹技术，还有其更深层次的原因。

自动装弹机对于改变坦克常规结构创造了条件。S 型坦克与其说是坦克，不如说它是坦克歼击车更为合适。对于这种坦克，瑞典人对其首要要求是隐蔽性。所以它采用了一种二战时期无炮塔坦克歼击车的设计。然而仅仅采用无炮塔结构还是不够的。所以为了继续减低尺寸，S 型坦克采用自动装弹机是必然之路。使用自动装弹机后可以有效降低车高：由于装填手在车内采取的基本是立姿工作，占用较大的空间和需要足够的高度，采用自动装弹机可以大大节省空间。而且取消一名乘员后，可以不在火炮一侧前后安排座位，这也有利于降低炮塔的高度，减少坦克的被弹面积。另外，相对于传统的炮塔结构的坦克，采用无炮塔设计的 S 型坦克火炮与坦克车体刚性固定，炮管不会发生颤动，依靠车体的旋转和俯仰进行瞄准和射击。说白了这个坦克就是一个整体。为了加大火炮的高低射界，S 型坦克几乎设计成了将火炮顶在坦克头顶的方案。更加极端的是，S 型坦克的火炮有一段身管都是放在坦克车体内的。在这种设计下，要进行人工装弹肯

上图 一种装备是否好用，在很大程度上是由其战术环境所决定的，并体现在其技术运用的特点中

定是不可能的，所以从这个角度来看，S 型坦克使用了自动装弹机也是一种必然。

S 型坦克的炮弹装填采用液压操纵自动装弹机。驾驶员或车长按一下驾驶 - 射击操纵装置的装填钮，炮弹的固定卡爪自动松开，炮弹靠自重落到最下一层托弹槽上，送弹挺杆将其推到弹药架中间的装弹机上，然后装弹机将弹药举到炮尾，由后边的装填滑块推入炮膛。发射后的空药筒由抛壳机从车体后部中央的排出口抛出车外。装填结束，信号灯即亮。由于坦克采用固定式火炮，炮尾和弹药间无相对运动，因此，在任何情况下均可迅速而准确地完成装弹。这种靠重力的上弹装填方式是独一无二的。然而问题在于，相比于同样采用自动装弹技术的 AMX-13 轻型坦克，S 型坦克的自动装填机构要复杂，可靠性较低。该系统一旦出问题，人工装填极为麻烦。且不说车内空间狭小人员施展不开，且少一个乘员，而且由于隔舱化的设计，炮弹都存放在尾部，拿取十分不便。也正因如此，战后东西方虽然也出现了类似于 S 型坦克的无炮塔装甲战斗车辆，如西德的 Kanonenjagdpanzer 4-5（即加农炮反坦克歼击车）与苏联的 ASU-85，但这两种车辆之所以没有采用自动装弹机，最主要的原因就是对自动装弹机的可靠性持怀疑态度，因为一旦自动装弹机出现故障，将造成灾难性的后果。

开创性的“柴燃联合”动力系统

瑞典是一个地广人稀的北欧大国，特别是北部地区，不但面积广阔，而且地处北极圈附近，长期严寒，被冰雪覆盖。瑞典坦克不但需要具有良好的战术机动性，而且要适合在瑞典北部严寒、深雪、薄冰和沼泽地带作战。由于战术环境的特殊要求，瑞典坦克设计师在其 S 型坦克设计中开创性地采用了“柴燃联合”组合式动力系统，以满足特殊的动力性能要求。大体来说，S 型坦克对动力系统的要求是，发动机具有良好的加速性能、扭矩特性、冷起动性能、燃油经济性，以及其他性能。坦克发动机使用功率范围较宽，而且坦克大部分时间是在低功率工况下行驶的，这就要求发动机具有很好的部分功率油耗特性。而无论是柴油机还是燃气轮机，都不能全面地满足坦克战术使用的要求。S 型坦克采用组合动力，可以说是一种折中方案。采用组合动力，一方面利用了柴油机良好的燃油经济性，特别是它的低油耗特性；另一方面又利用了燃气轮机良好的加速性能、扭矩特性和冷起动性能。该组合动力两个发动机的功率分配（柴油机约占总功率的 40%，燃

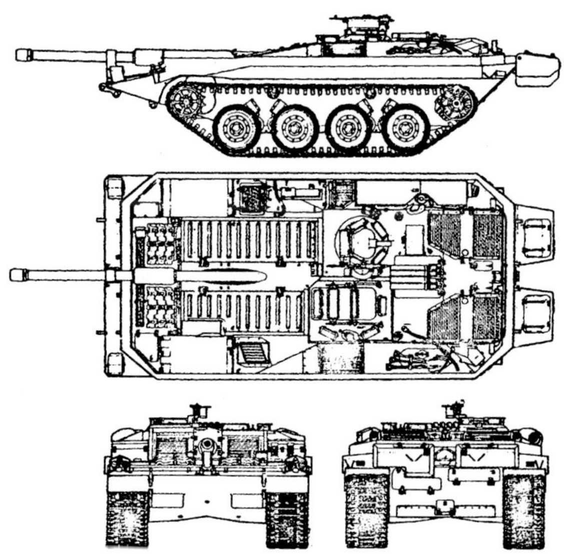

上图　S 型坦克设计中，开创性地采用了“柴燃联合”组合式动力系统，以满足特殊的动力性能要求

气轮机约占 60%）是充分考虑了坦克使用功率的特点而选定的。坦克在一般条件下行驶时，仅使用柴油机单机驱动；当坦克起步加速或以高功率行驶时，燃气轮机进入工作，双机联合驱动，在低温下可以利用燃气轮机启动柴油机，当柴油机发生故障时燃气轮机还可作为一个动力源。另外，采用组合动力可降低发动机总高度，对降低 S 型坦克车体高度非常有利，这也是瑞典陆军选择组合动力作为 S 型坦克发动机的一个重要因素。

S 型坦克动力装置采用前置方案，燃气轮机位于左侧，柴油机位于右侧，这两台发动机可以单独驱动车辆，也可联合工作，以适应坦克对动力的要求，总输出功率为 537 千瓦（730 马力）。1961 年中期制造出的最初两辆坦克样车采用了组合动力装置，由一台燃气轮机和一台活塞式发动机组成。燃气轮机是美国波音公司 502/10MA 型机，活塞式发动机是罗尔斯 - 罗伊斯公司 B81 型 8 缸汽油机。该坦克后被命名为 Strv.103，简称 S 型坦克。1964 年正式投产的 S 坦克仍采用组合动力，但用罗尔斯 - 罗伊斯公司研制的 K60 型二冲程对置活塞多种燃料发动机取代了 B81 型 8 缸汽油机。K60 型二冲程对置活塞多种燃料发动机为直列式 6 缸机，功率为 176 千瓦（240 马力），转速为 2400 转 / 分，是坦克全部行驶时间内工作的主发动机，燃料消耗量仅为相应汽油机的 70%。沃尔沃 DRH-1M 三速自动变速箱装于 K60 发动机后部，与其直接相连，有前进和倒退 2 个变速档，以及 1 个直接档。波音 502/10MA 燃气轮机功率 242.6 千瓦（330 马力）（后改为 360 千瓦（490 马力）的波音 553 型燃气轮机），燃烧室为 2 个直流筒形，压气机为一级离心式，压比为 4.8，压气机涡轮和动力涡轮均为一级轴流式。它不带回热器，燃油消耗率高，为 568 克 / 千瓦•时（418 克 / 马力•时）。在车辆高速行驶或在复杂地形和恶劣路面上行驶时，两台发动机同时使用。燃气轮机也可单独使用，尤其是在低温条件下，可用燃气轮机启动柴油机，以对车辆进行低温启动。通常情况下两机均用柴油。组合动力装置的使用增加了坦克的战斗可靠性，它集中了两机的优点，又弥补了各自的缺点。

上图 采用组合动力可降低发动机总高度，对降低 S 型坦克车体高度非常有利，这也是瑞典陆军选择组合动力作为 S 型坦克发动机的一个重要因素

组合动力装置的运转方式如下：柴油机单机运转时通过自动变速箱进行传动，实现了驾驶操纵自动化。自动变速箱有 3 个变速档，其中 2 个变速档通过液力变矩器可在 5:1 范围内无级变化扭矩，直接档变速比为 1:1。辅助行星齿轮变速箱的减速比为 3:1 和 1:1，倒速比为 3:1 和 1:1。这样，总扭矩比是低速 15:1，高速 5:1。液力变矩器的扭矩吸收特性随着转速的增加而升高，因此，在高速时使用第三（直接）档传动具有较好的经济性。由于采用自动变速箱，换档过程从一档变换到二档时，输出轴转速几乎不变；从二档变换到三档时，只有很小的变动。因此，车辆行驶非常平稳，没有任何跳动，这有利于提高发动机、变速箱和传动部件的使用寿命。燃气轮机单独运转双轴式燃气轮机具有自动无级变化扭矩比的特点，最大扭矩比可达到 2.5:1，不通过变速机构传动时，虽然扭矩仅相当于柴油机 -

液力变矩器机组扭矩的1/2，但因它的直接输出功率较大（大约25%），不足的扭矩比因而可以得到补偿。双机联合运转是越野和作战时的运转状况。由于柴油机有良好的燃油经济性，所以是供给主要附件和行动系统所需功率的基本发动机。在运转和低功率行驶时柴油机单机工作，坦克发动机大部分时间是这种工况。只有当坦克需要发动机输出较高功率时，双机才联合运转。由于两台发动机都是全部自动操纵的，而且输出特性也是相似的，因此联合运行不会有任何问题。

上图 组合动力装置的使用增加了坦克的战斗可靠性，它集中了两机的优点，又弥补了各自的缺点

不过由于采用了“柴燃联合”动力系统，S型坦克的传动和散热系统比较复杂。沃尔沃的液力变矩器与一个DRH-1M型自动变速箱装在K-60发动机的动力输出端，以获得与燃气轮机相似的输出特性，能使两台发动机很好地联合运行。两台发动机功率通过闭锁-空转离合器和弹性联轴器汇流到行星变速箱，变速后共同输出。再经过一组离合和制动装置把功率传递到车辆两侧主动轮。沃尔沃的液力变矩器包括下列组件：新型齿轮组合传动装置，通过弹性联轴器和联锁自由转轮连接两台发动机；高速变速箱，具有两个前进档和两个倒档；斜齿轮传动装置，带有两个相同转速的输出轴，通过离合器与车辆的侧传动装置相连接。支撑整个动力装置的支架有3个支撑点，安装在车辆上，用以支撑整个动力装置，并用来支撑附件、导管、软管、电线和操纵连接杆等。

散热系统包括：两个串联在一起的空气-机油和空气-水组合的散热器，前者用来冷却车辆液力传动系统的用油；两个高速风扇，每个风扇冷却一个散热器，它们由加压马达通过齿轮来驱动；一个双热电偶调节装置，它可控制机油和水的温度；一个由4组水冷机油散热器组成的冷却系统，用来冷却活塞式发动机、自动变速箱、燃气轮机和变速传动系统；一个和散热器连通的水箱，可放泄蒸汽和流通空气，并通过管道连接到水泵进口，而水泵又与伺服传动系统和扫气泵系统直接相连接，活塞式发动机单独运转或与燃气轮机联合运转时，都通过液压传动来驱动水泵。进、排气系统活塞式发动机从进气口吸入的空气必须通过旋风筒和布滤组合的空气滤清器滤清。排气系统带有排气自动抽尘装置。燃气轮机从一个单独进气口吸气，进气管内带有导向叶片，以避免压气机发生喘振，并

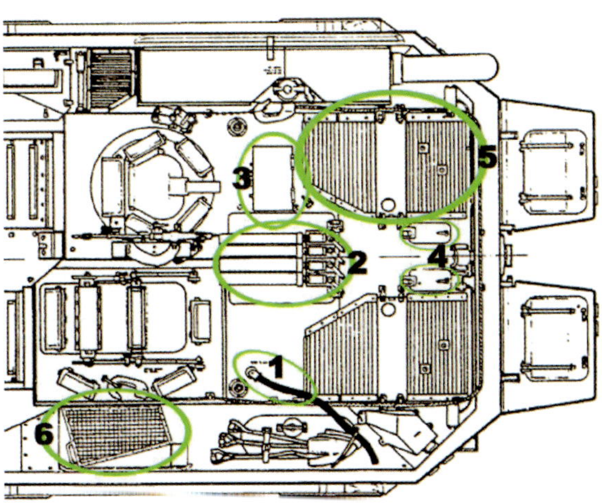

上图 由于采用了“柴燃联合”动力系统，S型坦克的传动和散热系统比较复杂

可减少压力损失。压气机进口处装有圆锥形的滤网，以保护压气机叶片和叶轮不受砂粒侵蚀。连接杆和操纵系统的作用如下：①联动操纵。两台发动机的油门系统都是用一个连接杆系进行操纵的。操纵连接杆可控制组合动力装置的工作：当活塞式发动机接近全功率时，燃气轮机才开始运转并输出功率。②启动和停车控制。燃气轮机用按钮启动。启动、点火、供油、启动完毕和点火结束等程序完全是自动控制的。活塞式发动机也是用按钮启动，但发动机启动后可以松开按钮，不需要自动控制。两台发动机都可通过按钮各自停车。③紧急操纵。紧急情况时可临时用按钮操纵电磁铁，切断最大油门，停止最大功率输出。④自由转轮联锁。在通常运转时两个自由转轮处于松开状态，但若需利用燃气轮机启动柴油机时可以用手动锁紧。

火控技术水平较高

瑞典的E火控系统达到了相当高的水平，具有当时十分突出的夜间作战和行进间瞄准射击能力。该火控系统是在IKV-91轻型坦克火控系统的基础上发展起来的，与早期版本相比，E系列进行了如下改进：E型火控系统使用数字计算机，IKV-91坦克火控系统使用电子模拟计算机；E型火控系统的炮长瞄准镜有完全稳定的头部反射镜，无论车体怎样运动都可进行火炮瞄准，因此可用于运动的坦克对付运动或静止的目标，而IKV-91轻型坦克火控系统仅适合于静止坦克对付运动或静止的目标；E型火控系统中用垂直基准陀螺仪代替了IKV-91轻型坦克火控系统中的单摆装置，用来测量炮耳轴倾斜。

E型火控系统由观瞄设备、数字式火控计算机、修正量传感器和炮控系统四大部分组成。观瞄设备主要包括带控制面板的车长瞄准镜和带激光测距仪的炮长昼/夜瞄准镜两部分。炮长昼/夜瞄准镜有一个单目昼用瞄准镜、一个使用微通道板像增强器的单目夜视瞄准镜，以及一个组合式结构的激光测距仪。测距仪的接收器与夜视通道组装在一起，发射器的光学系统与其他通道是分开的，所有这4个通道都是相互平行的。昼/夜瞄准镜和激光测距仪与陀螺稳定的火炮组装在一起。瞄准线的方向由头部反射镜控制，反射镜为所有的通道公用，在高低和方位两个方向上

上图 IKV-91轻型坦克火控系统仅适合于静止坦克对付运动或静止的目标

由计算机进行伺服控制。头部反射镜是完全稳定的，不管炮塔及车体怎样运动都可进行火炮瞄准。激光测距仪的工作物质是掺钕钇铝石榴石单晶（Nd:YAG）。数字式火控计算机是系统的中心，能接收预定的或连续的输入信号，并根据一系列自动或手动输入信息计算所需的提前角和瞄准角。这些输入信息包括目标距离、目标角速度、所选择的弹药种类、炮耳轴倾斜、视差（炮膛和瞄准线之间）、定起角、偏流、气象数据（包括温度、横风和顺逆风）及药温。为了向弹道计算机人工输入信息，操作面板上装有旋钮和开关。当监视自动测量或人工输入的数据时，可以使用一个带选择开关的发光二极管显示器。在计算机箱体中有 10 块插件板，可以完成下述功能：激光测距计算；弹丸飞行时间、瞄准角、提前角和视差等计算；瞄准镜的辅助电控功能，如用于保护像增强器的快门控制等；炮长瞄准镜的伺服控制；瞄准镜中和面板上的数据显示；有关不同操作类型的逻辑操作、弹药选择等。

E 型火控系统的修正量传感器由炮耳轴倾斜和气象传感器构成。炮耳轴倾斜是用一个其轴线平行于炮轴线的陀螺来测量的。气象传感器测量横风、逆（或顺）风、气温和气压。此外，自动输入修正量传感器还包括目标角速度传感器。至于 E 型火控系统的炮控系统，则是在方位和高低向都采用以控制手柄来控制角速度，也就是通常所说的半自动控制方式。炮长使用双向控制手柄进行控制，可以平稳、准确地控制火炮，也可以增加一个供车长使用的控制手柄，使炮长和车长都能进行火炮瞄准。使用该火控系统的典型射击过程概括如下：①发现目标。车长发现目标，并按下“捕获目标”按钮，炮塔自动调转到适当的方向，以使炮长瞄准线与车长瞄准线方向一致。②跟踪目标。炮长对整个射击过程进行控制，当平稳跟踪目标时就使用激光测距仪测距。测到的距离显示在炮长的光学系统中并自动输入给计算机。计算机根据输入的各种参数进行计算，将所需要的瞄准角和提前角连续传送给火炮。在此过程中，炮长瞄准镜一直瞄准目标（不论火炮是否在运动）。这是通过一个反向旋转的偏转元件（瞄准镜头部反射镜）来实现的，因此该火控系统是一种非扰动式的火控系统。③射击。当提前角和瞄准角由计算机连续计算出后，就可快速地发射炮弹，因为为了摧毁先进的复合装甲，多次命中同一块装甲是很重要的。典型的作战时间是车长把目标指示给炮长需要 2 秒，炮长跟踪目标、操纵激光测距仪及发射首发炮弹需 6 秒，向同一目标发射第二发弹还需 4 秒。对比同时期的其他西方非扰动式火控系统，E 型火控系统的反应速度和命中精度也是相当优异的，足以体现出瑞典坦克火控系统较高的技术水平。

上图　“质量优势”究竟如何体现？火控系统的技术水平优劣无疑是十分重要的一环

上图 瑞典对于坦克技术的运用是与其战术使用环境紧密结合的，这使瑞典坦克在技术上显示出了许多与众不同的特点

结语

瑞典没有能力支撑完整全面的工业体系，这使其注定要成为一个选择性发展的“偏科生”，坦克技术领域也不例外。再加上瑞典对于坦克技术的运用是与其战术使用环境紧密结合的，这使瑞典坦克在技术上显示出了许多与众不同的特点。不过应当看到，瑞典虽然一直保持着中立国的身份，但是由于意识形态的原因，又是事实上西方世界的一员——这使他要获得美国和欧洲其他国家的技术支持十分容易，也很少有什么限制。结果，随着冷战的结束，防务压力大大减轻的瑞典，其坦克所含的“瑞典技术”正在急剧减少，曾经的特色正在变得“平庸”。事实上，随着现代坦克越来越复杂，瑞典坦克在研制过程中对于他国的技术依赖越来越严重。在S型坦克时代，除了发动机需要引进技术以外，瑞典可以独立完成所有其他部分的研制工作；而到了“豹IIS”时代，却必须进行多国联合研制，而且交由国外研制的部分包括了大量的核心项目，技术上的“瑞典特色”几乎已经难以察觉了。

466
Y-201614

70